Analysis

Kursstufe

Erarbeitet von
Dr. Anton Bigalke
Dr. Norbert Köhler
Dr. Horst Kuschnerow

Herausgegeben von
Dr. Anton Bigalke
Dr. Norbert Köhler

Bilder aus dem Land Brandenburg

Umschlag: Schloss Rheinsberg
Seite 9: Blick vom Schiffshebewerk Niederfinow auf den Oder-Havel-Kanal
Seite 21: Am Wasserwerk in Potsdam
Seite 43: Getreidefeld
Seite 87: An der Mündung der Neiße in die Oder
Seite 149: Yachthafen am Wannsee
Seite 183: Über den Wiesen bei Linum
Seite 219: Der Einsteinturm in Potsdam
Seite 255: Baum bei Seelow
Seite 271: Im Schiffshebewerk Niederfinow
Seite 281: Sanssouci

Bildnachweis

Archiv für Kunst und Geschichte, Berlin: S. 249, 277
Deutsche Presse-Agentur GmbH, Frankfurt/Main: Umschlagfoto
Henrik Pohl, Berlin: S. 9, 21, 33, 43, 87, 149, 183, 219, 255, 271, 281

Alle übrigen Abbildungen: Bigalke/Köhler/Kuschnerow, Berlin

Technische Umsetzung: Stürtz GmbH, Würzburg

www.cornelsen.de
www.vwv.de

1. Auflage, 8. Druck 2007

Alle Drucke dieser Auflage sind inhaltlich unverändert
und können im Unterricht nebeneinander verwendet werden.

Druck: Stürtz GmbH, Würzburg

ISBN 978-3-464-57302-0

Inhalt gedruckt auf säurefreiem Papier aus nachhaltiger Forstwirtschaft.

Inhalt

- Wiederholung
- Basis
- Basis / Erweiterung
- Vertiefung

Vorwort

Rahmenplan

In dieser Oberstufenreihe wird der Rahmenplan Mathematik des Landes Brandenburg konsequent umgesetzt. Der modulare Aufbau des Buches und auch der einzelnen Kapitel ermöglicht dem Lehrer individuelle Schwerpunktsetzungen und dem Schüler eine problemlose Orientierung bei der Arbeit mit dem Buch.

Druckformat

Das Buch besitzt ein weitgehend zweispaltiges Druckformat, was die Übersichtlichkeit deutlich erhöht und die Lesbarkeit erleichtert.
Lehrtexte und Lösungsstrukturen sind auf der linken Seitenhälfte angeordnet, während Beweisdetails, Rechnungen und Skizzen in der Regel rechts platziert sind.

Beispiele

Wichtige Methoden und Begriffe werden auf der Basis anwendungsnaher, vollständig durchgerechneter Beispiele eingeführt, die das Verständnis des klar strukturierten Lehrtextes instruktiv unterstützen. Diese Beispiele können auf vielfältige Weise als Grundlage des Unterrichtsgesprächs eingesetzt werden. Im Folgenden werden einige Möglichkeiten skizziert:

- Die Aufgabenstellung eines Beispiels wird vorgetragen. Die Lösung wird im Unterrichtsgespräch oder in Stillarbeit entwickelt, wobei die Schülerbücher geschlossen bleiben.
  Im Anschluss kann die erarbeitete Lösung mit der im Buch dargestellten Lösung verglichen werden.

- Die Schüler lesen ein Beispiel und die zugehörige Musterlösung. Anschließend bearbeiten sie eine an das Beispiel anschließende Übung in Stillarbeit. Diese Vorgehensweise ist auch für Hausaufgaben gut geeignet.

- Ein Schüler wird beauftragt, ein Beispiel zu Hause durchzuarbeiten und sodann als Kurzreferat zur Einführung eines neuen Begriffes oder Rechenverfahrens im Unterricht vorzutragen.

Übungen

Im Anschluss an die durchgerechneten Beispiele werden exakt passende Übungen angeboten.

- Diese Übungsaufgaben können mit Vorrang in Stillarbeitsphasen eingesetzt werden. Dabei können die Schüler sich am vorangegangenen Unterrichtsgespräch orientieren.

- Eine weitere Möglichkeit: Die Schüler erhalten den Auftrag, eine Übung zu lösen, wobei sie mit dem Lehrbuch arbeiten sollen, indem sie sich am Lehrtext oder an den Musterlösungen der Beispiele orientieren, die vor der Übung angeordnet sind.

- Weitere Übungsaufgaben auf zusammenfassenden Übungsseiten finden sich am Ende der meisten Abschnitte. Sie sind besonders für Hausaufgaben, Wiederholungen, Vertiefungen und auch für Lernerfolgskontrollen geeignet.

Kapitel I: Elementare Ableitungsregeln

Im ersten Abschnitt werden die wichtigsten theoretischen Grundlagen und die elementaren Ableitungsregeln der Differentialrechnung aus der 11. Klasse (Analysis I) noch einmal zusammengefasst aufgeführt. Insbesondere wird der Begriff der Ableitung einer Funktion an der Stelle x_0 noch einmal wiederholt.

Das ist insofern wichtig, als bei der Herleitung der neuen Ableitungsregeln (**Wurzelregel, Produkt- und Kettenregel**) ein Rückgriff auf die Definition der Ableitung erforderlich ist. Produkt- und Kettenregel werden in den folgenden Kapiteln bei der Kurvenuntersuchung weiterer Funktionsklassen unbedingt benötigt, so dass auf ihre Einführung keinesfalls verzichtet werden kann.

Kapitel II: Trigonometrische Funktionen

Der erste Abschnitt hat nur Wiederholungscharakter. Die Schüler können hier im Bedarfsfall die trigonometrischen Grundformeln nachschlagen oder nachlesen, wie man trigonometrische Gleichungen löst.

Im Normalfall wird man daher mit der Herleitung der **Ableitungsformeln** für Sinus, Kosinus und Tangens beginnen. Es geht um die sichere Verankerung der trigonometrischen Ableitungsformeln, auch im Zusammenwirken mit der Ketten- und der Produktregel.

Im letzten Abschnitt werden **Kurvenuntersuchungen** durchgeführt. Hier muss man eine Auswahl treffen. Man sollte die Kurvenuntersuchung mit Hilfe von Verschiebungen und Streckungen sowie das Überlagerungsverfahren gründlich unterrichten, um ein gutes Verständnis der charakteristischen Eigenschaften trigonometrischer Funktionen zu sichern. Bei den anschließenden Kurvenuntersuchungen mit Mitteln der Differentialrechnung sollte man sich auf wenige Beispiele beschränken, denn wegen der Periodizität und der z.T. nur mit Näherungsverfahren lösbaren Bestimmungsgleichungen treten so viele Schwierigkeiten auf, dass der Zeitaufwand schnell unvertretbar wird.
Diese Zeit sollte man besser für abiturrelevantere Stoffinhalte (Integralrechnung, Exponentialfunktionen etc.) verwenden.

Kapitel III: Exponentialfunktionen

Die Exponentialfunktionen sind wegen ihrer zahlreichen Anwendungen von außergewöhnlicher Bedeutung und sie **eignen sich ausgezeichnet für die schriftliche Abiturprüfung**.

Im zweiten Abschnitt werden die grundlegenden Differentiationsformeln sowie die Zahl e entwickelt. Hier geht es vor allem um das Verständnis der Zusammenhänge und die sichere Anwendung der Ableitungsformeln für e^x und a^x.

Anschließend führt man – auch im Hinblick auf das Abitur – **möglichst viele Kurvenuntersuchungen** durch. In diesem Zusammenhang sollte man auch an zusammengesetzte Aufgaben denken und einige **Kurvenscharen** diskutieren. Später – nach Einführung der Integralrechnung – können dann noch entsprechende Integrationsaufgaben hinzukommen.

Im Abschnitt über Anwendungen der Exponentialfunktionen findet man interessantes Material über Wachstums- und Zerfallsprozesse, welches für Vertiefungen, aber auch für Stun-deneinstiege und für **experimentell geprägte Stunden** genutzt werden kann.

Kapitel IV: Einführung in die Integralrechnung

Die Integralrechnung ist ein weiteres **zentrales Thema** des Kurses Analysis II. Im ersten Abschnitt führt ein historischer Exkurs (Möndchen des Hippokrates, Streifenmethode des Archimedes) schnell zur Flächeninhaltsfunktion und zu ersten Flächenberechnungen. Der Teil über Stetigkeit hat nur informellen Charakter und kann bei Bedarf behandelt werden.

Im zweiten Abschnitt wird das **theoretische Fundament** der Integralrechnung (Stammfunktionen, bestimmte Integrale, Rechnen mit bestimmten Integralen) bereitgestellt. Diese Inhalte sollten in gestraffter Form unterrichtet werden, um Zeit zu sparen.

Im dritten Abschnitt, der möglichst zügig angesteuert werden sollte, wird die Problematik von **Flächeninhaltsberechnungen** umfassend abgehandelt. Die **vielfältigen Variationen der Aufgabenstellungen** erlauben größere Übungsphasen, in denen die Schüler die notwendige Rechensicherheit erwerben können, ohne in langweilige Routine zu verfallen. Hier ist der **Schwerpunkt** zu setzen.

Zum Abschluss des Kapitels wird die **Integration von Exponentialfunktionen und trigonometrischen Funktionen** nachgeholt. Auch hier wurde Wert gelegt auf ein breites Spektrum unterschiedlicher Aufgabenstellungen.

In Analysis II sollten nicht alle möglichen Variationen von Aufgaben behandelt werden. Man muss eine Auswahl treffen. Spezielle Fragestellungen (denkbar: Extremwertaufgaben bei Flächenproblemen, uneigentliche Integrale) können im Rahmen integrierter Wiederholungen als Vertiefung im Semester 13.2 behandelt werden.

Kapitel V: Umkehr- und Logarithmusfunktionen

Der Begriff der Umkehrfunktion und die Möglichkeiten ihrer rechnerischen Bestimmung werden in knapper Form behandelt. Es folgt ein kurzer Exkurs über die **Umkehrformel**, die eine weitere, wenn auch eher selten anwendbare Differentiationsregel darstellt.
Die Umkehrfunktionen der Funktionen sin x und tan x werden erst dann benötigt, wenn in Analysis III das Kapitel VII.2 (Analytische Integrationsverfahren) behandelt wird.

Die **natürliche Logarithmusfunktion** wird als Umkehrfunktion der Exponentialfunktion $f(x) = e^x$ eingeführt. Anschließend wird die Regel zur Differentiation der natürlichen Logarithmusfunktion behandelt, gefolgt von **interessanten Kurvendiskussionen**, die den eigentlichen **Kern des Kapitels** darstellen.

Dem Prinzip des "spiralförmigen Lernens" folgend, werden als Vertiefung Flächeninhaltsprobleme (logarithmische Integration), Extremwertaufgaben und die allgemeine Logarithmusfunktion angeboten.

Kapitel VI: Gebrochen-rationale Funktionen

Diese besonders **abiturrelevante Funktionsklasse** sollte man entsprechend intensiv behandeln. Zunächst wird man die Differentialrechnung noch nicht einsetzen, sondern vermitteln, dass jede gebrochen-rationale Funktion sich als Summe von ganzrationaler Asymptote und gebrochen-rationalem Restterm auffassen lässt, wobei die Asymptote das Kurvenbild im Großen bestimmt, während der Restterm lokale Störungen verursacht, die in Form von lokalen Ausschlägen des Funktionsgraphen bis hin zu Polstellen imponieren. Die Schüler sollten die Polynomdivision gut beherrschen und die verschiedenen Arten von Asymptoten und Polstellen sicher klassifizieren können.

Anschließend wird, falls noch nicht geschehen, die **Quotientenregel** eingeführt, so dass nun auch **Kurvenuntersuchungen mit den Mitteln der Differentialrechnung** durchgeführt werden können, wobei auch Kurvenscharen betrachtet werden sollen. Schließlich kann man Flächeninhaltsprobleme einmischen, wobei man sich der in Kapitel VII.2 dargestellten Integration durch Teilbruchzerlegung bedienen muss. Zur Vertiefung können gebrochenrationale **Extremalprobleme** eingesetzt werden.

Kapitel VII: Fortsetzung der Integralrechnung

Volumenberechnungen sind **Standardstoff von Analysis III**. Ausgehend von der Streifenmethode des Archimedes wird die **Volumenformel** intuitiv hergeleitet. Neben konkreten Volumenberechnungen werden auch Volumeninhaltsformeln (Kugel, Kegel) analytisch hergeleitet. Als Vertiefung werden Volumenberechnungen mit Hilfe der Querschnittsformel angeboten (Prinzip vonCavalieri).
Weiter sollten nach Möglichkeit analytische Integrationsmethoden behandelt werden. Es wird empfohlen, als erstes die gedanklich einfache **Produktintegration** zu behandeln.
Beim folgenden **Substitutionsverfahren** kommt es darauf an, Sicherheit im Umgang mit Differentialen zu erzielen. Bei den anschließenden Übungen muss man den Schülern Hinweise zur Art der Substitution geben. Die **Methode der Partialbruchzerlegung** sollte man schon bei der Behandlung der gebrochen-rationalen Funktionen einführen.
Ebenfalls Pflichtstoff in Analysis III sind die numerischen Integrationsverfahren. Ausgehend vom Rechteckverfahren, werden alle weiteren gängigen numerischen Verfahren (**Trapezverfahren, Keplersche Faßregel, Simpson-Verfahren**) behandelt.
Da Näherungswerte mit akzeptabler Genauigkeit nur mit dem Taschenrechner oder besser mit dem Computer berechnet werden können, wird zu allen Verfahren eine **algorithmische Lösung** und eine einfache **Umsetzung in PASCAL** angeboten. Dabei wurde darauf geachtet, dass zur Eingabe einer neuen Funktion nur eine Programmzeile geändert werden muss.

Kapitel VIII: Näherungsverfahren der Differentialrechnung

Das **Newton-Verfahren sollte möglichst frühzeitig eingeführt werden**, damit es von Anfang an eingesetzt werden kann. Es reicht dann, die Formel abzuleiten und zwei bis drei Beispiele zu besprechen. Alles weitere – Konvergenzfragen, Programmierung des Verfahrens – kann man später als Vertiefung behandeln.

Als Ergänzungsstoff wird als zweites numerisches Näherungsverfahren der Differentialrechnung das **Fixpunktverfahren** dargestellt. Auf die Behandlung dieses Abschnitts kann bei Zeitmangel verzichtet werden.

Kapitel IIX: Differentialgleichungen

Hier wird eine kurze, aber **anschauliche und schulangemessene Einführung** in das Gebiet der Differentialgleichungen gegeben. Behandelt werden Differentialgleichungen mit getrennten Variablen und die lineare Differentialgleichung 1.Ordnung. Sofern dieser Erweiterungsstoff behandelt wird, sollten die Übungen weitgehend vollständig gerechnet werden.

Kapitel IX: Zusammengesetzte Übungen

Hier finden sich unterteilte Übungen zu den wichtigsten Funktionsklassen, die als Vertiefungsstoff dienen können und die wegen ihrer abiturnahen Konstruktion für die Prüfungsvorbereitung besonders geeignet sind.

Lehrbuch und Rahmenplan

	Mögliche Kursabfolgen					
Klassenstufe	**I**	**II**	**III**	**IV**	**V**	**VI**
11	Analytische Geometrie I Stochastik I Analysis I					
12.1	Analysis II					
12.2	Stochastik II			Analytische Geometrie II		
13.1	Analytische Geometrie II	Stochastik III	Stochastik III (Auswahl) und Analysis III	Analytische Geometrie III	Stochastik II	An. Geom. III (Auswahl) und Analysis III
13.2	Integrierte Wiederholungen, Erweiterungen und Vertiefungen überwiegend Analysis					

Das Lehrbuch ist auf den Vorläufigen Rahmenplan Mathematik (GO) des Landes Brandenburg abgestimmt. Dieser sieht mehrere mögliche Kursabfolgen vor, die in der Tabelle dargestellt sind.

Die Analysis-Kurse I, II und III sind im Lehrbuch folgendermaßen abgehandelt:

Analysis I: MATHEMATIK 11. Kapitel I: Funktionen; III: Rationale Funktionen / Regul-aFalsi; IV: Folgen und Grenzwerte; V: Einführung in die Differentialrechnung.

Analysis II: Band ANALYSIS. Kapitel I: Produkt- und Kettenregel; II: Trigonometrische Funktionen; III: Exponentialfunktionen; IV: Einführung in die Integralrechnung.

Analysis III: Vertiefung: Band ANALYSIS. Kapitel V: Umkehr- und Logarithmusfunktionen; VI: Gebrochen-rationale Funktionen; VII: Fortsetzung der Integralrechnung ; VIII: Näherungsverfahren der Differentialrechnung; IX: Differentialgleichungen; X: Zusammengesetzte Übungen.

I. Produkt- und Kettenregel

1. Elementare Ableitungsregeln

A. Der Ableitungsbegriff

Der Begriff der Ableitung einer Funktion ist grundlegend und damit wichtig für die gesamte Analysis. Er ist eng verknüpft mit dem Problem, die Steigung einer Tangente an eine Kurve in einem beliebigen Kurvenpunkt zu bestimmen.

$P(x_0|y_0)$ sei ein fester Punkt auf dem Graphen der gegebenen Funktion f.
$Q(x|y)$ sei ein weiterer, von P verschiedener Punkt des Graphen. Die durch P und Q eindeutig festgelegte Gerade bezeichnet man als **Sekante**.
Lassen wir nun den Punkt $Q(x|y)$ auf der Kurve zum Punkt $P(x_0|y_0)$ hin "wandern", so dreht sich die zugehörige Sekante um den Punkt P.
Je näher Q an P heranrückt, um so mehr nähert sich die zugehörige Sekante einer bestimmten "Grenzgeraden", die mit dem Graphen nur den Punkt $P(x_0|y_0)$ gemeinsam hat. Diese Grenzgerade bezeichnen wir als **Tangente** an die Kurve im Punkt $P(x_0|y_0)$.

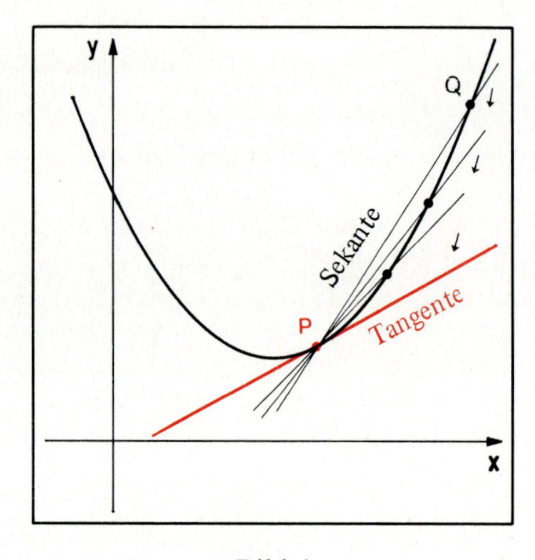

Bild 1

Unter der Steigung einer Funktion in einem Punkt $P(x_0|y_0)$ ihres Graphen ist die Steigung der Tangente t zu verstehen, die den Graphen in P berührt.
Da sich die Tangente t als Grenzgerade von Sekanten ergibt, ist ihre Steigung der Grenzwert der zugehörigen Sekantensteigungen.

Das abgebildete Steigungsdreieck zeigt: Die Sekante durch $P(x_0|y_0)$ und $Q(x|y)$ hat die Steigung

$$\frac{f(x)-f(x_0)}{x-x_0}.$$

Daher hat die Tangente durch $P(x_0|y_0)$ die Steigung

$$\lim_{x \to x_0} \frac{f(x)-f(x_0)}{x-x_0}.$$

Die Bestimmung der Tangentensteigung auf diese Art bezeichnet man als **Differenzieren** der Funktion.

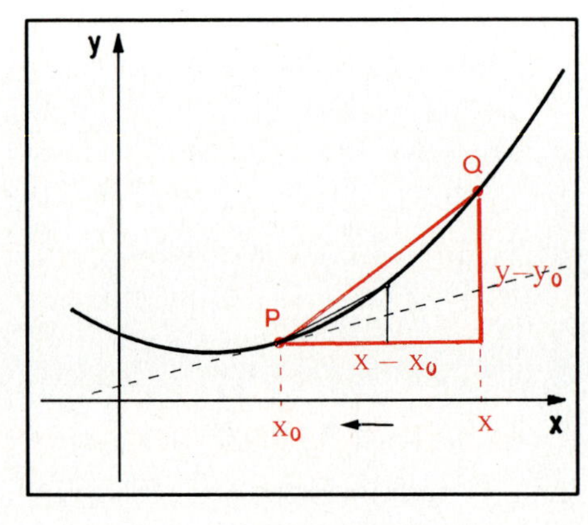

Bild 2

Definition I.1: Die Funktion f heißt **differenzierbar in $x_0 \in D$**, wenn der Grenzwert

$$\lim_{x \to x_0} \frac{f(x) - f(x_0)}{x - x_0} \quad \text{existiert.}$$

Dieser Grenzwert wird mit $f'(x_0)$ bezeichnet und **Ableitung von f an der Stelle x_0** genannt.

Formeln zur Steigungsberechnung:

I $\quad f'(x_0) = \lim_{x \to x_0} \frac{f(x) - f(x_0)}{x - x_0}$

II $\quad f'(x_0) = \lim_{h \to 0} \frac{f(x_0 + h) - f(x_0)}{h}$

Ordnen wir jeder Zahl x_0 aus dem Definitionsbereich der Funktion f die an dieser Stelle vorliegende Steigung $f'(x_0)$ zu, so erhalten wir eine weitere Funktion, die wir mit $f'(x)$ bezeichnen und **Ableitungsfunktion von f** nennen.

Beispiel: Gegeben ist die Funktion f mit $f(x) = x^3 + 2x$. Bestimmen Sie die Funktionsgleichung der zugehörigen Ableitungsfunktion f'.

Lösung:
Wir wenden Formel II zu Definition I.1. an, legen jedoch dabei x_0 nicht fest.
Es ergibt sich:

$$f'(x_0) = \lim_{h \to 0} \frac{f(x_0+h)-f(x_0)}{h} = 3x_0^2 + 2.$$

Da dies für jedes beliebige x_0 gilt, folgt:

$$f'(x) = 3x^2 + 2$$

ist der Term der Ableitungsfunktion zu

$$f(x) = x^3 + 2x.$$

Kurzschreibweise: $(x^3 + 2x)' = 3x^2 + 2$.

Rechnung:

$$f'(x_0) = \lim_{h \to 0} \frac{f(x_0+h)-f(x_0)}{h}$$

$$= \lim_{h \to 0} \frac{\left[(x_0+h)^3+2(x_0+h)\right]-\left[x_0^3+2x_0\right]}{h}$$

$$= \lim_{h \to 0} \frac{x_0^3+3x_0^2h+3x_0h^2+h^3+2x_0+2h-x_0^3-2x_0}{h}$$

$$= \lim_{h \to 0} \frac{3x_0^2h+3x_0h^2+h^3+2h}{h}$$

$$= \lim_{h \to 0} (3x_0^2 + 3x_0h + h^2 + 2) = 3x_0^2 + 2$$

Übung 1

a) Bestimmen Sie die Ableitungsfunktion f'.

I. $f(x) = 6x^2$ $\quad$ II. $f(x) = 2x^3 + x$ $\quad$ III. $f(x) = (3x - 4)^2$

b) An welchen Stellen x_0 hat der Graph von f die Steigung Null?

I. $f(x) = 2x^2 - 8x$ $\quad$ II. $f(x) = 2x + 3$ $\quad$ III. $f(x) = x^3 + 1{,}5x^2 - 6x$

Es gibt Funktionen, denen an bestimmten Stellen keine Steigung zugeordnet werden kann. Bild 3 zeigt den Graphen von $f(x) = \left|\frac{x}{2} - 2\right|$, der an der Stelle $x_0=4$ einen "Knick" besitzt und daher an dieser Stelle nicht differenzierbar ist.

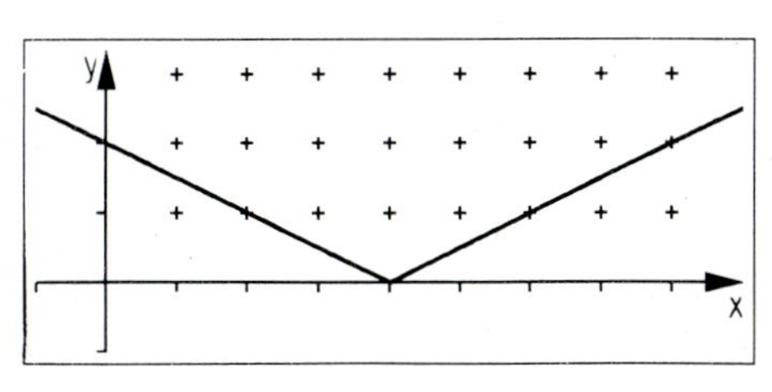

Bild 3

B. Ableitungsregeln

In Analysis I (Mathematik 11, Einführungsphase) wurden Ableitungsregeln hergeleitet, die für ganze Funktionsklassen die direkte Angabe der Ableitungsfunktion gestatten, ohne den rechenintensiven Weg über die Definition zu gehen.

Wir fassen diese Regeln noch einmal im Überblick zusammen.

Satz I.1 (Potenzregel):

$$(x^n)' = n \cdot x^{n-1} \quad (n \in \mathbb{N})$$

Beispiel zur Potenzregel:
$f(x) = x^8 \Rightarrow f'(x) = 8 \cdot x^7$

Satz I.2 (Konstantenregel):

Für $k \in \mathbb{R}$ gilt:
$$k' = 0 .$$

Eine konstante Funktion f mit dem Term $f(x) = c$ ($c \in \mathbb{R}$) hat als Graph eine zur x-Achse parallele Gerade, deren Steigung an allen Stellen gleich Null ist.

Satz I.3 (Summenregel):
Sind die Funktionen f und g im Intervall I differenzierbar, so ist auch die Summenfunktion f + g dort differenzierbar und es gilt:
$$(f + g)' = f' + g'.$$

Die Ableitung der Summe ist gleich der Summe der Ableitungen der Summanden.

Beispiel zur Summenregel:
$f(x) = x^{11} + x^4 \Rightarrow f'(x) = 11 \cdot x^{10} + 4 \cdot x^3$

Satz I.4 (Faktorregel):
f sei eine differenzierbare Funktion und c eine beliebige reelle Zahl.
Dann gilt:
$$(c \cdot f)' = c \cdot f'.$$

Ein konstanter multiplikativer Faktor bleibt beim Differenzieren erhalten.

Beispiel zur Faktorregel:
$$\begin{aligned}(4x^2 + \tfrac{1}{3}x^6)' &= (4x^2)' + (\tfrac{1}{3}x^6)' \\ &= 4 \cdot (x^2)' + \tfrac{1}{3} \cdot (x^6)' \\ &= 4 \cdot 2x + \tfrac{1}{3} \cdot 6x^5 \\ &= 8x + 2x^5\end{aligned}$$

Übung 2
Bestimmen Sie die Ableitungsfunktion f'. In welchen Punkten hat der Graph von f die Steigung 4?

a) $f(x) = \frac{1}{5}x^5$ b) $f(x) = x^5 - \frac{25}{3}x^3 + 24x$ c) $f(x) = 3x - 1$

d) $f(x) = 2x^2 + 6x - 3$ e) $f(x) = x^3 - 3x^2 - 5x$ f) $f(x) = x^3 - 6x^2 + (3a + 4) \cdot x$

Satz I.5 (Reziprokenregel):
Für $n \in \mathbb{N}$ und $x \neq 0$ gilt:

$$(x^{-n})' = -n \cdot x^{-n-1}$$

$$\left(\frac{1}{x^n}\right)' = -\frac{n}{x^{n+1}}$$

Insbesondere gilt für

$n = 1$: $\left(\frac{1}{x}\right)' = -\frac{1}{x^2}$

$n = 2$: $\left(\frac{1}{x^2}\right)' = -\frac{2}{x^3}$.

Übung 3

Gegeben sind die Funktionen zu $f(x) = \frac{1}{x^3}$ und $g(x) = \frac{1}{x^2}$.

a) Zeichnen Sie die Graphen in ein Koordinatensystem.
b) Berechnen Sie die Steigung von f für $x = -\frac{1}{20}$, 100.
c) Für welche x-Werte gilt $f'(x) = g'(x)$?

Übung 4

a) Bestimmen Sie die Gleichung der Tangente an den Graphen zu $f(x)=\frac{1}{x^3}$ im Punkt $P(3|y)$.
b) Die Tangente an den Graphen zu $f(x) = \frac{1}{x^4}$ in $P(x_0|y_0)$ hat die Nullstelle bei $x = -2{,}5$. Bestimmen Sie P.

Satz I.6: Die Funktion f sei differenzierbar und es gelte:

$$g(x) = f(ax+b) \text{ , } a \neq 0 \text{ ;}$$

dann ist:

$$g'(x) = a \cdot f'(ax+b).$$

Kurzform der Regel:

$$[\ f(ax+b)\ ]' = a \cdot f'(ax+b)$$

Beispiel:

$$g(x) = (2x + 5)^7 \Rightarrow g'(x) = 2 \cdot 7 \cdot (2x + 5)^6 = 14 \cdot (2x + 5)^6$$

Übung 5

Gegeben sind die Funktionen zu $f(x) = 4x - 1$, $g(x) = \frac{1}{x^3}$, $h(x) = x^5$.

a) Geben Sie die Terme der Ableitungsfunktionen $f'(x)$, $g'(x)$ und $h'(x)$ an.
b) Bestimmen Sie $f'(1)$ und $g'(f(1))$ bzw. $h'(f(1))$ und überprüfen Sie das Ergebnis mit Satz I.6.
c) Sei $g_1(x) = g(f(x))$ und $h_1(x) = h(f(x))$.
Wie lauten die Terme der Ableitungsfunktionen von $g_1(x)$ und $h_1(x)$?

Übung 6

Gegeben sind die Funktionen zu $f(x) = 2x - \frac{5}{3}$, $g(x) = \frac{1}{3} \cdot x^3$, $h(x) = \frac{1}{x^2}$.

a) In welchen Punkten schneiden sich die Graphen von f und g?
b) Bestimmen Sie die Terme der Ableitungsfunktionen $f'(x)$, $g'(x)$ und $h'(x)$.
c) Sei $f_1(x) = f(g(x))$, $f_2(x) = f(h(x))$, $g_1(x) = g(f(x))$ und $h_1(x) = h(f(x))$. Bilden Sie von jeder Funktion die Ableitungsfunktion.
d) Betrachten Sie $f_3(x) = f(f(x))$. Zeigen Sie, dass f_3 wieder eine lineare Funktion ist.
e) Verallgemeinern Sie das Ergebnis aus d). Welcher Zusammenhang besteht zwischen den Steigungen der linearen Funktionen zu $y(x)$ und $y(y(x))$?

C. Die Ableitung von $\sqrt{x}$

Mit den bisher angegebenen Ableitungsregeln können die Ableitungen der ganzrationalen Funktionen und von einfachen gebrochen-rationalen Funktionen bestimmt werden.

Als Ergänzung werden wir nun die Wurzelfunktion zu $f(x) = \sqrt{x}$ differenzieren.

Satz I.7 (Wurzelregel):

Für $x > 0$ gilt: $(\sqrt{x})' = \frac{1}{2\cdot\sqrt{x}}$

Beweis: Für den Beweis dieser Ableitungsregel müssen wir auf die Definition der Ableitung (Definition I.1, Seite 11) zurückgreifen.

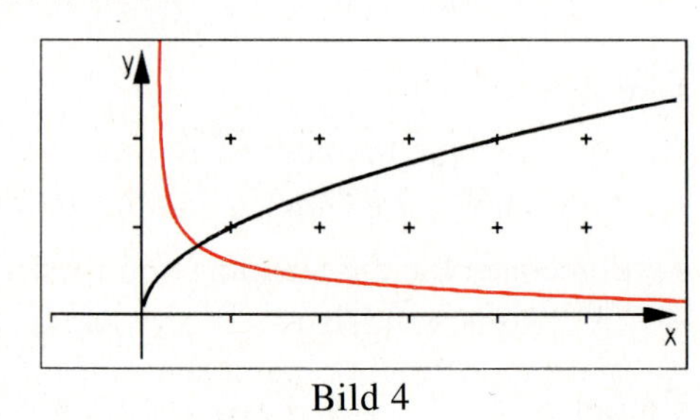

Bild 4

$$(\sqrt{x})' = \lim_{h\to 0}\frac{f(x+h)-f(x)}{h} = \lim_{h\to 0}\frac{\sqrt{x+h}-\sqrt{x}}{h} = \lim_{h\to 0}\left[\frac{\sqrt{x+h}-\sqrt{x}}{h}\cdot\frac{\sqrt{x+h}+\sqrt{x}}{\sqrt{x+h}+\sqrt{x}}\right]$$

$$= \lim_{h\to 0}\left[\frac{x+h-x}{h\cdot(\sqrt{x+h}+\sqrt{x})}\right] = \lim_{h\to 0}\left[\frac{1}{\sqrt{x+h}+\sqrt{x}}\right] = \frac{1}{2\cdot\sqrt{x}}$$

Beispiel: Untersucht wird $f(x) = \sqrt{x}$.

a) In welchem Punkt P hat der Graph von f einen Steigungswinkel von 45°?

b) Zeichnen Sie den Graphen von f sowie die Tangente im Punkt Q(4|2). Bestimmen Sie die Tangentengleichung rechnerisch.

c) An welcher Stelle schneidet die Tangente die x-Achse?

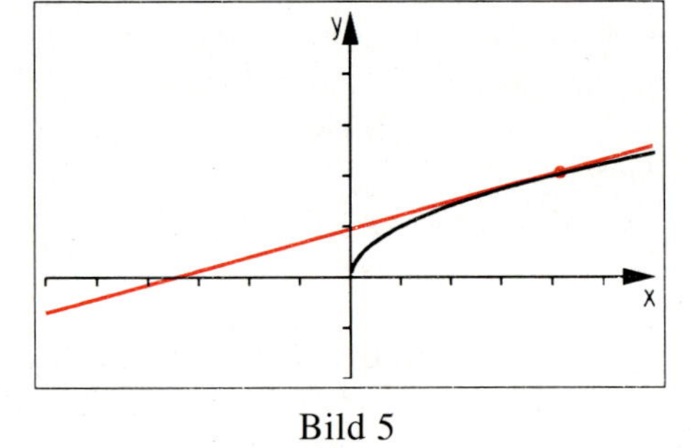

Bild 5

Lösung:

a) Der Tangens des Steigungswinkels ist gleich der Steigung von f, daher hat der Graph von f in P die Steigung $\tan 45° = 1$.

Ergebnis $P(\frac{1}{4}|\frac{1}{2})$.

$m = \tan 45° = 1$

$f'(x) = \frac{1}{2\cdot\sqrt{x}} = 1 \Rightarrow x = \frac{1}{4}$

$f(\frac{1}{4}) = \sqrt{\frac{1}{4}} = \frac{1}{2}$

b) Die Tangente geht durch den Punkt Q(4|2) und hat die Steigung

$m = f'(4) = \frac{1}{4}$, da $f'(x) = \frac{1}{2\cdot\sqrt{x}}$.

Aus der Punkt-Steigungsform der Geradengleichung (Mathematik 11, Seite 17) ergibt sich damit

$$y = \frac{1}{4}x + 1$$

als Tangentengleichung.

Tangentengleichung:
$y = m\cdot(x - x_0) + y_0$
mit $m = f'(4) = \frac{1}{4}$, $x_0 = 4$, $y_0 = 2$

$y = \frac{1}{4}\cdot(x - 4) + 2 = \frac{1}{4}x + 1$

c) Die Tangente schneidet die x-Achse bei $x = -4$.

Nullstelle: $y = 0$

$\frac{1}{4}x + 1 = 0 \Leftrightarrow x = -4$

Übung 7

Berechnen Sie unter Verwendung des Differentialquotienten $\lim\limits_{h\to 0} \frac{f(x_0+h)-f(x_0)}{h}$ die Ableitungsfunktion f'.

a) $f(x) = \sqrt{x+1}$ $(x > -1)$ b) $f(x) = 2 \cdot \sqrt{x-2}$ $(x > 2)$

Übung 8

Berechnen Sie f'(x) unter Benutzung der Ableitungsregeln.

a) $f(x) = \sqrt{6x-1}$; $x > \frac{1}{6}$ b) $f(x) = \sqrt{-2x} + \sqrt{-3x}$; $x < 0$

Übung 9

a) Wie lautet die Gleichung der Tangente an den Graphen zu $f(x) = 3 \cdot \sqrt{x}$ in P(4|6)?
b) In welchen Punkten schneidet die Tangente die Koordinatenachsen?

D. Übungen

10. Berechnen Sie die Steigung des Graphen der Funktion f an der Stelle x_0.

a) $f(x) = 4x^3$; $x_0 = 2$ b) $f(x) = \sqrt{2x}$; $x_0 = 8$ c) $f(x) = \frac{2}{x^2}$; $x_0 = \frac{1}{2}$

11. Berechnen Sie die Ableitungsfunktion.

a) $f(x) = 3(x^6 - 3x^2 + 4)$ b) $f(x) = ax^5 + bx^4$ c) $f(x) = x^3 + \frac{1}{x^3} + 2 \cdot \sqrt{x}$

d) $f(x) = \frac{3}{x^5} - \sqrt{4x+1}$ d) $f(x) = (2x + 4)^3 - \sqrt{3x}$ e) $f(x) = a(6x^4 + \frac{5}{x^4})$

12. Gegeben sind die Funktionen zu $f(x) = 3 \cdot \sqrt{4x+4} + 1$ und $g(x) = 6 \cdot \sqrt{x+1} - 3$.
a) Geben Sie den Definitionsbereich von f und g an.
b) Begründen Sie rechnerisch, dass f und g dieselbe Ableitungsfunktion besitzen.
c) Begründen Sie dies auch geometrisch (Skizze).
d) Verallgemeinern Sie das Resultat aus b).

13. In welchem Punkt P des Graphen von $f(x) = 2 - 3 \cdot \sqrt{x}$ ist die Tangente parallel zur Winkelhalbierenden des zweiten Quadranten?

14. In welchem Punkt P und unter welchem Winkel schneiden sich die Funktionen zu $f(x) = \frac{1}{2} \cdot \sqrt{x}$ und $g(x) = \frac{4}{x}$?

15. Gegeben sind die Funktionen zu $f(x) = \frac{1}{4x-1}$ $(x \neq \frac{1}{4})$ und $g(x) = 4 \cdot \sqrt{4x-1}$ $(x > \frac{1}{4})$.
a) Untersuchen Sie das Grenzverhalten von f für $x \to \infty$.
b) Zeichnen Sie den Graphen von f.
c) Welcher Zusammenhang besteht zwischen f und g' ?
d) An welcher Stelle unterscheiden sich die Ableitungen von f und g nur in ihrem Vorzeichen?

2. Produktregel und Kettenregel

Die uns bisher zur Verfügung stehenden Differentiationsregeln reichen nicht aus, denn sie gestatten es nicht, Produkte von Funktionen wie zu $f(x) = (x^2 + 2)\cdot\sqrt{x}$ oder verkettete Funktionen wie zu $f(x) = g(h(x)) = (x^2+2)^{40}$ zu differenzieren, obwohl die äußere Funktion zu $g(x) = x^{40}$ und die innere Funktion zu $h(x) = x^2 + 2$ einzeln problemlos abzuleiten sind. Die folgenden Ableitungsregeln geben an, wie in diesen Fällen vorzugehen ist.

A. Die Produktregel

Eine Summe $f(x) = u(x) + v(x)$ wird – wie wir wissen – gliedweise differenziert. Nach der Summenregel (Satz I.3, Seite 12) gilt dann $f'(x) = u'(x) + v'(x)$. Wir untersuchen, ob die nahe liegende Vermutung richtig ist, dass die Ableitung eines Produktes analog durch faktorweises Differenzieren gewonnen wird.

Sei $f(x) = x^5$. Wir zerlegen $f(x)$ in das Produkt $f(x) = u(x)\cdot v(x)$ mit $u(x) = x^2$ und $v(x) = x^3$.
Die Ableitungen der drei Funktionen ergeben sich durch Anwendung der Potenzregel (Satz I.1, Seite 12).
Der Vergleich von $f'(x)$ mit dem Produkt $u'(x)\cdot v'(x)$ zeigt, dass eine analoge Übertragung der Summenregel auf Produkte nicht möglich ist.

$f(x) = x^5 = x^2\cdot x^3 = u(x)\cdot v(x)$

Naive Vermutung: $f'(x) = u'(x)\cdot v'(x)$

Rechnung:
$u'(x) = 2x$
$v'(x) = 3\cdot x^2$
$\Rightarrow u'(x)\cdot v'(x) = 6\cdot x^3$
$f'(x) = 5\cdot x^4$

Ergebnis: $f'(x) \neq u'(x)\cdot v'(x)$

Das Beispiel ergab, dass für Produkte von Funktionen eine neue Differentiationsregel hergeleitet werden muss. Es zeigt sich, dass diese Regel ebenfalls sehr einfach und leicht zu merken ist.

Satz I. 8 (Produktregel): Sind u und v an der Stelle x_0 differenzierbare Funktionen, so ist auch ihr Produkt $f(x) = u(x)\cdot v(x)$ an der Stelle x_0 differenzierbar und es gilt:

$$\mathbf{f'(x_0) = u'(x_0)\cdot v(x_0) + u(x_0)\cdot v'(x_0)}$$

Kurzform der Produktregel:
$(u\cdot v)' = u'\cdot v + u\cdot v'$

Beweis:
Wir bilden den Differenzenquotienten des Produktes $f(x) = u(x)\cdot v(x)$ und nehmen eine einfache, aber sehr wirkungsvolle Ergänzungsumformung vor. Die anschließende Durchführung des Grenzübergangs $x \to x_0$ liefert unmittelbar die Produktregel.

$$\frac{f(x)-f(x_0)}{x-x_0} = \frac{u(x)\cdot v(x) - u(x_0)\cdot v(x_0)}{x-x_0} = \frac{u(x)\cdot v(x) - u(x_0)\cdot v(x) + u(x_0)\cdot v(x) - u(x_0)\cdot v(x_0)}{x-x_0}$$

$$\frac{f(x)-f(x_0)}{x-x_0} = \frac{u(x)-u(x_0)}{x-x_0}\cdot v(x) + u(x_0)\cdot\frac{v(x)-v(x_0)}{x-x_0}$$

$$f'(x_0) \quad = u'(x_0) \quad\cdot\quad v(x_0) + u(x_0)\cdot\quad v'(x_0) \qquad (\text{für } x \to x_0)$$

Beispiel: Bestimmen Sie die Ableitung der Funktion f durch Anwendung der Produktregel.

a) $f(x) = (x^2 + 3)\cdot(x^3 - 5)$ b) $f(x) = x \cdot \sqrt{x}$, $x > 0$ c) $f(x) = \frac{1}{x} \cdot \sqrt{x}$

Lösung:

a) $f'(x) = [(x^2 + 3)\cdot(x^3 - 5)]' = 2x\cdot(x^3 - 5) + (x^2 + 3)\cdot 3x^2 = 5x^4 + 9x^2 - 10x$

$[\ u \cdot v\ ]' = u' \cdot v + u \cdot v'$

b) $f'(x) = [x \cdot \sqrt{x}\,]' = 1 \cdot \sqrt{x} + x \cdot \frac{1}{2\cdot\sqrt{x}} = \frac{3}{2} \cdot \sqrt{x}$

c) $f'(x) = \left[\frac{1}{x} \cdot \sqrt{x}\right]' = \left(-\frac{1}{x^2}\right) \cdot \sqrt{x} + \frac{1}{x} \cdot \frac{1}{2\cdot\sqrt{x}} = -\frac{1}{2x\cdot\sqrt{x}}$

Übung 1

Bestimmen Sie f'(x) durch Anwendung der Produktregel.

a) $f(x) = (6 - x^2)\cdot(x^3 - x + 2)$
b) $f(x) = x^3 \cdot \sqrt{x}$, $x > 0$
c) $f(x) = \frac{x}{x+1}$, $x > -1$
d) $f(x) = (x^4 - 1)\cdot(x^3 + 2x^2 - 5x)$
e) $f(x) = x\cdot g(x)$
f) $f(x) = \frac{1}{x\cdot(x+1)}$, $x > 0$
g) $f(x) = x^5\cdot(x - 4)^8$
h) $f(x) = \sqrt{x} \cdot \sqrt{x+1}$
i) $f(x) = \frac{\sqrt{x+1}}{x}$, $x>0$

Die Produktregel kann auch auf Produkte mit mehr als zwei Faktoren angewandt werden.

Beispiel: Bestimmen Sie die Ableitung der Funktion zu $f(x) = (x^2 + 1) \cdot \sqrt{x} \cdot \frac{1}{x}$, $x > 0$.

Lösung:

$$f'(x) = \left[(x^2+1) \cdot \sqrt{x} \cdot \frac{1}{x}\right]' = (x^2+1)' \cdot \sqrt{x} \cdot \frac{1}{x} + (x^2+1) \cdot \left(\sqrt{x} \cdot \frac{1}{x}\right)'$$

$$= 2x \cdot \left(\sqrt{x} \cdot \frac{1}{x}\right) + (x^2+1) \cdot \left(-\frac{1}{2x \cdot \sqrt{x}}\right) = (3x^2 - 1) \cdot \sqrt{x} \cdot \frac{1}{2x^2}$$

Übung 2

Bestimmen Sie die Ableitung von f durch mehrfache Anwendung der Produktregel.

a) $f(x) = (x^2 + 1)\cdot(x^3 - 2x)\cdot x^4$
b) $f(x) = \sqrt{x} \cdot \sqrt{x+1} \cdot \sqrt{x+2}$
c) $f(x) = x\cdot g(x)\cdot h(x)$
d) $f(x) = \frac{1}{x^2} \cdot (x^3 - 1) \cdot \sqrt{x}$, $x > 0$
e) $f(x) = \frac{1}{x \cdot (x+1) \cdot (x+2)}$, $x > 0$
f) $f(x) = x\cdot g^2(x)\cdot h(x)$

Übung 3

Formulieren Sie die Produktregel für die Ableitung eines Produktes mit drei Faktoren. Berechnen Sie dazu die Ableitung von $f(x) = u(x)\cdot v(x)\cdot w(x)$.

B. Die Kettenregel

Wir wenden uns jetzt der zweiten neuen Ableitungsregel zu, der sogenannten Kettenregel. Sie gestattet es, zwei miteinander verkettete Funktionen abzuleiten.

Satz I. 9 (Kettenregel): Die Funktion g sei an der Stelle x und die Funktion f sei an der Stelle g(x) differenzierbar. Dann ist die Verkettung der beiden Funktionen, also die Funktion zu $h(x) = f(g(x))$, an der Stelle x differenzierbar. Für ihre Ableitung gilt:

$$\mathbf{h'(x) = f'(g(x))\cdot g'(x)}$$

Ableitung der Verkettung an der Stelle x = Ableitung der äußeren Funktion an der Stelle g(x) · Ableitung der inneren Funktion an der Stelle x

Der Beweis dieses Satzes ist nicht einfach und wir werden ihn nur für den Fall durchführen, dass die innere Funktion g(x) streng monoton ist.

Zuvor jedoch werden wir die Anwendung der Kettenregel an einfachen Beispielen üben.

Beispiel: Differenzieren Sie die Funktion nach der Kettenregel. Bestimmen Sie zunächst äußere und innere Funktion.

a) $h(x) = (x^2 + 1)^{40}$ b) $h(x) = \sqrt{x^2+4}$ c) $h(x) = \frac{1}{x^3 - x}$

Lösung:

a) Der äußere Funktionsterm ist $f(x) = x^{40}$. Der innere Funktionsterm ist $g(x) = x^2 + 1$.
Die Ableitungen sind $f'(x) = 40x^{39}$ und $g'(x) = 2x$.
Für die rechte Seite der Kettenregel benötigen wir die Terme $f'(g(x))$ und $g'(x)$.
Wir erhalten $f'(g(x)) = f'(x^2 + 1) = 40(x^2 + 1)^{39}$ sowie $g'(x) = 2x$.
Einsetzen in die Regel liefert $h'(x) = 40(x^2 + 1)^{39}\cdot 2x = 80x\cdot(x^2 + 1)^{39}$

b) Verkettung .... : $h(x) = \sqrt{x^2+4}$

äußere Funktion .... : $f(x) = \sqrt{x}$, $f'(x) = \frac{1}{2\cdot\sqrt{x}}$

innere Funktion .... : $g(x) = x^2 + 4$, $g'(x) = 2x$

äußere Ableitung .... : $f'(g(x)) = \frac{1}{2\cdot\sqrt{g(x)}} = \frac{1}{2\cdot\sqrt{x^2+4}}$

innere Ableitung .... : $g'(x) = 2x$

Ableitung der Verkettung .... : $h'(x) = f'(g(x))\cdot g'(x) = \frac{x}{\sqrt{x^2+4}}$

c) In diesem letzten Beispiel wählen wir zur Darstellung eine Kurzform:

$$h'(x) = -\frac{1}{(x^3 - x)^2}\cdot(3x^2 - 1) \quad = \quad -\frac{3x^2 - 1}{(x^3 - x)^2}$$

äußere Ableitung · innere Ableitung = Ableitung der Verkettung

Übung 4
Bestimmen Sie die Ableitungsfunktion der Funktion f mit Hilfe der Kettenregel. Gehen Sie wie in den obigen Beispielen schrittweise vor.

a) $f(x) = (2x + 5)^5$ b) $f(x) = (x^2 + x)^8$ c) $f(x) = (x^3 + 1)^n,\ n \in \mathbb{N}$

d) $f(x) = \sqrt{3x+6},\ x > -2$ e) $f(x) = \sqrt{x^3 + x^2},\ x > 0$ f) $f(x) = \sqrt{\frac{1}{x}},\ x > 0$

g) $f(x) = \frac{1}{x^2 + x},\ x > 0$ h) $f(x) = \frac{1}{x + 2 \cdot x^3},\ x > 0$ i) $f(x) = \frac{1}{\sqrt{x}},\ x > 0$

Beweis der Kettenregel (für den Fall einer streng monotonen inneren Funktion):

Sei $h(x) = f(g(x))$ die Verkettung von f und g. g sei eine streng monotone in x_0 differenzierbare Funktion. f sei an der Stelle $g(x_0)$ differenzierbar.
Wegen der strengen Monotonie der Funktion g gilt für $x \neq x_0$ auch $g(x) \neq g(x_0)$ bzw. $g(x) - g(x_0) \neq 0$. Daher können wir den Differenzenquotienten der Verkettung h an der Stelle x_0 folgendermaßen durch Erweiterung mit dem Term $g(x) - g(x_0)$ umformen:

$$\underbrace{\frac{h(x)-h(x_0)}{x-x_0}}_{\text{I}} = \frac{f(g(x))-f(g(x_0))}{x-x_0} = \underbrace{\frac{f(g(x))-f(g(x_0))}{g(x)-g(x_0)}}_{\text{II}} \cdot \underbrace{\frac{g(x)-g(x_0)}{x-x_0}}_{\text{III}}$$

$$\downarrow\ x \to x_0 \qquad\qquad \downarrow\ x \to x_0 \qquad\qquad \downarrow\ x \to x_0$$

$$h'(x_0) = f'(g(x_0)) \cdot g'(x_0)$$

Erläuterungen zu den Grenzübergängen:
Term III strebt für $x \to x_0$ gegen $g'(x_0)$, da g an der Stelle x_0 differenzierbar ist.
Term II strebt für $x \to x_0$ gegen $f'(g(x_0))$, da f an der Stelle $g(x_0)$ differenzierbar ist. Dabei ist zu beachten, dass aus der Differenzierbarkeit von g in x_0 folgt, dass mit $x \to x_0$ auch $g(x) \to g(x_0)$ geht.
Damit ist nachgewiesen, dass die Kettenregel im vorliegenden Spezialfall (g streng monoton) gilt. Auf den allgemeinen Beweis, der schwieriger ist, verzichten wir hier.

Die Kettenregel ist auch anwendbar, wenn mehr als zwei Funktionen verkettet werden.

Beispiel: Bestimmen Sie die Ableitungsfunktion von $h(x) = \left(\sqrt{x^2+1}\right)^3$.

Lösung:

Hier gilt $h(x) = f(g(r(x)))$ mit $f(x) = x^3$, $g(x) = \sqrt{x}$ und $r(x) = x^2+1$.

Nach der Kettenregel folgt zunächst: $h'(x) = \left[\left(\sqrt{x^2+1}\right)^3\right]' = 3 \cdot \left(\sqrt{x^2+1}\right)^2 \cdot \left[\sqrt{x^2+1}\right]'$.

$\left[\sqrt{x^2+1}\right]'$ wird wieder mit der Kettenregel bestimmt: $\left[\sqrt{x^2+1}\right]' = \frac{1}{2 \cdot \sqrt{x^2+1}} \cdot 2x$.

Insgesamt erhalten wir: $h'(x) = 3 \cdot \left(\sqrt{x^2+1}\right)^2 \cdot \frac{1}{2 \cdot \sqrt{x^2+1}} \cdot 2x = 3x \cdot \sqrt{x^2+1}$.

Übung 5

Bestimmen Sie die erste Ableitung von h durch zweifache Anwendung der Kettenregel.

a) $h(x) = \sqrt{(x^2+x)^3}$, $x > 0$ b) $h(x) = ((x^3+1)^2+x)^3$ c) $h(x) = \frac{1}{(x^4+x^2)^2}$, $x > 0$

d) $h(x) = \left(\frac{1}{\sqrt{x}}\right)^3$, $x > 0$ e) $h(x) = \frac{1}{\sqrt{4x^2+2}}$ f) $h(x) = \sqrt{\frac{1}{x^2+2x}}$, $x > 0$

C. Übungen

6. Differenzieren Sie die Funktion h nach der Kettenregel. Bestimmen Sie zunächst äußere und innere Ableitung.

a) $h(x) = (2x-1)^4$ b) $h(x) = (3-x)^{11}$ c) $h(x) = \frac{1}{x^2-1}$, $x > 1$

d) $h(x) = \sqrt{4x^2-1}$, $x > 0{,}5$ e) $h(x) = \sqrt{3x^3+2x^2}$, $x > 0$ f) $h(x) = (2x^5-x)^8$

g) $h(x) = \frac{1}{(2x+4)^3}$, $x > -2$ h) $h(x) = (x^4-2x^2)^5$ i) $h(x) = \sqrt{8-x^3}$, $x < 2$

j) $h(x) = (x^6-3x^2-1)^4$ k) $h(x) = (3x^k+5)^n$;$k,n \in \mathbb{N}$ l) $h(x) = (\sqrt{x}+x^2)^4$, $x>0$

7. Bestimmen Sie die erste Ableitung von h durch zweifache Anwendung der Kettenregel.

a) $h(x) = \sqrt{(x^4+x)^3}$, $x > 0$ b) $h(x) = ((x^2-1)^4-x^3)^4$ c) $h(x) = (3x-2(x^3+2x)^3)^5$

d) $h(x) = \frac{1}{(x^4+1)^3}$ e) $h(x) = ((6x^4-8)^3-3x^2)^3$ f) $h(x) = \frac{1}{\sqrt{x^2+2}}$

g) $h(x) = \sqrt{\frac{1}{x^2+x}}$, $x > 0$ h) $h(x) = (\sqrt{x^2+1}+x)^2$ i) $h(x) = \sqrt{\sqrt{x^2+1}}$

8. Bestimmen Sie die Ableitung von f durch mehrfache Anwendung der Produktregel.

a) $f(x) = (2x-1)\cdot(x^2+1)^3\cdot x^3$ b) $f(x) = \sqrt{x}\cdot(x^2+1)\cdot\sqrt{x+1}$, $x > 0$

c) $f(x) = (x^4-2)\cdot\sqrt{x+1}\cdot x^3$ d) $f(x) = 3x\cdot(x^5-2)\cdot(x-7)$

e) $f(x) = (x-1)\cdot\sqrt{x}\cdot(x^3+x)$ f) $f(x) = x^4\cdot\frac{1}{x+1}\cdot\sqrt{x}$, $x > 0$

g) $f(x) = (x^2-1)\cdot\frac{1}{x}\cdot\sqrt{x}$, $x > 0$ h) $f(x) = \frac{1}{x}\cdot(x^3-5)\cdot\sqrt{x}$, $x > 0$

i) $f(x) = (3x^2+1)\cdot\sqrt{x}\cdot x^3$, $x > 0$ j) $f(x) = 3\cdot\sqrt{x}\cdot(x-1)\cdot(x^2+x)$, $x > 0$

k) $f(x) = x\cdot\sqrt{x+1}\cdot\frac{1}{x}\cdot(x^2+x)$, $x > 0$

9. Bestimmen Sie die Ableitung von f durch Anwendung von Produkt- und Kettenregel.

a) $f(x) = (x^2-1)^3\cdot\sqrt{x}$, $x > 0$ b) $f(x) = \frac{1}{x}\cdot(x^4+3)^2$, $x > 0$

c) $f(x) = (x+1)^2\cdot(1-x)^4$ d) $f(x) = \sqrt{x^2-1}\cdot\frac{1}{x}$, $x > 1$

e) $f(x) = (3x^2-x)\cdot\sqrt{5x^2-1}$, $x > \frac{1}{\sqrt{5}}$ f) $f(x) = (x^3-1)^4\cdot(x^4+x)^3$

II. Trigonometrische Funktionen

1. Grundlagen

A. Definitionen und Formeln

Im Folgenden stellen wir die wichtigsten Grundlagen für den Umgang mit Sinus und Kosinus noch einmal in kompakter Form zusammen. Dieser Abschnitt ist überwiegend zum Nachschlagen und zum Nacharbeiten gedacht.

Sinus und Kosinus im rechtwinkligen Dreieck

Sinus und Kosinus eines Winkels α können besonders einfach im rechtwinkligen Dreieck definiert werden. Allerdings gelten diese Definitionen nur für spitze Winkel:

$$\sin\alpha = \frac{\text{Gegenkathete von }\alpha}{\text{Hypotenuse}}$$

$$\cos\alpha = \frac{\text{Ankathete von }\alpha}{\text{Hypotenuse}}$$

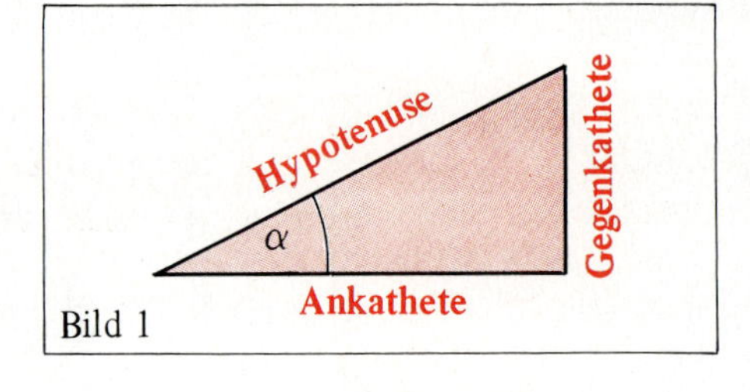

Bild 1

Sinus und Kosinus am Einheitskreis

Eine Erweiterung dieser Definition auf beliebige Winkel ergibt sich, wenn α als Drehwinkel im Einheitskreis betrachtet wird. Orientiert man sich an Bild 2, so wird die Strecke $\overline{OA}$ in die Strecke $\overline{PA}$ gedreht, um den Winkel α zu erzeugen. $\cos\alpha$ und $\sin\alpha$ werden dann als Koordinaten des Punktes P definiert.

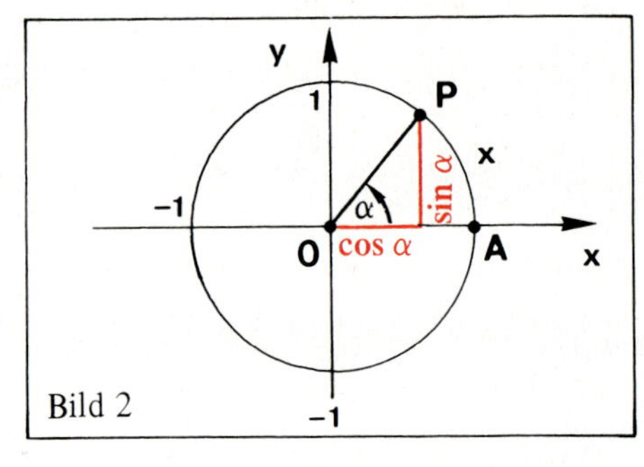

Bild 2

Auf diese Weise werden $\sin\alpha$ und $\cos\alpha$ auch für solche Winkel α definiert, deren Winkelmaß 360° überschreitet. Ebenso ist – je nach mathematischer Drehrichtung – die Unterscheidung zwischen Winkeln mit positivem bzw. negativem Winkelmaß möglich.

Gradmaß und Bogenmaß

Im Einheitskreis kann ein Winkel α auch durch das zugehörige Bogenstück $\widehat{AP}$ charakterisiert werden. Dessen Länge x heißt **Bogenmaß** des Winkels α. Gradmaß α und Bogenmaß x sind durch folgende Verhältnisgleichung verbunden:

$$\frac{x}{2\pi} = \frac{\alpha}{360^\circ}$$

α = Gradmaß
x = Bogenmaß

Umrechnung Gradmaß / Bogenmaß

$$\alpha = 40^\circ \Rightarrow x = 2\pi\cdot\frac{40}{360} = \frac{2}{9}\pi \approx 0{,}6981$$

$$\alpha = -30^\circ \Rightarrow x = 2\pi\cdot\frac{-30}{360} = -\frac{1}{6}\pi \approx -0{,}5236$$

$$x = 1{,}12 \Rightarrow \alpha = 360\cdot\frac{1{,}12}{2\pi} \approx 64{,}20^\circ$$

Sinus- und Kosinusfunktion

Tragen wir auf der x-Achse eines Koordinatensystems das Bogenmaß und auf der y-Achse den zugehörigen, am Einheitskreis gewonnenen Sinuswert ab, so erhalten wir den Graphen der Sinusfunktion. Analog erhalten wir den Graphen der Kosinusfunktion.

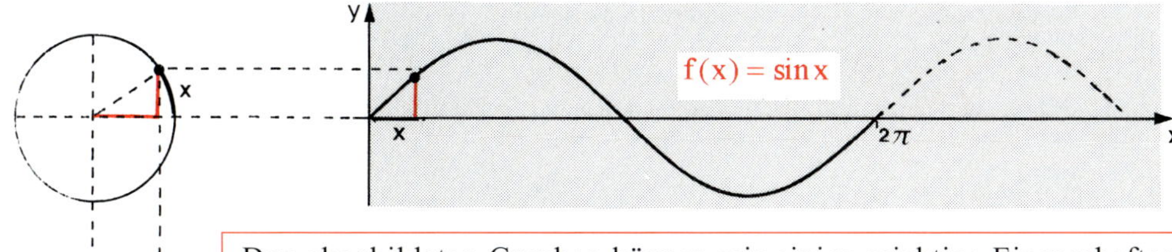

Den abgebildeten Graphen können wir einige wichtige Eigenschaften der beiden Funktionen entnehmen.

1. Sinus- und Kosinusfunktion haben die Definitionsmenge $\mathbb{R}$ und die Wertemenge $[-1;1]$.

2. Sinus- und Kosinusfunktion sind periodisch mit der Periode 2π.
   Für alle $x \in \mathbb{R}$ gilt daher:
$$\sin(x+2\pi) = \sin x$$
$$\cos(x+2\pi) = \cos x$$

3. Der Graph der Kosinusfunktion entsteht durch Verschiebung des Graphen der Sinusfunktion um $-\frac{\pi}{2}$ in x-Richtung.
$$\cos x = \sin(x+\tfrac{\pi}{2})$$

4. Der Graph der Sinusfunktion ist symmetrisch zum Ursprung.
   Der Graph der Kosinusfunktion ist symmetrisch zur y-Achse.
$$\sin(-x) = -\sin x$$
$$\cos(-x) = \cos x$$

5. Die Nullstellen der Sinusfunktion liegen bei $x = k\pi$ und die Nullstellen der Kosinusfunktion liegen bei $x = \frac{\pi}{2} + k\pi$ $(k \in \mathbb{Z})$.

Die Tangensfunktion

Der Tangens lässt sich am Einheitskreis in einfacher Weise geometrisch als Tangentenabschnitt interpretieren. Die algebraische Definition lautet folgendermaßen:

$$\tan x = \frac{\sin x}{\cos x}, \quad x \neq \frac{\pi}{2} + k\pi \ (k \in \mathbb{Z}).$$

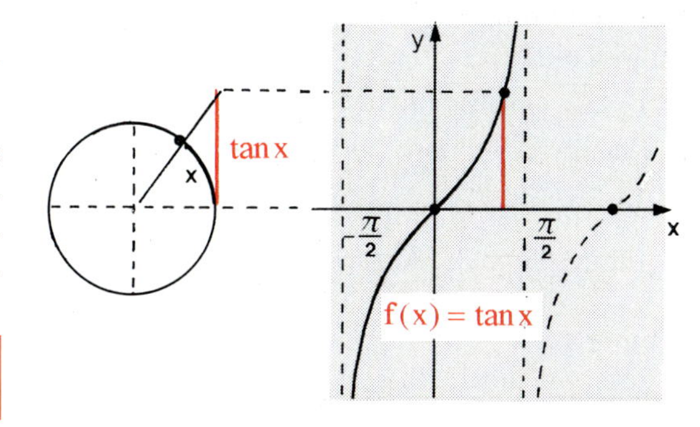

Trigonometrische Formeln

Bei zahlreichen trigonometrischen Umrechnungen benötigt man die folgenden Formeln:

Symmetrien	*Verschiebungen*	*trigonom. Pythagoras*
$\sin(-x) = -\sin x$	$\sin(x+\frac{\pi}{2}) = \cos x$	$\sin^2 x + \cos^2 x = 1$
$\cos(-x) = \cos x$	$\cos(x+\frac{\pi}{2}) = -\sin x$	

Additionstheoreme für Sinus und Kosinus / Formeln für das doppelte Argument	
$\sin(x+y) = \sin x \cdot \cos y + \cos x \cdot \sin y$	$\cos(x+y) = \cos x \cdot \cos y - \sin x \cdot \sin y$
$\sin(2x) = 2 \cdot \sin x \cdot \cos x$	$\cos(2x) = \cos^2 x - \sin^2 x = 2 \cdot \cos^2 x - 1 = 1 - 2 \cdot \sin^2 x$

Übung 1

a) Begründen Sie die Gültigkeit der Eigenschaften 1 bis 5 (Seite 23) am Einheitskreis.

b) Bestimmen Sie durch Ablesen am Einheitskreis die Funktionswerte von sin x und cos x an den Stellen $x = 0; \frac{2}{3}\pi; \pi; \frac{3}{2}\pi; \frac{7}{4}\pi; 2\pi; -\frac{\pi}{4}$.

c) Zeichnen Sie die Graphen von Sinus- und Kosinusfunktion in ein gemeinsames Koordinatensystem ein und bestimmen Sie die Lage der Schnittpunkte der beiden Graphen.

Übung 2

Berechnen Sie mit Hilfe des Taschenrechners die folgenden Werte auf vier Nachkommastellen genau. Taschenrechnereinstellung: Gradmaß: DEG , Bogenmaß: RAD

a) $\sin 30°$ d) $\sin 8°$ g) $\sin 320°$ j) $\sin 2356°$ m) $\sin(\frac{\pi}{4})$ p) $\tan 88{,}8°$
b) $\cos 50°$ e) $\sin 8$ h) $\cos 18$ k) $\cos(-1112)$ n) $\cos 0{,}003$ q) $\tan 4{,}14$
c) $\sin 1{,}42$ f) $\cos(-40°)$ i) $\cos 38{,}42°$ l) $\cos(\frac{\pi}{4})$ o) $\sin 256{,}5°$ r) $\tan(\frac{\pi}{4})$

Übung 3

a) Begründen Sie die oben dargestellten Symmetrie- und Verschiebungsformeln sowie den trigonometrischen Pythagoras am Einheitskreis.

b) Beweisen Sie die Sinusformel für das doppelte Argument, d.h. $\sin(2x) = 2 \cdot \sin x \cdot \cos x$, mit Hilfe des Additionstheorems für $\sin(x+y)$. Beweisen Sie ebenfalls die Kosinusformel für das doppelte Argument.

Übung 4

Weisen Sie mit Hilfe der Additionstheoreme für Sinus und Kosinus sowie der Formeln für das doppelte Argument die Gültigkeit der folgenden Beziehungen rechnerisch nach.

a) $\sin(x+\frac{\pi}{2}) = \cos x$ b) $\cos(x-\frac{\pi}{2}) = \sin x$ c) $\sin(x) - \sin(y) = 2 \cdot \sin(\frac{x-y}{2}) \cdot \cos(\frac{x+y}{2})$

B. Die Auflösung trigonometrischer Gleichungen

Bei der Untersuchung trigonometrischer Funktionen treten häufig Gleichungen auf, deren Lösung dem Unerfahrenen Probleme bereitet. Die folgenden Beispiele zeigen, welche Schwierigkeiten auftreten und mit welchen Mitteln man diese überwinden kann.

Beispiel: Untersuchen Sie, für welche Werte von x die nebenstehende trigonometrische Gleichung gilt. $\sin x = 0{,}8$

Lösung: Zunächst verschaffen wir uns anhand des Funktionsgraphen einen Überblick.

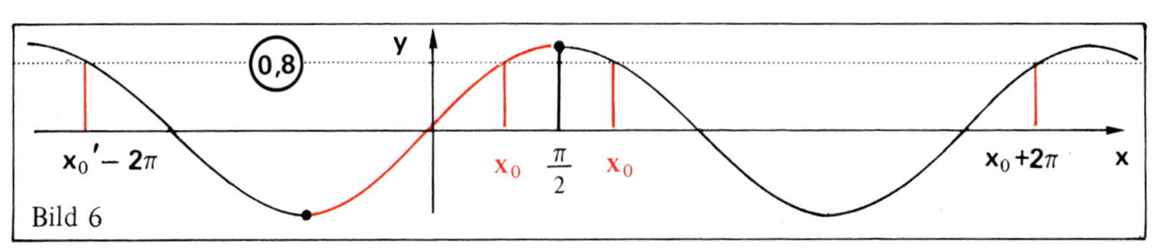

Bild 6

Wir erkennen, dass es unendlich viele Lösungen gibt, da die Sinusfunktion 2π-periodisch ist.
Man bestimmt zunächst die sogenannten "Basislösungen" x_0 und x_0'. Alle anderen Lösungen ergeben sich durch Addition eines ganzzahligen Vielfachen von 2π zu einer der Basislösungen.

Die Basislösung x_0 liefert uns der Taschenrechner, in welchem die Umkehrfunktion des in der Zeichnung rot markierten Teils der Sinusfunktion fest programmiert ist.
Diese kann – je nach Taschenrechnermodell – mit einer der Tasten SIN^{-1}, INV-SIN oder ARCSIN aufgerufen werden.
Auf diese Weise erhält man in unserem Beispiel die nebenstehend dargestellte Lösung.

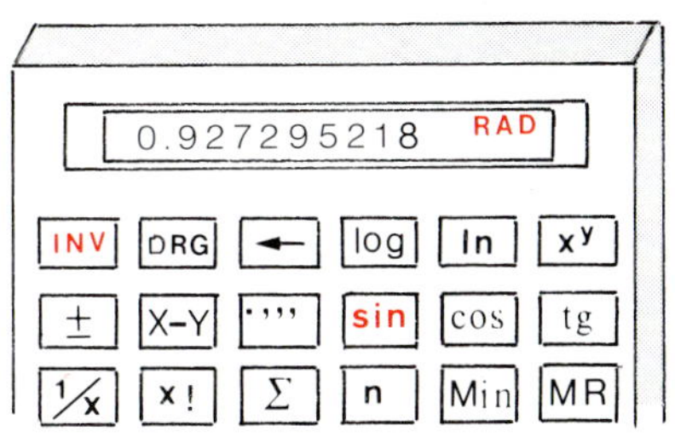

In unserem Beispiel liefert der auf den RAD-Modus eingestellte Taschenrechner nach Eingabe von 0,8 und Betätigen von INV-Taste und SIN-Taste die Basislösung $x_0 \approx 0{,}9273$, welche zum aufsteigenden Teil des Sinusbogens gehört.

Die zweite, zum absteigenden Teil des Sinusbogens gehörende Basislösung muss dann $x_0' \approx \pi - 0{,}9273 \approx 2{,}2143$ sein.

Daher sind alle Lösungen gegeben durch $x \approx 0{,}9273 + 2k\pi$ und $x' \approx 2{,}2143 + 2k\pi$.

Kosinusgleichungen lassen sich analog auflösen, wobei man sich an nebenstehender Zeichnung orientiert.
Eine Basislösung x_0 liefert der Taschenrechner. Für die zweite Basislösung gilt wegen der Achsensymmetrie der Kosinusfunktion $x_0' = -x_0$.

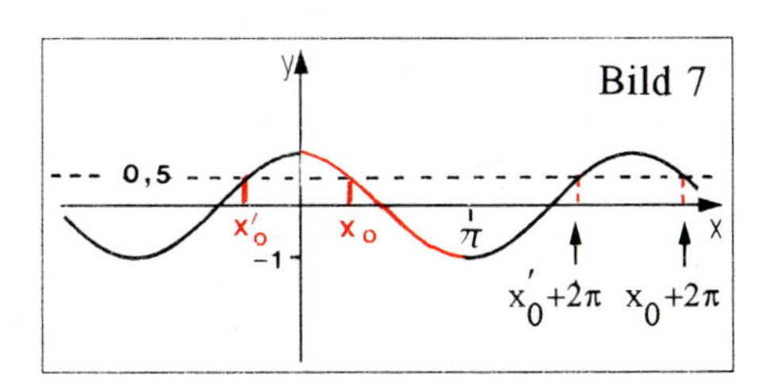

Übung 5

Bestimmen Sie die Basislösungen der trigonometrischen Gleichung.

a) $\sin x = 0{,}5$ c) $\sin x = -0{,}68$ e) $\cos x = 1$ g) $\tan x = 0{,}5$

b) $\cos x = 0{,}5$ d) $\cos x = -\frac{\sqrt{2}}{2}$ f) $\sin x = \frac{\sqrt{3}}{2}$ h) $\tan x = 1000$

Beispiel: Lösen Sie die Gleichung $4 \cdot \sin(2x-5) = 1$.

Lösung:

Durch eine Substitution des Arguments $2x-5$ kann eine solche Gleichung auf die einfachere, oben behandelte Form zurückgeführt werden.

$4 \cdot \sin(2x-5) = 1$				Umformung
$\sin(2x-5) = 0{,}25$				Substitution $2x-5 = z$
$\sin z = 0{,}25$				Basislösungen z_0, z_0'
$z_0 \approx 0{,}2527$		$z_0' \approx 2{,}8889$		Addition von $2k\pi$
$z \approx 0{,}2527+2k\pi$		$z' \approx 2{,}8889+2k\pi$		Resubstitution $z=2x-5$
$2x-5 \approx 0{,}2527+2k\pi$		$2x'-5 \approx 2{,}8889+2k\pi$		Auflösung nach x, x'
$2x \approx 5{,}2527+2k\pi$		$2x' \approx 7{,}8889+2k\pi$		
$x \approx 2{,}6264+k\pi$		$x' \approx 3{,}9445+k\pi$		

Beispiel: Bestimmen Sie die Lösung der Gleichung $\sin x + \sin 2x = 0$.

Lösung:

Hier hilft es weiter, wenn wir die auftretenden Einzelterme durch Anwendung einer trigonometrischen Formel so umformen, dass ihre Argumente gleich sind. Wir wenden die Formel für das doppelte Argument an: $\sin 2x = 2 \cdot \sin x \cdot \cos x$. Anschließend faktorisieren wir den linksseitigen Term der Gleichung.

Der erste Faktor liefert die Lösungen $x=k\pi$.

Der zweite Faktor liefert weitere Lösungen: $x \approx 2{,}0944+2k\pi$, $x \approx -2{,}0944+2k\pi$.

$\sin x + \sin 2x = 0$

$\sin x + 2 \cdot \sin x \cdot \cos x = 0$

$\sin x \cdot (1+2 \cos x) = 0$

$\sin x = 0$ oder $1 + 2 \cdot \cos x = 0$

$\cos x = -0{,}5$

$x=k\pi$ $\quad$ $x \approx 2{,}0944+2k\pi$

$x \approx -2{,}0944+2k\pi$

Übung 6

Bestimmen Sie die Lösungen der trigonometrischen Gleichung.

a) $3 \cdot \sin(2x+2) = 0{,}426$ d) $0{,}8 \cdot \sin(5-4x)+3 = 3{,}2$ g) $3 \cdot \sin(2\alpha+30°) = 1{,}26$

b) $5 \cdot \cos(2x+1) = 4$ e) $4{,}2 \cdot \cos(4x-3)-2 = 1{,}7$ h) $\frac{1}{4} \cdot \cos(4\alpha-80°) = 0{,}21$

c) $2 \cdot \cos(2x-1) = 1{,}884$ f) $-2{,}1 \cdot \sin(-x-2)+1 = 1{,}575$ i) $4 \cdot \tan(2x+1) = 10$

Beispiel: Bestimmen Sie die Lösungen der Gleichung $\cos 2x + \cos x = 0$.

Lösung:
Mit Hilfe der Formel $\cos 2x = 2\cos^2 x - 1$ erhalten wir eine quadratische Gleichung für cos x, deren Lösungen wir mit Hilfe der p-q-Formel bestimmen.
Wir erhalten $\cos x = \frac{1}{2}$ und $\cos x = -1$.
Diese beiden Gleichungen liefern nun:
$x = \frac{\pi}{3} + 2k\pi$, $x = -\frac{\pi}{3} + 2k\pi$, $x = \pi + 2k\pi$.

$\cos 2x + \cos x = 0$
$2\cos^2 x - 1 + \cos x = 0$
$\cos^2 x + 0{,}5\cos x - 0{,}5 = 0$
$\cos x = -0{,}25 \pm \sqrt{0{,}0625 + 0{,}5} = -0{,}25 \pm 0{,}75$
$\cos x = 0{,}5$ oder $\cos x = -1$
$x = \frac{\pi}{3} + 2k\pi$, $x = -\frac{\pi}{3} + 2k\pi$, $x = \pi + 2k\pi$.

Beispiel: Die Graphen von $f(x) = \cos x$ und $g(x) = x$ schneiden sich. Bestimmen Sie die Schnittstelle.

Lösung:
Hier hilft keine trigonometrische Formel. Die ungefähre Lage der Schnittstelle kann man aus einer hinreichend großen Zeichnung gewinnen. Resultat: $x \approx 0{,}7$.
Benötigt man ein genaueres Resultat, so kann man sich mit Hilfe des Taschenrechners durch gezieltes Probieren noch näher herantasten oder ein Näherungsverfahren (Regula Falsi, Newtonverfahren) anwenden. Man erhält dann $x \approx 0{,}7391$.

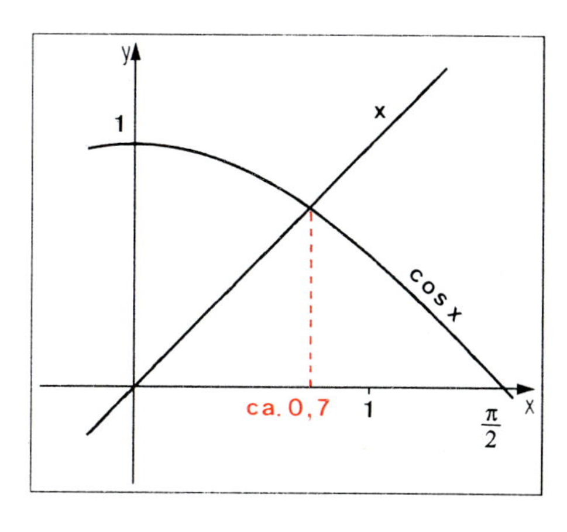

Bild 8

Übungen

7. Beweisen Sie mit Hilfe der Additionstheoreme.

a) $\sin(\pi + x) = -\sin x$
b) $\sin(\pi - x) = \sin x$
c) $\cos(\pi - x) = -\cos x$
d) $\cos(\pi + x) = -\cos x$
e) $\sin(3x) = 4\sin x \cdot \cos^2 x - \sin x$
f) $\sin(4x) = 8\sin x \cdot \cos^3 x - 4\sin x \cdot \cos x$

8. Lösen Sie die trigonometrische Gleichung.

a) $\sin(2x) + \cos x = 0$
b) $\cos(2x) - 1 = -\sin x$
c) $\sin(2x) \cdot \cos x = \sin x$
d) $2\cos(2x) - \sin x = -1$
e) $\sin(4x) = \sin(2x)$
f) $2\sin x - \cos(2x) = 3$
g) $\sin(2x) + \cos(2x) = 1$
h) $1 - \cos(2x) + 8\sin x = 3 + \cos^2 x$
i) $\sin(3x) = \sin(2x)$

9. Bestimmen Sie die Schnittpunkte der Kurven näherungsweise.

a) $f(x) = \sin x$ und $g(x) = x - 1$
b) $f(x) = \sin x$ und $g(x) = \frac{x}{2}$
c) $f(x) = \sin(2x)$ und $g(x) = x$
d) $f(x) = \tan x$ und $g(x) = 1 - x^2$, $0 \le x \le \frac{\pi}{2}$

2. Differentiation

A. Die Ableitungen von Sinus und Kosinus

Sinusfunktion und Kosinusfunktion sind einfach beschaffen und leicht zu untersuchen. Das gilt auch noch für Funktionen der Form $f(x) = a \cdot \sin(bx+c)+d$, deren Graphen aus dem Graphen der Sinusfunktion durch einfache Verschiebungen und Streckungen gewonnen werden können. Bei komplizierteren Funktionen wie z.B. f mit $f(x) = x \cdot \sin x$ ist die Anwendung der Differentialrechnung sinnvoll . Wir müssen daher wenigstens für die trigonometrischen Grundfunktionen zu $f(x) = \sin x$ und $f(x) = \cos x$ Differentiationsregeln entwickeln.

Beispiel: Gegeben sei die Funktion f mit $f(x) = \sin x$, $0 \leq x \leq 2\pi$. Zeichnen Sie den Graphen von f und skizzieren Sie auf dieser Grundlage den Verlauf der Ableitungsfunktion f'. Welche Vermutung liegt nahe?

Lösung:
Wir zeichnen den Graphen von $f(x)=\sin x$. An den Stellen $x = 0$, $x = \frac{\pi}{4}$ und $x = \frac{\pi}{2}$ zeichnen wir jeweils die Tangente ein und bestimmen deren Steigung (Bild 1).

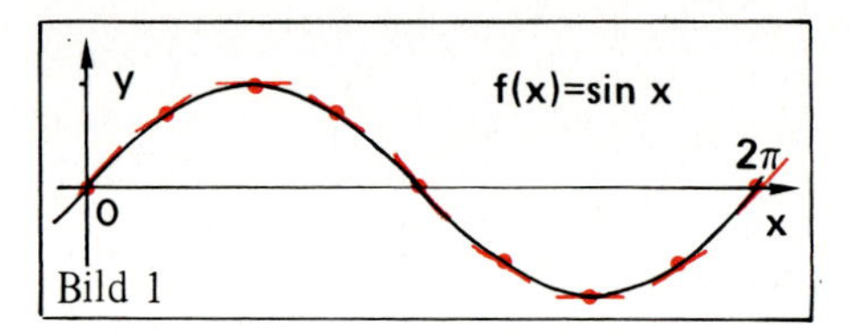

Bild 1

Bei $x = \frac{\pi}{2}$ liegt ein Maximum der Sinusfunktion, daher gilt $f'(\frac{\pi}{2}) = 0$.
Bei $x = 0$ hat $f(x) = \sin x$ die Tangente $y = x$ und daher die Steigung $f'(0) = 1$.
Bei $x = \frac{\pi}{4}$ erhalten wir durch Ablesen aus der Zeichnung lediglich einen Näherungswert für die Steigung, etwa $f'(\frac{\pi}{4}) \approx 0{,}7$.

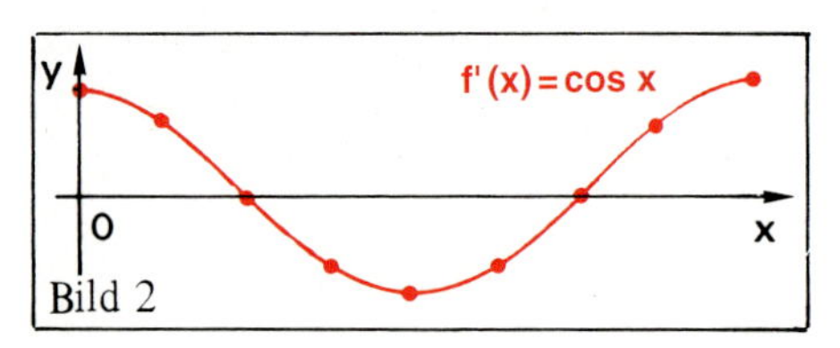

Bild 2

Sicherer ist es, rechnerisch vorzugehen. Hierzu approximieren wir die Tangentensteigung durch eine Sekantensteigung. Für kleines h gilt die nebenstehende Näherungsformel. Wenden wir diese Formel auf die Sinusfunktion an der Stelle $x_0 = \frac{\pi}{4}$ mit $h = \frac{1}{1000}$ an, so erhalten wir $f'(\frac{\pi}{4}) \approx 0{,}707$.

$$f'(x_0) \approx \frac{f(x_0+h) - f(x_0)}{h} \quad \text{(h klein !)}$$

$$\sin'(\tfrac{\pi}{4}) \approx \frac{\sin(\frac{\pi}{4}+0{,}001) - \sin(\frac{\pi}{4})}{0{,}001} \approx 0{,}707$$

Die Steigungen an den Stellen $x = \frac{3\pi}{4}$, $x = \pi$, ... , $x = 2\pi$ ergeben sich aus den gerade bestimmten Steigungen durch Symmetrieüberlegungen, so dass wir nun den Graph von f' skizzieren können. Offenbar handelt es sich um den Graphen der Kosinusfunktion, sodass wir mit einiger Berechtigung die Vermutung $(\sin x)' = \cos x$ äußern können (Bild 2).

Übung 1
Zeichnen Sie den Graphen der Kosinusfunktion zu $f(x) = \cos x \ (0 \le x \le 2\pi)$ und skizzieren Sie den Verlauf der Ableitungsfunktion f'. Welche Vermutung ergibt sich?

Der Grenzwert $\lim\limits_{x \to 0} \frac{\sin x}{x}$

Die Richtigkeit der oben anschaulich gewonnenen Vermutung zur Ableitung der Sinusfunktion soll im Folgenden bewiesen werden. Dazu benötigen wir die beiden Grenzwerte $\lim\limits_{x\to 0} \frac{\sin x}{x}$ sowie $\lim\limits_{x\to 0} \frac{\cos x - 1}{x}$, die wir zunächst berechnen.

Beispiel: Der Term $\frac{\sin x}{x}$ ist für x = 0 nicht definiert. Untersuchen Sie, wie sich der Term $\frac{\sin x}{x}$ für $x \to 0$ verhält, indem Sie für x die Teststellen $\frac{1}{2^n}$ (n = 1, 2, 3, ...) einsetzen.

Lösung:
Mit Hilfe eines Taschenrechners berechnen wir den Wert des Terms an der jeweiligen Teststelle.
Die nebenstehende Tabelle gibt Anlaß zu der Vermutung, dass $\frac{\sin x}{x}$ für $x \to 0$ gegen den Wert 1 strebt.

x	$\frac{\sin x}{x}$
0,5	0,9589
0,25	0,9896
0,125	0,9974
0,0625	0,9993
↓	↓
0	1

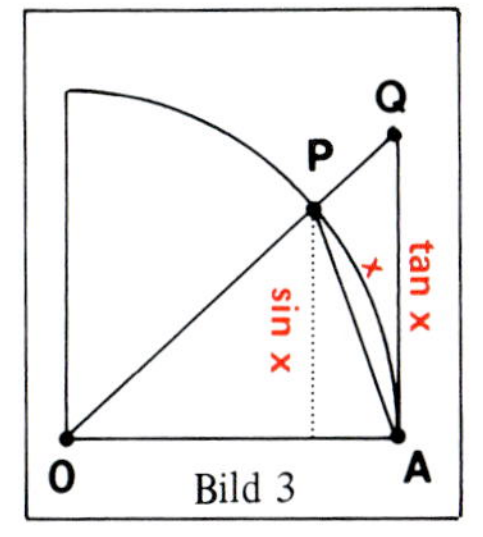

Bild 3

Satz II.1: Es gilt $\lim\limits_{x\to 0} \frac{\sin x}{x} = 1$ sowie $\lim\limits_{x\to 0} \frac{\cos x - 1}{x} = 0$.

Beweis:

Wir führen den Beweis der ersten Grenzwertaussage am Einheitskreis für den Fall $0 > x > \frac{\pi}{2}$.

Der Inhalt des Dreiecks $\Delta\, 0AP$ ist offensichtlich höchstens so groß wie der Inhalt des Kreissektors ⊲ 0AP, der wiederum höchstens so groß ist wie der Inhalt des Dreiecks $\Delta\, 0AQ$.

Die Berechnung dieser Inhalte führt so auf die nebenstehende Ungleichung (1), die nach einigen Umformungen die Einschachtelung (2) des Terms $\frac{\sin x}{x}$ liefert.

Da die Einschachtelungsterme (cos x bzw. 1) stetig sind und gegen 1 streben, bleibt auch $\frac{\sin x}{x}$ nichts anderes übrig, als für $x \to 0$ den Grenzwert 1 anzunehmen.

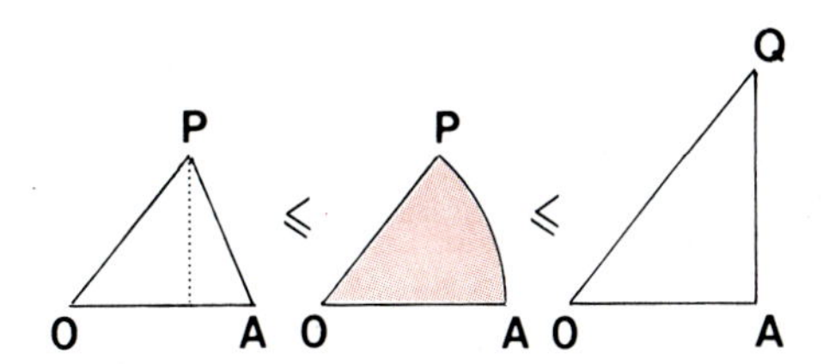

$$(1)\ \tfrac{1}{2}\sin x \le \tfrac{x}{2} \le \tfrac{1}{2}\tan x = \tfrac{1}{2}\,\frac{\sin x}{\cos x} \quad \Big|\cdot \frac{2}{\sin x}$$

$$1 \le \frac{x}{\sin x} \le \frac{1}{\cos x} \quad \Big|\ \text{Kehrwert}$$

$$(2)\ 1 \ge \frac{\sin x}{x} \ge \cos x \quad \Big|\ x \to 0$$

$$\begin{matrix} \downarrow & \downarrow & \downarrow \\ 1 & 1 & 1 \end{matrix}$$

Übung 2

Überprüfen Sie die Grenzwertaussage $\lim\limits_{x\to 0} \frac{\cos x - 1}{x} = 0$, indem Sie den Wert des Terms $\frac{\cos x - 1}{x}$ an den Teststellen $x = \frac{1}{4^n}$ $(n = 1, 2, 3, \ldots)$ berechnen.

Übung 3

Beweisen Sie die Grenzwertaussage aus Übung 2 (Anleitung: Zunächst mit $\cos x + 1$ erweitern, dann $\sin^2 x + \cos^2 x = 1$ anwenden, dann Satz II.1, erste Formel, anwenden).

Wir können nun die Ableitungsregeln für Sinus- und Kosinusfunktion formulieren.

Satz II.2: Sinusfunktion und Kosinusfunktion sind für alle $\mathbb{R}$ differenzierbar. Es gilt:

$(\sin x)' = \cos x$ **$(\cos x)' = -\sin x$**

Beweis der Ableitungsregel $(\sin x)' = \cos x$:

Wir stützen die Beweise auf die Grenzwertaussagen aus Satz II.1.
Sei zunächst $f(x) = \sin x$. Dann gilt folgende Rechnung:

$$f'(x) = \lim_{h\to 0} \frac{f(x+h) - f(x)}{h} = \lim_{h\to 0} \frac{\sin(x+h) - \sin(x)}{h}$$ Definition der Ableitung $f'(x)$

$$= \lim_{h\to 0} \frac{\sin x \cdot \cos h + \cos x \cdot \sin h - \sin x}{h}$$ Additionstheorem für Sinus

$$= \lim_{h\to 0} \left[\sin x \cdot \frac{\cos h - 1}{h} + \cos x \cdot \frac{\sin h}{h}\right]$$ Umformung

$$= \sin x \cdot \lim_{h\to 0} \frac{\cos h - 1}{h} + \cos x \cdot \lim_{h\to 0} \frac{\sin h}{h}$$ Grenzwertsätze für Funktionen

$$= \cos x$$ Grenzwerte Satz II.1

Beweis der Ableitungsregel $(\cos x)' = -\sin x$:

Diese Regel lässt sich mit Hilfe der Kettenregel auf die gerade bewiesene Ableitungsregel für den Sinus zurückführen:

$$(\cos x)' = \left[\sin\left(x + \tfrac{\pi}{2}\right)\right]'$$ Beziehung zwischen cos und sin, S. 24

$$= \cos\left(x + \tfrac{\pi}{2}\right) \cdot \left(x + \tfrac{\pi}{2}\right)'$$ Kettenregel sowie Regel $(\sin x)' = \cos x$

$$= (-\sin x) \cdot 1$$ Beziehungen zwischen sin und cos, S. 24

$$= -\sin x$$

Bemerkung: Die Kosinusregel kann auch graphisch aufgrund folgender Überlegung begründet werden: Verschiebt man die Graphen in den Bildern 1 und 2 auf Seite 28 um $\frac{\pi}{2}$ nach links, so entsteht in Bild 1 die Funktion mit dem Term $\cos x$ sowie in Bild 2 die Funktion mit dem Term $-\sin x$.

Übung 4

Beweisen Sie die Regel $(\cos x)' = -\sin x$ analog zum Beweis der Regel $(\sin x)' = \cos x$.

Es ist nun ein Leichtes, die höheren Ableitungen der Sinusfunktion zu bestimmen. Wir können uns jeweils auf die ersten drei Ableitungen beschränken. Danach kommt es wegen $f^{(4)}(x) = f(x)$ lediglich zu Wiederholungen.

$$\begin{aligned} f(x) &= \sin x \\ f'(x) &= \cos x \\ f''(x) &= -\sin x \\ f'''(x) &= -\cos x \\ f^{(4)}(x) &= \sin x \end{aligned} \qquad \begin{aligned} f(x) &= \cos x \\ f'(x) &= -\sin x \\ f''(x) &= -\cos x \\ f'''(x) &= \sin x \\ f^{(4)}(x) &= \cos x \end{aligned}$$

Übung 5

a) Bestimmen Sie $f^{(141)}(x)$ bis $f^{(146)}(x)$ für $f(x) = \sin x$ und für $f(x) = \cos x$.
b) Bestimmen Sie $f^{(n)}(x)$ für $f(x) = \sin x$, $f(x) = \cos x$ und $f(x) = 2\sin x - 3\cos x$.

Übung 6

a) Bestimmen Sie die Steigung der Sinusfunktion an der Stelle $x=0$ ($x=\pi$, $x=\frac{3\pi}{4}$, $x=5$).
b) Wo hat die Sinusfunktion die Steigung $m=0{,}5$ ($m=-1$, $m=0{,}75$, $m=-0{,}9$)?
c) Wo im Intervall $[0; 2\pi]$ hat die Sinusfunktion den Steigungswinkel $\alpha=20°$ ($\alpha=60°$)?
d) Weisen Sie nach, dass keine Tangente der Sinusfunktion einen Steigungswinkel von 50° haben kann.
e) Bestimmen Sie die Gleichung der Tangente an die Sinusfunktion an der Stelle $x = -\frac{\pi}{4}$.
f) Untersuchen Sie die Sinusfunktion mit den Mitteln der Differentialrechnung auf Extrema und Wendepunkte.

Mit Hilfe der allgemeinen Differentiationsregeln (Kettenregel, Produktregel, Summenregel etc.) können wir nun auch kompliziertere trigonometrische Funktionen differenzieren:

Beispiel: Bestimmen Sie die erste Ableitung von $h(x) = x^2 \cdot \sin x$, die ersten beiden Ableitungen von $h(x) = \sin(3x)$ sowie die erste Ableitung von $h(x) = (\sin(x^2))^3$.

Lösung:

$h(x) = x^2 \cdot \sin x$ ist ein Produktterm und kann nach der Regel $(u \cdot v)' = u' \cdot v + u \cdot v'$ differenziert werden.

$$\begin{aligned} h(x) &= x^2 \cdot \sin x \\ h'(x) &= (x^2)' \cdot \sin x + x^2 \cdot (\sin x)' \\ &= 2x \cdot \sin x + x^2 \cdot \cos x \end{aligned}$$

$h(x) = \sin(3x)$ ist die Verkettung der äußeren Funktion f mit $f(x) = \sin x$ und der inneren Funktion g mit $g(x) = 3x$. Die Ableitung h' ergibt sich nach der Kettenregel als das Produkt von äußerer und innerer Ableitung: $h'(x) = [\, f(g(x))\,]' = f'(g(x)) \cdot g'(x)$.

Analog wird h'' bestimmt.

$$\begin{aligned} h(x) &= \sin(3x) \\ h'(x) &= \underbrace{\cos(3x)}_{\text{äußere Ableitung}} \cdot \underbrace{3}_{\text{innere Ableitung}} = 3\cos(3x) \end{aligned}$$

$$h''(x) = 3 \cdot (-\sin(3x) \cdot 3) = -9\sin(3x)$$

◊ $h(x) = (\sin(x^2))^3$ enthält eine doppelte Verkettung. Es gilt nämlich $h(x) = f(g(x))$ mit $f(x) = x^3$ und $g(x) = \sin(x^2)$, wobei wiederum $g(x) = p(q(x))$ mit $p(x) = \sin x$ und $q(x) = x^2$ ist. Wir müssen die Kettenregel aus diesem Grund zweimal anwenden, um h' zu berechnen.

$$h(x) = (\sin(x^2))^3$$
$$h'(x) = \underbrace{3\cdot(\sin(x^2))^2}_{\text{äußere Abl.}} \cdot \underbrace{(\sin(x^2))'}_{\text{innere Abl.}}$$
$$= 3 \cdot (\sin(x^2))^2 \cdot (\cos(x^2) \cdot 2x)$$
$$= 6x \cdot (\sin(x^2))^2 \cdot \cos(x^2)$$

Übung 7

Gegeben ist die Funktion h. Berechnen Sie jeweils die angegebenen Ableitungen.

a) $h(x) = x \cdot \cos x$, h'
b) $h(x) = (x^2+5x-4)\cdot\sin x$, h'
c) $h(x) = \sin x\cdot\cos x$, h'
d) $h(x) = \cos(5x)$, h''
e) $h(x) = \sin(2x+4)$, h''
f) $h(x) = 5\sin(3x+2)-1$, h''
g) $h(x) = \cos(\sin x)$, h'
h) $h(x) = (\cos(x^3 - 1))^2$, h'
i) $h(x) = \sqrt{x} \cdot \sin(x^2)$, h'

B. Die Ableitung des Tangens

Satz II.2: Die Tangensfunktion ist differenzierbar für $-\frac{\pi}{2} < x < \frac{\pi}{2}$.

$$(\tan x)' = \frac{1}{\cos^2 x}$$

Beweis:

Wir stellen den Funktionsterm der Tangensfunktion zunächst als Produkt dar.

$$\tan x = \frac{\sin x}{\cos x} = \underbrace{\sin x}_{u} \cdot \underbrace{\frac{1}{\cos x}}_{v}$$

Mit Hilfe der Produktregel erhalten wir dann die Ableitungsfunktion des Tangens.

Dabei kommen außerdem noch folgende Ableitungsregeln zur Anwendung:
Die Kettenregel, die Reziprokenregel und die Ableitungsregeln für Sinus und Kosinus.

$$(\tan x)' = (\sin x)' \cdot \frac{1}{\cos x} + (\sin x)\cdot\left(\frac{1}{\cos x}\right)'$$
$$= (\cos x) \cdot \frac{1}{\cos x} + (\sin x)\cdot\left(-\frac{-\sin x}{\cos^2 x}\right)$$
$$= 1 + \frac{\sin^2 x}{\cos^2 x} = \frac{\cos^2 x + \sin^2 x}{\cos^2 x}$$
$$= \frac{1}{\cos^2 x}$$

Übung 8

Gegeben sei $f(x) = \tan x$ für $-\frac{\pi}{2} < x < \frac{\pi}{2}$.

a) Welche Steigung hat f bei $x=\frac{\pi}{4}$?
b) An welcher Stelle liegt die Steigung 2 vor?
c) Wie lautet die Gleichung der Normale an f an der Stelle $x=\frac{\pi}{3}$?

Übung 9

Die Funktion $f(x) = \tan x - 2\sin x$ besitzt im Intervall $[-\frac{\pi}{2}; \frac{\pi}{2}]$ ein Maximum.

Berechnen Sie die Koordinaten dieses Hochpunktes.

3. Kurvenuntersuchungen

A. Verschiebung und Streckung

Mechanische, akustische und elektromagnetische Schwingungen können oft durch Sinusfunktionen dargestellt werden, die vom Typ $f(x) = a\cdot\sin(b\cdot x+c)+d$ sind.
Der Graph einer solchen Funktion lässt sich aus dem Graph der Sinusfunktion mit Hilfe von Verschiebungen und Streckungen gewinnen.

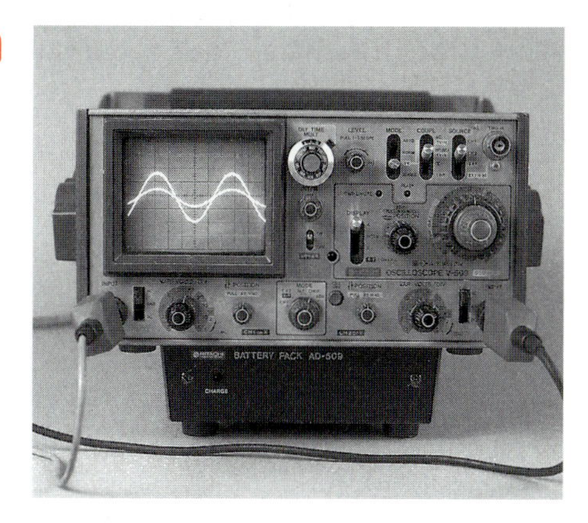

Beispiel: Konstruieren Sie den Graphen der Funktion f mit $f(x) = 2\cdot\sin(2x-4)+1$, ausgehend vom Graphen der Sinusfunktion, durch Verschiebungen und Streckungen.

Lösung:
Wir gehen von der Funktionsgleichung in der Gestalt $f(x) = 2\cdot\sin[2\cdot(x-2)]+1$ aus, in der das Argument Produktform hat. So lässt sich der Funktionsterm einfacher veranschaulichen.

Zunächst zeichnen wir den Graphen des originären Sinus $p(x)=\sin x$. Er hat die Periode 2π sowie die Amplitude 1 (Amplitude: Bezeichnung für die Größe des "Maximalausschlags" der Funktion).

Verschiebung in x-Richtung / Phase
Wir gehen zu $q(x) = \sin(x-2)$ über. Die Ersetzung des Arguments x durch x−2 bedeutet anschaulich eine Verschiebung des Graphen um +2 in Richtung der positiven x-Achse.

Verschiebung in y-Richtung
Der Übergang zu $r(x) = \sin(x-2)+1$ bewirkt eine Verschiebung des Graphen um +1 in Richtung der positiven y-Achse.

Änderung der Periodenlänge
Der Übergang zu $s(x) = \sin[2\cdot(x-2)]+1$ hat zur Folge, dass das Argument $2\cdot(x-2)$ nun doppelt so schnell wächst wie das vorhergehende Argument x−2. Die Periode halbiert sich von 2π auf π.

Streckung in y-Richtung / Amplitude
Der Schlussübergang zu $f(x) = 2\cdot\sin[2\cdot(x-2)] +1$ bringt eine Streckung mit dem Faktor 2 in y-Richtung. Insbesondere verdoppelt sich die Amplitude.

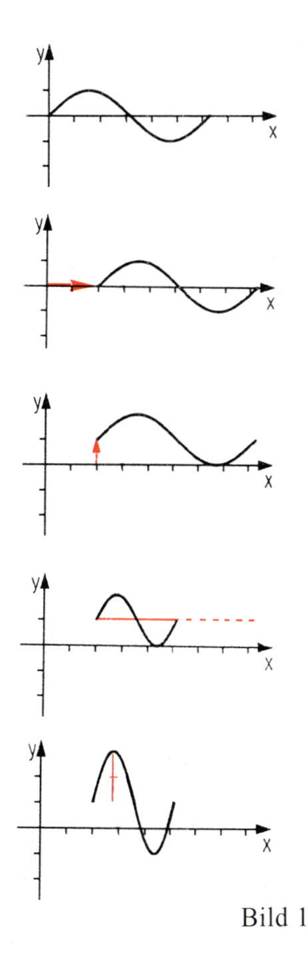

Bild 1

In der Praxis legt man die Verschiebungen parallel zu den Achsen, die Periodenlänge und die Amplitude fest, um den Graphen in einem Schritt zu zeichnen. Ein weiteres Beispiel:

$f(x) = 3 \cdot \sin(2x-2) + 2$

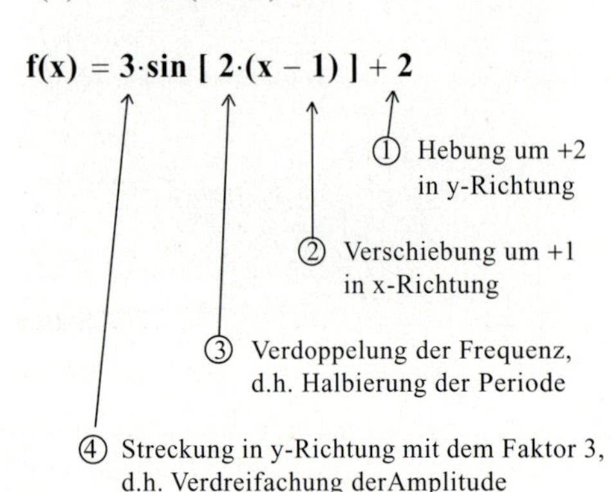

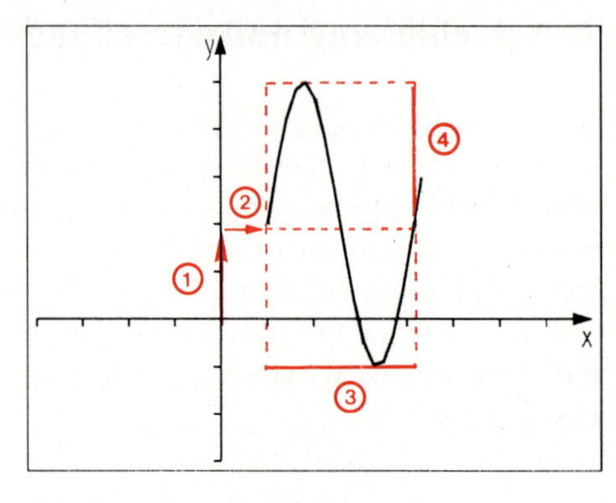

Bild 2

Beispiel: Beschreiben Sie den Verlauf des Graphen von $f(x) = 1{,}5 \cdot \sin(-\pi x+\pi)$.

Lösung:
In diesem Beispiel stört zunächst der negative Koeffizient $-\pi$, den wir nicht zu interpretieren wissen. Dieser kann jedoch leicht beseitigt werden, da wegen der Achsensymmetrie des Sinus gilt: $\sin(-\pi x+\pi) = -\sin(\pi x-\pi)$. Also: $f(x) = -1{,}5 \cdot \sin(\pi x-\pi) = -1{,}5 \cdot \sin[\pi(x-1)]$. Der Graph von f entsteht daher aus dem Graphen der Sinusfunktion durch Verschiebung um 1 nach rechts, Spiegelung an der x-Achse, Verkürzung der Periodenlänge von 2π auf 2 und Vergrößerung der Amplitude von 1 auf 1,5.

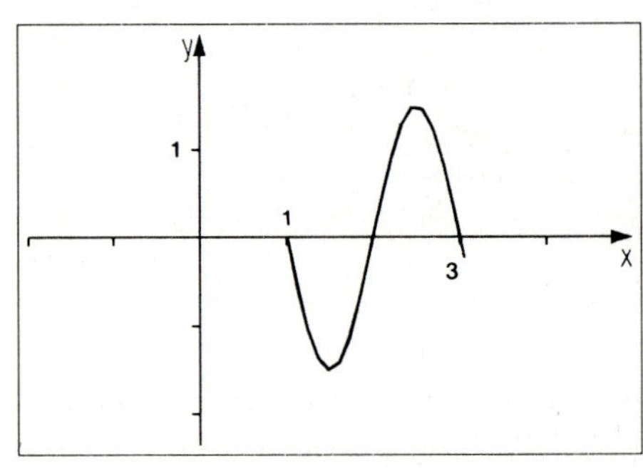

Bild 3

Übung 1
Skizzieren Sie die Funktion f über eine Periodenlänge.

a) $f(x) = 3 \cdot \sin(2x-6)-1$
b) $f(x) = 2 \cdot \sin(0{,}5x-2)-2$
c) $f(x) = 2 \cdot \cos(\frac{\pi}{2}x+\pi)$
d) $f(x) = 0{,}5 \cdot \sin(2\pi x-\pi)$
e) $f(x) = -2 \cdot \sin(\pi x+2\pi)$
f) $f(x) = 3 \cdot \cos(\pi x-4)-2$

Übung 2
Wie lauten die Funktionsgleichungen zu den abgebildeten Graphen?

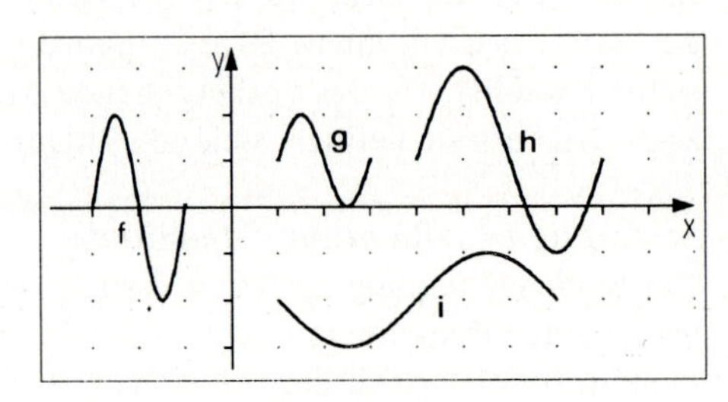

Bild 4

B. Das Überlagerungsverfahren

Der Graph einer Funktion des Typs $f(x) = a \cdot \sin x + b \cdot \cos x$ lässt sich in einfacher Weise durch additive Überlagerung (**Superposition**) der Summanden konstruieren.

Beispiel: Konstruieren Sie den Graphen der Funktion zu $f(x)=2\cdot\cos x+\sin x$ durch graphische Addition der Summanden.

Lösung:
Wir zeichnen den Graphen der Funktion zu $g(x) = \sin x$ in ein Koordinatensystem. Einige Funktionswerte markieren wir.
In ein zweites, gleich maßstäbiges Koordinatensystem tragen wir den Graphen von $h(x) = 2\cdot\cos x$ ein.
Anschließend übertragen wir die markierten Funktionswerte von g in dieses Koordinatensystem, indem wir sie unter Beachtung ihres "Vorzeichens" auf den Graphen von h setzen.
Auf diese Weise gewinnen wir eine Anzahl von Punkten des Graphen der Summenfunktion $f = g+h$, den wir nun skizzieren können (rote Kurve).

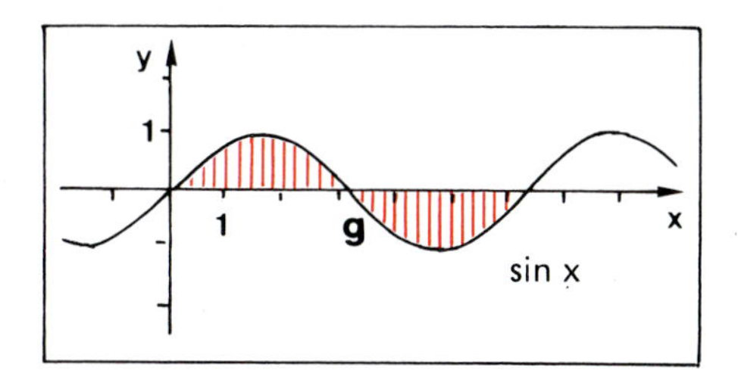

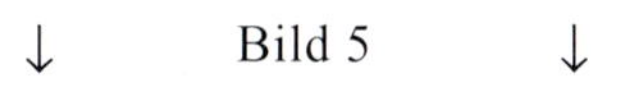
↓ Bild 5 ↓

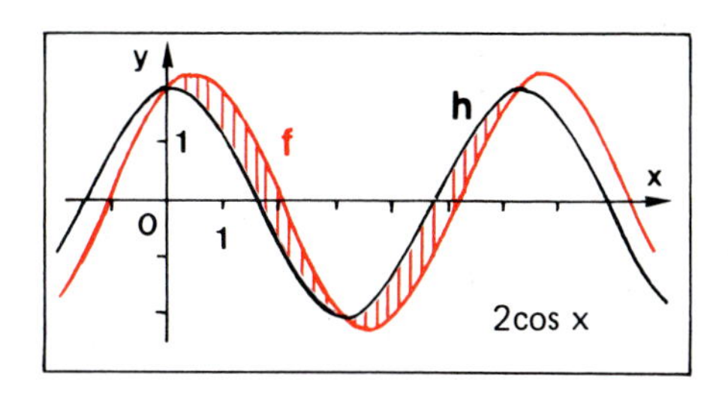

Abschließend sei die Bemerkung erlaubt, dass das Überlagerungsverfahren auch in wesentlich komplexeren Fällen als hier angewandt werden kann.

Augenscheinlich handelt es sich beim Graphen der im obigen Beispiel untersuchten Funktion f um eine verschobene und gestreckte Sinuskurve. Interessanterweise kann man die Funktionsgleichung relativ leicht bestimmen, was wir nun am Beispiel demonstrieren.

Beispiel: $f(x) = 2\cdot\cos x + \sin x$ lässt sich in der Form $f(x) = a\cdot\sin(x+b)$ darstellen $(a > 0)$. Bestimmen Sie a und b.

Lösung: Der vorgegebene Ansatz führt nach nebenstehender Rechnung, in der das Additionstheorem für den Sinus sowie der trigonometrische Pythagoras angewandt werden, auf folgendes Resultat:
$f(x) = 2\cdot\cos x + \sin x \approx 2{,}24\cdot\sin(x+1{,}11)$

Ansatz : $2\cdot\cos x + \sin x = a\cdot\sin(x+b)$

$\Rightarrow 2\cdot\cos x + \sin x = a\cdot[\sin x\cdot\cos b + \cos x\cdot\sin b]$
$\Rightarrow 2\cdot\cos x + \sin x = a\sin b\cdot\cos x + a\cos b\cdot\sin x$
$\Rightarrow a\sin b = 2 \quad , \quad a\cos b = 1$
$\Rightarrow a^2\sin^2 b = 4 \quad , \quad a^2\cos^2 b = 1$
$\Rightarrow a^2(\sin^2 b + \cos^2 b) = 5$
$\Rightarrow a^2 = 5 \qquad \Rightarrow a = \sqrt{5} \approx \underline{2{,}24}$
$\sin b = \frac{2}{\sqrt{5}} \qquad \Rightarrow b \approx \underline{1{,}11}$

Übung 3
Zeichnen Sie den Graphen von f und stellen Sie f in der Form $f(x) = a\cdot\sin(x+b)$ dar.

a) $f(x) = \sin x - \cos x$ b) $f(x) = \sqrt{2}\cdot(\sin x + \cos x)$ c) $f(x) = \frac{5}{9}\sin x - \frac{8}{9}\cos x$

Die Skizzierung des Graphen einer trigonometrischen Funktion gelingt in den meisten Fällen mit den bisher behandelten Methoden. Die Verfahren der Differentialrechnung sollte man erst dann einsetzen, wenn die exakte Bestimmung der Lage von Extrem- und Wendepunkten gefragt ist.

Beispiel: Diskutieren Sie die Funktion f mit $f(x) = \sin(x) + 0{,}5 \cdot \sin(2x)$.

Lösung:

1. Periodizität

Die Funktion f setzt sich aus zwei Summanden zusammen, welche die Perioden π bzw. 2π besitzen. Die Periode von f ist daher 2π, so dass wir alle folgenden Betrachtungen auf das Intervall $[0;2\pi]$ beschränken können.

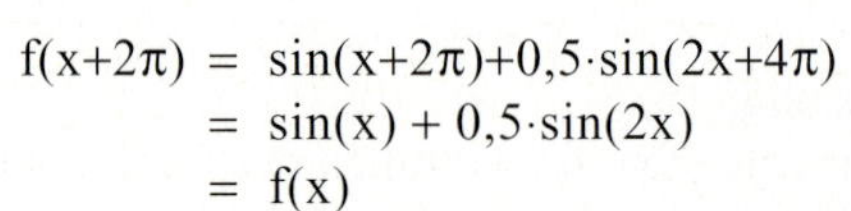

$$\begin{aligned} f(x+2\pi) &= \sin(x+2\pi)+0{,}5\cdot\sin(2x+4\pi) \\ &= \sin(x) + 0{,}5\cdot\sin(2x) \\ &= f(x) \end{aligned}$$

2. Skizze des Graphen

Da der Term von f die Summe zweier Sinusterme ist, können wir eine erste Skizze des Graphen mit Hilfe des oben behandelten Überlagerungsverfahrens (Superposition) gewinnen.

Es ergibt sich ein Graph, der im Periodenintervall $[0;2\pi]$ drei Nullstellen, zwei Extrema und fünf Wendepunkte besitzt.

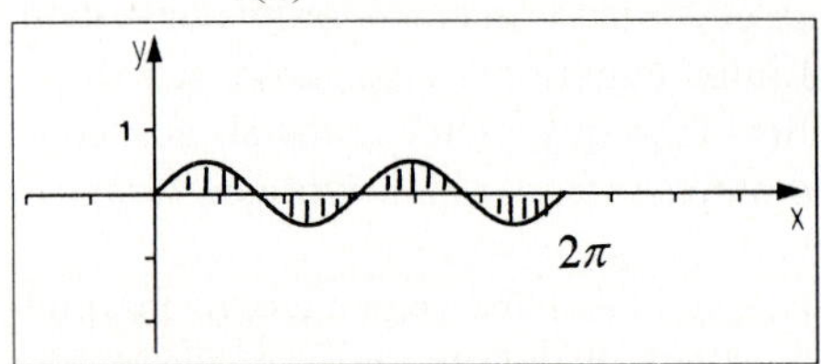

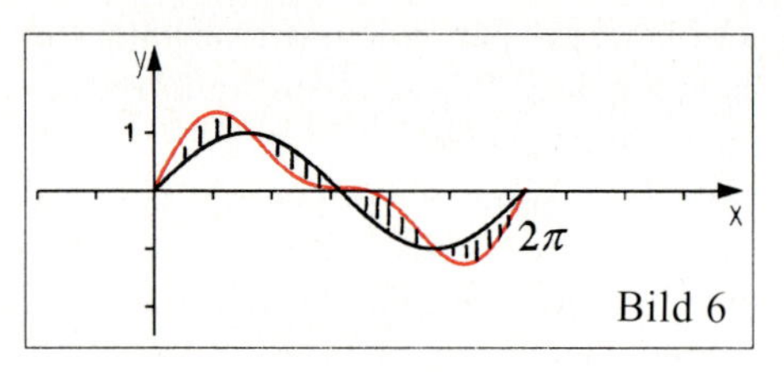

Bild 6

Die Nullstellen, die zugleich Wendestellen sind, liegen bei $x=0$, $x=\pi$ und $x=2\pi$. Die Lage der Extrema und der restlichen Wendepunkte ist nur näherungsweise ablesbar. Erst an dieser Stelle setzen wir nun die Differentialrechnung ein, um Genaueres erfahren zu können:

3. Extrema

Notwendige Bedingung:

$f'(x) = 0$

$\cos x + \cos(2x) = 0 \quad , \quad x \in [0;2\pi]$

$\cos x + 2\cos^2 x - 1 = 0$

$\cos^2 x + 0{,}5\cos x - 0{,}5 = 0$

$\cos x = -\frac{1}{4} \pm \sqrt{\frac{1}{16} + \frac{1}{2}} = -\frac{1}{4} \pm \frac{3}{4}$

$\cos x = \frac{1}{2}$: $\quad x=\frac{\pi}{3} \quad , \quad y \approx 1{,}3$

$\qquad\qquad x=\frac{5}{3}\pi \quad , \quad y \approx -1{,}3$

$\cos x = -1$: $\quad x=\pi \quad , \quad y=0$

Hinreichende Bedingung:
Überprüfung mit Hilfe von f'':

$f''(x) = -\sin x - 2\sin(2x)$

$f''(\frac{\pi}{3}) \approx -2{,}6 < 0 \quad \Rightarrow$ Maximum

$f''(\frac{5}{3}\pi) \approx 2{,}6 > 0 \quad \Rightarrow$ Minimum

$f''(\pi) \approx 0 \Rightarrow$ keine Entscheidung

$f'''(\pi) = -3 < 0 \quad \Rightarrow$ Sattelpunkt

4. Wendepunkte

Die Wendepunkte ergeben sich aufgrund einer entsprechenden Rechnung aus ihrer Bestimmungsgleichung $f''(x) = -\sin x - 2\sin(2x) = -\sin x \cdot (1+4\cos x) = 0$.

Wir erhalten Wendepunkte bei $W(0;0)$, $W(1{,}82;0{,}73)$, $S(\pi;0)$, $W(4{,}46;-0{,}73)$, $W(2\pi;0)$.

5. Zeichnung des Graphen

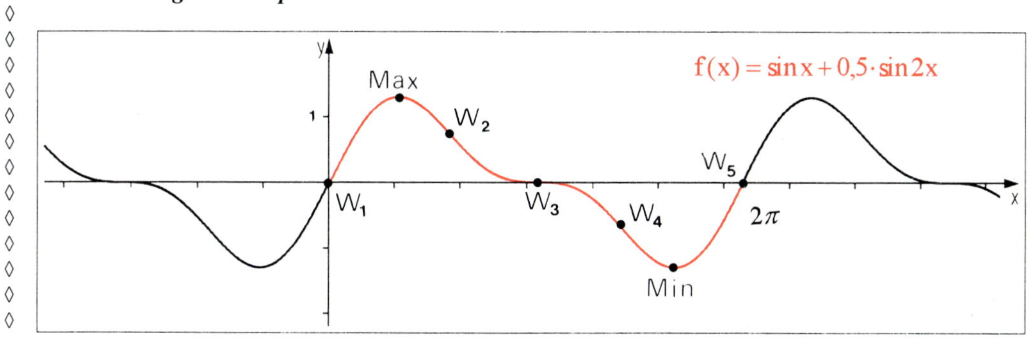

Bild 7

Beispiel: Skizzieren und beschreiben Sie den Graphen der Funktion $f(x)=\frac{1}{2}x+\sin x$. Zeigen Sie, dass er nur eine Nullstelle besitzt.

Lösung:
Die Funktionswerte des Sinusterms werden additiv auf die Gerade zu $y(x)=\frac{1}{2}x$ aufgetragen.
Der sich ergebende Graph schlängelt sich sinusartig an der Geraden entlang. Er besitzt eine Nullstelle sowie unendlich viele Extrema und Wendepunkte (Bild 8).
Dass keine weiteren Nullstellen existieren, kann man besonders leicht erkennen, wenn man die nicht auflösbare Bedingungsgleichung für die Nullstellen von f in der Form $\sin x = -\frac{1}{2}x$ notiert und graphisch darstellt (Bild 9).
Zwischen 0 und π hat sin x positive und die Gerade negative Werte. Rechts von π fällt sin x nicht unter −1, während die Gerade $-\frac{\pi}{2}$ unterschreitet. Zusätzliche Schnittpunkte sind daher ausgeschlossen.

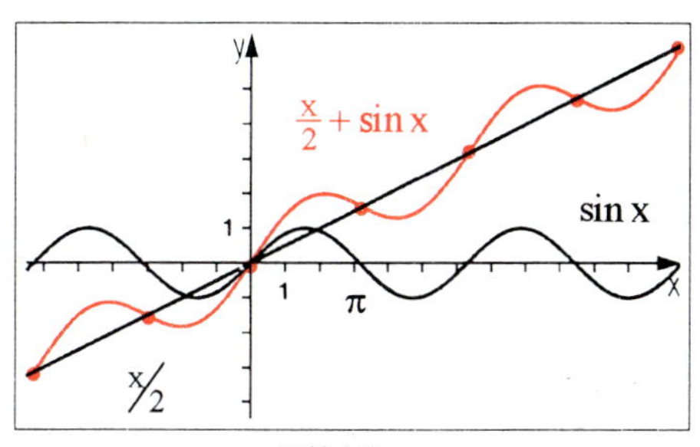

Bild 8

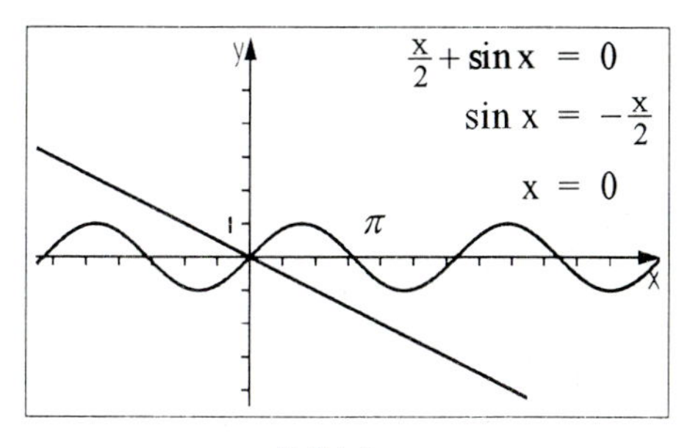

Bild 9

Übung 4
Es sei $f(x)=\cos x+\cos(2x)$, $0\leq x\leq 2\pi$
a) Führen Sie eine Kurvendiskussion durch (Symmetrie, Periode, Graph, Nullstellen, Extrema).
b) Bestimmen Sie die Gleichung der Tangente der ersten Nullstelle rechts der y-Achse.

Übung 5
Gegeben sei $f_a(x)=ax+\sin x$, $a>0$.
a) Bestimmen Sie Extrema und Wendepunkte von $f_{\frac{1}{2}}$ (vgl. Beispiel oben).
b) Für welches a hat f_a drei Nullstellen? Bestimmen Sie dieses a näherungsweise. Orientieren Sie sich an Bild 9.

C. Amplitudenmodulation

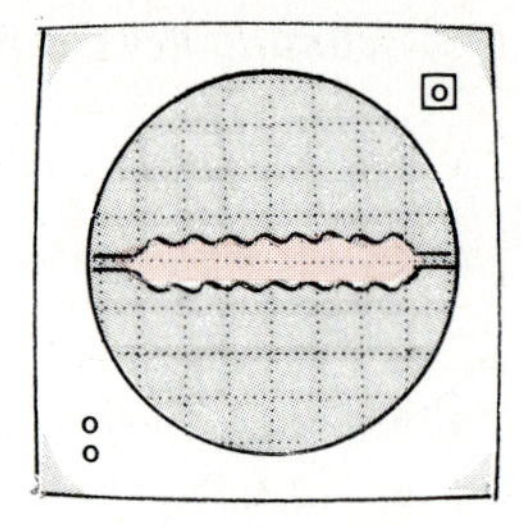

Das nebenstehend dargestellte Schwingungsbild kommt durch eine sogenannte **Amplitudenmodulation** zustande. Die Amplitude einer als Trägerschwingung dienenden hochfrequenten Sinusschwingung wird durch Multiplikation mit einem von x abhängigen Faktor moduliert.

Beispiel: Skizzieren Sie den Graphen der Funktion f mit $f(x) = (3+\cos x)\cdot\sin(6x)$ und beschreiben Sie die Lage der Nullstellen und der Extrema.

Lösung:
Wegen $-1 \leq \sin(6x) \leq 1$ gilt die Einschachtelung $-3-\cos x \leq f(x) \leq 3+\cos x$.
Der Graph von f verläuft also zwischen dem Graph des Amplitudenmodulationsfaktors 3+cos x und dessen Spiegelung an der x-Achse.
Er berührt diese Kurven an den Stellen, an welchen $\sin(6x) = \pm 1$ gilt, d.h. an den Stellen $x = \frac{\pi}{12} + k\frac{\pi}{6}$ $(k \in \mathbb{Z})$. Die Extrema von f liegen knapp neben diesen Berührpunkten.
f hat Nullstellen bei $x = k\frac{\pi}{6}$.
Nun ist es einfach, den Graphen von f mit Hilfe der Amplitudenmodulationskurven zu skizzieren (Bild 10).

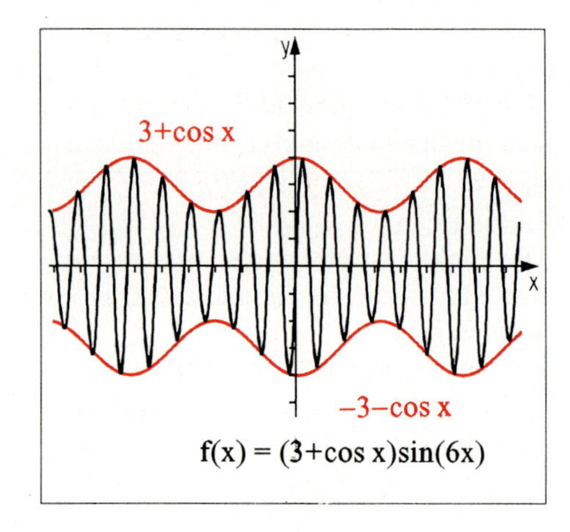

Bild 10

Übung 6
Gegeben sei die Funktion zu $f(x) = x\cdot\sin x$ bzw. die Funktion zu $f(x) = \frac{\sin x}{x}$.

a) Fertigen Sie mit Hilfe einer Amplitudenmodulationsbetrachtung die Skizze des Graphen von f an und beschreiben Sie den Verlauf des Graphen.

b) Bestimmen Sie die Lage der kleinsten positiven Extremalstelle näherungsweise mit Hilfe der Skizze, der Ableitungsfunktion (Produktregel) und des Taschenrechners.

Übung 7
Fertigen Sie mittels Amplitudenmodulation eine Skizze des Graphen von f an.

a) $f(x) = (1+\sin(0{,}5x))\cdot\cos(4x)$
b) $f(x) = \sqrt{x}\cdot\sin(2\pi x)$

Übung 8
Gegeben sei $f(x) = 2\cdot\sin(8x) + 2\cdot\sin(6x)$

a) Es gilt $f(x) = 4\cdot\cos x\cdot\sin(7x)$. Weisen Sie dies nach.
b) Skizzieren Sie den Graphen von f.
c) Beschreiben Sie die Lage der Extrema von f.

D. Weitere Kurvenuntersuchungen

Beispiel: Gegeben sei die Funktion zu $f(x) = \sin^2 x$. Führen Sie eine Kurvendiskussion durch.

Lösung:

1. Ableitungen / Periode

Die Kettenregel liefert die Ableitungen:

$f(x) = (\sin x)^2$

$f'(x) = 2 \cdot \sin x \cdot \cos x = \sin(2x)$

$f''(x) = 2 \cdot \cos(2x)$

$f'''(x) = -4 \cdot \sin(2x)$

Die Periodenlänge beträgt π, wie man am Argument 2x der Ableitungen erkennt.

2. Nullstellen / Extrema / Wendepunkte

$N(k \cdot \pi\,;\,0)$, $k \in Z$

$H((2k+1) \cdot \frac{\pi}{2}\,;\,1)$, $T(2k \cdot \frac{\pi}{2}\,;\,0)$, $k \in \mathbb{Z}$

$W((2k+1) \cdot \frac{\pi}{4}\,;\,0{,}5)$, $k \in \mathbb{Z}$

3. Graph

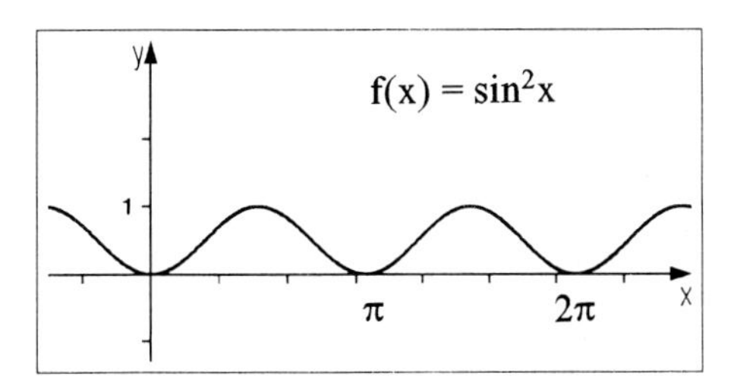

Bild 11

Übung 9

Zeigen Sie, dass sich die oben betrachtete Funktion zu $f(x) = \sin^2 x$ auch in der Form $f(x)=a \cdot \cos(bx+c)+d$ darstellen lässt.

a) Argumentieren Sie anschaulich anhand von Bild 11.

b) Gehen Sie rechnerisch vor.

Übung 10

Gegeben sei $f(x)=\sqrt{\cos x + 1}$.

a) Untersuchen Sie die Funktion auf Nullstellen und Extrema. Skizzieren Sie den Graphen von f.

b) Nun sei $f(x)=x+\sqrt{\cos x - 0{,}5}$. Gesucht sind Definitionsmenge und Graph.

Beispiel: Diskutieren Sie die Funktion f mit $f(x) = \sin(x^2)$.

Lösung:

f ist eine Verkettung der Sinusfunktion mit der Normalparabel. Der Graph verläuft sinusartig. Allerdings folgen Nullstellen, Extrema und Wendepunkte längs der positiven x-Achse nicht wie bei der Sinusfunktion in gleichen, sondern in immer kürzeren Abständen aufeinander. Das Argument wächst hier nämlich quadratisch und nicht linear mit x an.

1. Ableitungen

Die erste Ableitung bestimmen wir mit Hilfe der Kettenregel. Die Errechnung der zweiten Ableitung erfordert zusätzlich die Anwendung der Produktregel.

$$\begin{aligned} f(x) &= \sin(x^2) \\ f'(x) &= 2x \cdot \cos(x^2) \\ f''(x) &= 2\cos(x^2) - 4x^2 \cdot \sin(x^2) \end{aligned}$$

Die Nullstellen liegen bei $x = -\sqrt{k\pi}$ und $x = +\sqrt{k\pi}$, wobei k eine nicht negative ganze Zahl ist.

$$\begin{aligned} f(x) &= 0 \\ \sin(x^2) &= 0 \\ x^2 &= k\pi \\ x &= \pm\sqrt{k\pi},\ k \in \mathbb{Z},\ k \geq 0 \end{aligned}$$

2. Extrema

Die nebenstehende Rechnung liefert uns die Lage der Extrema. Die Art der Extremstellen stellen wir z.B. durch Einsetzen in f'' fest.
Hochpunkte liegen an den Positionen:
$H_k(\pm\sqrt{\frac{\pi}{2}+k\pi} \mid 1)$ mit geradem $k \geq 0$.
Als Tiefpunkte finden wir T(0|0) sowie
$T_k(\pm\sqrt{\frac{\pi}{2}+k\pi} \mid -1)$ mit ungeradem $k > 0$.

$$f'(x) = 0$$
$$2x\cdot\cos(x^2) = 0$$

1: $2x=0 \quad x=0,\ y=0$ (Min.)

2: $\cos(x^2) = 0$

$$x^2=\frac{\pi}{2}+k\pi \quad (k \in \mathbb{Z},\ k \geq 0)$$

$$x = \pm\sqrt{\frac{\pi}{2}+k\pi} \quad \begin{cases} k \text{ gerade: } y=1 & \text{(Max.)} \\ k \text{ unger.: } y=-1 & \text{(Min.)} \end{cases}$$

3. Wendepunkte

Durch Umformung der notwendigen Bedingung für Wendepunkte in die Schnittgleichung $\tan u=\frac{1}{2u}$ können wir uns einen instruktiven Überblick über die Lage der Wendepunkte verschaffen. Wir stellen dazu beide Seiten der Schnittgleichung graphisch dar (Abb.).
Die Schnittpunkte der Kurven $y_1=\frac{1}{2u}$ und $y_2 = \tan u$ liegen jeweils rechts von den Nullstellen der Tangensfunktion und rücken immer dichter an diese heran. Die Wendepunkte von f liegen daher ebenfalls rechts von den Nullstellen von f.
Sie rücken mit wachsender Entfernung zum Ursprung immer dichter von rechts an die Nullstellen heran.

$$f''(x) = 2\cos(x^2) - 4x^2 \cdot \sin(x^2) = 0$$
$$\cos(x^2) = 2x^2 \cdot \sin(x^2)$$
$$\tan(x^2) = \frac{1}{2x^2}$$
$$\tan u = \frac{1}{2u}$$

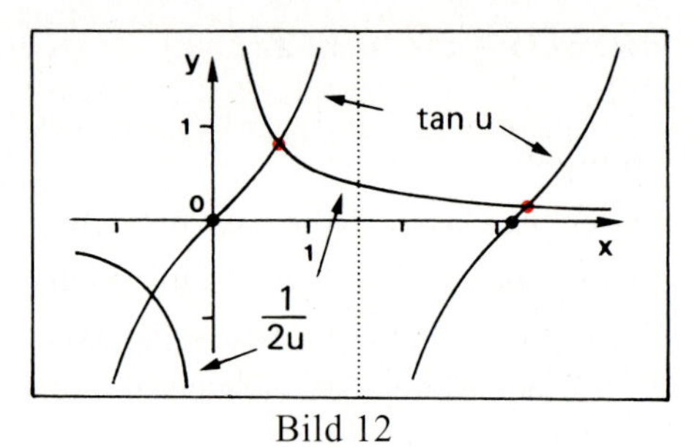

Bild 12

Für $k\geq 1$ gilt: $u \approx k\pi$, $x \approx \sqrt{k\pi}$.

4. Funktionsgraph

Die abgebildete Skizze des Graphen wurde mit Hilfe der Nullstellen und der Extrema erstellt. Man kommt ohne die Wendepunkte aus, die andernfalls einzeln näherungsweise bestimmt werden müssten.

Nullstellen	Extrema
0	T(0/0)
1,77	H(1,25/1)
2,51	T(2,80/−1)
3,07	H(3,32/1)
3,54	T(3,76/−1)
3,96	H(4,16/1)
4,34	T(4,52/−1)

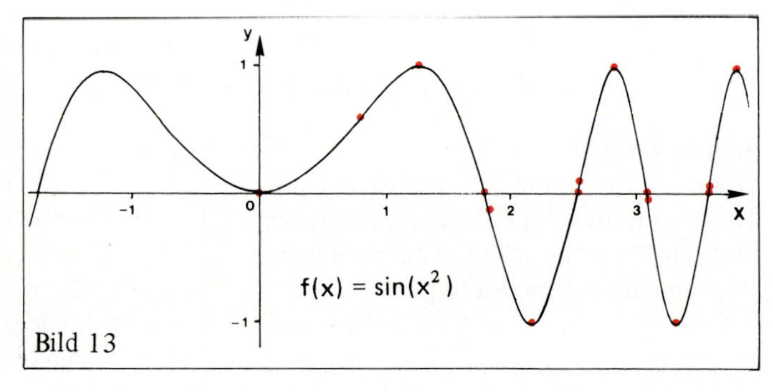

Bild 13

Übung 11

Gegeben sei die Funktion f mit $f(x) = \sin(2x) - \sin x$.

a) Prüfen Sie die Funktion auf Periodizität.

b) Bestimmen Sie die Ableitungsfunktionen f', f'' und f'''.

c) Untersuchen Sie die Funktion für $-\pi \leq x \leq \pi$ auf Nullstellen, Extrema und Wendepunkte.

d) Zeichnen Sie den Graphen von f für $-2\pi \leq x \leq 2\pi$.

e) Gesucht ist die Gleichung der Wendetangente im ersten Wendepunkt rechts der y-Achse.

f) Gesucht ist eine Funktion F, deren Ableitung f ist.

E. Extremalprobleme

Beispiel: Aus drei Betonplatten von jeweils 10 m Länge und 2 m Breite soll eine Rinne mit trapezförmigem Querschnitt angefertigt werden (siehe Abb.).
Für welche Größe des Winkels α wird das Fassungsvermögen der Rinne maximal ?

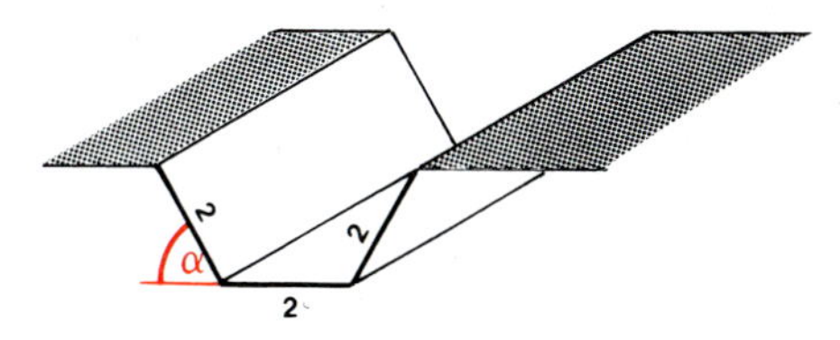

Lösung:
Die Länge der Rinne spielt keine Rolle. Es genügt, die Querschnittfläche A zu maximieren.

$x = 2 \cdot \cos\alpha$
$h = 2 \cdot \sin\alpha$

Wir stellen diese Fläche – wie nebenstehend ausgeführt – als Funktion des Winkels α dar:

$$
\begin{aligned}
A &= (2+x) \cdot h \\
&= (2+2\cos\alpha) \cdot 2\sin\alpha \\
&= 4 \cdot (\sin\alpha + \sin\alpha \cdot \cos\alpha)
\end{aligned}
$$

(1) $A(\alpha) = 4 \cdot (\sin\alpha + \sin\alpha \cdot \cos\alpha)$.

Nun differenzieren wir nach der Variablen α. Dabei wenden wir Summenregel und Produktregel an. Wir erhalten:

$$
\begin{aligned}
A' &= 4 \cdot (\cos\alpha + \cos\alpha \cdot \cos\alpha - \sin\alpha \cdot \sin\alpha) \\
&= 4 \cdot (\cos\alpha + \cos^2\alpha - \sin^2\alpha) \\
&= 4 \cdot (\cos\alpha + \cos^2\alpha - (1 - \cos^2\alpha)) \\
&= 4 \cdot (2\cos^2\alpha + \cos\alpha - 1)
\end{aligned}
$$

(2) $A'(\alpha) = 4 \cdot (2\cos^2\alpha + \cos\alpha - 1)$.

Nun berechnen wir die Extremstellen von A als Nullstellen von A'. Wir erhalten als Endresultat:

$$2\cos^2\alpha + \cos\alpha - 1 = 0$$

$$\cos^2\alpha + \tfrac{1}{2}\cos\alpha - \tfrac{1}{2} = 0$$

$$\cos\alpha = -\tfrac{1}{4} \pm \sqrt{\tfrac{1}{16} + \tfrac{1}{2}} = -\tfrac{1}{4} \pm \tfrac{3}{4}$$

$$\cos\alpha = \tfrac{1}{2} \qquad (\cos\alpha = -1)$$

$$\alpha = 60^\circ$$

(3) $\alpha = 60^\circ$.

Wegen $A''(60^\circ) \approx -10{,}4 < 0$ liegt hier tatsächlich ein Maximum vor.

F. Übungen

Untersuchung trigonometrischer Funktionen ohne Differentialrechnung

12. Bestimmen Sie Periode, Nullstellen, Extrema und Wendepunkte von f. Zeichnen Sie anschließend den Graphen von f.

a) $f(x) = 3\cos(0{,}5x + 2)$
b) $f(x) = 2{,}5\sin(\pi x - 1)$
c) $f(x) = -2\sin(4x + \pi)$
d) $f(x) = -\cos(4x - 4)$
e) $f(x) = 1{,}5\sin(\frac{\pi}{2}x) + 1$
f) $f(x) = -3\cos(\pi x - \pi) + 2$

13. Wandeln Sie die Funktion f in eine reine Sinusfunktion um und zeichen Sie dann den Graphen von f.

a) $f(x) = \sin x - \cos x$
b) $f(x) = 3\cos x + 4\sin x$
c) $f(x) = 1{,}5\cos x - 0{,}5\sin x$
d) $f(x) = 2{,}5\sin x - 1{,}5\cos x$
e) $f(x) = -4\sin x - \cos x$
f) $f(x) = 0{,}5\cos x - 3{,}5\sin x + 2\cos x$

Untersuchung trigonometrischer Funktionen mit Hilfe der Differentialrechnung

14. Führen Sie eine Kurvendiskussion durch und skizzieren Sie den Graphen von f.

a) $f(x) = \cos(2x) - 2\cos x$
b) $f(x) = \sin x + \cos x$
c) $f(x) = \sin(2x) + \cos x$
d) $f(x) = 1 + \sin x + \cos x$

15. Führen Sie eine Kurvendiskussion durch und skizzieren Sie den Graphen von f.

a) $f(x) = \cos^2 x$
b) $f(x) = 1 + \sin^2 x$
c) $f(x) = \cos(2x) - \sin x$
d) $f(x) = \cos x - x$
e) $f(x) = \sin(2x) \cdot \cos x$
f) $f(x) = \cos x + \sin^2 x$
g) $f(x) = 2 - 2\sin x + 3\cos x$
h) $f(x) = \sin(2x) - \sin x$

Trigonometrische Extremalprobleme

16. Ein Dreieck hat zwei gleich lange Schenkel von je 8 cm Länge. Wie groß muss der Winkel zwischen den beiden Schenkeln gewählt werden, damit der Inhalt des Dreiecks maximal wird ?

17. Ein Rundzelt hat die Form eines Zylinders mit aufgesetztem Kegel. Der Zylinder sei 5 m hoch. Die Mantellinie des Kegels sei 9 m lang. Wie groß muss der Öffnungswinkel des Kegels gewählt werden, wenn das Luftvolumen des Zeltes maximiert werden soll ?

18. Ein Montagebrett soll auf die Sohle des abgebildeten Schachtes gebracht werden. Wie lang darf das Brett maximal sein ? Stellen Sie zunächst die Brettlänge L als Funktion des Winkels α dar.

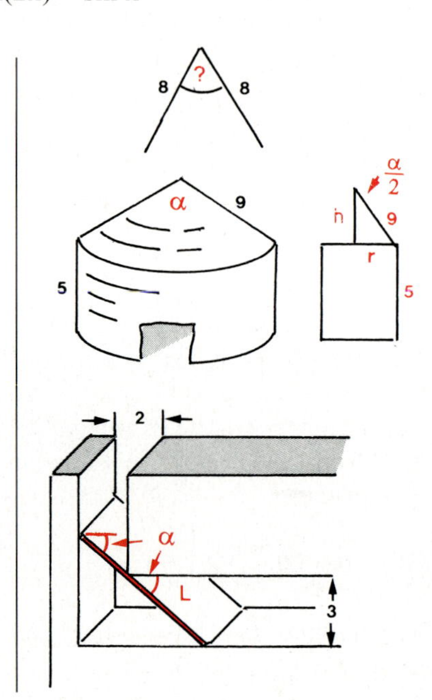

III. Exponentialfunktionen

1. Grundlegendes über Exponentialfunktionen

A. Die Exponentialfunktion $f(x) = c \cdot a^x$

Im Jahre 1845 gelang es dem Amerikaner **Verhulst**, die Entwicklung der Bevölkerungszahl der Vereinigten Staaten von Amerika mit erstaunlicher Genauigkeit vorherzusagen. Seine Prognose war so gut, dass selbst 1930, also 85 Jahre nach der Prognosestellung, die Abweichung von der tatsächlichen Bevölkerungsentwicklung weniger als 1 Prozent betrug.

Die von Verhulst entwickelte Formel basiert auf der Tatsache, dass das Bevölkerungswachstum exponentiellen Gesetzen gehorcht. Als weitere Grundlage seiner Vorhersagen verwendete Verhulst die Ergebnisse der seit 1790 im Abstand von 10 Jahren durchgeführten Volkszählungen.

Die in seiner Prognoseformel maßgeblich auftretende Funktion mit dem Term $f(x) = 1{,}0319^x$ gehört zu den sogenannten **Exponentialfunktionen**.

$N(x) = \dfrac{769 \cdot 1{,}0319^x}{193 + 3{,}9 \cdot 1{,}0319^x}$	x = Zeit in Jahren N(x) = Bev.zahl in Mio.

Jahr	tatsächliche Entwicklung	Prognose von Verhulst
1790	3,9 Mio	3,9 Mio
1800	5,3	5,3
1810	7,2	7,2
1820	9,6	9,7
1830	12,9	13,1
1840	17,1	17,5
1850	23,2	23,1
1860	31,4	30,4
1870	38,6	39,3
1880	50,2	50,2
1890	62,9	62,8
1900	76,0	76,9
1910	92,0	92,0
1920	106,5	107,5
1930	123,2	122,5

Zeitpunkt der Prognosestellung (zwischen 1840 und 1850)

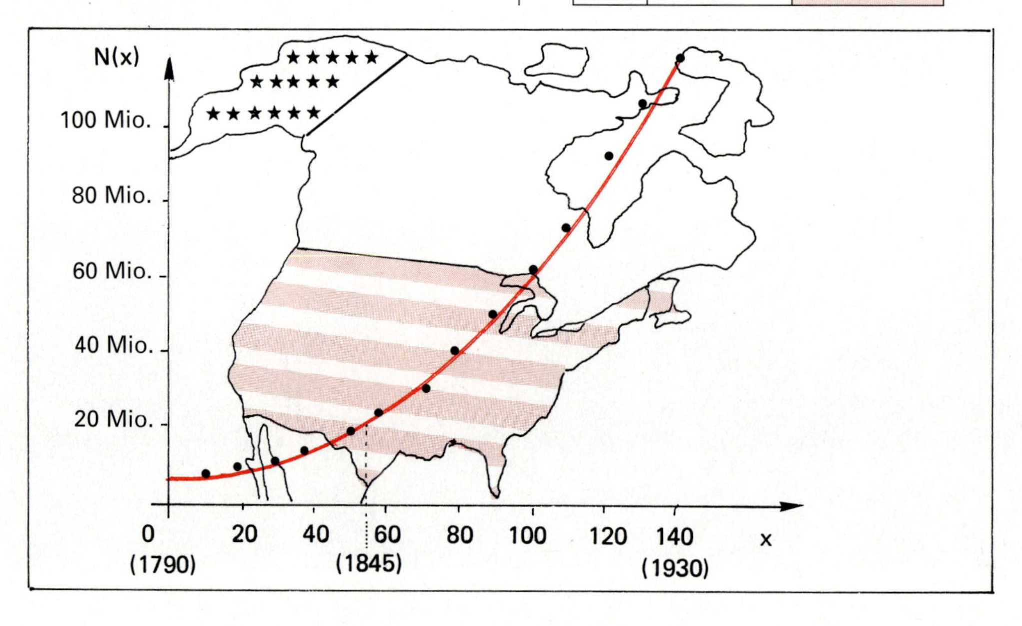

Wir wollen uns nun etwas näher mit diesen interessanten Funktionen befassen, die uns offenbar in die Lage versetzen, so natürliche Prozesse wie das Wachstumsverhalten einer Bevölkerung mathematisch zu erfassen.
Exponentialfunktionen sind dadurch gekennzeichnet, dass die unabhängige Variable x im Funktionsterm als Exponent auftritt.

Definition III.1: Sei $c \in \mathbb{R}$ und $a \in \mathbb{R}$, $a>0$. Dann heißt die Funktion f mit

$$f(x) = c \cdot a^x \ (x \in \mathbb{R})$$

Exponentialfunktion zur Basis a.

Beispiel: Zeichnen Sie die Graphen der folgenden Funktionen.

a) $f(x) = 2^x$ b) $f(x) = 1{,}5^x$ c) $f(x) = 0{,}5^x$

Lösung:
Wir zeichnen den Graphen von $f(x)=1{,}5^x$ auf der Grundlage einer Wertetabelle. Zur Berechnung der Funktionswerte können wir die Potenztaste (y^x-Taste) eines Taschenrechners verwenden.

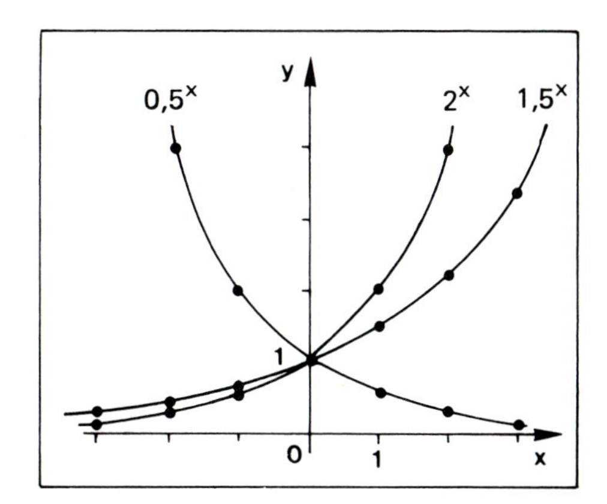

x	−3	−2	−1	0	1	2	3
$1{,}5^x$	0,30	0,44	0,67	1	1,50	2,25	3,38

Bild 1

Potenzen mit reellen Exponenten

Der Funktionsterm einer Exponentialfunktion enthält eine Potenz. Das Rechnen mit Exponentialfunktionen erfordert daher Grundfertigkeiten im Umgang mit Potenzen. Die wichtigsten Regeln werden im Folgenden in knapper Form angesprochen.

1. Potenzen mit ganzzahligen Exponenten und solche mit rationalen Exponenten lassen sich problemlos berechnen, wenigstens näherungsweise.

Beispiele: $2^3 = 2 \cdot 2 \cdot 2 = 8$, $2^{-3} = \frac{1}{2^3} = \frac{1}{8} = 0{,}125$

$2^{\frac{3}{4}} = \sqrt[4]{8} \approx 1{,}68$, $2^{1,3} = 2^{\frac{13}{10}} = \sqrt[10]{2^{13}} \approx 2{,}46$

2. Ist der Exponent irrational, so lässt sich die Potenz nicht mehr als Wurzel interpretieren. In einem solchen Fall ersetzen wir den irrationalen Exponenten durch einen rationalen Näherungswert. Die erforderliche Näherungsgenauigkeit hängt von der jeweiligen Problemstellung ab.

Beispiele: $2^{\sqrt{3}} \approx 2^{1,73} \approx 3{,}3$, $2^{\pi} \approx 2^{3,14} \approx 8{,}82$

3. Durch Logarithmieren kann man Produkte in Summen, Quotienten in Differenzen und Potenzen in Produkte verwandeln, so dass man Exponentialgleichungen lösen kann. Für a, b > 0 gilt:

$$\ln(a \cdot b) = \ln a + \ln b \quad , \quad \ln \tfrac{a}{b} = \ln a - \ln b \quad , \quad \ln(a^x) = x \cdot \ln a$$

Beispiel : Für welches $x \in \mathbb{R}$ gilt $2^x = 3{,}5$?

Lösung : $\ln(2^x) = \ln 3{,}5$, $x \cdot \ln 2 = \ln 3{,}5$, $x = \frac{\ln 3{,}5}{\ln 2} \approx 1{,}8$

Übung 1

a) Bestimmen Sie näherungsweise $5^{\sqrt{5}}$ ($3^{\sqrt{2}}$, $0{,}8^{\sqrt{7}}$, $\sqrt{3}^{\sqrt{2}}$).

b) Berechnen Sie $5^{\sqrt{2}}$ ($20^{\sqrt{2}}$, $0{,}3^{\sqrt{7}} \cdot \sqrt{2}^{\sqrt{3}}$) auf 4 Kommastellen.

Übung 2

a) Bestimmen Sie unter Verwendung der Rechenregeln für Potenzen

$(5^{180})^{\frac{1}{40}}$ sowie $9^{99} \cdot 3^{-184}$.

b) Für welches $x \in \mathbb{R}$ gilt $3^x = 8{,}2$ ($5^x = 110$; $1{,}5^x = 6$; $1{,}0319^x = 2$; $0{,}2^x = 4$; $0{,}9981^x = 3$) ?

c) Für welche Basis $a > 0$ gilt $a^3 = 36$ ($a^5 = 100$; $a^4 = 81$; $a^{100} = 100$; $a^{\sqrt{2}} = 0{,}1$; $a^{1{,}73} = 3{,}32$)?

Elementare Eigenschaften der Exponentialfunktion zu $f(x) = c \cdot a^x$

Beispiel: Gegeben seien die Funktionen zu $f(x) = 0{,}3 \cdot 3^x$ und $g(x) = 1{,}2 \cdot 0{,}2^x$.

a) Skizzieren Sie die Graphen von f und g.

b) Berechnen Sie $f(\sqrt{3})$ näherungsweise.

c) Wo schneiden sich die Graphen?

d) Für welche $x \in \mathbb{R}$ gilt $f(x) < \frac{1}{10}$?

e) Wie verläuft der Graph von f für $x \to -\infty$?

Lösung:

b) $f(\sqrt{3}) = 0{,}3 \cdot 3^{\sqrt{3}} \approx 0{,}3 \cdot 3^{1{,}73} \approx 2{,}01$

c) Wir setzen die Funktionsterme von f und g gleich und lösen die entstehende Exponentialgleichung durch Vereinfachen und Logarithmieren nach x auf. Resultat: $x \approx 0{,}51$

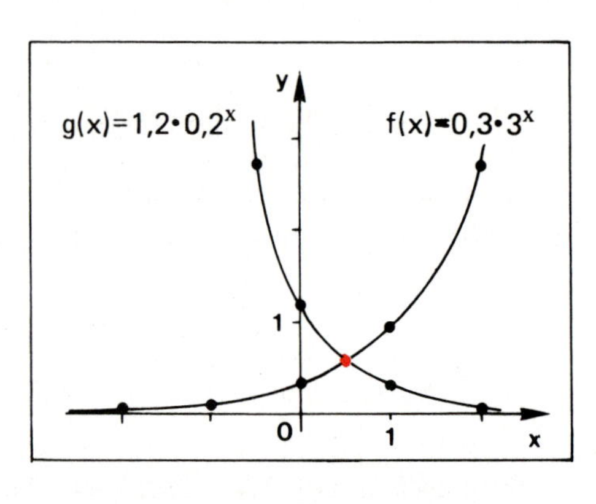

Bild 2

Ansatz: $0{,}3 \cdot 3^x = 1{,}2 \cdot 0{,}2^x$

Vereinfachen: $15^x = 4$

Logarithmieren: $\ln(15^x) = \ln 4$

$x \cdot \ln 15 = \ln 4$

Resultat: $x = \frac{\ln 4}{\ln 15} \approx 0{,}51$

d) Die Ansatzgleichung $f(x)=\frac{1}{10}$ hat die Lösung $x = -1$.
Da f streng monoton ansteigt, gilt für $x < -1$ jedenfalls $f(x) < \frac{1}{10}$.

$$\begin{aligned} 0{,}3\cdot 3^x &= 0{,}1 \\ 3^x &= \tfrac{1}{3} \\ x\cdot \ln 3 &= \ln\tfrac{1}{3} = -\ln 3 \\ x &= -1 \end{aligned}$$

e) Für $x \to -\infty$ nähert sich der Graph von f immer mehr der x-Achse, die Asymptote von f ist.

Übung 3

Gegeben seien die Funktionen zu $f(x) = 3{,}6\cdot 1{,}5^x$ und $g(x) = 2{,}4\cdot 0{,}5^x$.

a) Legen Sie eine Wertetabelle an und skizzieren Sie die Graphen von f und g.

b) Für welches $x \in \mathbb{R}$ schneiden sich die Graphen von f und g ?

Der Verlauf einer Geraden ist durch die Angabe zweier Punkte eindeutig festgelegt. Gleiches gilt für die Exponentialfunktion mit $f(x) = c\cdot a^x$.

Beispiel: Bestimmen Sie die Gleichung derjenigen Exponentialfunktion f mit $f(x)=c\cdot a^x$ $(a > 0)$, deren Graph durch die Punkte P(0|3) und Q(2|12) geht.

Lösung:
Aus $f(0) = 3$ folgt $c\cdot a^0 = 3$, d.h. $c = 3$, daher gilt zunächst $f(x) = 3\cdot a^x$.

Aus $f(2) = 12$ folgt: $3\cdot a^2 = 12$, d.h. $a = 2$.
Resultat: $f(x) = 3\cdot 2^x$.

Wir fassen einige wichtige, anschaulich klare Eigenschaften der Exponentialfunktion zu $f(x) = c\cdot a^x$ im folgenden Satz zusammen (vgl. auch Bild 1, Seite 45).

Satz III.1: Für jede Exponentialfunktion zu $f(x) = c\cdot a^x$ mit $c > 0$ und $a > 0$ gilt:
(1) f ist stetig auf $\mathbb{R}$.
(2) f ist streng monoton steigend für $a > 1$ und streng monoton fallend für $a < 1$.
(3) Für alle $x \in \mathbb{R}$ gilt $f(x) > 0$. Insbesondere ist die x-Achse Asymptote von f für $x \to -\infty$.

Beweis:

zu (1): Anschaulich: Der Graph von f lässt sich über jedem Intervall unterbrechungsfrei zeichnen.
Rechnerisch: $\lim\limits_{h\to 0} f(x+h) = \lim\limits_{h\to 0} c\cdot a^{x+h} = \lim\limits_{h\to 0} c\cdot a^x\cdot a^h = c\cdot a^x\cdot a^0 = c\cdot a^x = f(x)$

zu (2): Sei $a > 1$ und $h > 0$. Dann gilt: $f(x+h) = c\cdot a^{x+h} = c\cdot a^x\cdot a^h > c\cdot a^x\cdot 1^h = c\cdot a^x = f(x)$.

zu (3): Sei $a > 1$ und $n \in \mathbb{N}$ beliebig. Dann gilt $c\cdot a^x < \frac{1}{n}$, wenn $x < \frac{-\ln(c\cdot n)}{\ln a}$. Für genügend kleines x lässt sich also $f(x) = c\cdot a^x$ unter jede noch so kleine Schranke bringen. Der Graph von f schmiegt sich daher für $x \to -\infty$ an die x-Achse an.

Übung 4

a) Skizzieren Sie den Graphen der Exponentialfunktion zu $f(x) = c \cdot a^x$, der durch die Punkte $P(0|0{,}5)$ und $Q(3|13{,}5)$ geht. Bestimmen Sie zunächst den Funktionsterm rechnerisch.

b) Bestimmen Sie, für welche $x \in \mathbb{R}$ der Graph von f nicht mehr als $\frac{1}{1000}$ von der x-Achse abweicht.

Übung 5

Gegeben sei die Exponentialfunktion zu $f(x) = c \cdot a^x$ mit $c > 0$ und $a > 0$.

a) Zeigen Sie, dass dann für $x_1, x_2 \in \mathbb{R}$ die Gleichung $f(x_1 + x_2) = \frac{1}{f(0)} \cdot f(x_1) \cdot f(x_2)$ gilt.

b) Unter welcher Bedingung gilt sogar $f(x_1+x_2) = f(x_1) \cdot f(x_2)$?

c) Zeigen Sie unter Verwendung von a), dass $f(x) = c \cdot a^x$ keine Nullstellen besitzen kann.

B. Elementare Anwendungen

Exponentialfunktionen spielen in physikalischen, technischen, biologischen und wirtschaftlichen Anwendungen eine große Rolle. Wir werden im Folgenden einige einfache, modellhafte Beispiele kennenlernen.

Beispiel: Zur Unterstützung von Gärungsprozessen, z.B. bei der Herstellung von Lebensmitteln, werden Hefen benötigt. Die Hefezellen wachsen in Behältern mit Nährlösung. Wir nehmen einmal an, dass sich in einer solchen Hefekultur die Anzahl der Zellen stündlich verdoppelt. Zu Beginn des Wachstumsprozesses werden 0,5 g Hefe in den Behälter eingebracht, der ein Fassungsvermögen von 200 g Hefe besitze.

a) Stellen Sie eine Wertetabelle auf, aus der man die Hefemasse nach 1, 2, 3, 4 Stunden ablesen kann.

b) Stellen Sie die Gleichung der Funktion f auf, welche der Zeit t (in Stunden) die entsprechende Hefemasse (in Gramm) zuordnet. Zeichnen Sie den Funktionsgraphen.

c) Nach welcher Zeit ist das Fassungsvermögen des Behälters ausgeschöpft?

Lösung:

a)

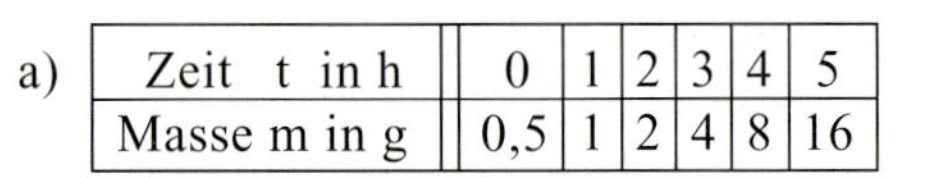

Zeit t in h	0	1	2	3	4	5
Masse m in g	0,5	1	2	4	8	16

b) Die stündliche Verdoppelung führt auf $f(0) = 0{,}5$; $f(1) = 0{,}5 \cdot 2$, $f(2) = 0{,}5 \cdot 2^2$, $f(3) = 0{,}5 \cdot 2^3$ usw.

Also erscheint die Exponentialfunktion f mit

$$f(t) = 0{,}5 \cdot 2^t$$

zur Beschreibung des Hefewachstums geeignet (Graph: Bild 3).

c) Ansatz:

$$\begin{aligned} f(t) &= 200 \\ 0{,}5 \cdot 2^t &= 200 \\ 2^t &= 400 \\ t \cdot \ln 2 &= \ln 400 \end{aligned}$$

$$t = \frac{\ln 400}{\ln 2} \approx 8{,}64\,\text{h} \approx 8\,\text{h}\ 38\,\text{min}$$

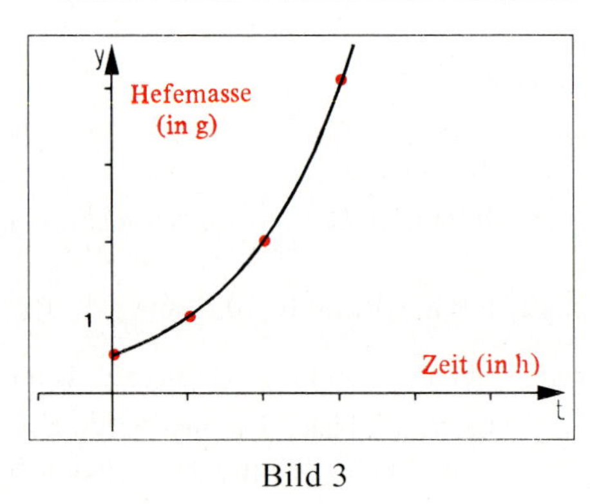

Bild 3

Übung 6

Die Bevölkerung eines Landes nimmt jährlich um 2,3 % zu. Die Bevölkerungszahl wächst also jährlich auf das 1,023-fache an. Zu Beginn des Beobachtungszeitraumes hat das Land 12 Millionen Einwohner.

a) Geben Sie die Gleichung der Exponentialfunktion an, die das Bevölkerungswachstum beschreibt. Verwenden Sie als unabhängige Variable die Zeit t in Jahren.

b) Welche Einwohnerzahl wird das Land 5, 10, 20 Jahre nach Beginn der Beobachtung haben?
Welche Einwohnerzahl hatte das Land 5, 10, 20 Jahre vor Beobachtungsbeginn?

c) Wann hatte das Land 10 Millionen Einwohner, wann wird es 40 Millionen haben?

d) In welcher Zeitspanne T verdoppelt sich die Einwohnerzahl (sog. Verdoppelungszeit)?

Ist von einem Wachstumsprozess bekannt, dass er exponentiell abläuft, so kann man die zugehörige Funktion in einfacher Weise aus den Daten einer Messreihe gewinnen.

Beispiel: Das Wachstum einer Bakterienart wird im Labor experimentell untersucht. Dazu wird die Anzahl der Bakterien in der Nährlösung halbstündlich ausgezählt.
Es ergibt sich folgendes Messprotokoll:

Zeit t in Stunden	0	0,5	1	1,5	2	2,5	3
Anzahl der Bakterien in 1000	0,51	0,65	0,84	1,07	1,37	1,76	2,25

a) Zeigen Sie, dass exponentielles Wachstum vorliegt.

b) Stellen Sie das Wachstumsgesetz auf (Zeit t in Stunden) und zeichnen Sie den Graphen der Wachstumsfunktion.

c) Bestimmen Sie die Zeit T, in welcher sich die Bakterienzahl jeweils verdoppelt.

Lösung:

a) Exponentielle Prozesse sind durch einen konstanten Wachstumsfaktor a charakterisiert, der sich als Quotient von f(t+1) und f(t) ergibt. Diese Konstanz ist hier gegeben:

$$\frac{f(1)}{f(0)} = \frac{0{,}84}{0{,}51} \approx 1{,}647 \quad , \quad \frac{f(2)}{f(1)} = \frac{1{,}37}{0{,}84} \approx 1{,}631 \quad , \quad \frac{f(3)}{f(2)} \approx 1{,}642$$

b) Wir verwenden den Ansatz $f(t)=c\cdot a^t$. Der Wachstumsfaktor a wurde unter a) schon bestimmt: $a \approx 1{,}64$.

Wegen $c = f(0) = 0{,}51$ folgt sodann:
$$f(t) = 0{,}51\cdot 1{,}64^t.$$

c) Der Ansatz $f(T) = 2\cdot f(0)$ liefert uns:

$$0{,}51\cdot 1{,}64^T = 2\cdot 0{,}51$$
$$1{,}64^T = 2$$
$$T\cdot \ln 1{,}64 = \ln 2$$
$$T \approx 1{,}4\text{ h} \approx 84\text{ min.}$$

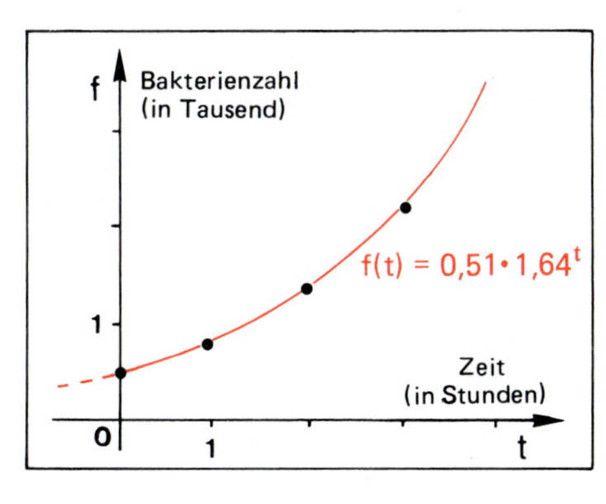

Bild 4

Für experimentelle Wachstumsprozesse ist die Zeitspanne T, in der sich die wachsende Größe verdoppelt, besonders wichtig. T heißt **Verdoppelungszeit** .

Satz III.2: Ein experimenteller Wachstumsprozess werde durch die Exponentialfunktion zu $f(x) = c \cdot a^x$ mit $c > 0$, $a > 1$ beschrieben.
Dann gilt für die Verdoppelungszeit T:

$$T = \frac{\ln 2}{\ln a}.$$

Beweis:
Ist T die Verdoppelungszeit, so gilt für jeden Zeitpunkt t die Gleichung

$$f(t+T) = 2 \cdot f(t).$$

Es folgt $c \cdot a^{t+T} = 2c \cdot a^t$
und weiter $a^T = 2$.
Logarithmieren liefert $T \cdot \ln a = \ln 2$,
also $T = \frac{\ln 2}{\ln a}$.

Übung 7
Einem Kapital von 5000 € werden am Ende eines jeden Jahres bei einem Zinssatz von 5% die Zinsen gutgeschrieben.
a) Stellen Sie das Wachstumsgesetz auf (Zeit in Jahren) und zeichnen Sie den Graphen der Wachstumsfunktion.
b) Auf welchen Betrag ist das Kapital nach 4 (7 bzw. 9) Jahren angestiegen?
c) Nach wie vielen Jahren hat sich das Kapital verdoppelt?
d) Nach wie vielen Jahren hat sich das Kapital verdreifacht?

C. Übungen

Die Exponentialfunktion zu $f(x) = c \cdot a^x$

8. Zeichnen Sie den Graphen der Funktion f.
a) $f(x) = 1{,}3^x$ b) $f(x) = 0{,}8^x$ c) $f(x) = 2{,}5^x$
d) $f(x) = 2 \cdot 1{,}5^x$ e) $f(x) = 0{,}25 \cdot 3^x$ f) $f(x) = 1{,}5 \cdot 0{,}8^x$

9. Bestimmen Sie näherungsweise 3^π ($5^{\sqrt{3}}$, $0{,}5^{\sqrt{2}}$, π^π, $3^{1,2}$, $5^{\frac{3}{7}}$, $(\sqrt{5})^{\frac{7}{12}}$).

10. Bestimmen Sie näherungsweise:

a) $\dfrac{3^{\frac{4}{5}} \cdot 5^{\sqrt{5}}}{15^{\sqrt{2}}}$ b) $\dfrac{(\sqrt{13})^{\frac{4}{7}}}{13^{\frac{4}{5}} \cdot 2^{\sqrt{2}}}$ c) $\dfrac{14^{-2,01} \cdot 7^{0,21}}{2^{1,05}}$

11. Gegeben ist die Funktion f mit $f(x) = 2 \cdot 1{,}1^x$.
a) Zeichnen Sie den Graphen der Funktion für $-6 \le x \le 8$.
b) Berechnen Sie die Funktionswerte $f(-21)$, $f(100)$, $f(-50)$.
c) Für welchen x-Wert nimmt f den Wert $y = 5$ (10, 0,5, 1,1) an?
d) Für welche x-Werte gilt $f(x) < 0{,}1$?

12. Bestimmen Sie unter Verwendung der Rechenregeln für Potenzen:

a) $(120^{50})^{\frac{1}{30}}$ b) $(88^{72})^{\frac{1}{48}}$ c) $(5^{0,1})^{40}$

d) $4^{33} \cdot 4^{55}$ e) $20^{80} \cdot 20^{-78}$ f) $60^{40} \cdot 60^{40} \cdot 60^{-82}$

g) $\frac{13^{160} \cdot 13^{-10}}{13^{140} \cdot 13^{6}}$ h) $\frac{25^{40} \cdot 25^{35}}{25^{100} \cdot 25^{-23}}$ i) $8^{50} \cdot \frac{8^{-30}}{8^{15}} \cdot 8^{-1}$

13. Für welches $x \in \mathbb{R}$ gilt:

a) $10^x = 15$ b) $1,12^x = 8$ c) $2 \cdot 1,5^x - 16 = 0$

d) $5 \cdot 0,1^x = 6 \cdot 0,5^x$ e) $\pi \cdot 6^x - 1 = 0$ f) $1,2 \cdot 8^x = 3 \cdot 4^x$

g) $0,1 \cdot 20^x = 2 \cdot 30^x$ h) $3 \cdot 2^x - 5 \cdot 3^x = 0$ i) $4 \cdot 0,5^x + 6 \cdot 1,5^x = 6 \cdot 0,5^x$

14. Gegeben seien die Funktionen zu $f(x) = 0,5 \cdot 0,6^x$ und $g(x) = 0,2 \cdot 2^x$.

a) Skizzieren Sie die Graphen von f und g.
b) Bestimmen Sie den Schnittpunkt der Graphen von f und g.
c) Für welche $x \in \mathbb{R}$ gilt $f(x) \leq 0,1$?
d) Für welche $x \in \mathbb{R}$ gilt $f(x) = 10$ bzw. $g(x) = 10$?
e) Stellen Sie die Funktion $h = f \cdot g$ in der Form $h(x) = c \cdot a^x$ dar.

15. Stellen Sie den Funktionsterm der Exponentialfunktion durch die Punkte P und Q in der Form $f(x) = c \cdot a^x$ dar.

a) P(0|0,5), Q(4|4) b) P(−2|16), Q(2|1) c) P(−3|0,2), Q(1|3)

16. Bestimmen Sie, für welche $x \in \mathbb{R}$ der Graph von f nicht mehr als $\frac{1}{1000}$ von der x-Achse abweicht.

a) $f(x) = 2^x$ b) $f(x) = 1,1 \cdot 1,5^x$ c) $f(x) = 12,5 \cdot (\frac{1}{8})^x$

Elementare Anwendungen

17. Auf der 1240 m² großen Oberfläche eines Teiches siedelt sich eine Algenart an, deren Zellen sich im Durchschnitt in einem Tag durch Teilung verdoppeln.
Zu Beginn des Beobachtungzeitraumes nehmen die Algen eine Fläche von 10 m² ein.

a) Geben Sie eine Funktion f an, die das Algenwachstum beschreibt.
b) Welcher Prozentsatz der Teichoberfläche ist nach 5 Tagen zugewachsen?
c) Nach wie vielen Tagen ist der See zur Hälfte zugewachsen?
d) Nach wie vielen Tagen ist der gesamte See zugewachsen?
e) Zu welcher Zeit nahmen die Algen eine Fläche von 10 cm² ein?

18. Die nebenstehende Tabelle zeigt die Bevölkerungsentwicklung eines Landes für den Zeitraum von 20 aufeinander folgenden Jahren.

Zeit in Jahren	0	5	10	15	20
Bev. Zahl in Mio.	20	22,63	25,60	28,97	32,77

a) Prüfen Sie, ob exponentielles Wachstum vorliegt.
b) Stellen Sie das Wachstumsgesetz auf (Zeit in Jahren) und zeichnen Sie den Graphen.
c) Bestimmen Sie die Zeit T, in der sich die Bevölkerungszahl verdoppelt.
d) Nach welcher Zeit hat sich die Bevölkerungszahl verfünffacht?
e) Welche natürlichen Faktoren begrenzen das Wachstum?

2. Differentiation und Kurvenuntersuchungen

Wir wenden uns nun der Aufgabe zu, die Ableitung der Exponentialfunktion zu $f(x) = a^x$ zu bestimmen, denn diese benötigt man spätestens dann, wenn man komplexer aufgebaute Funktionen zu untersuchen hat, deren Funktionsterme auch exponentielle Terme enthalten.

A. Die Ableitung von $f(x) = 2^x$

Beispiel: Gegeben sei die Exponentialfunktion $f(x) = 2^x$.
Bestimmen Sie $f'(0)$ näherungsweise auf 3 Kommastellen genau.

Lösung:
Es gibt die Möglichkeit der zeichnerischen Lösung: f zeichnen und $f'(0)$ als Steigung von f bei $x = 0$ zu berechnen.
Effektiver jedoch erscheint es, $f'(0)$ als Differentialquotient zu berechnen.
Allerdings können wir mit unseren Mitteln diesen Differentialquotient nur näherungsweise berechnen*.
Resultat: $f'(0) \approx 0{,}693$

Rechnung:
Wir notieren den Differentialquotienten:

$$f'(0) = \lim_{h\to 0} \frac{f(0+h)-f(0)}{h} = \lim_{h\to 0} \frac{2^h - 1}{h}.$$

An den Grenzwert tasten wir uns nun heran, indem wir für h kleine Testwerte einsetzen, die wir an Null heranrücken lassen.

h	1	0,1	0,01	0,001	0,0001
$\frac{2^h - 1}{h}$	1	0,718	0,696	0,6934	0,6932

Wir haben nun die Ableitung von $f(x) = 2^x$ an der Stelle $x = 0$ bestimmt, wenn auch nur näherungsweise.
Wir können ganz entsprechend die Ableitung dieser Funktion an einer beliebigen Stelle berechnen.

Hierbei tritt der Grenzwert $\lim\limits_{h\to 0} \frac{2^h - 1}{h}$ wiederum auf.
Die nebenstehende Rechnung liefert das folgende Resultat:

$$(2^x)' = \left(\lim_{h\to 0} \frac{2^h - 1}{h}\right) \cdot 2^x$$

$$(2^x)' \approx 0{,}693 \cdot 2^x$$

$$\begin{aligned} f'(x) &= \lim_{h\to 0} \frac{f(x+h) - f(x)}{h} \\ &= \lim_{h\to 0} \frac{2^{x+h} - 2^x}{h} \\ &= \lim_{h\to 0} \left(\frac{2^h - 1}{h} \cdot 2^x\right) \\ &= \left(\lim_{h\to 0} \frac{2^h - 1}{h}\right) \cdot 2^x \\ &\approx 0{,}693 \cdot 2^x \end{aligned}$$

* Man kann zeigen, dass $\lim\limits_{h\to 0} \frac{2^h - 1}{h} = \ln 2$ gilt ($\ln 2 \approx 0{,}693$).

Übung 1

Gegeben sei die Funktion f mit $f(x) = 3^x$ ($f(x) = 1{,}5^x$).

a) Skizzieren Sie den Graphen der Funktion über dem Intervall $[-1;1]$.

b) Berechnen Sie f'(0) und f'(1) näherungsweise auf 4 Kommastellen.

c) Bestimmen Sie den Term f'(x) der Ableitungsfunktion in Anlehnung an obige Rechnung für $f(x)=2^x$.

B. Die Eulersche Zahl e und die Ableitung von $f(x) = e^x$

Berechnen wir die Ableitung von $f(x)=a^x$ für verschiedene Basen a zwischen 1 und 3 näherungsweise, so lassen die nebenstehend aufgeführten Resultate die Vermutung plausibel erscheinen, dass es eine ganz bestimmte Basis e gibt, für die der

Grenzwert $\lim\limits_{h\to 0} \frac{e^h - 1}{h}$ den Wert 1 hat.

Diese Zahl e existiert tatsächlich. Sie liegt offensichtlich zwischen 2 und 3 und man nennt sie die **Eulersche Zahl***.

$$(1{,}5^x)' = \left(\lim_{h\to 0} \frac{1{,}5^h - 1}{h}\right)\cdot 1{,}5^x \approx 0{,}405\cdot 1{,}5^x$$

$$(2^x)' = \left(\lim_{h\to 0} \frac{2^h - 1}{h}\right)\cdot 2^x \approx 0{,}693\cdot 2^x$$

$$(3^x)' = \left(\lim_{h\to 0} \frac{3^h - 1}{h}\right)\cdot 3^x \approx 1{,}099\cdot 3^x$$

$$(e^x)' = \left(\lim_{h\to 0} \frac{e^h - 1}{h}\right)\cdot e^x = 1\cdot e^x$$

Die Zahl e ist deshalb so interessant, weil die Exponentialfunktion mit der Basis e nach den obigen Überlegungen bemerkenswerterweise zugleich ihre eigene Ableitung darstellt.

Satz III .3: Es gibt eine reelle Zahl e, so dass gilt:

$$(e^x)' = e^x.$$

Die Zahl e ist definiert durch

$$\lim_{h\to 0} \left(\frac{e^h - 1}{h}\right) = 1.$$

Der außergewöhnlich wichtige Satz III.3 ist zwar plausibel, aber nicht ganz leicht zu beweisen. Wir verzichten hier auf die Beweisführung und wenden uns stattdessen der Eulerschen Zahl e zu, die wir nun näherungsweise berechnen wollen.

---

* Leonard Euler, deutscher Mathematiker, 1707 – 1783.

Beispiel: Berechnen Sie die durch die Gleichung $\lim\limits_{h \to 0} \frac{e^h - 1}{h} = 1$ definierte Eulersche Zahl e näherungsweise auf einige Dezimalstellen.

Lösung:
Wir wandeln zunächst die Grenzwertgleichung näherungsweise in eine "normale" Gleichung um. Dies geht, denn für kleine Werte von h stimmt der Ausdruck $\frac{e^h - 1}{h}$ nahezu mit seinem Grenzwert 1 überein.
Wir lösen diese Näherungsgleichung nach e auf und ersetzen das kleine h durch $\frac{1}{n}$, wobei n groß sei.

$$\lim_{h \to 0} \frac{e^h - 1}{h} = 1$$

$$\frac{e^h - 1}{h} \approx 1 \qquad \text{(h klein)}$$

$$e^h \approx 1 + h \qquad (h = \tfrac{1}{n})$$

$$e^{\frac{1}{n}} \approx 1 + \frac{1}{n} \qquad \text{(n groß)}$$

$$e \approx (1 + \tfrac{1}{n})^n$$

Durch Testeinsetzungen können wir uns nun unter Verwendung eines Taschenrechners in einfacher Weise Näherungswerte für die Eulersche Zahl e verschaffen.

Wir erhalten folgendes Resultat:

n	$(1+\frac{1}{n})^n$
1	2,00000..
10	2,59374..
100	2,70481..
1000	2,71692..
10000	2,71814..
100000	2,71826..
$\downarrow$	$\downarrow$
∞	e

Die Eulersche Zahl e ist als Folgengrenzwert darstellbar:

$$e = \lim_{n \to \infty} (1 + \tfrac{1}{n})^n.$$

Es gilt: e = 2,718. . .

Übung 2

a) Berechnen Sie die Zahl e näherungsweise auf 6 Kommastellen.

b) Die meisten Taschenrechner haben eine e^x-Taste oder eine gleichwertige EXP-Taste, mit der man Funktionswerte der Funktion zu $f(x) = e^x$ berechnen kann. Berechnen Sie damit $e, e^2, e^3, e^4, e^{10}, e^{0,5}, e^{0,1}, e^e, e^{-1}, e^{-2}, e^{-3}$.

c) Bestimmen Sie die Basis a näherungsweise, für die $(a^x)' = 2 \cdot a^x$ gilt. Gehen Sie analog zur oben durchgeführten Bestimmung der Basis a vor, für die $(a^x)' = 1 \cdot a^x$ galt.

Wir wenden uns nun der Exponentialfunktion zu $f(x) = e^x$ zu, über die wir inzwischen wissen:

(1) Die Funktion ist wegen ihrer Bedeutung auf wissenschaftlichen Taschenrechnern. Es gilt $e \approx 2{,}718$.

(2) Die Funktion ist für $x \in \mathbb{R}$ definiert und für ihre Ableitung gilt $f'(x) = e^x$.

Auf dieser Basis ist es ein Leichtes, den Graphen der Funktion zu zeichnen.

Beispiel: Gegeben ist die Funktion zu $f(x) = e^x$, $x \in \mathbb{R}$.

a) Zeichnen Sie den Graphen der Funktion f für $-2 \leq x \leq 2$ auf der Basis einer Wertetabelle mit der Schrittweite 0,5.

b) Beschreiben Sie das Verhalten der Funktion für $x \to \infty$ bzw. für $x \to -\infty$.

c) Bestimmen Sie die Gleichung der Tangente an den Graphen von f an der Stelle $x = 0$.

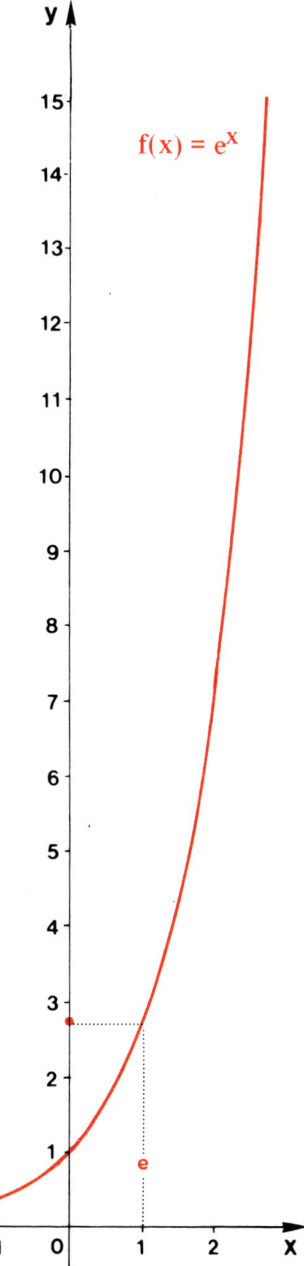

Lösung:

a) Mit Hilfe des Taschenrechners wird eine Wertetabelle erstellt, welche der Skizzierung des Graphen zugrunde liegt.

x	−2	−1,5	−1	−0,5	0	0,5	1	1,5	2
e^x	0,14	0,22	0,37	0,61	1	1,65	2,72	4,48	7,39

b) Mit wachsendem x steigt der Graph immer steiler an. Für $x \to \infty$ wächst der Funktionsterm e^x wegen $e \approx 2{,}718 > 1$ über alle Grenzen.
Für $x \to -\infty$ schmiegt sich der Graph immer dichter an die x-Achse, der Funktionsterm strebt dem Grenzwert 0 zu. Die x-Achse ist daher Asymptote der Funktion für $x \to -\infty$.

c) Wir wählen $y(x) = mx + n$ als Ansatz für die Tangentengleichung. Aus $f(x) = e^x$ und $f'(x) = e^x$ folgt $n = f(0) = 1$ und $m = f'(0) = 1$. Also ist $y(x) = x + 1$ Tangente an den Graph von f an der Stelle $x = 0$.

Bild 1

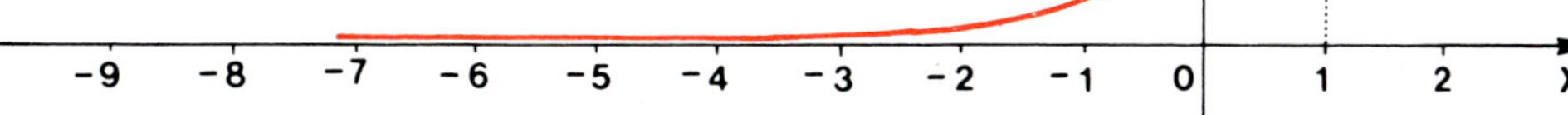

Die Funktion zu $f(x) = e^x$ ist streng monoton steigend, da $f'(x) = e^x > 0$ gilt.

Aus dem Unterricht der Sekundarstufe I ist uns bekannt, dass die Umkehrfunktion einer Exponentialfunktion die Logarithmusfunktion zur gleichen Basis ist.

Die Funktion zu $f(x) = e^x$ hat also die Logarithmusfunktion zur Basis e als Umkehrfunktion. Diese wird als natürliche Logarithmusfunktion $g(x) = \ln x$ bezeichnet ($\ln x = \log_e x$, **l**ogarithmus **n**aturalis).

Wir können daher insbesondere die folgenden Rechengesetze verwenden:

$$\ln(e^x) = x \quad , \quad e^{\ln x} = x$$

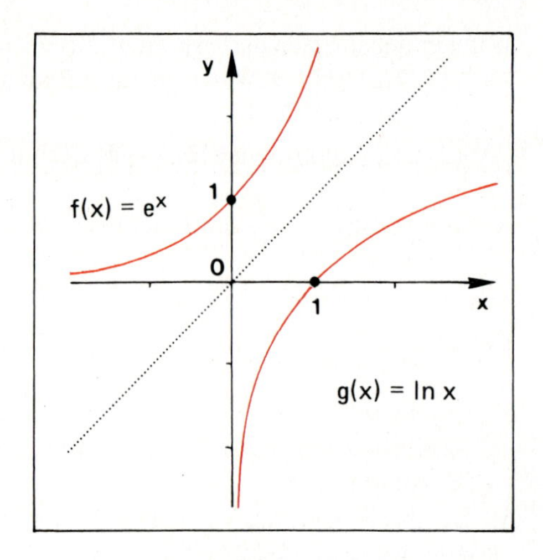

Bild 2

Beispiel:

a) Berechnen Sie, für welches $x \in \mathbb{R}$ die Funktion zu $f(x) = e^x$ den Funktionswert $y = 1{,}5$ annimmt.

b) Stellen Sie die Exponentialfunktion zu $f(x) = 2^x$ in der Form $f(x) = e^{kx}$ dar.

c) Stellen Sie die allgemeine Exponentialfunktion zu $f(x) = a^x$ in der Form $f(x) = e^{kx}$ dar.

Lösung:

a) Ansatz: $e^x = 1{,}5$

Logarithmieren: $\ln(e^x) = \ln 1{,}5$

Resultat: $x = \ln 1{,}5 \approx 0{,}41$

b) $f(x) = 2^x = e^{\ln(2^x)} = e^{x \ln 2}$

(siehe Rechenregeln Seite 46)

c) Allgemein:

$f(x) = a^x = e^{\ln(a^x)} = e^{x \ln a}$

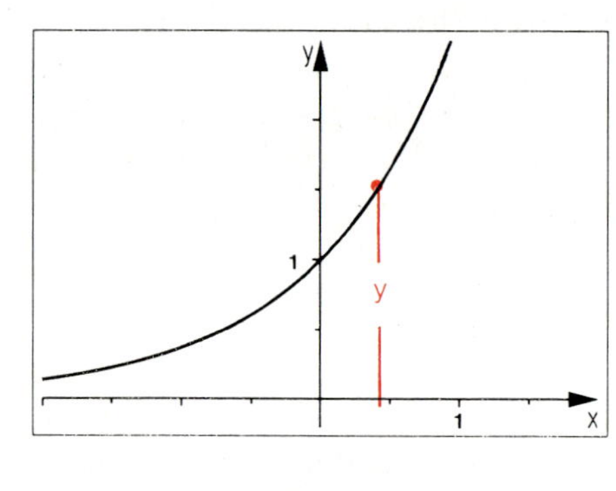

Bild 3

Übung 3

a) Bestimmen Sie die Gleichung der Tangente an den Graph zu $f(x) = e^x$ an der Stelle $x = 1$.

b) Stellen Sie die Funktion $f(x) = 3^x$ ($f(x) = 0{,}1^x$, $f(x) = 10^x$) in der Form $f(x) = e^{kx}$ dar.

c) Die Steigung der Tangente an $f(x) = e^x$ soll in x_2 doppelt so groß sein wie in x_1. Welche Beziehung besteht zwischen x_1 und x_2?

C. Die Ableitung von $f(x) = a^x$

Beispiel: Gegeben sei die Funktion zu $f(x) = 2^x$. Bestimmen Sie die Ableitungsfunktion f'. Stellen Sie dazu f durch eine Exponentialfunktion zur Basis e dar und differenzieren Sie diese nach der Kettenregel.

Lösung:

Wegen $2^x = e^{\ln 2^x} = e^{x\ln 2}$ folgt $(2^x)' = (e^{x\ln 2})' = (e^{x\ln 2})\cdot(x\cdot\ln 2)' = 2^x\cdot\ln 2$.

↓ Kettenregel

Dieses Resultat entspricht der auf Seite 52 gewonnenen Näherung $(2^x)' \approx 0{,}693\cdot 2^x$ und ist unmittelbar verallgemeinerbar.

Satz III.4: Für jede Basis $a > 0$ gilt:

$$(a^x)' = \ln a\cdot a^x.$$

Beweis:

$(a^x)' = (e^{x\ln a})' = e^{x\ln a}\cdot\ln a = a^x\cdot\ln a$

Beispiel: Bestimmen Sie die Ableitungsfunktion zu f(x).

a) $f(x) = 4^x$ b) $f(x) = 0{,}2^x$ c) $f(x) = \frac{1}{4^x}$ d) $f(x) = e^{2x}$ e) $f(x) = 2^{x^2}$ f) $f(x) = x\cdot e^{2x}$

Lösung:
Wir verwenden die elementaren Differentiationsregeln (Faktorregel, Kettenregel, Produktregel) sowie die Regeln $(e^x)' = e^x$ und $(a^x)' = \ln a\cdot a^x$.

a) $f'(x) = (4^x)' = \ln 4\cdot 4^x$

b) $f'(x) = \ln 0{,}2\cdot 0{,}2^x$

c) $f'(x) = (4^{-x})' = \ln 4\cdot 4^{-x}\cdot(-1) = -\ln 4\cdot(\frac{1}{4^x})$

d) $f'(x) = (e^{2x})' = e^{2x}\cdot 2 = 2\cdot e^{2x}$

e) $f'(x) = (2^{x^2})' = \ln 2\cdot 2^{x^2}\cdot 2x$

f) $f'(x) = (x\cdot e^{2x})' = 1\cdot e^{2x} + x\cdot 2e^{2x}$

Übung 4
Bestimmen Sie die ersten beiden Ableitungen der Funktion f.

a) $f(x) = 1{,}5^x$
b) $f(x) = 0{,}1\cdot 3^x$
c) $f(x) = 2^{-x}$
d) $f(x) = 0{,}9^x$
e) $f(x) = 0{,}5\cdot 3^{2x}$
f) $f(x) = 2\cdot e^{0{,}5x}$
g) $f(x) = 2^{1-2x}$
h) $f(x) = e^{x^2}$
i) $f(x) = x\cdot 2^x$
j) $f(x) = x^2\cdot 1{,}2^x$
k) $f(x) = (1 - x)\cdot e^x$
l) $f(x) = x^2\cdot e^x$
m) $f(x) = x - e^{x^3}$
n) $f(x) = (1+2^x)^2$
o) $f(x) = \sin x\cdot e^{-x}$
p) $f(x) = 2^{x^3}$

D. Kurvendiskussionen

Reine Exponentialfunktionen wie $f(x) = e^x$ und $f(x) = a^x$ besitzen – wie wir gesehen haben – recht einfache Graphen. Sie sind monoton und haben weder Nullstellen noch Extrema bzw. Wendepunkte. Die im Folgenden betrachteten Funktionen sind in dieser Hinsicht komplexer. Ihre Untersuchung erfordert daher in der Regel den Einsatz der Differentialrechnung.

Beispiel: Untersuchen Sie die Funktion zu $f(x) = x \cdot e^{1-x}$ auf Nullstellen, Extrema und Wendepunkte. Zeichnen Sie auf dieser Basis den Graphen der Funktion für $-1 \leq x \leq 3$.

Lösung:

1. Ableitungen:
Wir bestimmen die Ableitungen mit Hilfe der Produktregel und der Kettenregel.

$f'(x) = (x \cdot e^{1-x})' = 1 \cdot e^{1-x} + x \cdot e^{1-x} \cdot (-1)$
$= (1 - x) \cdot e^{1-x}$

$f''(x) = -1 \cdot e^{1-x} + (1 - x) \cdot e^{1-x} \cdot (-1)$
$= (x - 2) \cdot e^{1-x}$

$f'''(x) = 1 \cdot e^{1-x} + (x - 2) \cdot e^{1-x} \cdot (-1)$
$= (3 - x) \cdot e^{1-x}$

2. Nullstellen
Der Ansatz $f(x) = x \cdot e^{1-x} = 0$ liefert wegen $e^{1-x} > 0$ sofort die einzige Nullstelle bei $x = 0$.

3. Extrema
Die erste Ableitung $f'(x) = (1 - x) \cdot e^{1-x}$ hat nur eine Nullstelle bei $x = 1$ $(y = 1)$. Wegen $f''(1) = -1 < 0$ liegt dort ein Maximum.

4. Wendepunkte
Die zweite Ableitung $f''(x) = (x - 2) \cdot e^{1-x}$ hat ebenfalls nur eine Nullstelle bei $x = 2$ $(y = 2 \cdot e^{-1} \approx 0{,}74)$.
Wegen $f'''(2) = 1 \cdot e^{-1} \neq 0$ handelt es sich hier um einen Wendepunkt.

5. Verhalten für $x \to \infty$ und $x \to -\infty$
Für $x \to \infty$ nähert sich der Graph immer mehr der x-Achse.
Für $x \to -\infty$ strebt f(x) gegen $-\infty$.

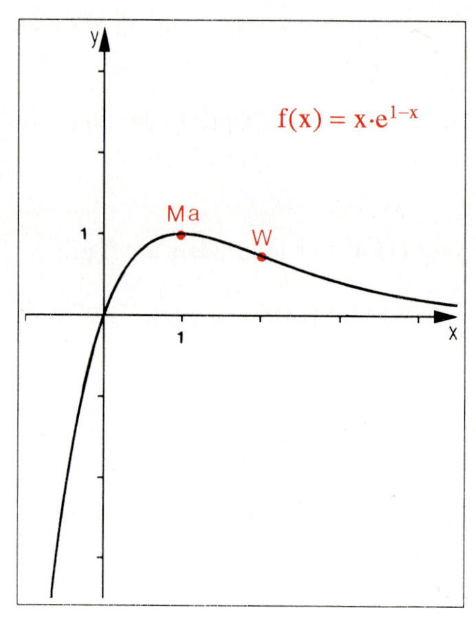

Bild 4

Nullstelle : N(0|0)

Maximum : Ma(1|1)

Wendepunkt : $W(2|\frac{2}{e}) \approx W(2|0{,}74)$

x	1	10	100	$\to \infty$
f(x)	1	$1 \cdot 10^{-3}$	$1 \cdot 10^{-41}$	$\to 0$
x	−1	−10	−100	$\to -\infty$
f(x)	−7,4	$-6 \cdot 10^5$	$-7{,}3 \cdot 10^{45}$	$\to -\infty$

Übung 5
Diskutieren Sie die Funktion $f(x) = (x - 1) \cdot e^x$ (Nullstellen, Extrema, Wendepunkte, Graph).

Beispiel: Gegeben ist $f(x) = (x^2 - 2x) \cdot e^{0,5x}$.
Untersuchen Sie die Funktion f auf Nullstellen, Extrema und Wendepunkte.
Prüfen Sie, wie die Funktion sich für $x \to \infty$ bzw. $x \to -\infty$ verhält.
Zeichnen Sie den Graphen im Bereich $-6 \leq x \leq 2,5$.

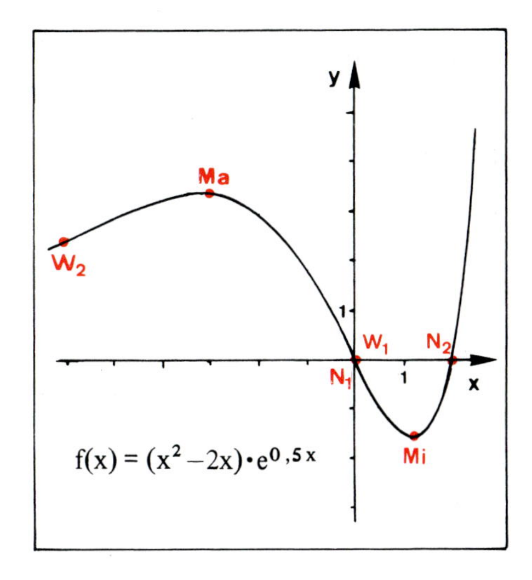

Bild 5

Lösung:

1. Ableitungen

$f'(x) = [(x^2 - 2x) \cdot e^{0,5x}]'$

$= (2x - 2) \cdot e^{0,5x} + (x^2 - 2x)(e^{0,5x}) \cdot \frac{1}{2}$

$= (0,5x^2 + x - 2) \cdot e^{0,5x}$

$f''(x) = (0,25x^2 + 1,5x) \cdot e^{0,5x}$

$f'''(x) = (0,125x^2 + 1,25x + 1,5) \cdot e^{0,5x}$

2. Nullstellen

Die Funktion hat zwei Nullstellen bei $x = 0$ und $x = 2$: $N_1(0|0)$, $N_2(2|0)$.

$f(x) = 0$: $x^2 - 2x = 0$
$x_1 = 0$, $x_2 = 2$

3. Extrema

f hat ein Maximum bei $x = -1-\sqrt{5}$ und ein Minimum bei $x = -1+\sqrt{5}$.
Hochpunkt: Ma(−3,24|3,36)
Tiefpunkt: Mi(1,24|−1,75)

$f'(x) = 0$: $0,5x^2 + x - 2 = 0$
$x^2 + 2x - 4 = 0$

$x_1 \approx -3,24$ | $x_2 \approx 1,24$
$y_1 \approx 3,36$ | $y_2 \approx -1,75$
$f'' < 0$: Max | $f'' > 0$: Min

4. Wendepunkte

f hat Wendestellen bei $x = 0$ und bei $x = -6$.
Wendepunkte: $W_1(0|0)$
$W_2(-6|2,39)$

$f''(x) = 0$: $0,25x^2 + 1,5x = 0$

$x_1 = 0$ | $x_2 = -6$
$y_1 = 0$ | $y_2 \approx 2,39$
$f''' \neq 0$: Wp | $f''' \neq 0$: Wp

5. Verhalten für $x \to \infty$ und $x \to -\infty$

Für $x \to \infty$ steigt der Graph von f steil an und wächst über alle Grenzen.
Für $x \to -\infty$ schmiegt sich der Graph von f an die x-Achse.

x	1	10	100	$\to \infty$
f(x)	−1,65	$1,2 \cdot 10^4$	$5,1 \cdot 10^{25}$	$\to \infty$
x	−1	−10	−100	$\to -\infty$
f(x)	1,82	0,81	$2 \cdot 10^{-18}$	$\to 0$

Übung 6

Führen Sie eine Kurvendiskussion durch und zeichnen Sie den Funktionsgraphen.

a) $f(x) = (x^2 + x - 2) \cdot e^x$ b) $f(x) = x^2 \cdot e^{-x}$ c) $f(x) = x \cdot e^{0,2x}$ d) $f(x) = (x^2 - 1) \cdot 2^x$

Wir untersuchen nun die sogenannte Gaußsche Glockenkurve. Diverse Abkömmlinge dieser Kurve spielen im Bereich der mathematischen Statistik und ihrer vielfältigen Anwendungen eine große Rolle.

Beispiel: Gegeben sei die sogenannte Gaußsche Glockenkurve mit $f(x) = e^{-x^2}$. Führen Sie eine Kurvendiskussion durch und zeichnen Sie den Graphen von f.

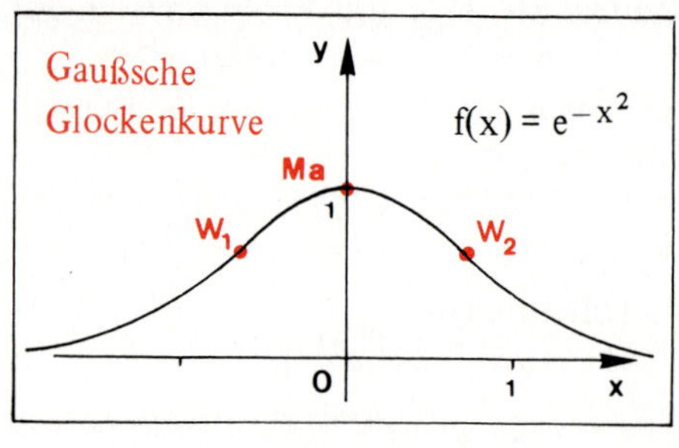

Bild 6

Lösung:

1. Symmetrie

Der Graph von f weist eine Symmetrie zur y-Achse auf, denn es gilt $f(-x) = f(x)$.

2. Ableitungen

$f(x) = e^{-x^2}$

$f'(x) = -2x \cdot e^{-x^2}$

$f''(x) = (4x^2 - 2) \cdot e^{-x^2}$

$f'''(x) = (-8x^3 + 12x) \cdot e^{-x^2}$

Berechnung der Ableitungen mit Kettenregel und Produktregel, z. B.:

$$f''(x) = (-2x \cdot e^{-x^2})' = -2 \cdot e^{-x^2} + (-2x) \cdot (-2x) \cdot e^{-x^2} = (4x^2 - 2) \cdot e^{-x^2}$$

3. Nullstellen

Die Funktion hat keine Nullstellen.

$f(x) = e^{-x^2} > 0$, da $e^z > 0$ für alle $z \in \mathbb{R}$

4. Extrema

f hat ein Maximum bei $x = 0$.
Hochpunkt: $Ma(0|1)$

$f'(x) = 0$: $-2x \cdot e^{-x^2} = 0$
$x = 0$
$y = 1$
$f'' = -2 < 0$: Max

5. Wendepunkte

f hat Wendestellen bei $x = -\sqrt{0,5}$ und bei $x = \sqrt{0,5}$.

$W_1(-0,71|0,61)$
$W_2(0,71|0,61)$

$f''(x) = 0$: $(4x^2 - 2) \cdot e^{-x^2} = 0$
$4x^2 - 2 = 0$
$x = -\sqrt{0,5}$; $y \approx 0,71$; $f''' \neq 0$: Wp
$x = \sqrt{0,5}$; $y \approx 0,71$; $f''' \neq 0$: Wp

6. Verhalten für $x \to \infty$ und $x \to -\infty$

Für $x \to -\infty$ und $x \to \infty$ schmiegt sich der Graph von f an die x-Achse.

x	1	5	10	$\to \infty$
f(x)	0,37	$1{,}4 \cdot 10^{-11}$	$3{,}7 \cdot 10^{-44}$	$\to 0$

Übung 7

Skizzieren Sie, ausgehend von der oben behandelten Gaußschen Glockenkurve $f(x) = e^{-x^2}$, die Graphen von $g(x) = e^{-0{,}1x^2}$, $h(x) = e^{-(x-2)^2}$, $k(x) = e^{-0{,}1(x-2)^2}$, $l(x) = 3e^{-0{,}1(x-2)^2}$.

Beispiel: Diskutieren Sie die Funktion zu $f(x) = x \cdot e^{-x^2}$ und zeichnen Sie den Graphen der Funktion für $-2 \le x \le 2$.

Lösung:

1. Symmetrie
Der Graph von f ist punktsymmetrisch zum Ursprung, denn es gilt $f(-x) = -f(x)$.

2. Ableitungen

$f(x) \quad = x \cdot e^{-x^2}$

$f'(x) \quad = (-2x^2 + 1) \cdot e^{-x^2}$

$f''(x) \quad = (4x^3 - 6x) \cdot e^{-x^2}$

$f'''(x) = (-8x^4 + 24x^2 - 6) \cdot e^{-x^2}$

3. Nullstellen
f hat eine Nullstelle bei x = 0: N(0|0).

4. Extrema
f hat Extremwerte bei $x = -\sqrt{0,5}$ und bei $x = \sqrt{0,5}$.

Mi(−0,71|−0,43)
Ma(0,71|0,43)

5. Wendepunkte
f hat Wendestellen bei $x = -\sqrt{1,5}$, x = 0 und bei $x = \sqrt{1,5}$.

$W_1(-1,22|-0,27)$
$W_2(0|0)$
$W_3(1,22|0,27)$

6. Verhalten für $x \to \infty$ und $x \to -\infty$
Für $x \to \infty$ und $x \to -\infty$ schmiegt sich der Graph von f an die x-Achse.

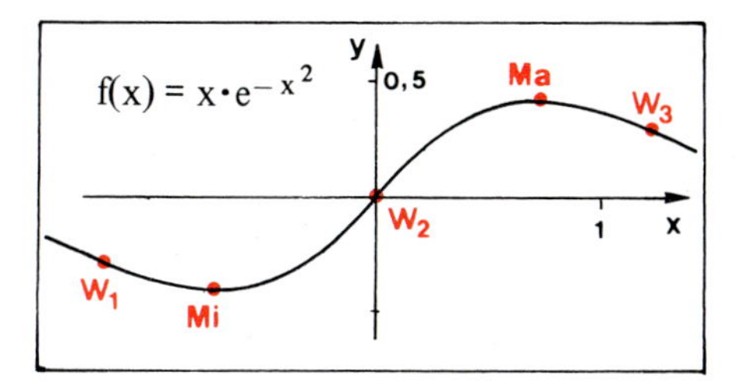

Bild 7

Berechnung der Ableitungen mit Kettenregel und Produktregel, z. B:

$f''(x) \; = [(-2x^2 + 1) \cdot e^{-x^2}]'$

$= -4x \cdot e^{-x^2} + (-2x^2 + 1) \cdot (-2x \cdot e^{-x^2})$

$= (4x^3 - 6x) \cdot e^{-x^2}$

$f(x) = 0: \; x \cdot e^{-x^2} = 0: \; x = 0$

$f'(x) = 0: \; (-2x^2 + 1) \cdot e^{-x^2} = 0$

$-2x^2 + 1 = 0$

$x = -\sqrt{0,5}$	$x = \sqrt{0,5}$
$y \approx -0,43$	$y \approx 0,43$
f'' > 0: Min	f''< 0: Max

$f''(x) = 0: \quad (4x^3 - 6x) \cdot e^{-x^2} = 0$

$x \cdot (4x^2 - 6) = 0$

x = 0	$x = -\sqrt{1,5}$	$x = \sqrt{1,5}$
y = 0	$y \approx -0,27$	$y \approx 0,27$
$f''' \ne 0$	$f''' \ne 0$	$f''' \ne 0$

x	1	5	10	$\to \infty$
f(x)	0,37	$6,9 \cdot 10^{-11}$	$3,7 \cdot 10^{-43}$	$\to 0$

Übung 8

a) Diskutieren Sie die Funktion zu $g(x) = x \cdot e^{x^2}$.

b) Zeichnen Sie die Graphen der diskutierten Funktionen $f(x) = e^{-x^2}$ und $g(x) = x \cdot e^{-x^2}$ für $-3 \le x \le 3$ in ein gemeinsames Koordinatensystem. Beschreiben Sie den Einfluss des Faktors x, der f und g unterscheidet, auf den Kurvenverlauf. Wo ist er groß, wo ist er klein?

Wir werden nun einige Gedanken verfolgen, die zum näheren Umfeld der Untersuchung von Exponentialfunktionen gehören.

E. Vergleich des Wachstums von Exponential- und Potenzfunktionen

Der Graph der Funktion zu $f(x) = e^x$ steigt mit wachsendem x sehr rasch an. Um die Stärke des Anwachsens – also das Wachstumsverhalten der Funktion – quantitativ einordnen zu können, vergleicht man ihr Wachstum mit dem Wachstum einfach strukturierter Funktionen, z. B. der Potenzfunktionen $f(x) = x^n$ ($n \in \mathbb{N}$).

Dazu untersucht man den Quotienten $q(x) = \frac{x^n}{e^x}$ für große Werte von x. Mit etwas Geschick gelingt dies mit wenig Aufwand.

Beispiel: Diskutieren Sie $f(x) = \frac{x^3}{e^x}$. Zeichnen Sie den Graphen der Funktion. Führen Sie den Nachweis, dass für alle $x \geq 0$ gilt: $0 \leq f(x) \leq 2$.

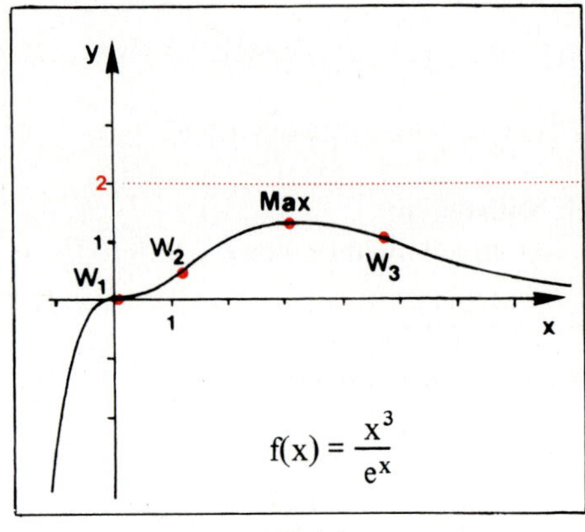

Bild 8

Lösung:

1. Ableitungen

$f(x) \quad = x^3 \cdot e^{-x}$

$f'(x) \quad = (-x^3 + 3x^2) \cdot e^{-x}$

$f''(x) \quad = (x^3 - 6x^2 + 6x) \cdot e^{-x}$

$f'''(x) \quad = (-x^3 + 9x^2 - 18x + 6) \cdot e^{-x}$

2. Nullstellen

f hat eine Nullstelle bei x = 0: N(0|0).

$f(x) = 0 \quad \Leftrightarrow \quad x^3 \cdot e^{-x} = 0 \quad \Leftrightarrow \quad x = 0$

3. Extrema

f'(x) hat zwei Nullstellen: x = 0, x = 3. Dort liegen also waagerechte Tangenten vor. Wegen f''(3) < 0 erhalten wir ein Maximum bei Ma(3|1,34).
Bei x = 0 liegt allerdings nur ein Sattelpunkt, denn es gilt $f''(0) = 0$, $f'''(0) \neq 0$.

$f'(x) = 0: \quad -x^3 + 3x^2 = 0$

$x^2 \cdot (-x + 3) = 0$

x = 0	x = 3
y = 0	y ≈ 1,34
f'' = 0	f'' < 0
f''' ≠ 0	
Sattelpunkt	Maximum

4. Wendepunkte

Wir finden Wendestellen bei x = 0, $x = 3 - \sqrt{3}$ und $x = 3 + \sqrt{3}$.

$W_1(0|0)$, $W_2(1{,}27|0{,}57)$, $W_3(4{,}74|0{,}93)$

$f''(x) = 0, \quad x \cdot (x^2 - 6x + 6) = 0$

x = 0	$x = 3 - \sqrt{3}$	$x = 3 + \sqrt{3}$
y = 0	y ≈ 0,57	y ≈ 0,93
s.o.	f''' ≠ 0	f''' ≠ 0

5. Abschätzung von f(x) für x > 0

Die Funktion besitzt ein lokales Maximum $Ma(3|27 \cdot e^{-3}) \approx Ma(3|1{,}34)$, aber kein Minimum. Aufgrund ihrer Stetigkeit ist dann das lokale Maximum auch globales Maximum.
Jedenfalls gilt für x > 0 (vgl. auch Bild 8): $0 < f(x) < 1{,}35 < 2$.

Beispiel: Beweisen Sie die nebenstehende Aussage, die das Wachstumsverhalten der Exponentialfunktion zu $f(x) = e^x$ mit dem der Potenzfunktion zu $g(x) = x^2$ vergleicht.	$\lim\limits_{x \to \infty} \frac{x^2}{e^x} = 0$	e^x wächst für $x \to \infty$ wesentlich stärker als x^2.

Beweis:
Im oben durchgerechneten Beispiel wurde im Rahmen einer Kurvendiskussion nachgewiesen, dass der Wert des Ausdruckes $\frac{x^3}{e^x}$ für alle positiven $x \in \mathbb{R}$ zwischen 0 und 2 liegt (vgl. auch Bild 8).
Hieraus ergibt sich, dass der Wert des Ausdruckes $\frac{x^2}{e^x}$ stets zwischen 0 und $\frac{2}{x}$ liegt.
Da diese beiden Einschachtelungsterme für $x \to \infty$ beide gegen 0 streben, muss auch der eingeschachtelte Term $\frac{x^2}{e^x}$ mit wachsendem x gegen 0 streben. Der Nenner e^x weist also ein stärkeres Wachstum auf als der Zähler x^2.

$$0 \le \frac{x^3}{e^x} \le 2$$

(siehe Beispiel S. 62)

$$0 \le \frac{x^2}{e^x} \le \frac{2}{x}$$

(Ergibt sich nach Division durch x)

Wegen $\frac{2}{x} \to 0$ für $x \to \infty$

folgt $\frac{x^2}{e^x} \to 0$ für $x \to \infty$.

Man kann das im obigen Beispiel gewonnene Resultat folgendermaßen verallgemeinern:

Satz III.5: Die Exponentialfunktion zu $f(x) = e^x$ wächst für $x \to \infty$ stärker als jede Potenzfunktion zu $p(x) = x^n$, $n \in \mathbb{N}$.	$\lim\limits_{x \to \infty} \frac{x^n}{e^x} = 0 \quad (n \in \mathbb{N})$

Übung 9

a) Führen Sie eine Kurvendiskussion der Funktion f mit $f(x) = \frac{x^2}{e^x}$ durch.

b) Bestimmen Sie die kleinste natürliche Zahl, die für positive x-Werte von den Funktionswerten der Funktion f aus a) nicht überschritten wird.

c) Zeigen Sie, dass e^x für $x \to \infty$ "stärker" wächst als x.

Übung 10

a) Beweisen Sie Satz III.5. Untersuchen Sie dazu die Funktion $g(x) = \frac{x^{n+1}}{e^x}$ für $x \ge 0$ auf Extremwerte und gehen Sie im Übrigen wie im obigen Beispiel vor.

b) Untersuchen Sie das Verhalten von $f(x) = x^2 \cdot e^x$ für $x \to -\infty$ mittels Satz III.5.

F. Die Untersuchung einfacher Kurvenscharen

Beispiel: Untersuchen Sie die Kurvenschar zu $f_a(x) = (e^x - a)^2$, $a > 0$ mit den Mitteln der Kurvendiskussion.
Zeichnen Sie anschließend die Graphen der Scharfunktionen f_1 und f_2.

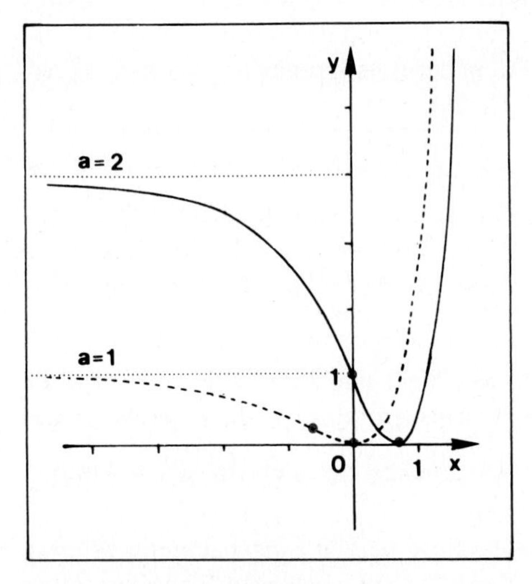

Bild 9

Lösung:

1. Ableitungen

Wir formen den Funktionsterm zunächst mit der binomischen Formel um und erhalten:
$f_a(x) = (e^x)^2 - 2ae^x + a^2 = e^{2x} - 2ae^x + a^2$.

Die Ableitungsfunktionen sind dann:
$f_a'(x) = 2e^{2x} - 2ae^x = 2e^x \cdot (e^x - a)$,
$f_a''(x) = 4e^{2x} - 2ae^x = 2e^x \cdot (2e^x - a)$,
$f_a'''(x) = 8e^{2x} - 2ae^x = 2e^x \cdot (4e^x - a)$.

2. Nullstellen

Die einzige Nullstelle ist bei $N(\ln a|0)$.

$f_a(x) = 0$: $\quad (e^x - a) = 0$, $\quad e^x = a$, $\quad x = \ln a$

3. Extrema

f_a' hat nur eine Nullstelle bei $x = \ln a$.
Wegen $f_a''(\ln a) > 0$ ist dort ein Minimum.

$Mi(\ln a|0)$

$f_a'(x) = 0$: $\quad 2e^x \cdot (e^x - a) = 0$, $\quad e^x - a = 0$, $\quad x = \ln a;\ y = 0$

$f_a''(\ln a) = 2a \cdot (2a - a) = 2a^2 > 0$: Minimum

4. Wendepunkte

f_a'' wird 0 für $x = \ln \frac{a}{2}$. Dort liegt wegen $f_a'''(\ln \frac{a}{2}) \neq 0$ ein Wendepunkt.

$W(\ln \frac{a}{2} | \frac{a^2}{4})$

$f_a''(x) = 0$: $\quad 2e^x \cdot (2e^x - a) = 0$, $\quad 2e^x - a = 0$, $\quad x = \ln\frac{a}{2};\ y = \frac{a^2}{4}$

$f_a'''(\ln\frac{a}{2}) = a \cdot (2a - a) = a^2 \neq 0$: Wendep.

5. Verhalten für $x \to \infty$ und $x \to -\infty$

Für $x \to \infty$ wächst f_a über alle Grenzen.
Für $x \to -\infty$ nähert sich der Graph von f_a der horizontalen Geraden zu $y = a^2$.

$\lim\limits_{x\to\infty} (e^x - a)^2 = \infty$, $\quad \lim\limits_{x\to-\infty} (e^x - a)^2 = a^2$

Übung 11

Diskutieren Sie die Schar $f_a(x) = e^x \cdot (e^x - a)$, $a > 0$. Skizzieren Sie die Graphen von f_2 und f_4.

Übung 12

Welche Ursprungsgerade mit $y(x) = m \cdot x$ ist Tangente an $f_a(x) = e^{ax}$, $a > 0$?
(Hinweis: Fertigen Sie zunächst eine Skizze an und berechnen Sie m auf zwei Weisen.)

Beispiel: Gegeben sei die Funktionenschar zu $f_a(x) = \frac{x}{a} \cdot e^{ax}$, $a > 0$.

a) Führen Sie eine Kurvendiskussion durch (Nullstellen, Extrema, Wendepunkte).

b) Bestimmen Sie die Gleichung derjenigen Kurve, auf der alle Extrema der Scharfunktionen liegen. Diese Kurve heißt Ortskurve der Extrema der Schar.

c) Zeichnen Sie die Graphen der Scharfunktionen f_1, $f_{\frac{1}{2}}$ und $f_{\frac{1}{3}}$.

Lösung:

a) **Ableitungen:**

$f_a(x) = \frac{x}{a} \cdot e^{ax}$, $f_a'(x) = (x + \frac{1}{a}) \cdot e^{ax}$, $f_a''(x) = (ax + 2) \cdot e^{ax}$, $f_a'''(x) = (a^2 x + 3a) \cdot e^{ax}$

Nullstellen, Extrema und Wendepunkte:

Nullstelle: $N(0|0)$, Minimum: $Mi(-\frac{1}{a}|-\frac{1}{a^2 \cdot e})$, Wendepunkt: $W(-\frac{2}{a}|-\frac{2}{a^2 \cdot e^2})$

b) Der Tiefpunkt von f_a hat die Abszisse $x = -\frac{1}{a}$ und die Ordinate $y = -\frac{1}{a^2 \cdot e}$.

Zu jedem festen Wert von $a > 0$ gehört ein solcher Tiefpunkt $T(x|y)$. Durchläuft a die positiven reellen Zahlen, so erhalten wir eine Menge von Tiefpunkten, die in ihrer Gesamtheit eine Kurve bilden. Die Gleichung dieser Kurve ergibt sich folgendermaßen:

Jedem x-Wert $x = -\frac{1}{a}$ ist ein y-Wert $y = -\frac{1}{a^2 \cdot e}$ zugeordnet.

Also gilt: $y = -\frac{1}{a^2 \cdot e} = -(-\frac{1}{a}) \cdot (-\frac{1}{a}) \cdot \frac{1}{e} = -x \cdot x \cdot \frac{1}{e}$, d. h. $y(x) = -\frac{x^2}{e}$ (Bild 10).

c)

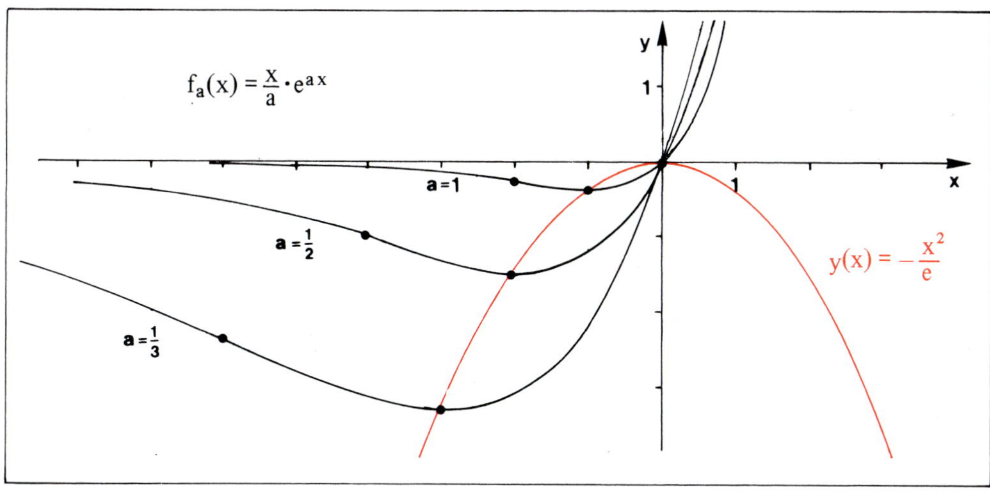

Bild 10

Mit Hilfe von Ortskurven, die man z.B. für Extrema und Wendepunkte aufstellen kann, kann man sich relativ leicht veranschaulichen, in welcher Weise der Wert des Scharparameters a die Gestalt der zugehörigen Scharkurve beeinflusst (vgl. Bild 10, Seite 65).

Übung 13

Diskutieren Sie die Schar $f_a(x) = (x - \frac{1}{a}) \cdot e^{ax}$, $a > 0$. Zeichnen Sie die Graphen von f_1 und $f_{0,5}$. Bestimmen Sie die Ortskurve der Wendepunkte der Schar.

Häufig steht man vor der Aufgabe, aus einer Kurvenschar eine einzelne Kurve anhand einer ganz bestimmten Eigenschaft selektieren zu müssen.

Beispiel: Gegeben sei die Kurvenschar $f_a(x) = \frac{x}{a} \cdot e^{ax}$ (vgl. Beispiel Seite 65).

a) Für welchen Wert des Scharparameters a ist der minimale Funktionswert von f_a gleich -2?
b) Für welchen Wert von a kreuzt f_a die x–Achse unter einem Winkel von 45° ?
c) Für welchen Wert von a beträgt der Abstand des Tiefpunktes zum Ursprung 2 LE?

Lösung:
Wir verwenden die im vorhergehenden Beispiel gewonnenen Resultate bezüglich der Ableitungen, der Extrema und der Wendepunkte von f_a.

a) Wir setzen den von a abhängigen Term des y–Wertes des Minimums gleich -2 und lösen die daraus resultierende Bestimmungsgleichung für a auf.
Resultat: $a \approx 0{,}43$.

$$y_{min} = -2 \quad \Leftrightarrow \quad -\frac{1}{a^2 \cdot e} = -2$$

$$\Leftrightarrow \quad a = \sqrt{\frac{1}{2e}} \approx 0{,}43$$

b) Die einzige Nullstelle von f_a liegt bei $x = 0$. Die Frage lautet also : Welche Scharfunktion hat bei $x = 0$ die Steigung 1? Der Ansatz $f_a'(0) = 1$ liefert als Resultat: $a = 1$.

$$f_a'(0) = 1 \quad \Leftrightarrow \quad (0 + \tfrac{1}{a}) \cdot e^0 = 1 \quad \Leftrightarrow \quad a = 1$$

c) Der Abstand des Tiefpunktes vom Ursprung berechnet sich nach Pythagoras aus $d^2 = x^2 + y^2$, wobei x und y die von a abhängigen Koordinaten des Tiefpunktes sind.

$$d^2 = x_{min}^2 + y_{min}^2 = 2^2 \qquad \text{(Ansatz)}$$

$$\frac{1}{a^2} + \frac{1}{a^4 \cdot e^2} = 4$$

Dieser Ansatz führt auf eine biquadratische Gleichung für a, die wir leicht lösen können.
Resultat: $a \approx 0{,}59$.

$$a^4 - \frac{1}{4}a^2 - \frac{1}{4e^2} = 0$$

$$a^2 = \frac{1}{8} + \sqrt{\frac{1}{64} + \frac{1}{4e^2}} \approx 0{,}35$$

$$a \approx \sqrt{0{,}35} \approx\approx 0{,}59$$

Übung 14
Gegeben ist die Kurvenschar $f_a(x) = (e^x - a)^2$, $a > 0$.
Verwenden Sie zur Bearbeitung der folgenden Aufgaben die Resultate der bereits im Beispiel auf Seite 64 für diese Schar durchgeführten Kurvendiskussion.

a) Welche Scharkurve schneidet die y-Achse bei $y = 1$ bzw. bei $y = 4$?
b) Welche Scharkurven schneiden die y-Achse unter einem Winkel von 45°?
c) Welche Scharkurve hat eine Nullstelle bei $x = 1$ bzw. bei $x = -1$?
d) Welche Scharkurve geht durch den Punkt $P(\ln 2|4)$?
e) Für welche Scharkurven beträgt der Abstand des Minimums zum Punkt $P(0|3)$ genau 5 LE?
f) Wie lautet die Ortskurve der Wendepunkte der Schar?

Häufig ist eine mehrparametrige Kurvenschar gegeben und es geht darum, eine Kurve dieser Schar anhand vorgegebener Eigenschaften zu ermitteln.

Beispiel: Gegeben sei die zweiparametrige Schar $f_{ab}(x) = a \cdot e^{bx}$ $(a, b \neq 0)$.
Welche Scharkurve geht durch den Punkt $P(1|2{,}1)$ und hat dort die Steigung $m = 0{,}7$?

Lösung:
Da f_{ab} durch den Punkt $P(1|2{,}1)$ geht, gilt: $f_{ab}(1) = 2{,}1$, also I. $2{,}1 = a \cdot e^b$.

Dort gilt für $f_{ab}'(x) = ab \cdot e^{bx}$: $f_{ab}'(1) = 0{,}7$, also II. $0{,}7 = ab \cdot e^b$.

Wir lösen beide Gleichungen nach e^b auf : $e^b = \frac{2{,}1}{a}$ bzw. $e^b = \frac{0{,}7}{ab}$.

Gleichsetzen der rechten Terme ergibt : $\frac{2{,}1}{a} = \frac{0{,}7}{ab} \underset{\text{Umformen}}{\Rightarrow} b = \frac{1}{3} \underset{\text{Einsetzen in I.}}{\Rightarrow} a \approx 1{,}5$

Resultat: $f(x) \approx 1{,}5 \cdot e^{\frac{x}{3}}$

Übung 15
Gegeben sei die zweiparametrige Schar $f_{ab}(x) = a \cdot e^{bx}$, $a > 0$.

Welche Scharkurve geht durch den Punkt $P(0|\frac{3}{4})$ und hat dort die Steigung $m = \frac{3}{8}$?

Übung 16
Gegeben sei die zweiparametrige Schar $f_{ab}(x) = ax \cdot e^{bx}$.

Welche Scharkurve hat im Punkt $P(\frac{1}{2}|\frac{1}{2})$ ein Maximum?

G. Übungen

Die Ableitung von $f(x) = a^x$

17. Gegeben sei die Funktion f.
Berechnen Sie f'(0), f'(2) und f'(−1) näherungsweise auf 4 Kommastellen.
Bestimmen Sie anschließend die Ableitungsfunktion f' der gegebenen Funktion f analog zum Beispiel auf Seite 52.
a) $f(x) = 2{,}5^x$ b) $f(x) = 0{,}8^x$ c) $f(x) = 1{,}1^x$

18. Für welche Basis a hat die Funktion f mit $f(x) = a^x$ bei $x = 0$ die Steigung m?
a) $m = 2$ b) $m = 3$ c) $m = 0{,}5$ d) $m = 0{,}1$ e) $m = -1$ f) $m = -2$

19. Bestimmen Sie näherungsweise die Basis a, für die $(a^x)' = k \cdot a^x$ gilt.
a) $k = 3$ b) $k = 0{,}5$ c) $k = 1{,}2$ d) $k = -1$ e) $k = -0{,}8$ f) $k = 5$

20. Gegeben ist die Funktion f mit $f(x) = 2{,}5^x$.
a) Zeichnen Sie den Graphen der Funktion für $-2 \le x \le 2$.
b) Beschreiben Sie das Verhalten der Funktion für $x \to \infty$ bzw. $x \to -\infty$.
c) Bestimmen Sie die Gleichung der Tangente an den Graphen von f an der Stelle $x = 0$.
d) Bestimmen Sie die Gleichung der Tangente an den Graphen von f an der Stelle $x = 1$.

21. Für welche x-Werte nimmt die Funktion f den Funktionswert y an?
a) $f(x) = 2^x$, $y = 3$ b) $f(x) = 0{,}5^x$, $y = 4$ c) $f(x) = 1{,}2^x$, $y = 0{,}5$

22. Stellen Sie die Funktion f in der Form $f(x) = e^{kx}$ dar.
a) $f(x) = 3^x$ b) $f(x) = 1{,}5^x$ c) $f(x) = 0{,}5^x$

23. Bestimmen Sie die Ableitungsfunktion von f.

a) $f(x) = 2^x$ b) $f(x) = 0{,}5^x$ c) $f(x) = \left(\frac{1}{3}\right)^x$ d) $f(x) = 3^{2x}$
e) $f(x) = 3 \cdot 4^{-2x}$ f) $f(x) = 3^{1-x}$ g) $f(x) = 4 \cdot e^{3+2x}$ h) $f(x) = x \cdot 2^{-3x}$
i) $f(x) = x^2 \cdot e^{2x}$ j) $f(x) = (1 - x) \cdot 3^{3x}$ k) $f(x) = \cos x \cdot 3^{-x}$ l) $f(x) = (1 - 2e^{1-x})^2$
m) $f(x) = \sqrt{0{,}5^{2x} - 1}$ n) $f(x) = 2 \cdot 3^{x^2}$ o) $f(x) = 3^{2x} \cdot 5^{-x}$ p) $f(x) = x^3 \cdot (1 - 2^{2+2x})$

Kurvendiskussionen

24. Untersuchen Sie die Funktion f auf Nullstellen, Extrema und Wendepunkte. Zeichnen Sie auf dieser Grundlage den Graphen von f.
a) $f(x) = (x + 1) \cdot e^x$ b) $f(x) = (2 - x) \cdot e^{1+x}$ c) $f(x) = (2x + 1) \cdot e^{2x+1}$
d) $f(x) = x^2 \cdot e^{x+1}$ e) $f(x) = (x^2 - x) \cdot e^x$ f) $f(x) = (x^2 - 1) \cdot e^{-0{,}5x}$

25. Führen Sie eine Kurvendiskussion durch und zeichnen Sie den Graphen der Glockenkurve von der Funktion f.

a) $f(x) = e^{-0,5x^2}$ b) $f(x) = e^{1-0,5x^2}$ c) $f(x) = -e^{-0,5x^2+x+1}$

26. Führen Sie eine Kurvendiskussion durch und zeichnen Sie den Graphen von f.

a) $f(x) = x \cdot e^{-0,5x^2}$ b) $f(x) = (x-2) \cdot e^{0,5x^2}$ c) $f(x) = (e^{0,5x} - 1)^2$
d) $f(x) = (e^x - e^{-x})^2$ e) $f(x) = 5 \cdot (x^2 - 2x)e^{-x}$ f) $f(x) = x^4 \cdot e^{-x}$

27. Gegeben ist die Funktion zu $f(x) = e^{\frac{1}{x}}$, $x \neq 0$.
a) Zeigen Sie, dass f weder Nullstellen noch Extrema besitzt.
b) Bestimmen Sie den einzigen Wendepunkt von f.
c) Untersuchen Sie das Grenzverhalten von f für $x \to 0$ (rechtsseitig und linksseitig).
d) Untersuchen Sie das Grenzverhalten von f für $x \to -\infty$ bzw. $x \to \infty$.
e) Zeichnen Sie den Graphen von f.

28. Untersuchen Sie die Kurvenschar f_a $(a > 0)$ mit den Mitteln der Differentialrechnung. Zeichnen Sie anschließend f_1 und f_2.
a) $f_a(x) = (a - x) \cdot e^x$ b) $f(x) = (2x - a) \cdot e^{0,5x}$ c) $f(x) = (x^2 - a) \cdot e^x$

29. Bestimmen Sie die Funktionsgleichungen der Ortskurven der Extrema sowie der Wendepunkte von f_a aus 28a) bzw. 28b).

30. Gegeben sei die Kurvenschar f_a mit $f_a(x) = x \cdot e^{ax^2}$, $a > 0$.
a) Untersuchen Sie f_a auf Symmetrie.
b) Untersuchen Sie f_a auf Nullstellen, Extrema und Wendepunkte.
c) Zeichnen Sie die Scharkurve f_1.
d) Wie muss k gewählt werden, damit die Graphen von f_1 und $g(x) = k \cdot x^3$ genau drei Punkte gemeinsam haben?

31. Führen Sie für $f_a(x) = x \cdot e^{ax}$ $(a > 0)$ eine Kurvendiskussion durch und bestimmen Sie die Gleichung der Ortskurve der Extrema. Zeichnen Sie die Graphen für $a = 1$ und $a = 0,5$.

32. Wie muss a gewählt werden, damit sich die Graphen von $f(x) = e^x$ und $g(x) = a \cdot x^3$ berühren? Bestimmen sie den Berührpunkt.

33. Wie sind a, b zu wählen, damit sich die Graphen von $f(x) = e^x$ und $g(x) = e^{ax+b}$ bei $x = 1$ senkrecht schneiden?

34. Gegeben sei die zweiparametrige Schar $f_{ab}(x) = ax \cdot e^{bx}$.
Welche Scharkurve hat bei $x = 0,5$ ein Minimum sowie im Ursprung die Steigung 2?

35. Gegeben sei die zweiparametrige Schar $f_{ab}(x) = ax \cdot e^{bx}$.
Welche Scharkurve hat im Punkt $P(2|e^{-2})$ ihren Funktionswert als Steigung?

3. Anwendungen der Exponentialfunktionen

A. Die Wachstumsgleichung

In Bild 1 ist das Wachstum einer Bakterienkultur dargestellt. Der Funktionsterm N(t) gibt den Bakterienbestand zum Zeitpunkt t an. Man erkennt, dass der Bestand im Verlauf des Wachstumsprozesses immer schneller zunimmt. Man definiert daher den Bestandszuwachs pro Zeiteinheit als Wachstumsgeschwindigkeit.

Die Wachstumsgeschwindigkeit zur Zeit t kann also näherungsweise durch den Quotienten $\frac{\Delta N}{\Delta t}$ erfasst werden, wobei Δt ein kleines auf den Zeitpunkt t folgendes Zeitintervall und ΔN der in diesem Zeitintervall erzielte Bestandszuwachs ist (Bild 1).

Diese Näherung ist umso genauer, je kleiner Δt ist. Für $\Delta t \to 0$ strebt der Quotient $\frac{\Delta N}{\Delta t}$ gegen die Steigung $N'(t)$. Dies ist also ein Maß für die Wachstumsgeschwindigkeit zur Zeit t.

Bild 1 verdeutlicht: Verdreifacht sich etwa der Bestand N(t) im Verlauf eines Wachstumsprozesses, so verdreifacht sich auch der Zuwachs ΔN und damit die Wachstumsgeschwindigkeit $N'(t)$, da die dreifache Bakterienmenge nunmehr dreifachen Bestandszuwachs produziert.

Dieser Sachverhalt lässt sich verallgemeinern: Vervielfacht sich der Bestand N im Verlaufe eines Wachstumsprozesses, so vervielfacht sich die Wachstumsgeschwindigkeit N' im gleichen Maße.
N' und N sind proportional zueinander. Es gilt die sogenannte Wachstumsgleichung:

$$N'(t) = k \cdot N(t).$$

Die Proportionalitätskonstante k wird als **Wachstumsfaktor** bezeichnet. Für Zerfallsprozesse gilt die Gleichung ebenfalls.

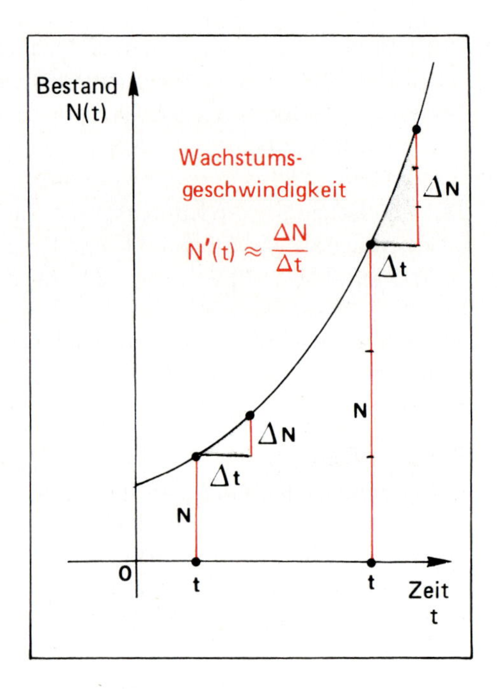

Bild 1

Wachstumsgleichung

Ein Wachstumsvorgang, der die Bedingung erfüllt, dass die Zuwächse in gleich langen Zeitintervallen stets den gleichen Prozentsatz des zu Beginn der Zeitintervalle vorliegenden Bestandes ausmachen, lässt sich durch die folgende Wachstumsgleichung beschreiben:

$$N'(t) = k \cdot N(t).$$

Da die Ableitung der Wachstumsfunktion sich nur durch eine multiplikative Konstante von der Wachstumsfunktion selbst unterscheidet, ist es wohl naheliegend, die Wachstumsfunktion als Exponentialfunktion anzusetzen.

Tatsächlich ist $N(t) = N_0 \cdot e^{kt}$ eine Lösung der Wachstumsgleichung, wie man leicht nachprüft.

Diese Wachstumsgleichung hat nur eine nichttriviale Lösung, nämlich:

$$\mathbf{N(t) = N_0 \cdot e^{kt}}.$$

Dabei ist $N(t)$ der Bestand zur Zeit t. $N_0 = N(0)$ ist der Bestand zu Beginn des Wachstumsprozesses.
k heißt **Wachstumsfaktor.**

Beispiel: Eine Hefekultur bestehe aus 50 mg Hefe und wachse pro Stunde um 15 % des jeweiligen Bestandes an.
Bestimmen Sie die Wachstumsgleichung.

Lösung:
Der Ansatz $N(t) = N_0 \cdot e^{kt}$ liefert uns die folgende Wachstumsfunktion für das Hefewachstum:

$$N(t) = 50 \cdot e^{0,1398t}.$$

Dabei wird die Zeit t in Stunden und der Hefebestand N in mg gemessen.

$N(0) = N_0$
$N(0) = 50$

$$\Rightarrow N_0 = 50$$

$N(1) = N_0 \cdot e^k$
$N(1) = N_0 \cdot 1,15$

$$\Rightarrow e^k = 1,15 \Rightarrow k = \ln 1,15$$
$$k \approx 0,1398$$

Übung 1
Eine Frischmilchprobe enthalte etwa 600 Keime. Nach einer Stunde ist ihre Zahl auf etwa 2100, nach zwei Stunden auf etwa 7350 Keime gewachsen.
Bestimmen Sie die Wachstumsfunktion.

Übung 2
Zeigen Sie, dass jede Lösung der Wachstumsgleichung $N'(t) = k \cdot N(t)$ die Gestalt $N(t) = c \cdot e^{kt}$ besitzt.
Strategie: Nehmen Sie an, dass $N(t)$ eine beliebige Lösung der Wachstumsgleichung sei.
Differenzieren Sie die Funktion zu $f(t) = N(t) \cdot e^{-kt}$.
Welchen Schluss lässt das Resultat zu?

B. Bevölkerungswachstum

Der englische Philosoph Thomas Maltus veröffentlichte 1798 sein "Essay on the Principles of Population". Er äußerte die Vermutung, dass die Nahrungsmittelerzeugung dem kräftigen Bevölkerungswachstum im Zuge der industriellen Revolution nicht würde folgen können, und er prognostizierte daher das Auftreten permanenter Hungersnöte, wie wir sie heute in einigen Entwicklungsländern durchaus beobachten können.
Zur Begründung seiner Thesen entwickelte Maltus einfache, aber treffende Modelle für das Wachstum einer Bevölkerung.

Man geht von der natürlichen Annahme aus, dass die Anzahl der Geburten G in einem Zeitraum Δt proportional ist zur Gesamtbevölkerungszahl N zu Beginn des Zeitraums und zur Länge Δt des Zeitraums:

$$G = g \cdot N \cdot \Delta t.$$

Gleiches soll für die Anzahl S der Sterbefälle gelten:

$$S = s \cdot N \cdot \Delta t.$$

Der Bevölkerungszuwachs im Zeitraum Δt beträgt dann

$$\Delta N = k \cdot N \cdot \Delta t \text{ mit } k = g - s.$$

Wir erhalten die Wachstumsgleichung

$$N'(t) = k \cdot N(t)$$

und als deren Lösung die Wachstumsfunktion:

$$N(t) = N_0 \cdot e^{kt} \text{ (Wachstumsfunktion).}$$

Ein Wachstumsprozess lässt sich besonders leicht überschauen, wenn man die Zeit T kennt, in der sich der Bestand verdoppelt. Zur Zeit T hat sich also der Anfangsbestand N_0 verdoppelt. Daher gilt:

$$N(T) = N_0 \cdot e^{kT} = 2 \cdot N_0, \text{ d.h.: } e^{kT} = 2.$$

Logarithmieren liefert sodann:

$$T = \frac{\ln 2}{k} \text{ (Verdoppelungszeit).}$$

Beispiel: Die Tabelle zeigt die Bevölkerungsentwicklung in den USA in der ersten Hälfte des 19. Jahrhunderts (in Mio.).

1790	1800	1810	1820	1830	1840	1850	1860
3,9	5,3	7,2	9,6	12,9	17,1	23,2	31,4

a) Stellen Sie das Bevölkerungswachstum graphisch dar.
b) Bestimmen Sie die Wachstumsfunktion (Bev.zahl in Mio., Zeit in Jahren).
c) In welcher Zeitspanne verdoppelte sich die amerikanische Bevölkerung damals ?

Lösung:

a)

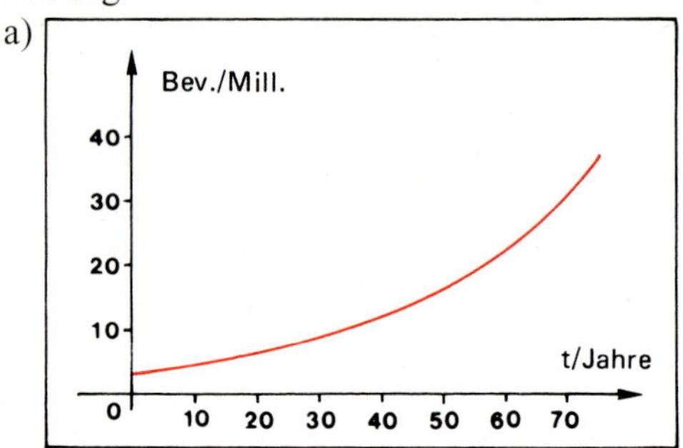

b) Der Ansatz $N(t) = N_0 \cdot e^{kt}$ darf verwendet werden, da die prozentualen 10-Jahres-Zuwächse stets etwa 35 % betragen. Wählen wir das Jahr 1790 als Nullpunkt der Zeitskala, so folgt $N_0 = 3{,}9$ Mio. Aus $N(70) = 31{,}4$ folgt $3{,}9 \cdot e^{70k} = 31{,}4$. Logarithmieren liefert $k \approx 0{,}0298$.
Resultat: $N(t) = 3{,}9 \cdot e^{0{,}0298t}$

c) $T = \frac{\ln 2}{0{,}0298} \approx 23{,}3$ Jahre

C. Logistisches Wachstum

Reale Wachstumsprozesse verlangsamen sich im Laufe der Zeit, da die Ressourcen (Energie, Nahrung, Lebensraum etc.) nicht unbegrenzt vermehrbar sind.

Dem kann man dadurch Rechnung tragen, dass man den konstanten Wachstumsfaktor k in der Wachstumsgleichung $N' = k \cdot N$ durch einen mit wachsendem Bestand kleiner werdenden Wachstumsfaktor $k - d \cdot N$ ersetzt.
Dies führt auf die sogenannte logistische Gleichung $N' = (k - d \cdot N) \cdot N$.

Der **Depressionsfaktor** d ist allerdings in der Regel sehr klein, so dass er erst für relativ großes N Wirkung zeigt.
Die logistische Gleichung hat die nebenstehend angegebene logistische Funktion als Lösung, deren Graph eine s-förmige Gestalt hat.

Für $n \to \infty$ strebt N(t) dem **Grenzbestand** $\frac{k}{d}$ zu (siehe Bild 2).

Die logistische Wachstumsgleichung

$$\mathbf{N' = k \cdot N - d \cdot N^2}$$

wird gelöst durch die logistische Wachstumsfunktion

$$N(t) = \frac{N_0 \cdot e^{kt}}{1 + \frac{d}{k} \cdot N_0 \cdot (e^{kt} - 1)}$$

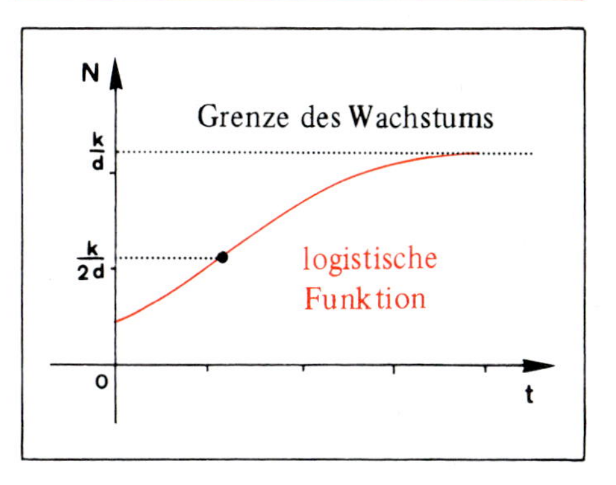

Bild 2

Beispiel: Bevölkerungswachstum der USA.
Der Amerikaner Verhulst stellte im Jahre 1845 auf der Basis der seit 1790 im Abstand von 10 Jahren erhobenen Volkszählungsdaten die logistische Funktion für das Wachstum der amerikanischen Bevölkerung auf, indem er die Parameter k und d ermittelte:

$$k = 0{,}03134,\ d = 1{,}5887 \cdot 10^{-10}.$$

Als Bezugsjahr (t = 0) wählte er dabei das Jahr 1790 mit einer Bevölkerungszahl von $N_0 = 3{,}9$ Millionen.

a) Stellen Sie die logistische Wachstumsfunktion auf.
b) Berechnen Sie Verhulsts Prognose für das Jahr 1950. Vergleichen Sie mit dem tatsächlichen Wert. (1950: 150,7 Mio.)
c) Welche Obergrenze für die Bevölkerungszahl ergibt sich nach Verhulst ?

Lösung:

a) $$N(t) = \frac{3{,}9 \cdot 10^6 \cdot e^{0{,}03134t}}{1 + 1{,}977 \cdot 10^{-2} \cdot (e^{0{,}03134t} - 1)}$$

t in Jahren.

b) Bevölkerungszahl im Jahr 1950:
Wachstumsgleichung: $N(160) \approx 459$Mio
logistische Gleichung: $N(160) \approx 148$Mio
tatsächlicher Wert: 150,7 Mio

Die logistische Gleichung lieferte eine über mehr als 100 Jahre greifende, phantastische Prognose.

c) Grenzbevölkerungszahl für $t \to \infty$.

$$\lim_{t \to \infty} N(t) = \frac{k}{d} = 197{,}3 \text{ Millionen}$$

Beispiel: Das Wachstum einer Bakterienart wird experimentell untersucht und tabellarisch festgehalten. Dabei ergibt sich das abgebildete Messprotokoll.

t/min	0	2	4	6	8	10
N/Bak	100	270	720	1870	4500	9340

a) Zeigen Sie, dass das Bakterienwachstum im Laufe der Zeit abflacht.
b) Stellen Sie die logistische Wachstumsfunktion auf. Berechnen Sie dazu k und d.
c) Bestimmen Sie den Grenzbestand.

Lösung:

a) Die relativen Zuwächse $\frac{\Delta N}{N}$ sinken von 1,70 im ersten 2-Minuten-Intervall bis auf 1,08 im letzten 2-Minutenintervall.

t	0	2	4	6	8
$\frac{\Delta N}{N}$	1,70	1,67	1,60	1,41	1,08

b) **Berechnung von k**
Im Bereich $t < 2$ flacht das Wachstum noch nicht wesentlich ab, wie die Tabelle aus a) zeigt.
In diesem Bereich kann das Depressionsglied im Nenner der logistischen Funktion vernachlässigt werden, so dass hier die "normale" Wachstumsfunktion herangezogen werden kann. $N_0 = 100$ und $N(2) = 270$ liefern dann den Wachstumsfaktor k: $k \approx 0{,}5$.

Für kleine Werte von t gilt:

$N(t) \approx N_0 \cdot e^{kt} = 100 \cdot e^{kt}$.

Wegen $N(2) = 270$ folgt hiermit:

$$100 \cdot e^{2k} = 270$$
$$e^{2k} = 2{,}7$$
$$k = \tfrac{1}{2} \cdot \ln 2{,}7 \approx 0{,}4966 \approx 0{,}5.$$

Berechnung von d
Setzen wir den so gewonnenen Wert für k in die logistische Funktion ein, so können wir aus $N(10) = 9340$ den Depressionsfaktor k bestimmen:
$d \approx 2 \cdot 10^{-5}$.

Einsetzen von $t = 10$, $N(t) = N(10) = 9340$ und $k = 0{,}5$ in die logistische Funktion liefert:

$$9340 = \frac{14841}{1 + d \cdot 29683}.$$

Auflösen nach d ergibt sodann $d \approx 2 \cdot 10^{-5}$.

c) Für sehr große Werte von t können die beiden Einsen im Funktionsterm der logistischen Funktion vernachlässigt werden. Es gilt dann $N(t) \approx \frac{k}{d}$. Wir erhalten daher als Grenzbestand ca. 25000 Bakterien.

$$\lim_{n \to \infty} N(t) = \frac{k}{d}$$
$$= \frac{0{,}5}{2 \cdot 10^{-5}} \approx 25000$$

Übung 3
Eine Hefekultur zeigt das nebenstehend protokollierte Wachstumsverhalten.
Nach welcher Zeit sind 90 % des Grenzbestandes erreicht ?

t/h	0	5	10	15	20	25	30
N/mg	50	136	367	985	2591	6467	14383

Die Geschwindigkeit, mit der sich eine Nachricht ausbreitet, lässt sich modellhaft ebenfalls durch eine logistische Gleichung erfassen.

In einer Gruppe von Personen sei N(t) ($0 \le N(t) \le 1$) der Anteil derjenigen, die eine Nachricht zur Zeit t bereits kennen. $1 - N(t)$ ist der Anteil der noch nicht informierten Personen.

Dann ist die Geschwindigkeit N'(t), mit der der Anteil N(t) ansteigt, proportional zu N(t), aber in symmetrischer Weise auch proportional zu $1 - N(t)$.

Daher gilt: $N'(t) = k \cdot N(t) \cdot (1 - N(t))$ und kürzer $N' = k \cdot N - k \cdot N^2$.

Diese Gleichung entspricht exakt der logistischen Gleichung auf Seite 73, wenn man dort d = k setzt, was angebracht ist, weil wir hier den "Grenzanteil" 1 haben. Der Anteil derjenigen, die die Nachricht zur Zeit t kennen, lässt sich daher durch die logistische Funktion

$$N(t) = \frac{N_0 \cdot e^{kt}}{1 + N_0 \cdot (e^{kt} - 1)}$$

beschreiben, deren Graph nebenstehend abgebildet ist.

Dieses Modell ist vielfältig anwendbar. Ein Computervirus z.B. breitet sich in einem Computernetz ähnlich aus wie eine Nachricht in einer Personengruppe, etc.

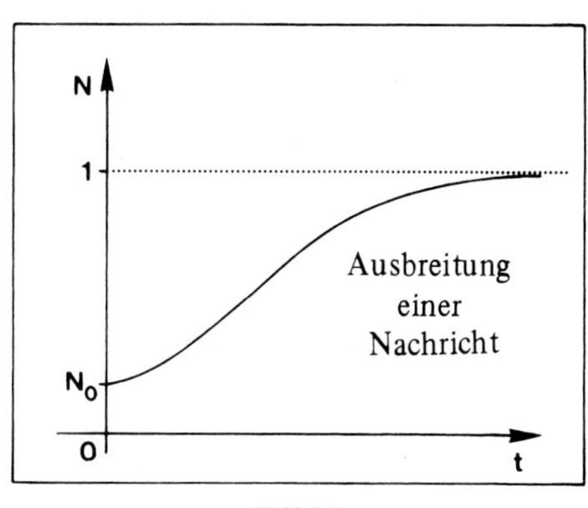

Bild 3

Beispiel: Eine Schule hat 1000 Schüler. Ein Schüler verbreitet morgens um 8^{00} Uhr das Gerücht, dass am nächsten Tag der Unterricht ausfallen werde.
Um 9^{00} Uhr wissen bereits 7 Schüler von dem Gerücht.

a) Bestimmen Sie die logistische Funktion N, die den Anteil der Schüler angibt, die das Gerücht zur Zeit t kennen.

b) Welcher Anteil an der Schülerschaft kennt das Gerücht um 13^{00} Uhr?

Lösung:

a) Zur Zeit t = 0 kennt ein Schüler das Gerücht. Daher gilt $N_0 = 0{,}001$.
Weiter gilt $N(1) = 0{,}007$.
Mit Hilfe der Gleichung der logistischen Funktion folgt nun $k \approx 1{,}95$.
Daher: (t in Stunden)

$$N(t) = \frac{0{,}001 \cdot e^{1{,}95\,t}}{1 + 0{,}001 \cdot (e^{1{,}95\,t} - 1)}$$

b) $N(5) \approx 0{,}945 = 94{,}5\ \%$

Übung 4

Berechnen Sie, nach welcher Zeit das Gerücht aus dem obigen Beispiel 50 % der Schülerschaft bzw. 990 Schüler erreicht hat. Skizzieren Sie außerdem den Graphen der Funktion N.

D. Exponentieller Zerfall

Bei einfachen Wachstumsprozessen ist die Zuwachsrate (Wachstumsgeschwindigkeit) proportional zum jeweils vorliegenden Bestand.

Analoges gilt für zahlreiche Zerfallsprozesse. Bei radioaktiven Substanzen beispielsweise zerfällt pro Zeiteinheit stets der gleiche Prozentsatz der jeweils noch vorhandenen Substanz.

Die Zerfallsrate $\frac{\Delta N}{N}$ ist proportional zur jeweils noch vorhandenen Substanzmenge N.

Daher gilt die sogenannte Zerfallsgleichung $N'(t) = -k \cdot N(t)$.
Diese hat als Lösung die Zerfallsfunktion $N(t) = N_0 \cdot e^{-kt}$, weshalb man auch von exponentiellem Zerfall spricht.

Besonders leicht lässt sich ein Zerfallsprozess dieser Art überschauen, wenn man die Halbwertszeit $T_{\frac{1}{2}}$ kennt, in der sich die Substanzmenge jeweils halbiert.
Es gilt $T_{\frac{1}{2}} = \frac{\ln 2}{k}$, wie man leicht zeigt.

Exponentieller Zerfall

Zerfallsgleichung	$N'(t) = -k \cdot N(t),\ k > 0$
Zerfallsfunktion	$N(t) = N_0 \cdot e^{-kt}$
Halbwertszeit	$T_{1/2} = \frac{\ln 2}{k}$

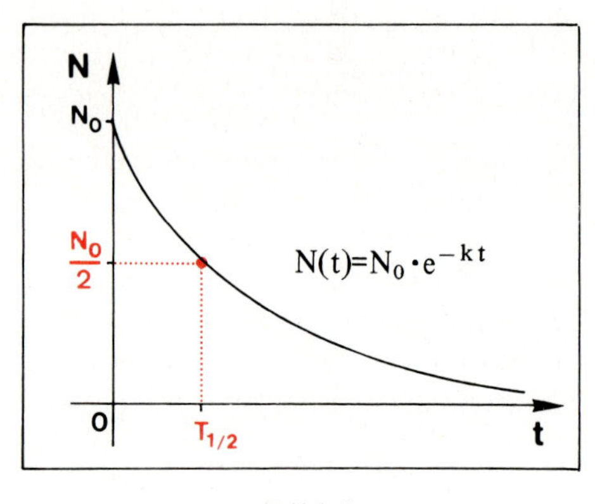

Bild 4

Beispiel: Das radioaktive Plutonium 239 zerfällt sehr langsam. In einem Jahr zerfallen nur 0,00285 % der zu Beginn des Jahres vorhandenen Substanzmenge.

a) Wie groß ist die Zerfallskonstante k, wenn als Zeiteinheit 1 Jahr gewählt wird?
Wie lautet die Zerfallsfunktion ?

b) Wie groß ist die Halbwertszeit des Plutoniums 239?

c) Nach welcher Zeit ist nur noch 1 % der Substanzmenge vorhanden?

Lösung:

a) Die jährliche Zerfallsrate beträgt

$$\frac{0{,}00285}{100} = 0{,}0000285.$$

Die Zerfallsfunktion lautet daher

$$N(t) = N_0 \cdot e^{-0{,}0000285\,t}.$$

b) $T_{\frac{1}{2}} = \frac{\ln 2}{0{,}0000285} \approx 24321$ Jahre

c) $T_{\frac{1}{100}} = \frac{\ln 100}{0{,}0000285} \approx 161585$ Jahre

Übung 5
Ein radioaktives Element hat eine Halbwertszeit von ca. 481 Tagen. Nach zwei Jahren sind noch 100 g der Ausgangsmenge nicht zerfallen. Wie groß war die Ausgangsmenge?

E. Die Radiokarbonmethode zur radioaktiven Altersbestimmung

Im Kohlendioxid der Luft und in den Körpern von Organismen kommt Kohlenstoff als Isotopengemisch vor. Das Gemisch besteht zu ca. 98,89% aus dem stabilen Isotop $^{12}_{6}C$, zu 11,1 % aus dem stabilen Isotop $^{13}_{6}C$ und zu ca. $3 \cdot 10^{-11}$ % aus dem radioaktiven Isotop $^{14}_{6}C$.

Das $^{14}_{6}C$ entsteht in den oberen Schichten der Atmosphäre ständig neu. Durch Neutronenbeschuss aus der kosmischen Strahlung wird Luftstickstoff ^{14}N in ^{14}C umgewandelt ($^{14}_{7}N + ^{1}_{0}n = ^{14}_{6}C + ^{1}_{1}p$).

Das so entstandene ^{14}C verbindet sich mit dem Luftsauerstoff zu Kohlendioxid, welches sich sodann in der Atmosphäre verteilt, in der sich im Laufe der Zeit ein Gleichgewicht im Sinne des oben angegebenen Mischungsverhältnisses herausgebildet hat.

Das Kohlendioxid kommt über die Atmung in die Körper von Pflanzen und über die Nahrung schließlich auch in die Körper von Tieren und Menschen.
In den Organismen kommt Kohlenstoff daher im gleichen Isotopenmischungsverhältnis vor wie in der Atmosphäre.

Allerdings gilt dies nur, solange der Organismus lebt. Nach dem Tode wird das radioaktiv zerfallene ^{14}C nicht mehr ersetzt, so dass sein Anteil im Laufe der Zeit im Vergleich zu den Anteilen der stabilen Isotope ^{12}C und ^{13}C schrumpft.

Da die Zerfallsrate des ^{14}C bekannt ist, (Halbwertszeit 5730 Jahre), ist es z.B. möglich, das Alter eines fossilen Organismus aus dem ^{14}C-Anteil, der in seinen Überresten noch feststellbar ist, zu errechnen:

Die Altersbestimmung mit Hilfe dieser radioaktiven ^{14}C-Uhr wird als Radiokarbonmethode bezeichnet*.

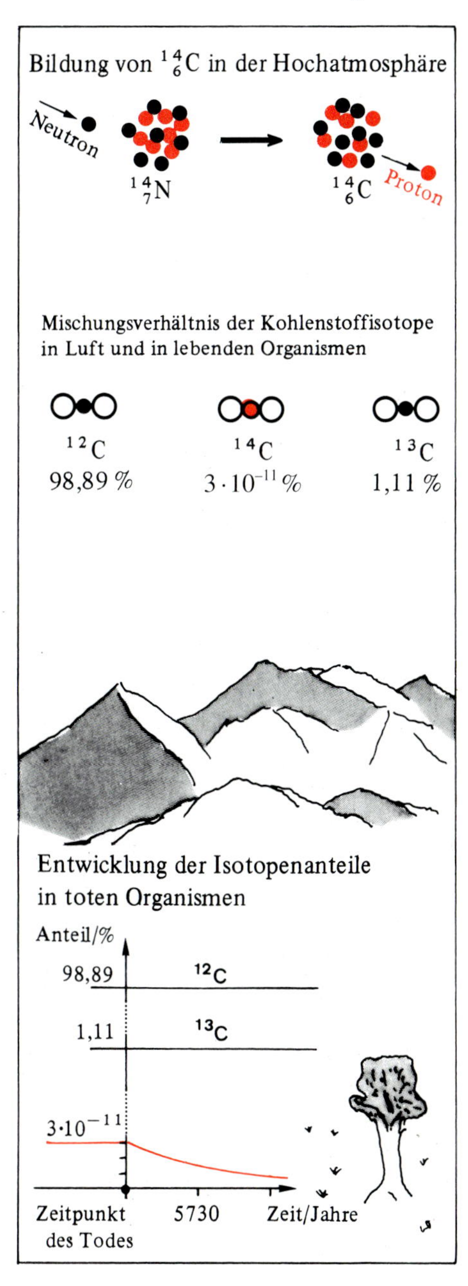

* Die Radiokarbonmethode wurde 1949 von dem Physiker W.F. Libby ersonnen.

Die Verwendung der Radiokarbonmethode zur Altersbestimmung in der Archäologie und der Paläontologie setzt allerdings voraus, dass sowohl die kosmische Höhenstrahlung als auch der Stickstoffgehalt der hohen atmosphärischen Schichten über extrem lange Zeiträume nahezu gleich geblieben sind*.

Beispiel: Das radioaktive Isotop ^{14}C des Kohlenstoffs zerfällt unter β-Strahlung mit einer Halbwertszeit von ca. 5730 Jahren. Stellen Sie das Zerfallsgesetz auf.

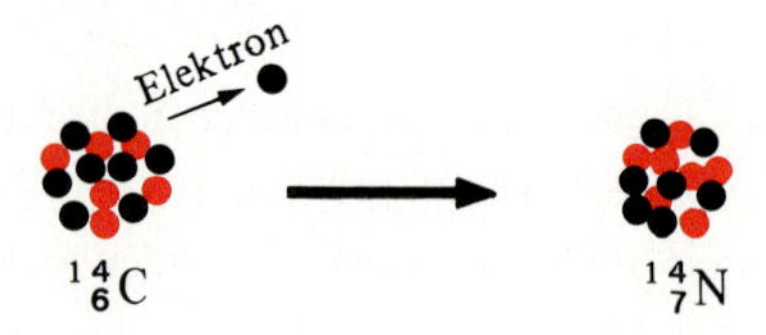

Lösung:
Mit der Formel für die Halbwertszeit T bestimmen wir die Zerfallskonstante k. Es ergibt sich $k \approx 0{,}00012$.

Der Ansatz $N(t) = N_0 \cdot e^{-kt}$ liefert dann das nebenstehende Zerfallsgesetz.

$$k = \frac{\ln 2}{T_{\frac{1}{2}}} \approx \frac{0{,}6931}{5730} \approx 0{,}00012$$

$$N(t) = N_0 \cdot e^{-0{,}00012t} \qquad \text{(t in Jahren)}$$

Beispiel: Im Moor wird beim Abstich von Torf ein Tierskelett gefunden. Die Überprüfung des Kohlenstoffgehalts ergibt, dass der Anteil des radioaktiven Isotops ^{14}C am Gesamtkohlenstoff im Laufe der Zeit auf $0{,}2 \cdot 10^{-11}$ % abgesunken ist. Wie alt ist das Fundstück ?

Lösung:
Der ^{14}C-Gehalt ist von $3 \cdot 10^{-11}$ % auf $0{,}2 \cdot 10^{-11}$ % gesunken, also auf $\frac{1}{15}$ des Ausgangswertes.
Die Berechnung von $T_{\frac{1}{15}}$ ergibt ein Alter von etwa 22600 Jahren.

$$T_{\frac{1}{15}} = \frac{\ln 15}{k} \approx \frac{2{,}7081}{0{,}00012}$$
$$\approx 22567 \text{ Jahre}$$

Übung 6
Ein Kunsthändler preist das Bild eines alten Meisters an, der vor 600 Jahren gewirkt hat. Ein Kunde möchte die Echtheit des Gemäldes mit der Radiokarbonmethode prüfen lassen. Welcher prozentuale ^{14}C-Anteil müsste sich bei der Untersuchung des in der Leinwand enthaltenen Kohlenstoffes ergeben, wenn das Bild keine Fälschung ist?

---

* Fehlerquellen:
1. Schwankungen des Radiokarbonspiegels in früheren Jahrhunderten (feststellbar anhand von Baumringen, eventuell Eichkurve notwendig).
2. Seit 1952 ist durch atmosphärische Atomtests der ^{14}C-Gehalt angestiegen.
3. Wird ein Skelett von Flüssigkeit durchsickert, so setzt sich Kalziumkarbonat fest, das den ^{14}C-Gehalt wieder erhöht.

Übung 7: Die Lichtabsorption in Wasser

Je tiefer Licht in Wasser eindringt, umso stärker wird seine Intensität I durch die Lichtabsorption abgeschwächt.

Die Abnahmerate $I'(d) \approx \frac{\Delta I}{\Delta t}$ in der Tiefe d ist proportional zu der in dieser Tiefe noch vorhandenen Intensität I(d), so dass die nebenstehenden Absorptionsgleichungen gelten.

Absorptionsgleichung	$I'(d) = -k \cdot I(d)$
Absorptionsfunktion	$I(d) = I_0 \cdot e^{-kd}$
Absorptionskonstante in Wasser	$k \approx 1{,}4 \, \frac{1}{m}$

a) Auf welchen Anteil des Ausgangswertes ist die Intensität einfallenden Lichts in 1m, 2m, 3m, 5m, 10m, 100m Wassertiefe gefallen (unterhalb von etwa 100m reicht die Lichtintensität nicht mehr für die Fotosynthese der Meerespflanzen)?

b) Als Halbwertsdicke $D_{\frac{1}{2}}$ bezeichnet man diejenige Wassertiefe, in der die Intensität einfallenden Lichtes sich halbiert hat. Wie groß ist die Halbwertsdicke von Wasser?

c) Berechnen Sie, in welcher Tiefe die Intensität einfallenden Lichtes auf 90 %, 60 %, 30 %,10 %, 1 % gefallen ist.

d) Zeichnen Sie den Graphen der Absorptionsfunktion I für Wasser ($0 \leq d \leq 4, I_0 = 1$).

e) Zeigen Sie, dass die angegebene Absorptionsfunktion die Absorptionsgleichung löst.

Übung 8: Das Newtonsche Abkühlungsgesetz

Ein heißer Körper mit der Temperatur T_0, dessen Umgebung die konstante Temperatur T_U beibehält, kühlt im Laufe der Zeit ab.

Die Abkühlungsrate T'(t) zur Zeit t ist proportional zur Temperaturdifferenz $T(t) - T_U$, so dass die nebenstehenden Abkühlungsgleichungen gelten, wobei die Abkühlungskonstante k von den physikalischen Eigenschaften des Körpers und der Umgebung abhängig ist.

Abkühlungsgleichung	$T'(t) = -k \cdot [T(t) - T_U]$
Abkühlungsfunktion	$T(t) = T_U - (T_U - T_0) \cdot e^{-kt}$

Ein Glas Tee hat eine Temperatur von etwa 100 °C. Die Zimmertemperatur beträgt 18 °C. Eine Messung ergibt, dass die Temperatur des Getränks nach 10 Minuten auf 80 °C gefallen ist.

a) Bestimmen Sie die Abkühlungskonstante k und stellen Sie die Abkühlungsfunktion auf. Legen Sie dabei als Zeiteinheit 1 Minute zugrunde.

b) Zeichnen Sie den Graph der Abkühlungsfunktion.

c) In welcher Zeit halbiert sich die Differenz Teetemperatur – Zimmertemperatur?

d) Welche Temperatur hat der Tee nach 5, 10, 15, 20 Minuten erreicht?

e) Nach welcher Zeit hat der Tee eine Temperatur von 4 °C erreicht?

f) Zeigen Sie, dass die angegebene Abkühlungsfunktion die Abkühlungsgleichung löst.

F. Die Kettenlinie

Eine an zwei Aufhängepunkten befestigte Kette nimmt eine ganz bestimmte Form an (Bild 5).
Man bezeichnet diese Art von Kurven als Kettenlinien. Kettenlinien können bei geeigneter Wahl eines Koordinatensystems durch die Funktionen f_a mit

$$f_a(x) = \frac{a}{2} \cdot (e^{\frac{x}{a}} + e^{-\frac{x}{a}}), \quad a > 0$$

dargestellt werden.

Bild 5

Beispiel: Diskutieren Sie die Funktion zu $f(x) = \frac{1}{2} \cdot (e^x + e^{-x})$ und zeichnen Sie den Graphen der Funktion für $-2 \le x \le 2$.

Lösung:

1. Ableitungen
Mit Hilfe der Kettenregel ergibt sich

$$f'(x) = \frac{1}{2} \cdot (e^x - e^{-x})$$

$$f''(x) = \frac{1}{2} \cdot (e^x + e^{-x}).$$

2. Symmetrie
Es liegt Symmetrie zur y-Achse vor.

3. Nullstellen / Wendepunkte

Die Funktion hat wegen $e^x + e^{-x} > 0$ keine Nullstellen und keine Wendepunkte.

4. Extrema
Bei Mi(0|1) liegt ein Minimum.
$f'(x) = 0 \Leftrightarrow x = -x \Leftrightarrow x = 0$, $f'' > 0$

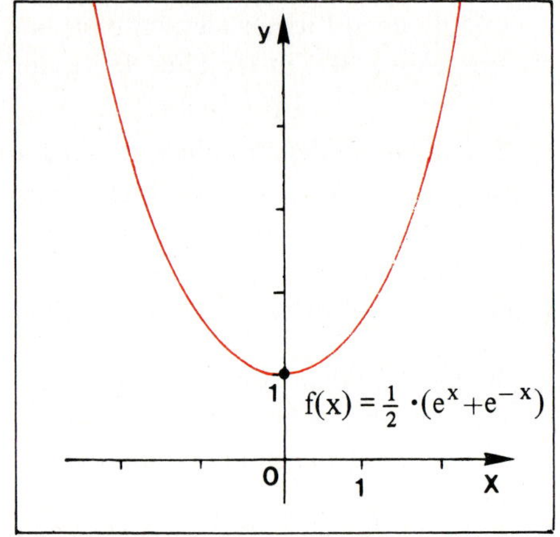

x	0	0,5	1	1,5	2
y	1	1,13	1,54	2,35	3,76

Übung 9

a) Diskutieren Sie die Funktionenschar f_a mit $f_a(x) = \frac{a}{2} \cdot (e^{\frac{x}{a}} + e^{-\frac{x}{a}})$. Skizzieren Sie die Graphen für a = 0, 5 , a = 1 und a = 2.
Wie groß ist der Steigungswinkel bei x = 1 in diesen Fällen?

b) Kann eine hängende Kette über [0; 1] die Gestalt der Normalparabel annehmen?

c) Begründen Sie, dass die abgebildete Kettenlinie die Gleichung

$$f_a(x) = \frac{a}{2} \cdot (e^{\frac{x}{a}} + e^{-\frac{x}{a}}) - (a-2)$$

hat, und bestimmen Sie den Parameter a, der zwischen 5 und 10 liegt, genauer (möglichst auf eine Kommastelle).

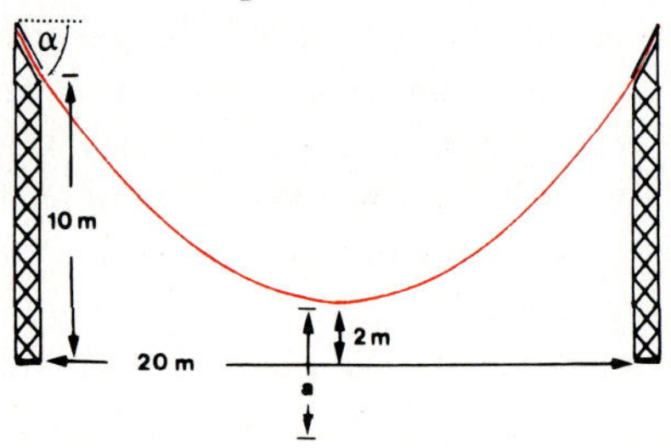

Übung 10 : Anreicherung von pharmakologischen Substanzen im Blut

Führt man dem Blutkreislauf des Menschen eine pharmakologische Substanz kontinuierlich zu, z.B. per Dauertropfinfusion, so kann der Vorgang der Anreicherung der Substanz im Blut in vielen Fällen durch die folgende Gleichung modellhaft dargestellt werden.

Anreicherungsgleichung: $N'(t) = i - a \cdot N(t)$

Anreicherungsfunktion: $N(t) = \frac{i}{a} + (N_0 - \frac{i}{a}) \cdot e^{-at}$

Dabei sei N(t) die zur Zeit t im Blut vorhandene Substanzmenge, i sei die konstante Infusionsgeschwindigkeit und a sei die konstante Ausscheidungsrate (die Substanz wird über den Stoffwechsel wieder ausgeschieden, die Ausscheidungsgeschwindigkeit ist proportional zur jeweils im Blut vorhandenen Substanzmenge).

a) Zeigen Sie, dass die Anreicherungsfunktion tatsächlich eine Lösung der Anreicherungsgleichung ist.
b) Zeigen Sie, dass sich bei andauernder Infusion näherungsweise ein Gleichgewicht zwischen infundierter und ausgeschiedener Substanzmenge ausbildet (Grenzwert bilden !).
c) Ein Medikament wird mit der Infusionsgeschwindigkeit $i = 3\frac{mg}{h}$ infundiert. Die Ausscheidungsrate betrage $a = 0{,}1\ \frac{1}{h}$. Es gelte $N_0 = 0$.
   Zeichnen Sie den Graphen der Anreicherungsfunktion.
   Stellen Sie fest, nach welcher Zeit bei einem Blutvolumen von 5 Litern eine Serumkonzentration von $2\ \frac{mg}{l}$ erreicht wird.
   Welche Konzentration kann bei 5 Liter Blut und andauernder Infusion höchstens erreicht werden ?

Übung 11: Lernprozesse

In einer Versuchsanordnung können Mäuse ihren Käfig durch zwei Gänge verlassen. Ein Gang führt nach links, der andere führt nach rechts. Am Ende des linken Ganges findet sich nur gelegentlich eine magere Nahrungsportion, während auf der rechten Seite eher häufig eine üppige Portion wartet. Zu Beginn des Experimentes beträgt die Quote, mit der die Mäuse nach rechts laufen, zufallsbedingt etwa 50 %. Sie steigt mit der Anzahl der Versuche durch Lerneffekte bis auf maximal 100 % an (Bild 6).

Die abgebildete Lernfunktion ist von der Form $L(x) = E - A \cdot e^{-kx}$, wobei L(x) die Erfolgsquote in % bedeutet, die nach x Einzelversuchen vorliegt. E bezeichnet die theoretisch erreichbare Endquote und E – A die Anfangsquote.

a) Bestimmen Sie die Lernfunktion zur Lernkurve aus Bild 7.
b) Wie lautet die Lerngleichung zur oben angegebenen Lernfunktion L ?

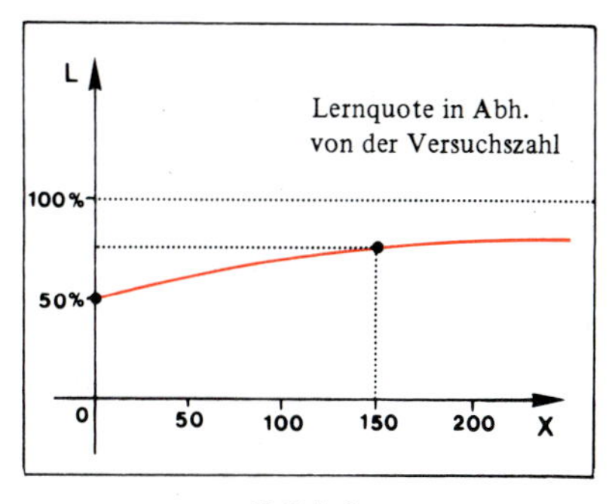

Bild 6

G. Übungen

12. Eine Pilzkultur, deren Wachstum exponentiell verläuft, erhöht ihre Masse am ersten Beobachtungstag von 11 g auf 12,4 g.
a) Stellen Sie die Wachstumsfunktion N(t) auf (t in Tagen, N in g).
b) Skizzieren Sie den Graphen von N.
c) Bestimmen Sie die Verdoppelungszeit T.
d) Welche Pilzmasse wird nach 5 Tagen (nach 219 Stunden) erreicht?

13. Ein Entwicklungsland hatte 1955 eine Bevölkerungszahl von 60 Mio. Im Jahre 1980 betrug die Einwohnerzahl bereits 72,4 Mio.
a) Wie lautet die Wachstumsfunktion N(t) (t in Jahren, N in Mio.)?
b) Welche Einwohnerzahl ist für das Jahr 2000 zu erwarten?
c) Wie groß ist die Verdoppelungszeit?
d) Welche Bevölkerungszahl lag nach a) im Jahre 1948 vor?

14. Die Tabelle zeigt das Messprotokoll zu einem bekannten Wachstumsprozess.

t in h	0	1	2	3	4	5
N	850	886	922	964	1005	1048

a) Prüfen Sie, ob exponentielles Wachstum vorliegt.
b) Berechnen Sie dazu für jedes angegebene Zeitintervall den relativen Zuwachs $\frac{\Delta N}{N}$.
c) Ermitteln Sie die Verdoppelungszeit T.
d) Welche Zahl von Bakterien ist nach 12 Stunden (nach einem Tag) zu erwarten?

15. Das Wachstum einer Bakterienart wird experimentell untersucht. Die Graphik zeigt die Resultate.
a) Zeigen Sie, dass das Wachstum im Laufe der Zeit etwas abflacht.
b) Stellen Sie die zugehörige logistische Wachstumsfunktion N(t) auf.
c) Welcher Grenzbestand ist zu erwarten?
d) Nach welcher Zeit hat die Zahl der Bakterien 80 % des Grenzbestandes erreicht?
e) Nach welcher Zeit ist die Wachstumsgeschwindigkeit maximal?

16. Ein warmes Getränk kühlt in einer offenen Kanne bei einer Zimmertemperatur von 21 °C ab. Nach 5 Minuten ist die Temperatur von 55 °C auf 51,3 °C gesunken.
Wie lautet die Abkühlungsfunktion T(t)?
Nach welcher Zeit unterscheidet sich die Temperatur des Getränks nur noch um höchstens 10 % von der Zimmertemperatur?

17. In einem Experiment wurde das Höhenwachstum von Sonnenblumen untersucht. Die nebenstehende Tabelle zeigt eine der einschlägigen Fachliteratur entnommene Messreihe.

a) Stellen Sie die Messreihe als Graphen in einem Koordinatensystem dar. y-Achse: mittlere Höhe in cm, verwenden Sie geeignete Maßstäbe.
b) Welches Wachstumsmodell scheint nach dem Verlauf des Graphen aus a) am besten zu passen: lineares Wachstum, exponentielles Wachstum oder logistisches Wachstum?
c) Stellen Sie die logistische Wachstumsfunktion N(t) auf. Gehen Sie wie im Beispiel auf Seite 74 vor.
d) Zeichnen Sie den Graphen der logistischen Funktion aus c) in das Koordinatensystem aus a) ein.

Zeit in Wochen	Mittlere Höhe N in cm
0	17,93
1	36,36
2	67,76
3	98,10
4	131,00
5	169,50
6	205,50
7	228,30
8	247,10
9	250,50
10	253,80
11	254,50

18. In der Medizin wird das radioaktive Jod-Isotop ^{131}J für therapeutische und diagnostische Zwecke verwendet. Die physikalische Halbwertszeit beträgt 8,08 Tage.

a) Stellen Sie die Zerfallsfunktion auf und skizzieren Sie deren Graphen.
b) Einem Patienten wird versehentlich das 3,5-fache der Normaldosis eingespritzt. Er muss daher beobachtet werden, bis die Aktivität im Körper auf einen Wert gesunken ist, der derjenigen entspricht, die von der halben Normaldosis hervorgerufen wird. Nach welcher Zeit kann der Patient entlassen werden, wenn man von der physikalischen Halbwertszeit ausgeht (Die biologische Halbwertszeit ist kürzer, da der Körper die Substanz auch auf natürlichem Wege abbaut.)?

19. In der Höhle von Lascaux in Frankreich wurde Holzkohle gefunden. Messungen ergaben, dass es im Kohlenstoff dieser Holzkohle zu etwa einem ^{14}C-Zerfall pro Gramm und Minute kam, während im Kohlenstoff frischer Holzkohle etwa 6,7 Zerfälle pro Gramm und Minute zu beobachten sind. Bestimmen Sie das Alter der Holzkohle von Lascaux.

20. Auf einer durch ein Tal führenden Autobahnstrecke kommt es immer wieder zu gefährlichen Nebelbildungen. Daher wird ein Messsystem installiert, das aus einem Laserstrahl besteht, der auf eine 10 m entfernte Messzelle gerichtet ist. Registriert die Messzelle eine Abschwächung der Intensität des Laserstrahls auf 50 % des Ausgangswertes (prozentuale Warnschwelle), so wird eine Nebelwarnung ausgelöst. Die Ausgangsintensität sei $I_0 = 1$.

a) Welche Absorptionskonstante weist der Nebel auf, wenn die Warnschwelle gerade erreicht wird?
Wie lautet die Absorptionsfunktion?
b) Welche prozentuale Warnschwelle muss gewählt werden, wenn der Abstand des Laserstrahls zur Messzelle auf 5 m erniedrigt bzw. auf 20 m erhöht wird?
c) Wie groß ist die Halbwertsdicke des Nebels (bzgl. der Intensität des Laserstrahls), wenn der Strahl auf einer Strecke von 30 m auf 30 % der Ausgangsintensität geschwächt wird?

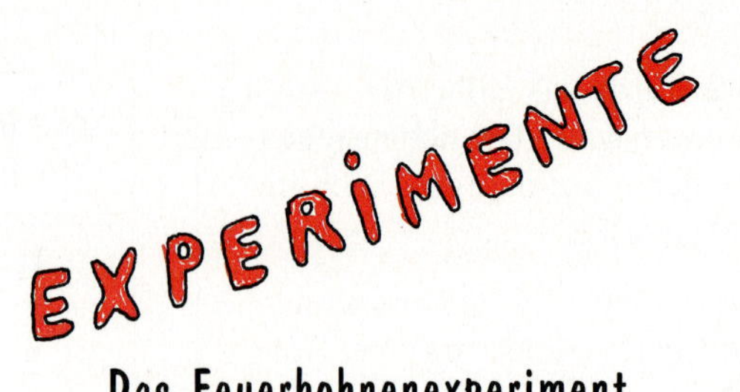

Das Feuerbohnenexperiment

Beim Gärtner kann man preiswert Feuerbohnen kaufen. Man legt eine Bohne einen Tag in Wasser, legt sie dann in einem nassen Wattebausch in ein Glas, das man nicht ganz luftdicht abdeckt. Nach ca. 5 Tagen treibt die Bohne aus. Nun pflanzt man sie in einen Topf, wo sie schnell heranwächst. In den Topf steckt man einen dünnen Stab, an dem die Bohne sich hochwinden kann. Man misst jeden Tag ungefähr zur gleichen Tageszeit die Höhe der Bohnenpflanze und protokolliert die Messergebnisse in einer Tabelle, die man anschließend wie unten beschrieben mathematisch auswerten kann. Zeitbedarf für das Experiment: Nach dem Eintopfen wächst die Bohne in einigen Tagen heran.

Experiment A: Die Pflanze wird an einem nur mäßig hellen Ort aufgezogen.
Experiment B: Die Pflanze wird an einem abgedunkelten Ort aufgezogen, z.B. im Schrank.

a) Sammeln Sie die Daten zum Höhenwachstum der Feuerbohne in einer Messprotokolltabelle.
b) Stellen Sie die gesammelten Daten in einem Koordinatensystem graphisch dar.
c) Überprüfen Sie durch Quotientenbildung, ob exponentielles Wachstum vorliegt.
d) Stellen Sie die Wachstumsfunktion auf. Ansatz: $f(x) = N_0 \cdot e^{kt}$
e) Bestimmen Sie die Verdoppelungszeit.
f) Stellen Sie aufgrund des Graphen bzw. mit der errechneten Wachstumsfunktion nach ein paar Tagen eine Prognose auf, wie hoch die Pflanze ein paar Tage später sein wird. Vergleichen Sie später.
g) Stellen Sie die logistische Wachstumsgleichung auf. Ansatz: $N(t) = \dfrac{N_0 \cdot e^{kt}}{1+\frac{d}{k} \cdot N_0 \cdot (e^{kt}-1)}$.

Das Bierschaumexperiment

In einen Messzylinder (V=1000 ml) wird zügig Bier gegossen, so dass sich eine kräftige Schaumsäule bildet. Die Stoppuhr wird sofort in Gang gesetzt, und die absolute Schaumhöhe wird im 30-Sekunden-Takt gemessen, insgesamt über ca. 5 Minuten. Der Zeittakt hängt von der Biersorte ab.

a) Messdaten in einer Tabelle festhalten.
b) Exponentiellen Zerfall durch Quotientenbildung absichern.
c) Daten graphisch darstellen.
d) Zerfallsfunktion aufstellen.
e) Halbwertszeit berechnen.
f) Von welchem Parameter hängt die Zerfallskonstante ab ?
g) Wiederholen Sie das gesamte Experiment. Messen Sie diesmal die Höhe der Flüssigkeitssäule unter dem Schaum.

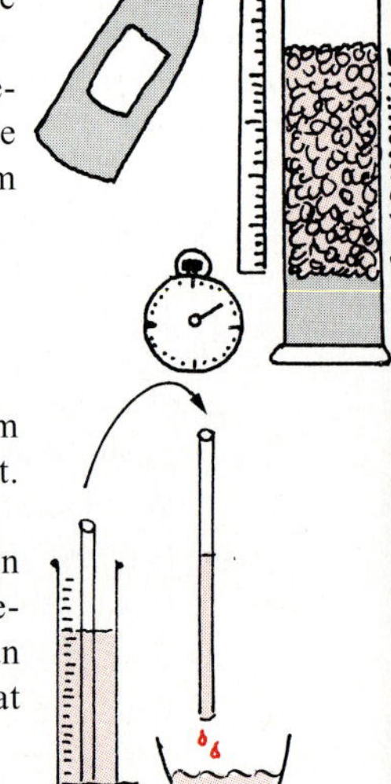

Das Pipettenexperiment

Aus einem wassergefüllten Messzylinder (Durchmesser ca. 3 cm) wird mit einem ca. 0,5 cm dicken Glasrohr wiederholt über die gesamte Wassersäule abpipettiert. Der dadurch sinkende Wasserstand im Messzylinder wird jedesmal protokolliert. Stellen Sie durch Quotientenbildung fest, ob der Wasserstand W exponentiell von der Anzahl x der Pipettierungen abhängt. Stellen Sie die Gleichung der Abnahmefunktion auf. Zeichnen Sie den zugehörigen Graphen. Berechnen Sie, wie oft man pipettieren muss, um den Wasserstand zu halbieren. Überprüfen Sie das Resultat experimentell.

Das Superballexperiment

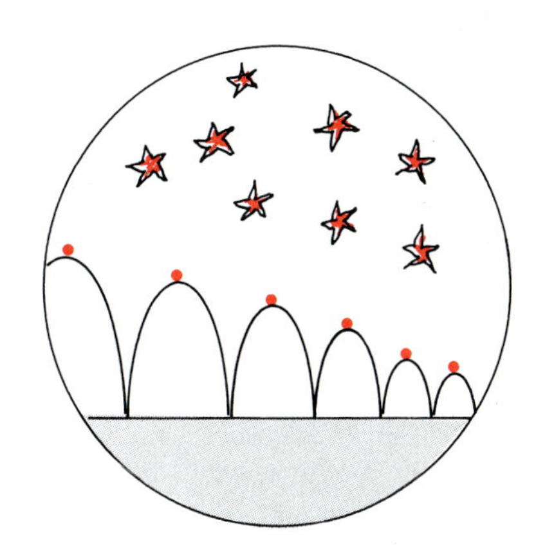

Man lässt einen Superball aus 2 m Höhe senkrecht nach unten fallen. Er prallt auf den Boden und steigt ein erstes Mal nach oben, wobei er eine Sprunghöhe erreicht, die knapp unter 2 m liegt. Er beginnt erneut zu fallen, prallt ein zweites Mal auf und steigt ein zweites Mal nach oben etc. Die Sprunghöhe wird von Mal zu Mal kleiner. Mit einem Zollstock, der senkrecht aufgestellt wird, können die jeweiligen Sprunghöhen durch Peilung relativ gut eingeschätzt werden. Tip: Das Ablesen lässt sich besonders gut bewerkstelligen, wenn der Ball nach Erreichen des ersten Gipfels abgefangen wird und für die Bestimmung der zweiten Gipfelhöhe von der Höhe des ersten Gipfels fallen gelassen wird etc.

Auswertung:

a) Sammeln Sie die Daten zur Sprunghöhe des Superballs in einer Tabelle, die jeder Sprungnummer die zugehörige Gipfelhöhe zuordnet.
b) Stellen Sie die gesammelten Daten in einem Koordinatensystem graphisch dar.
c) Überprüfen Sie durch Quotientenbildung, ob exponentielles Wachstum vorliegt.
d) Stellen Sie die Zerfallsfunktion auf. Ansatz: $f(x) = N_0 \cdot e^{-kt}$
e) Bestimmen Sie die Sprungnummer x, ab der die halbe Anfangshöhe überschritten wird.
f) Bestimmen Sie die Gipfelhöhe nach dem fünften Aufprall rechnerisch.
g) Bei welcher Sprungnummer erreicht der Ball zum letzten Mal eine Gipfelhöhe, die über 10 cm liegt?
h) Aus welcher Anfangshöhe muss man den Ball fallen lassen, wenn er nach dem 6. Aufprall noch mindestens 1 m hoch aufsteigen soll?

Die radioaktiven Würfel

Eine radioaktive Substanz soll durch 100 Spielwürfel simuliert werden. Ein Würfel entspricht einem Teilchen. Zeigt die Oberseite des Würfels die Sechs, so gilt das Teilchen als zerfallen.

100 Spielwürfel werden in einen Behälter (Schuhkarton o.ä.) gepackt und in einem ersten Durchgang kräftig durchmischt. Anschließend werden die Würfel, die eine Sechs zeigen und zerfallenen Teilchen entsprechen, dem Behälter entnommen. Der restliche Würfelbestand wird ausgezählt. Dann wird der gesamte Vorgang in einem zweiten Durchgang mit den verbleibenden Würfeln wiederholt etc.

a) Tragen Sie in einem Koordinatensystem den Würfelbestand über der Nummer des vorher erfolgten Mischvorgangs auf.
b) Gesucht ist die Zerfallsfunktion. Weiter soll die "Halbwertszeit" bestimmt werden.

Hinweise: *Bohnenexperiment:* Die Bohne wächst zu schnell, wenn sie zu hell steht. Nur als Hausexperiment geeignet. Stabiler verläuft das langsamere Wachstum einer Sonnenblume.
Pipettenexperiment: Man muss die geeigneten Durchmesser von Zylinder und Glasrohr ermitteln.
Bierschaumexperiment: Das Ablesen der oberen Schaumgrenze gelingt nicht genau, was aber nicht sehr stört. Man darf nicht vergessen, auch die untere Schaumgrenze abzulesen.
Superballexperiment: Verursacht nur geringen Aufwand und funktioniert stets sehr gut.

Ein Abkühlungsexperiment

Information: Ein heißer Körper mit der Temperatur T_0, dessen Umgebungstemperatur T_U ist, kühlt nach dem Newtonschen Abkühlungsgesetz $T(t) = T_U - (T_0 - T_U) \cdot e^{-kt}$ ab, wobei t die Zeit seit Beobachtungsbeginn und T(t) die zugehörige Körpertemperatur ist.

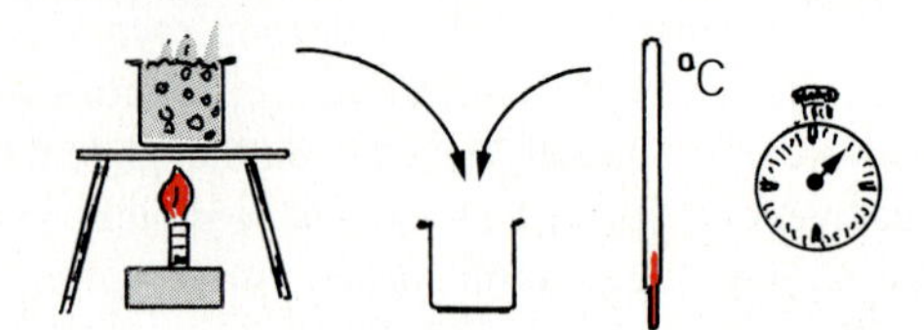

Durchführung: Wasser wird in einem Becherglas zum Kochen gebracht und in ein zweites Becherglas umgegossen. Dann wird die Temperatur beim Abkühlen ca. 10 Minuten lang alle 30 Sekunden gemessen. Die Umgebungstemperatur T_U wird ebenfalls bestimmt.

Auswertung:

a) Übertragen Sie die Messwerte in eine Tabelle mit den Eingängen t/s und T/°C.
b) Prüfen Sie, ob der Abkühlungsprozess exponentiell verläuft.
c) Zeichnen Sie den Graphen T(t).
d) Stellen Sie die Abkühlungsfunktion T(t) auf.
e) Bestimmen Sie die Halbwertszeit $T_{1/2}$, in welcher die Differenz von Flüssigkeitstemperatur und Umgebungstemperatur sich halbiert.
f) Wiederholen Sie das Experiment unter anderen Bedingungen: Abkühlen mit Rühren – Abkühlen mit Blasen/Kaltluftfön – Abkühlen in einem Gefäß mit Deckel – Abkühlen in einem Styroporbecher.
g) Zusatzfrage: Ein Kaffeetrinker möchte sein heißes Getränk möglichst schnell abkühlen. Sollte er die Kaffeemilch sofort in den Kaffe geben oder besser etwas abwarten?

Ein Absorptionsexperiment

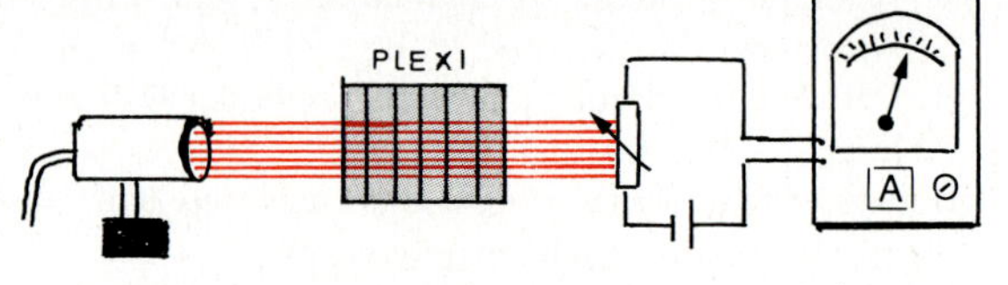

Information: Licht wird in durchsichtigen Medien mit zunehmender Schichtdicke d absorbiert. Die Intensität I nimmt nach der Formel $I(d) = I_0 \cdot e^{-kd}$ ab.

Durchführung: Eine Lichtquelle wird auf einen Fotowiderstand (LDR) gerichtet, der sich in einem Stromkreis mit Batterie und Amperemeter befindet. Zwischen Lichtquelle und Fotowiderstand werden der Reihe nach 1, 2, 3, 4, 5, ... Plexiglasplatten gestellt, die das Licht zum Teil absorbieren. Je weniger Licht durchkommt, umso größer ist die angezeigte Stromstärke I, da der Widerstand des LDR mit abnehmendem Lichteinfall wächst. Die Stromstärke wird jeweils in Abhängigkeit von der Gesamtschichtdicke der Plexiglasanordnung gemessen.

a) Übertragen Sie die Messwerte in eine Tabelle mit den Eingängen d/mm und I/mA.
b) Prüfen Sie, ob der Absorptionsprozess exponentiell verläuft.
c) Zeichnen Sie den Graphen I(d).
d) Stellen Sie die Absorptionsfunktion zu I(d) auf.
e) Bestimmen Sie die Halbwertsdicke $d_{1/2}$, bei welcher die Lichtintensität auf die Hälfte des Ausgangswertes sinkt.

Ein Reaktionsexperiment

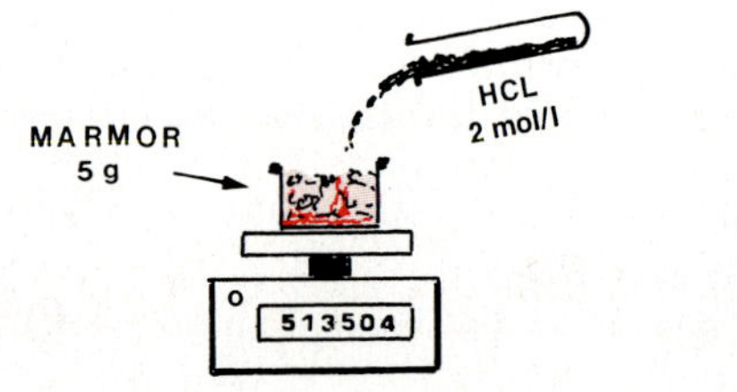

Information: Marmor (Calciumcarbonat) wird nach Übergießen mit verdünnter Salzsäure unter Bildung von Kohlenstoffdioxid, Calciumchlorid und Wasser umgesetzt. Die Masse der Mischung verringert sich dabei.

Durchführung: Auf einer elektronischen Feinwaage steht ein Becherglas mit 5g Calciumcarbonat. Der zermörserte Marmor wird mit 50 ml Salzsäure (c=2mol/l) übergossen. Die Masse der Anordnung wird sodann über ca. 10 Minuten alle 30 Sekunden gemessen und – vermindert um die Masse des Becherglases – notiert. Die Messabstände hängen von der Körnung des Marmors ab.

Auswertung: Prüfen Sie, ob ein exponentieller Prozess vorliegt, stellen Sie die zugehörige Abnahmefunktion auf und bestimmen Sie die Halbwertszeit.

IV. Einführung in die
Integralrechnung

1. Die Streifenmethode

A. Stetige Funktionen

Unter der unendlichen Vielfalt von Funktionen gibt es solche, die sich der Untersuchung durch den Mathematiker nur widerstrebend beugen. Zum Glück begegnen uns diese in der Praxis nur selten. Wir haben es meistens mit relativ gutartigen Funktionen zu tun. Als Beispiel können die uns bereits bekannten differenzierbaren Funktionen genannt werden, die sich mit Hilfe ihrer Ableitungen besonders leicht untersuchen lassen. Fast so gutmütig verhält sich eine weitere, umfassendere Klasse von Funktionen, nämlich die der **stetigen Funktionen**.

Anschaulich ist eine sehr einfache Idee mit dem Begriff der Stetigkeit verbunden: Man dachte an eine Funktion, deren Graph sich über dem betrachteten Intervall in einem Zug kontinuierlich durchziehen lässt, ohne dass dabei der Bleistift abgesetzt werden muss (Bild 1).

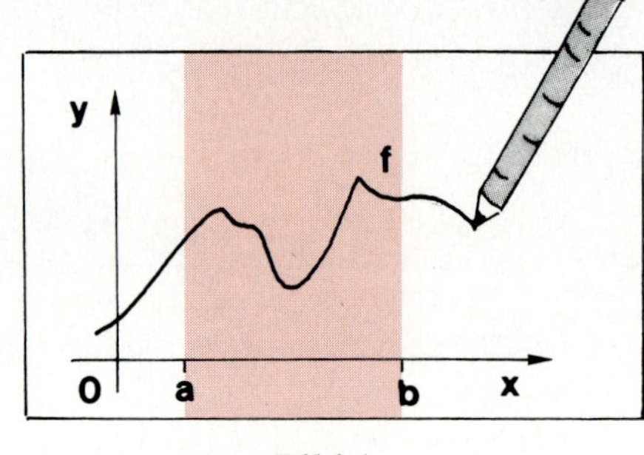

Bild 1

Die Mathematiker haben diese anschaulich geprägte und daher mit einer gewissen Unexaktheit behaftete Vorstellung von Stetigkeit in der folgenden Definition präzisiert, die den Begriff der Stetigkeit auf den uns bereits bekannten Begriff des Funktionsgrenzwertes zurückführt (zum Begriff des Grenzwertes vgl. Mathematik 11, S.151 ff).

Definition IV.1: Die Funktion f sei auf dem Intervall [a ; b] definiert. x_0 sei ein innerer Punkt dieses Intervalls. Dann heißt f **stetig an der Stelle x_0**, wenn gilt

$$\lim_{x \to x_0} f(x) = f(x_0) \ .$$

In diesem Zusammenhang sollten wir uns in Erinnerung rufen, dass der Funktionsgrenzwert an der Stelle x_0 nur dann existiert, wenn die einseitigen Funktionsgrenzwerte an der Stelle x_0 existieren und übereinstimmen.

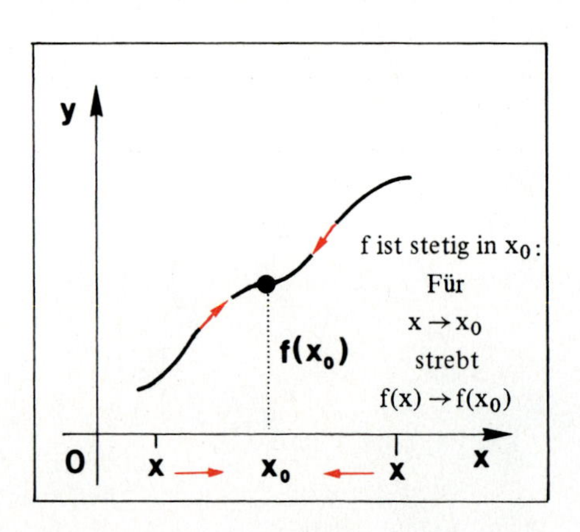

Bild 2

In Definition IV.1 wird die Stetigkeit einer Funktion an einer Stelle (lokale Stetigkeit) erklärt. Davon ausgehend nennt man eine Funktion f stetig auf dem Intervall [a ; b], wenn f an jeder Stelle des Intervalls stetig ist (globale Stetigkeit).

Nach Definition IV.1 ist eine Funktion unstetig an der Stelle x_0 ihres Definitionsbereiches, wenn der Funktionsgrenzwert dort entweder nicht existiert oder nicht mit dem Funktionswert übereinstimmt. Einige sich daraus ergebende Arten von Unstetigkeit stellen wir in der folgenden Graphik zusammen.

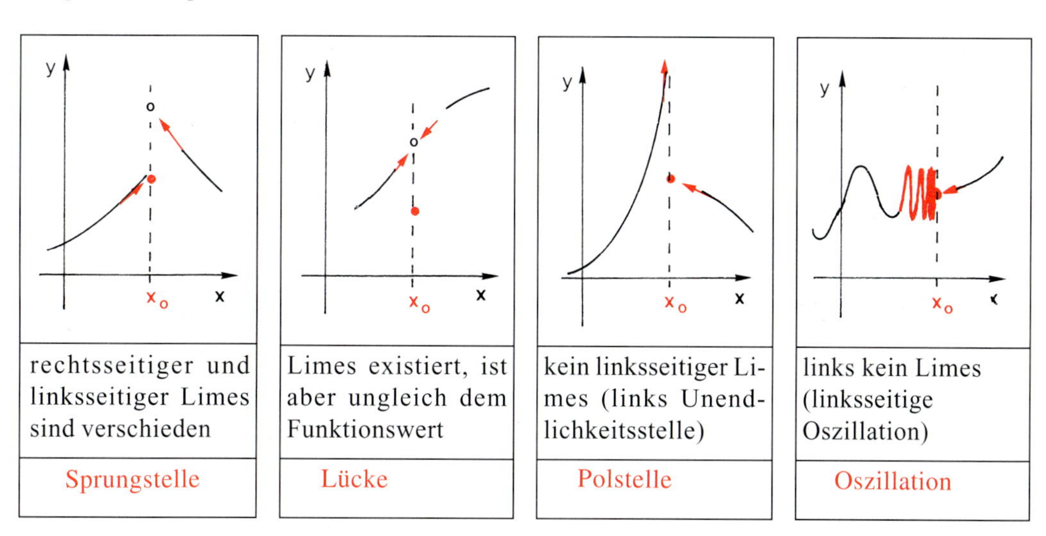

Während uns diese Graphik beim Auffinden von Unstetigkeitsstellen Anhaltspunkte bietet, nimmt uns der folgende Satz in der Regel den Nachweis der Stetigkeit ab, da die meisten der von uns betrachteten Funktionen differenzierbar sind.

Satz IV.1: Ist die Funktion f an der Stelle x_0 differenzierbar, so ist f dort auch stetig.

Beweis:
Ist f in x_0 differenzierbar, so gilt

$$f'(x_0) = \lim_{x \to x_0} \frac{f(x) - f(x_0)}{x - x_0}.$$

Hiermit und mit den Grenzwertsätzen für Funktionen lässt sich – wie nebenstehende Detailrechnung zeigt – nachweisen, dass die Beziehung

$$\lim_{x \to x_0} f(x) = f(x_0) \text{ gilt.}$$

Nach Definition IV.1 bedeutet dies aber gerade, dass f in x_0 stetig ist.

Detailrechnung:

$$\lim_{x \to x_0} f(x)$$

$$= \lim_{x \to x_0} (f(x) - f(x_0) + f(x_0))$$

$$= \lim_{x \to x_0} \left(\frac{f(x) - f(x_0)}{x - x_0} \cdot (x - x_0) + f(x_0)\right)$$

$$= \lim_{x \to x_0} \frac{f(x) - f(x_0)}{x - x_0} \cdot \lim_{x \to x_0} (x - x_0) + \lim_{x \to x_0} f(x_0)$$

$$= f'(x_0) \cdot 0 + f(x_0)$$

$$= f(x_0)$$

B. Die Möndchen des Hippokrates

Seit Jahrtausenden beschäftigen sich Generationen von Mathematikern mit Problemen der Flächenberechnung, teils aus praktischen Gründen, teils aus reinem Wissensdrang. Besonders hartnäckig war der Widerstand, den die krummlinig begrenzten Flächen der Berechnung ihres Inhalts entgegensetzten. Ein erster größerer Erfolg geht auf den griechischen Gelehrten und Naturforscher Hippokrates zurück. Ihm gelang es um 450 v. Chr., die Flächeninhalte verschiedener möndchenartig geformter Flächenstücke exakt zu berechnen. In den nächsten 200 Jahren gab es viele weitere Versuche, vor allem zur exakten Inhaltsberechnung beim Kreis und bei parabolisch, elliptisch und hyperbolisch begrenzten Flächen. Sie scheiterten alle. Erst um 260 v. Chr. gelang Archimedes mit seiner Parabelsegmentberechnung ein erstaunlicher Fortschritt. Dann allerdings dauerte es nahezu 2000 Jahre, bis Archimedes auf diesem Gebiet durch Cavalieri (um 1630), Newton und Leibniz (um 1680) würdige Nachfolger fand. Diese und viele andere Mathematiker entwickelten die **Integralrechnung**, mit deren Hilfe Flächeninhaltsprobleme nahezu beliebiger Art mit Leichtigkeit und Eleganz gelöst werden können.

Das Möndchen des Hippokrates

Die Mondsichel aus Bild 3 ist durch zwei Kreise mit den Radien a und $a\cdot\sqrt{2}$ begrenzt. Hippokrates berechnete ihren Flächeninhalt: $A_s = a^2$. Er "quadrierte" die Sichel, indem er die Flächengleichheit von Sichel und Quadrat aus Bild 3 nachwies.

Seine Grundidee ist in Bild 4 enthalten: Die Viertelkreise AM_2B und AM_1C sind ähnlich und ihre Radien verhalten sich wie $a\cdot\sqrt{2} : a = \sqrt{2} : 1$. Also verhalten sich ihre Flächeninhalte wie 2:1.

Das gleiche gilt dann auch für die Flächeninhalte ihrer Segmente Y und X, d.h. $Y = 2\cdot X$. Die Sichelfläche $Z + X + X$ lässt sich daher durch $Z + Y$ ausdrücken. Dies ist aber gerade der Inhalt des Dreiecks ABC, der ebenso groß wie der Inhalt des Quadrates ist, also a^2.

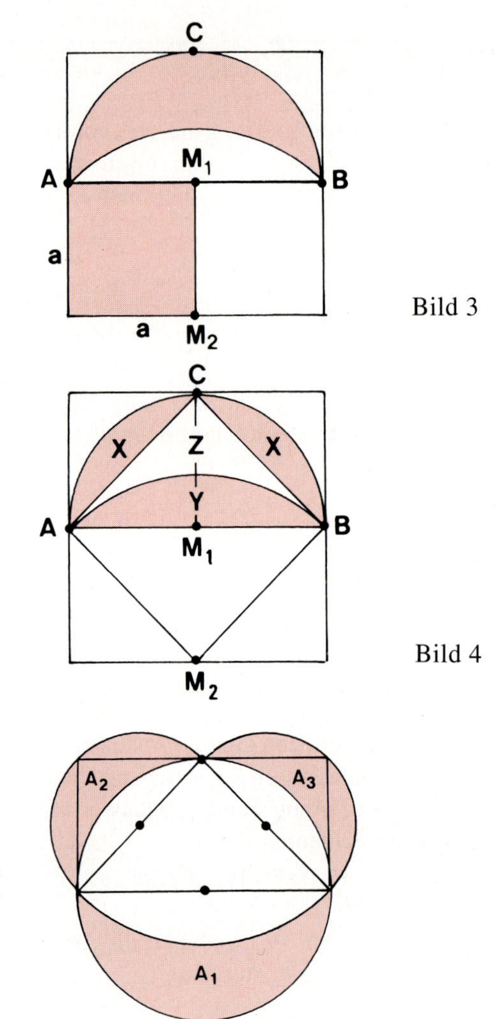

Bild 3

Bild 4

Übung 1
Zeigen Sie, dass die große Sichel A_1 den gleichen Inhalt hat wie die beiden kleinen Sicheln A_2 und A_3 zusammen.
(Die Begrenzungslinien der Sicheln sind jeweils Kreisbögen.)

C. Die Streifenmethode des Archimedes

Vor mehr als 2200 Jahren erreichte die antike Mathematik einen Höhepunkt. In dieser Zeit bestimmte der griechische Mathematiker und Physiker Archimedes* den Inhalt krummlinig begrenzter Flächen näherungsweise nach einem Verfahren, das auch heute noch von grundlegender Bedeutung ist.
Es handelt sich um die sogenannte Steifenmethode, deren Grundidee wir anhand des nun folgenden Beispiels verdeutlichen wollen.

Beispiel: Gegeben sei die Funktion $f(x) = x^2$ über dem Intervall [0 ; 1].
a) Zeichnen Sie den Graph dieser Funktion, markieren Sie die Fläche A zwischen der Kurve und der x-Achse über [0 ; 1] und schätzen Sie den Inhalt der Fläche A durch Einschachtelung zwischen geeigneten Rechtecksflächen nach unten und nach oben ab.
b) Geben Sie eine Möglichkeit zur Verbesserung der so gewonnenen Abschätzung für den Inhalt der Fläche A an.

Lösung:
a)Es handelt sich um eine im betrachteten Intervall monoton steigende Funktion, deren Graph rechts dargestellt ist. Die betrachtete Fläche ist nach oben krummlinig durch den Funktionsgraph begrenzt (Bild 5).

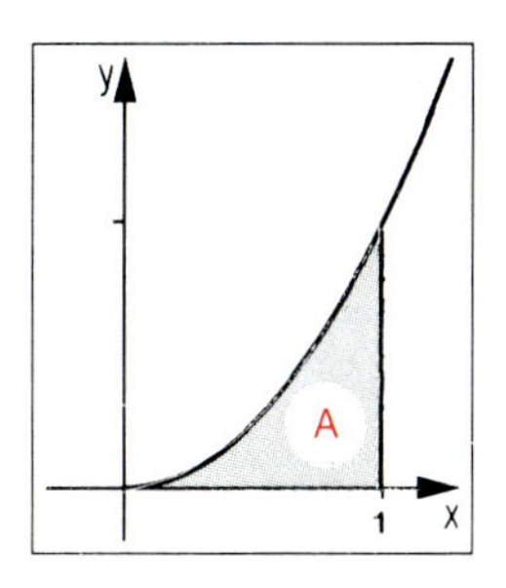

Bild 5

Wir können die Fläche A in eine Anzahl von vertikalen Streifen einteilen. Die Fläche eines jeden solchen Streifens läßt sich durch zwei Rechtecke einschachteln (Bild 6 und Bild 7).

So ergibt sich beispielsweise bei einer Einschachtelung in 4 Streifen eine untere Abschätzung der Fläche A durch die Inhaltssumme der ganz unter der Kurve liegenden Rechtecke (**Untersumme** U_4) (Bild 6) sowie eine obere Abschätzung durch die Inhaltssumme der über die Kurve hinausragenden Rechtecke (**Obersumme** O_4) (Bild 7).

Einschachtelung der Fläche bei 4 Streifen durch

Untersumme Obersumme

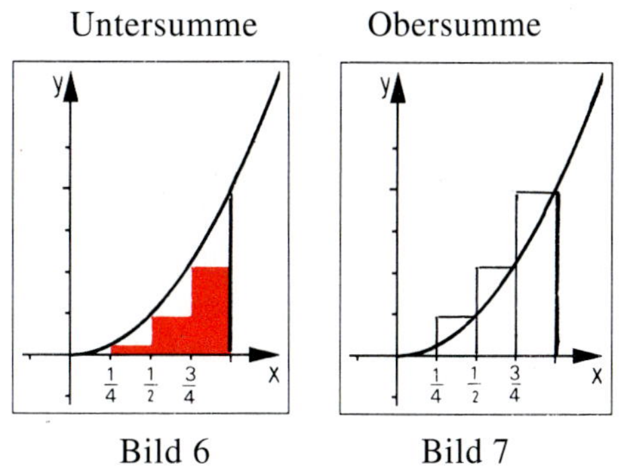

Bild 6 Bild 7

$$U_4 = \frac{1}{4}\cdot\left[0^2 + \left(\frac{1}{4}\right)^2 + \left(\frac{2}{4}\right)^2 + \left(\frac{3}{4}\right)^2\right] = \frac{14}{64}$$

$$O_4 = \frac{1}{4}\cdot\left[\left(\frac{1}{4}\right)^2 + \left(\frac{2}{4}\right)^2 + \left(\frac{3}{4}\right)^2 + 1^2\right] = \frac{30}{64}$$

Untersumme $U_4 \leq A \leq$ Obersumme O_4

$$\frac{14}{64} \leq A \leq \frac{30}{64}$$

$$0{,}21 \leq A \leq 0{,}47$$

* Archimedes, 287 – 212 v. Chr.

b) Bei einer Einteilung in 8 Streifen wird die Fläche A durch die zugehörigen Rechtecksflächen noch genauer eingeschachtelt (Bild 8).

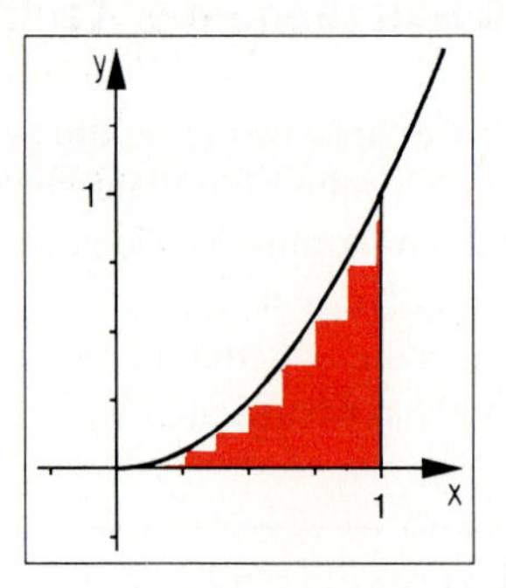

Bild 8

Auch in diesem Fall können wir Untersumme und Obersumme errechnen, da wir Breite und Höhe eines jeden Rechtecks (als Funktionswert von $f(x) = x^2$) kennen.
Durch die Verkleinerung der Streifenbreiten erhalten wir einen größeren Wert für die Untersumme und einen kleineren Wert für die Obersumme. Die Rechnung liefert daher die folgende verbesserte Abschätzung.

$$U_8 = \frac{1}{8}\cdot\left[0^2 + \left(\frac{1}{8}\right)^2 + \ldots + \left(\frac{7}{8}\right)^2\right] = \frac{35}{128}$$

$$O_8 = \frac{1}{8}\cdot\left[\left(\frac{1}{8}\right)^2 + \ldots + \left(\frac{7}{8}\right)^2 + 1^2\right] = \frac{51}{128}$$

Differenz:

$O_8 - U_8 = \frac{1}{8}$

Ergebnis:

$$U_8 \le A \le O_8$$
$$\frac{35}{128} \le A \le \frac{51}{128}$$
$$0{,}27 \le A \le 0{,}40$$

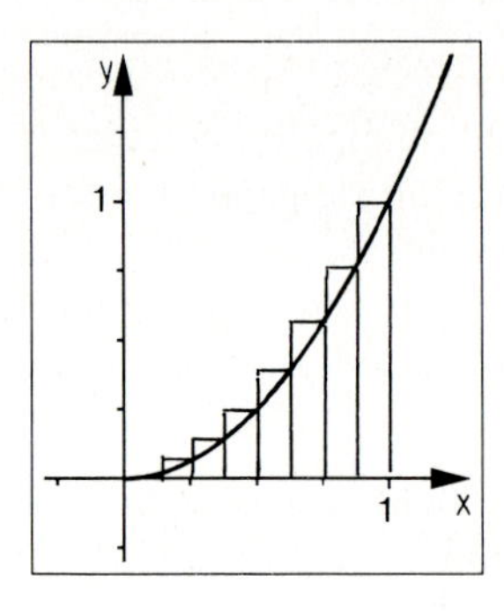

Bild 9

Weitere Rechnungen mit noch kleineren Streifenbreiten führen auf die nebenstehende Tabelle, aus der zu erkennen ist, dass die Differenz zwischen Ober- und Untersumme mit zunehmender Streifenzahl kleiner wird, so dass der gesuchte Inhalt der Fläche A immer genauer abgeschätzt werden kann. Allerdings wird der Rechenaufwand so groß, dass sich der Einsatz eines Computers empfiehlt.

n	U_n	O_n	$O_n - U_n$
4	0,22	0,47	0,25
8	0,27	0,40	0,13
16	0,30	0,37	0,07
32	0,32	0,35	0,03
64	0,325	0,341	0,016
128	0,329	0,337	0,008
256	0,331	0,335	0,004

Archimedes ging einen eleganteren Weg. Er berechnete Unter- und Obersumme für eine Einteilung der Fläche in n Streifen der Breite $\frac{1}{n}$. Dies gelang ihm durch Anwendung der Formel für die Summe der ersten m Quadratzahlen*, die schon damals bekannt war.

* $1^2 + 2^2 + \ldots + m^2 = \frac{1}{6}\cdot m\cdot(m+1)\cdot(2m+1)$

Die Überlegung von Archimedes angewendet auf unser Beispiel ergibt für die Untersumme:

$$U_n = \frac{1}{n}\cdot\left[0^2 + \left(\frac{1}{n}\right)^2 + \left(\frac{2}{n}\right)^2 + \ldots + \left(\frac{n-1}{n}\right)^2\right]$$

$$U_n = \frac{1}{n^3}\cdot\left[0^2 + 1^2 + 2^2 + \ldots + (n-1)^2\right]*$$

$$U_n = \frac{1}{n^3}\cdot\frac{1}{6}\cdot(n-1)\cdot(n)\cdot(2n-1)$$

$$U_n = \frac{1}{6}\cdot\left(\frac{n-1}{n}\right)\cdot\left(\frac{n}{n}\right)\cdot\left(\frac{2n-1}{n}\right)$$

und für die Obersumme:

$$O_n = \frac{1}{n}\cdot\left[\left(\frac{1}{n}\right)^2 + \left(\frac{2}{n}\right)^2 + \ldots + \left(\frac{n-1}{n}\right)^2 + 1^2\right]$$

$$O_n = \frac{1}{n^3}\cdot\left[1^2 + 2^2 + \ldots + (n-1)^2 + n^2\right]*$$

$$O_n = \frac{1}{n^3}\cdot\frac{1}{6}\cdot(n)\cdot(n+1)\cdot(2n+1)$$

$$O_n = \frac{1}{6}\cdot\left(\frac{n}{n}\right)\cdot\left(\frac{n+1}{n}\right)\cdot\left(\frac{2n+1}{n}\right).$$

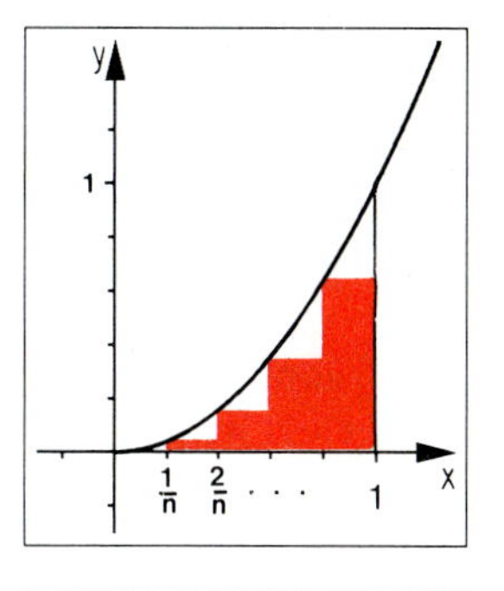

Bild 10

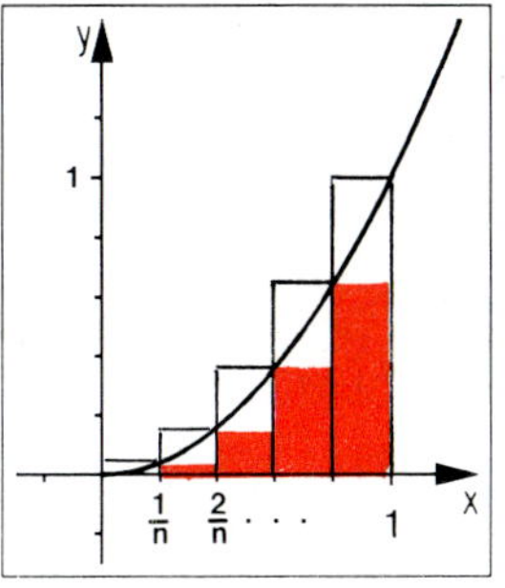

Bild 11

Die Tabelle der letzten Seite veranlasst zu der Vermutung, dass sowohl die Untersumme U_n als auch die Obersumme O_n mit wachsender Streifenzahl einem gemeinsamen Grenzwert, nämlich der Zahl $\frac{1}{3}$, zustreben.

Die nebenstehende Rechnung bestätigt dies mit Hilfe der Grenzwertsätze für Folgen.

Daher muss der Flächeninhalt A, der für jedes $n \in \mathbb{N}$ zwischen U_n und O_n liegt, ebenfalls den Wert besitzen.

$$\lim_{n\to\infty} U_n = \lim_{n\to\infty}\left(\frac{1}{6}\cdot\left(\frac{n-1}{n}\right)\cdot\left(\frac{n}{n}\right)\cdot\left(\frac{2n-1}{n}\right)\right)$$

$$= \lim_{n\to\infty}\frac{1}{6}\cdot\lim_{n\to\infty}\frac{n-1}{n}\cdot\lim_{n\to\infty}\frac{2n-1}{n}$$

$$= \frac{1}{6}\cdot 1\cdot 2 = \frac{1}{3}$$

Analog folgt: $\lim\limits_{n\to\infty} O_n = \frac{1}{3}$.

Für $n \in \mathbb{N}$ gilt: $U_n \leq A \leq O_n$.

Daher gilt auch: $\lim\limits_{n\to\infty} U_n \leq A \leq \lim\limits_{n\to\infty} O_n$.

Also folgt: $\frac{1}{3} \leq A \leq \frac{1}{3}$.

Damit war es Archimedes tatsächlich gelungen, den Inhalt der durch die Parabel zu $y = x^2$ krummlinig begrenzten Fläche A aus Bild 5 nicht nur näherungsweise, sondern exakt zu bestimmen.

* vgl. mit der Summenformel in der Fußnote auf der vorherigen Seite

Übung 2
Schätzen Sie den Inhalt der Fläche A ab, die vom Graphen der Funktion f und der x-Achse über dem Intervall [0 ; 1] eingeschlossen wird. Bestimmen Sie dazu jeweils näherungsweise die Untersummen U_2, U_4, U_8, U_{16} sowie die zugehörigen Obersummen O_2, O_4, O_8, O_{16}.
a) $f(x) = x$ b) $f(x) = x^3$ c) $f(x) = x^2 + 1$ d) $f(x) = 2x^2$ e) $f(x) = x^2 + x$

Übung 3
Bestimmen Sie U_4, O_4 sowie U_8, O_8 für die Funktionen aus Übung 2, wobei nun das Intervall [0 ; 2] zugrunde gelegt wird.

Übung 4
Bestimmen Sie die Fläche zwischen dem Graphen von f und der x-Achse über dem Intervall I exakt nach der Streifenmethode von Archimedes. Gehen Sie wie im oben durchgerechneten Beispiel vor: Berechnung von U_n, O_n für eine beliebige Anzahl n von Streifen mit anschließender Grenzwertberechnung. Die dazu benötigten Formeln sind jeweils angegeben.

	Summenformeln
a) $f(x) = x$, $I = [0 ; 1]$	$1 + 2 + ... + m = \frac{1}{2} \cdot m \cdot (m+1)$
b) $f(x) = x^2$, $I = [0 ; 2]$	$1^2 + 2^2 + ... + m^2 = \frac{1}{6} \cdot m \cdot (m+1) \cdot (2m+1)$
c) $f(x) = x^3$, $I = [0 ; 1]$	$1^3 + 2^3 + ... + m^3 = \frac{1}{4} \cdot m^2 \cdot (m+1)^2$

Übung 5
Die Fläche A unter der Kurve zu $f(x) = x^2$ über dem Intervall [0 ; 1] hat – wie im oben durchgerechneten Beispiel gezeigt – den Inhalt $\frac{1}{3}$.
Bestimmen Sie, wie groß n gewählt werden muss, damit die Obersumme O_n um weniger als $\frac{1}{1000}$ von diesem Wert abweicht.
Hinweise zur Lösung: Probieren oder Formel für O_n verwenden oder Computerprogramm.

D. Die Flächeninhaltsfunktion

Die Streifenmethode des Archimedes muss ohne Zweifel auch in unserer Zeit noch als die zentrale mathematische Idee zum Flächeninhaltsproblem angesehen werden. Allerdings hat sie zwei Nachteile: der hohe Rechenaufwand und die rechentechnischen Schwierigkeiten bei der Berechnung der Streifenflächensummen.

Nahezu zwei Jahrtausende mussten vergehen, bis gegen Ende des 17. Jahrhunders mit der Entwicklung der Differential- und Integralrechnung durch Leibniz und Newton ein mächtiges mathematisches Werkzeug geschaffen wurde, mit dessen Hilfe schließlich auch die vereinfachte Bestimmung von krummlinig begrenzten Flächen möglich wurde.

Hierzu benötigen wir den Begriff der Flächeninhaltsfunktion.
f sei eine stetige, nichtnegative Funktion. Für jedes $x \geq 0$ sei $A_0(x)$ der Inhalt derjenigen Fläche, die vom Graph von f und der x-Achse über dem Intervall [0 ; x] eingeschlossen wird. Die so definierte Funktion A_0 heißt **Flächeninhaltsfunktion von f zur unteren Grenze 0**.

Beispiel: Gegeben sei die konstante Funktion zu $f(x) = 2$ für $x \geq 0$.

a) Zeichnen Sie den Graphen und bestimmen Sie den Inhalt der Fläche unter f über dem Intervall [0 ; x].

b) Wie lautet die Flächeninhaltsfunktion A_0 von f zur unteren Grenze 0?

Lösung:

a) Es handelt sich bei der Fläche um ein Rechteck der Breite x und der Höhe 2. Ihr Inhalt beträgt also 2x (Bild 12).

b) Für jedes $x \geq 0$ gibt $A_0(x) = 2x$ den Inhalt der Fläche zwischen dem Graphen von f und der x-Achse über [0; x] an. Bild 13 zeigt den Graphen von A_0.

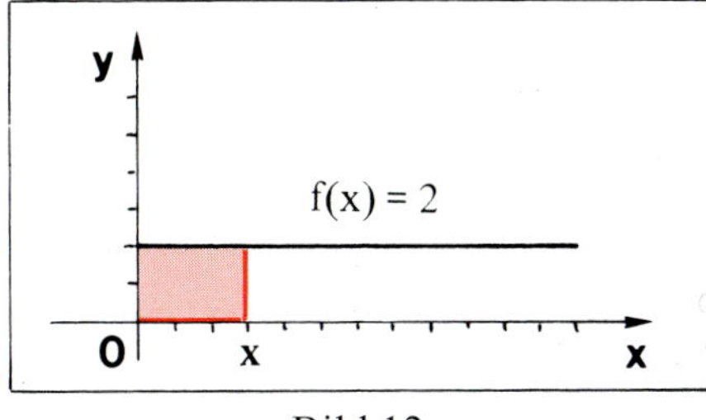

Bild 12

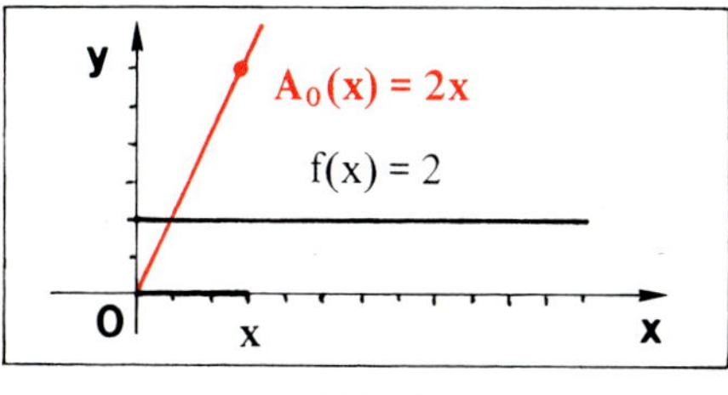

Bild 13

Beispiel: Bestimmen Sie die Flächeninhaltsfunktion von $f(x) = \frac{1}{2}x$ zur unteren Grenze 0 und zeichnen Sie deren Graphen.

Lösung:

Die Fläche unter dem Graphen von f über dem Intervall [0 ; x] hat die Form eines rechtwinkligen Dreiecks, dessen Katheten die Längen x und $f(x) = \frac{1}{2} \cdot x$ haben. Der Inhalt dieser Fläche beträgt daher

$$\frac{1}{2} \cdot x \cdot \frac{1}{2}x = \frac{1}{4}x^2.$$

Es gilt also: $A_0(x) = \frac{1}{4}x^2$.

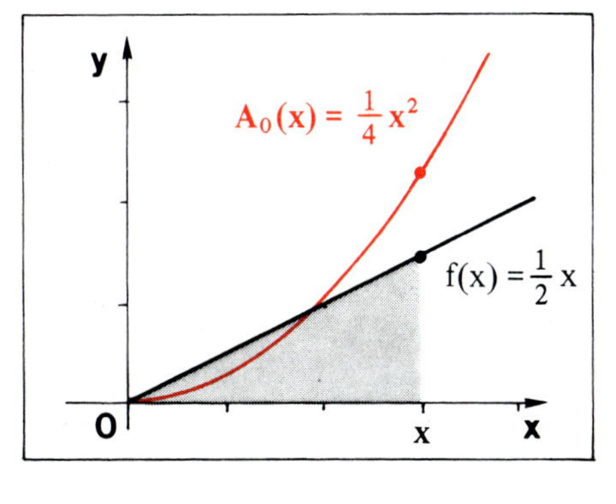

Bild 14

Übung 6

Bestimmen Sie die Flächeninhaltsfunktion von $f(x) = 3 + \frac{1}{2}x$ zur unteren Grenze 0 und zeichnen Sie deren Graphen.

In den beiden vorhergehenden Beispielen war die Flächeninhaltsfunktion nur deshalb verhältnismäßig einfach zu bestimmen, weil der Graph der vorgegebenen Funktion in beiden Fällen eine Gerade war. Im folgenden Beispiel müssen wir schon auf die Streifenmethode des Archimedes zurückgreifen, um die Flächeninhaltsfunktion bestimmen zu können.

Beispiel: Bestimmen Sie die Flächeninhaltsfunktion $A_0(x)$ der Funktion f mit $f(x) = x^2$ zur unteren Grenze 0. Bestimmen Sie anschließend den Inhalt der Fläche unter dem Graphen zu $f(x) = x^2$ über den Intervallen [0 ; 1], [0 ; 2], [0 ; 5], [0 ; 6,3] und [0 ; 30].

Lösung:
Wir teilen das Intervall [0 ; x] in n Streifen der Breite $\frac{x}{n}$ und berechnen wie im vorigen Abschnitt die zugehörigen Unter- und Obersummen. Deren Grenzwert für $n \to \infty$ ist – wie die nebenstehende Rechnung für die Untersummen zeigt – der Term $\frac{x^3}{3}$.

Daher ist $A_0(x) = \frac{x^3}{3}$ der Termder Flächeninhaltsfunktion von $f(x) = x^2$ zur unteren Grenze 0.
Die gesuchten Flächeninhalte ergeben sich nun in einfachster Weise durch Einsetzung der jeweiligen rechten Intervallgrenze in den Term der Flächeninhaltsfunktion:
$A_0(1) = \frac{1}{3}$; $A_0(2) = \frac{8}{3}$; $A_0(5) = \frac{125}{3}$;
$A_0(6{,}3) = 83{,}349$; $A_0(30) = 9000$.

$$U_n = \frac{x}{n} \cdot \left[0^2 + \left(\frac{x}{n}\right)^2 + \left(\frac{2x}{n}\right)^2 + \ldots + \left(\frac{(n-1)x}{n}\right)^2\right]$$
$$= \frac{x^3}{n^3} \cdot \left[0^2 + 1^2 + 2^2 + \ldots + (n-1)^2\right]$$
$$= \frac{x^3}{n^3} \cdot \frac{(n-1) \cdot n \cdot (2n-1)}{6}$$
$$= \frac{x^3}{6} \cdot \frac{n-1}{n} \cdot \frac{n}{n} \cdot \frac{2n-1}{n}$$

$$A_0(x) = \lim_{n \to \infty} U_n$$
$$= \lim_{n \to \infty} \left[\frac{x^3}{6} \cdot \frac{n-1}{n} \cdot \frac{n}{n} \cdot \frac{2n-1}{n}\right]$$
$$= \frac{x^3}{6} \cdot 1 \cdot 1 \cdot 2 = \frac{x^3}{3}$$

Dieses Beispiel zeigt, welche Recheneinsparung die Kenntnis der Flächeninhaltsfunktion bringen kann. Allerdings konnte hier die Flächeninhaltsfunktion nur durch eine verallgemeinerte Streifenmethodenberechnung gewonnen werden. Im Folgenden werden wir jedoch zeigen, dass Flächeninhaltsfunktionen weitaus einfacher aufgefunden werden können.

Stellen wir den oben betrachteten Funktionen f jeweils ihre Flächeninhaltsfunktionen gegenüber, so zeigt sich bei genauem Hinsehen ein überraschend einfacher Zusammenhang:

Funktion f	Flächeninhaltsfunktion A_0
$f(x) = 2$	$A_0(x) = 2x$
$f(x) = \frac{1}{2}x$	$A_0(x) = \frac{1}{4}x^2$
$f(x) = x^2$	$A_0(x) = \frac{1}{3}x^3$

$$A_0'(x) = f(x)\ !!$$

In jedem dieser Fälle ist die gegebene Funktion f die Ableitung der zugehörigen Flächeninhaltsfunktion A_0:

$$A_0'(x) = f(x).$$

Dass dies kein Zufall ist, sondern dass der vermutete Zusammenhang $A_0'(x) = f(x)$ allgemein gilt, weisen wir nun mit den Mitteln der Differentialrechnung nach.

Sei f eine nichtnegative, monoton steigende und stetige Funktion mit der Flächeninhaltsfunktion A_0.
Wir berechnen $A_0'(x)$ mit Hilfe des Differentialquotienten:

$$A_0'(x) = \lim_{h \to 0} \frac{A_0(x+h) - A_0(x)}{h}$$

$A_0(x + h) - A_0(x)$ stellt – anschaulich gesehen – eine Fläche dar, nämlich die Fläche unter dem Graphen von f(x) über dem Intervall [x ; x + h] (Bild 15).

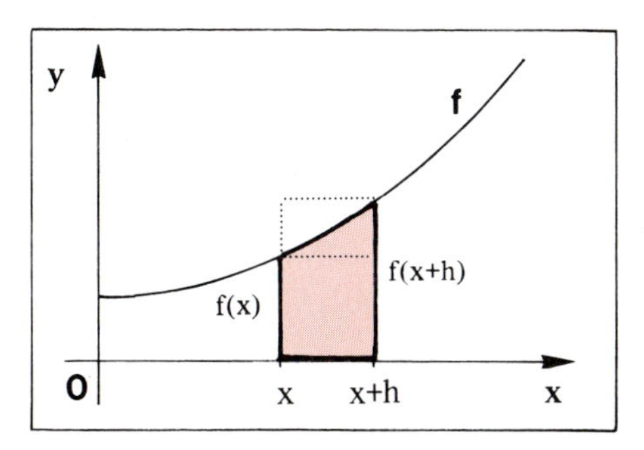

Bild 15

Diese Fläche lässt sich durch zwei rechteckige Streifen der Breite h und der Höhe f(x) bzw. f(x + h) einschachteln, so dass sich für den Zähler des gesuchten Differenzenquotienten die nebenstehende Abschätzung ergibt.

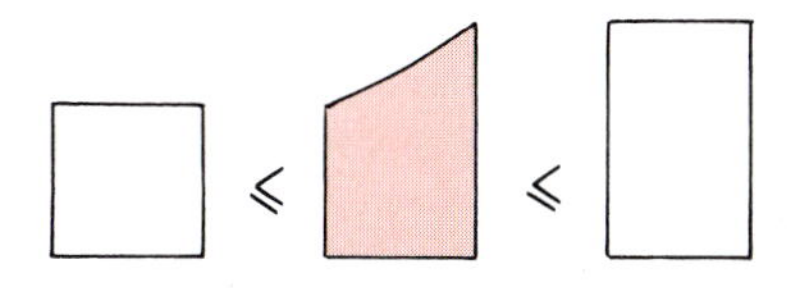

$$h \cdot f(x) \leq A_0(x+h) - A_0(x) \leq h \cdot f(x+h)$$

Division durch h liefert eine entsprechende Abschätzung für den gesamten Differenzenquotienten.

$$f(x) \leq \frac{A_0(x+h) - A_0(x)}{h} \leq f(x+h)$$

Führen wir den Grenzübergang $h \to 0$ durch, so ergibt sich eine Ungleichungskette, die den behaupteten Zusammenhang $A_0'(x) = f(x)$ beweist.*

$$f(x) \leq A_0'(x) \leq f(x)$$

Daher $A_0'(x) = f(x)$

Beispiel: Bestimmen Sie die Flächeninhaltsfunktion von $f(x) = x^2 + 2x + 3$ zur unteren Grenze 0. Berechnen Sie anschließend die Fläche unter f über dem Intervall [0 ; 2].

Lösung:
Wir haben oben festgestellt, dass $A_0'(x) = f(x)$ gilt. Uns ist also die Ableitung der Flächeninhaltsfunktion bekannt. Wir brauchen daher lediglich den Differentiationsvorgang umzukehren, um von A_0' zur gesuchten Funktion A_0 zu gelangen. Die rechenaufwendige archimedische Streifenmethode wird nicht mehr benötigt. In unserem Beispiel gehen wir wie folgt vor:

In $A_0'(x) = x^2 + 2x + 3$ "stammt" der Term x^2 vom Term $\frac{x^3}{3}$ in $A_0(x)$, denn $\left(\frac{x^3}{3}\right)' = x^2$.

Entsprechend stammt 2x von x^2 und 3 von 3x, so dass sich $A_0(x) = \frac{1}{3}x^3 + x^2 + 3x$ als gesuchte Flächeninhaltsfunktion ergibt.
Die Fläche unter f über [0 ; 2] erhalten wir nun durch Einsetzung von x = 2 in $A_0(x)$:
$A_0(2) = \frac{38}{3}$.

* 1. In der Rechnung wurde $h > 0$ vorausgesetzt. Der Fall $h < 0$ verläuft analog.
2. Die vorausgesetzte Stetigkeit von f sichert, dass für $h \to 0$ gilt: $f(x + h) \to f(x)$.

Übung 7

Bestimmen Sie die Flächeninhaltsfunktion A_0 von f zur unteren Grenze 0.

a) $f(x) = x + 1$ b) $f(x) = x^3$ c) $f(x) = 2x^3 + 6x^2$ d) $f(x) = 0{,}5x^2 + x + 2$

Übung 8

Bestimmen Sie den Inhalt der Fläche unter dem Graphen von f über dem Intervall I.

a) $f(x) = x^2$, $I = [0\,;\,5]$ b) $f(x) = 2x^3 + 3x + 1$, $I = [0\,;\,2]$ c) $f(x) = x^3 + x^2 + 3x$, $I = [0\,;\,4]$

Abschließend zeigen wir, dass der Zusammenhang zwischen einer Funktion f und der zugehörigen Flächeninhaltsfunktion A_0 auch für nichtmonotone Funktionen gilt.

Satz IV.2: f sei eine stetige, nichtnegative Funktion. A_0 sei die Flächeninhaltsfunktion von f zur unteren Grenze 0. Dann gilt:

I. $A_0'(x) = f(x)$ II. $A_0(0) = 0$.

Beweis:
Wir gehen wie in dem für monotone Funktionen geführten Beweis vor (vgl. Seite 97). Eine Änderung ergibt sich nur für die Höhen der beiden Einschachtelungsrechtecke, die nunmehr durch das Minimum m bzw. das Maximum M von f auf dem Intervall $[x\,;\,x + h]$ gegeben sind*, so dass folgende Abschätzung gilt:

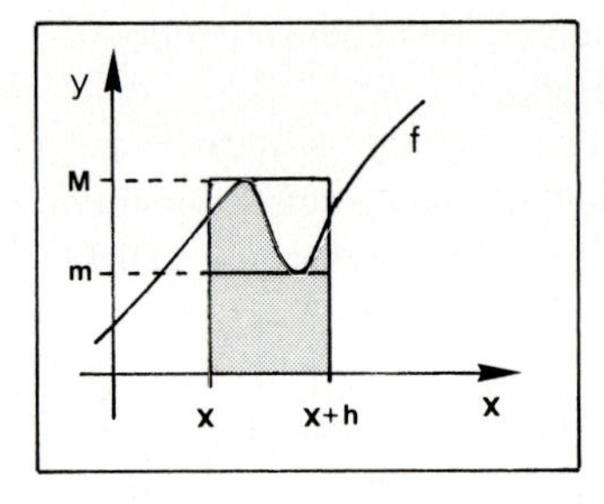

Bild 16

$$h \cdot m \le A_0(x + h) - A_0(x) \le h \cdot M \;\Rightarrow\; m \le \frac{A_0(x+h) - A_0(x)}{h} \le M \;\Rightarrow\; f(x) \le A_0'(x) \le f(x).$$

(Für $h \to 0$ streben m und M gegen f(x), da sich das Intervall $[x\,;\,x + h]$ auf x zusammenzieht.)

Damit ist $A_0'(x) = f(x)$ gezeigt und Satz IV.2 bewiesen, da II. anschaulich klar ist.

Bei Betrachtung von Flächen unter Funktionsgraphen haben wir uns bisher stets auf Intervalle der Grenze $[0\,;\,b]$ beschränkt. Das folgende Beispiel zeigt, wie man vorgehen kann, wenn die Fläche unter dem Graphen einer Funktion über einem beliebigen Intervall $[a\,;\,b]$ $(0 \le a \le b)$ betrachtet werden soll.

Beispiel: Berechnen Sie den Inhalt der Fläche unter dem Graphen zu $f(x) = 0{,}25x^2 + 1$ über dem Intervall $[2\,;\,3]$.

Lösung:
Die gesuchte Fläche A unter f über $[2\,;\,3]$ lässt sich als Differenz der Flächen unter f über $[0\,;\,3]$ und $[0\,;\,2]$ auffassen. Deren Inhalte lassen sich mit der Flächeninhalts-

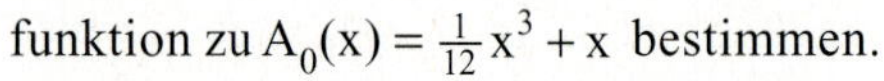

funktion zu $A_0(x) = \frac{1}{12}x^3 + x$ bestimmen.

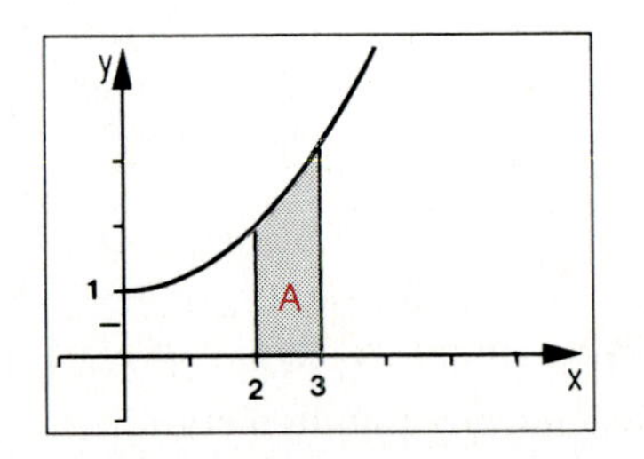

Bild 17

$A = A_0(3) - A_0(2) = \frac{63}{12} - \frac{32}{12} = \frac{31}{12}$

$A = A_0(3) - A_0(2) \approx 2{,}58$

* Eine über einem abgeschlossenen Intervall stetige Funktion hat dort ein Maximum und ein Minimum.

E. Übungen

Stetige Funktionen

9. Prüfen Sie, ob die abgebildete Funktion auf dem Intervall [a ; b] stetig ist.

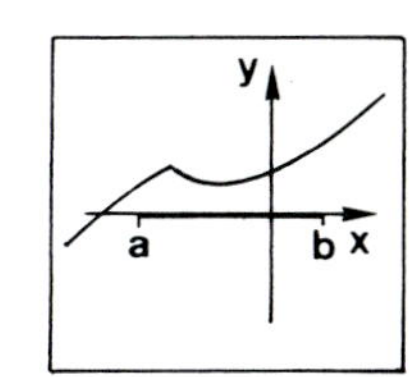

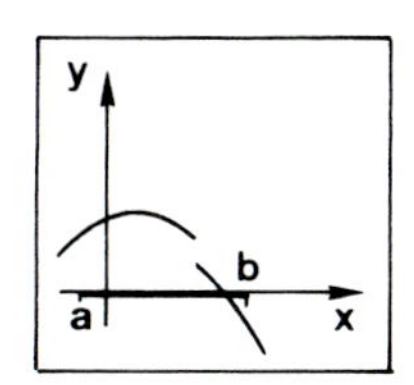

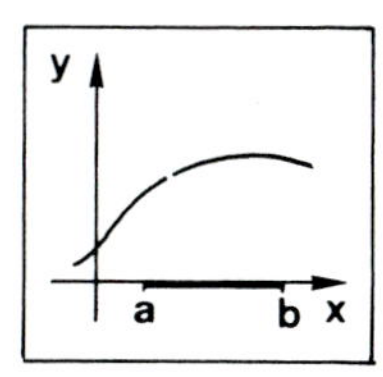

10. Untersuchen Sie die Funktion f auf Stetigkeit. Zeichnen Sie hierzu den Funktionsgraphen und argumentieren Sie dann anschaulich.

a) $f(x) = \begin{cases} 2x+1 & , x \le 2 \\ -(x-2)^2+5, & x > 2 \end{cases}$ b) $f(x) = \begin{cases} 2x^2 & , x \le 1 \\ -(x-2)^2+4, & x > 1 \end{cases}$ c) $f(x) = \begin{cases} (x-1)^2-1, & x < 2 \\ -(x-4)^2+1, & x \ge 2 \end{cases}$

d) $f(x) = |x-2|$ e) $f(x) = |x| + |x-1|$ f) $f(x) = \begin{cases} \sqrt{2-x}, & x \le 2 \\ \sqrt{x-2}, & x > 2 \end{cases}$

11. Zeigen Sie, dass die Umkehrung von Satz IV.1 (Aus der Stetigkeit an der Stelle x_0 folgt Differenzierbarkeit an der Stelle x_0) falsch ist. Zeichnen Sie hierzu den Funktionsgraphen einer stetigen Funktion, die an einer Stelle nicht differenzierbar ist.

12. Untersuchen Sie die Funktion auf Stetigkeit und Differenzierbarkeit auf I.

a) $f(x) = 1 - x^2$, $I = [-6 ; 6]$ b) $f(x) = \frac{1}{x}$, $I = [-1 ; 1]$ c) $f(x) = |x|$, $I = [-1 ; 2]$

d) $f(x) = x^3 - x$, $I = [0 ; 4]$ e) $f(x) = \sqrt{x}$, $I = [1 ; 4]$ f) $f(x) = \sqrt{x-3}$, $I = [4 ; 9]$

Die Möndchen des Hippokrates

13. Zeigen Sie, dass die Flächen A_1 und A_2 inhaltsgleich sind.

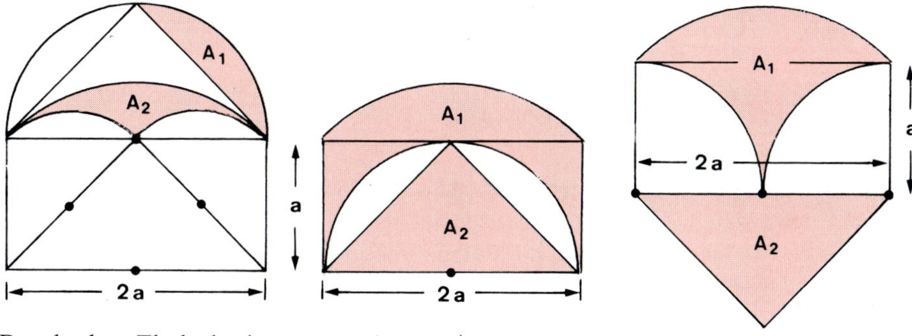

14. Durch den Thaleskreis zum rechtwinkligen Dreieck ABC und die beiden Halbkreise über den Seiten a und b werden zwei Möndchen abgetrennt (siehe Abb.).
Zeigen Sie, dass die zwei Möndchen zusammen den gleichen Inhalt wie das Dreieck haben.

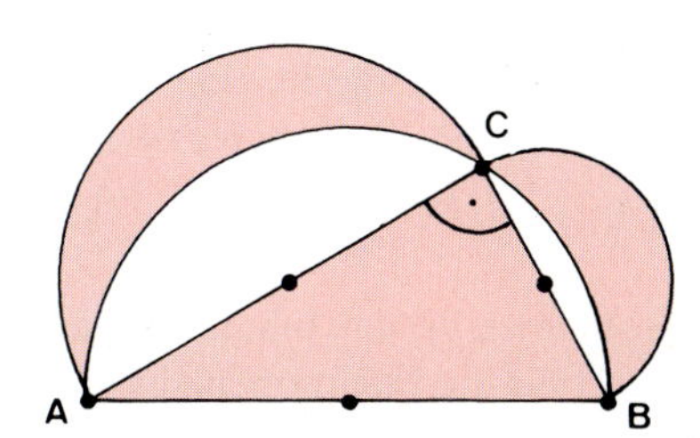

Die Streifenmethode

15. Schätzen Sie den Inhalt der Fläche A ab, die von dem Graphen der Funktion f und der x-Achse über dem Intervall I = [0 ; 1] eingeschlossen wird. Bestimmen Sie dazu jeweils die Untersummen U_2, U_4, U_8, U_{16} sowie die Obersummen O_2, O_4, O_8, O_{16}.
a) $f(x) = 2x$ b) $f(x) = 0{,}5x + 1$ c) $f(x) = 0{,}5x^2$ d) $f(x) = 3x^2 + 2$
e) $f(x) = 4x^3$ f) $f(x) = 8x^2 + 2x$ g) $f(x) = x^3 + x^2$ h) $f(x) = -x^5 + 5x$

16. Bestimmen U_4, O_4 sowie U_8, O_8 für die Funktionen aus Aufgabe 15 a) – g), wobei nun das Intervall [0 ; 2] zugrunde gelegt werde.

17. Bestimmen Sie den Inhalt der Fläche zwischen dem Graphenf und der x-Achse über dem Intervall I exakt nach der Streifenmethode. Berechnen Sie hierzu zunächst U_n und O_n für eine beliebige Streifenzahl und bestimmen Sie anschließend den Grenzwert.
a) $f(x) = x$, $I = [0;4]$; benötigte Summenformel : $1+2+3+...+m = \frac{1}{2}m \cdot (m+1)$
b) $f(x) = x^2$, $I = [0;4]$; benötigte Summenformel : $1^2 + 2^2 + 3^2 + ... + m^2 = \frac{1}{6}m \cdot (m+1) \cdot (2m+1)$
c) $f(x) = x^3$, $I = [0;4]$; benötigte Summenformel : $1^3 + 2^3 + 3^3 + ... + m^3 = \frac{1}{4}m^2 \cdot (m+1)^2$
d) $f(x) = 3x$, $I = [0;2]$; nach geeignetem Ausklammern Summenformel aus a) anwenden.
e) $f(x) = 4x^2$, $I = [0;4]$; nach geeignetem Ausklammern Summenformel aus b) anwenden.
f) $f(x) = x + x^2$, $I = [0;2]$; Summanden geeignet ordnen, dann Formeln aus a) und b) anwenden.

18. Erläutern Sie anhand einer Skizze: Ist f monoton steigend auf I = [0 ; a] mit f(0) = 0, so gilt $O_n - U_n = \frac{a}{n} \cdot f(a)$. (Die Flächendifferenz besteht aus dem letzten Streifen von O_n.)

19. Wie groß muss n gewählt werden, damit U_n und O_n sich über I = [0 ; 4] um weniger als $\frac{1}{100}$ unterscheiden ? (Wenden Sie die Aussage von Übung 18 an.)
a) $f(x) = x^2$ b) $f(x) = x^3$ c) $f(x) = 0{,}5x^2$ d) $f(x) = x + x^2$

20. f sei monoton steigend auf [0 ; a], mit f(0) = k > 0. Bestimmen Sie $O_n - U_n$ (vgl. Übg. 18). Fertigen Sie hierzu zunächst eine Skizze an.

21. Begründen Sie anhand einer Zeichnung, dass für Potenzfunktionen $f(x) = x^n$, $n \in \mathbb{N}$, $(n > 1)$ U_n den exakten Flächeninhalt zwischen f und der x-Achse über [0 ; a] (a > 0) besser nähert als O_n. Welche Eigenschaft der Potenzfunktion ist hierfür verantwortlich?

Die Flächeninhaltsfunktion

22. Bestimmen Sie die Flächeninhaltsfunktion A_0 von f zur unteren Grenze 0.
a) $f(x) = 0{,}5x$ b) $f(x) = x + 2$ c) $f(x) = x^2 + 1$ d) $f(x) = x^2 + x + 1$
e) $f(x) = 4x^3 + x$ f) $f(x) = \frac{1}{2}x^3 + x + 1$ g) $f(x) = x^4 + x^3$ h) $f(x) = 2x^3+3x^2+0{,}5x$

23. Bestimmen Sie den Inhalt der Fläche unter dem Graphen der Funktion f über dem Intervall [0 ; 2] für die Funktionen aus Übung 22.

24. A_0 sei die Flächeninhaltsfunktion von f. Bestimmen Sie f und zeichnen Sie dann die Fläche unter dem Graphen von f über dem Intervall I = [0 ; 2].

a) $A_0(x) = \frac{1}{3}x^3$ b) $A_0(x) = 2x^2$ c) $A_0(x) = \frac{1}{8}x^4 + x$ d) $A_0(x) = \frac{1}{4}x^2 + 2x$

25. Zeichnen Sie die Graphen der Funktion f und ihrer Flächeninhaltsfunktion A_0 zur unteren Grenze 0 für $0 \le x \le 3$ in ein Koordinatensystem.
Berechnen Sie anschließend den Flächeninhalt unter dem Graphen von f über I = [0 ; 3].

a) $f(x) = 1 + x$ b) $f(x) = \frac{1}{2}x^2$ c) $f(x) = \frac{1}{3}x^2 + x$ d) $f(x) = \frac{1}{12}x^3 + \frac{1}{2}x$

26. Bestimmen Sie die Flächeninhaltsfunktion P_n der Potenzfunktion p_n ($p_n(x) = x^n$, $n \in \mathbb{N}$) zur unteren Grenze 0.

27. Wie ändert sich der Flächeninhalt unter dem Graphen von f über dem Intervall $I_1 = [0 ; a]$ (a > 0), wenn das Intervall I_1 verdoppelt wird ($I_2 = [0 ; 2a]$)?

a) $f(x) = x$ b) $f(x) = x^2$ c) $f(x) = \frac{1}{2}x^2$ d) $f(x) = x^3$

28. Durch f_k mit $f_k(x) = (x-k)^2$ sei eine Parabelschar gegeben. Für welches k mit $0 \le k \le 4$ hat die Fläche unter dem Graphen von f_k über dem Intervall I = [0 ; 4] den kleinsten Inhalt?

29. Die abgebildete Kurve hat die Funktionsgleichung $f(x) = -ax^2 + b$.
a) Bestimmen Sie a und b in Abhängigkeit von s und h.
b) Zeigen Sie, dass für den Inhalt der Fläche A gilt:

$$A = \frac{2}{3}s \cdot h \ .$$

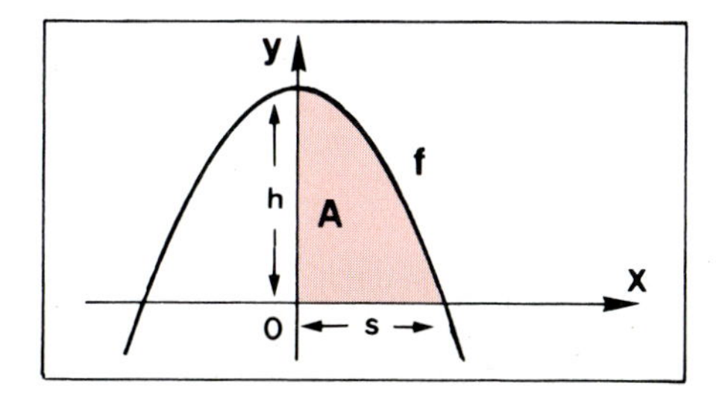

30. Berechnen Sie denFlächeninhalt unter dem Graphen von f über dem Intervall I.

a) $f(x) = x + 3$, I = [1 ; 4] b) $f(x) = x^2 + 1$, I = [1 ; 3]

c) $f(x) = 2x^2$, I = [1 ; 2] d) $f(x) = 0{,}5x^3 + x$, I = [2 ; 4]

e) $f(x) = x^3 + x + 1$, I = [2 ; 3] f) $f(x) = x^3 - x^2 + 1$, I = [1 ; 3]

g) $f(x) = (x-2)^2$, I = [1 , 3] h) $f(x) = -x^2 + 6x - 5$, I = [2 ; 5]

i) $f(x) = 3 - (x-2)^2$, I = [1 ; 3] j) $f(x) = x^3 - 4x^2 + 4x$, I = [1 ; 3]

31. Wie muss b gewählt werden, damit der Inhalt der Fläche unter dem Graphen von f über I = [a ; b] gleich A ist?

a) $f(x) = x + 1$, a = 2, A = 8 b) $f(x) = 2x + 3$, a = 1, A = 36

c) $f(x) = x^3$, a = 2, A = 77 d) $f(x) = 6x^2$, a = 2, A = 38

e) $f(x) = x$, a = 1, A = 42 f) $f(x) = 4x^3 - 8x$, a = 2, A = 27

2. Stammfunktionen und bestimmte Integrale

A. Stammfunktionen

Eine grundlegende Aufgabe der Differentialrechnung ist es, zu einer gegebenen Funktion f die Ableitungsfunktion f' zu bestimmen. Im ersten Abschnitt dieses Kapitels beim Aufsuchen von Flächeninhaltsfunktionen (Satz IV.2) stellte sich uns die umgekehrte Aufgabe: Gegeben ist eine Funktion f. Wie heißt die Funktion F, deren Ableitung f ist?

Die Integralrechnung beantwortet diese Frage.

Definition IV.2: Jede differenzierbare Funktion F, für die F' = f gilt, heißt **Stammfunktion von f**.

Den Nachweis, dass eine gegebene Funktion F Stammfunktion einer ebenfalls gegebenen Funktion f ist, führt man durch Differenzieren von F (vgl. Beispiele).

In der Regel ist jedoch zu einer gegebenen Funktion f die Stammfunktion F erst zu suchen. Man bezeichnet diesen Vorgang des Aufsuchens einer Stammfunktion als **Integration** der gegebenen Funktion. Es handelt sich dabei um eine "Umkehrung" des Ableitens, d.h. der Differentiation einer Funktion.

Beispiele:

$F(x) = \frac{1}{2}x^2$ ist eine Stammfunktion von $f(x) = x$, denn

$F'(x) = \left(\frac{1}{2}x^2\right)' = \frac{1}{2} \cdot 2x = x$.

$F(x) = \frac{1}{4}x^4 + 2x^3 + 4x - 1$ ist eine Stammfunktion von $f(x) = x^3 + 6x^2 + 4$, denn

$F'(x) = \left(\frac{1}{4}x^4 + 2x^3 + 4x - 1\right)' = x^3 + 6x^2 + 4$.

f gegeben —— Differenzieren / Ableitung bilden ——→ f'

F ←—— Integrieren / Stammfunktion suchen —— f gegeben

Beispiel: Bestimmen Sie eine Stammfunktion der Funktion f.

a) $f(x) = x^5$ b) $f(x) = 2x^3$ c) $f(x) = 3x^4 - 6x + 8$ d) $f(x) = \frac{1}{x^3}$

Lösung:

a) Beim Differenzieren einer Potenz erniedrigt sich deren Grad. Da $f(x) = x^5$ die Ableitung von F(x) ist, könnte $F(x) = x^6$ vermutet werden. Hier ergäbe sich als Ableitung F'(x) nach der Potenzregel jedoch $6x^5$ und nicht wie gewünscht x^5. Den unerwünschten Faktor 6 können wir ausgleichen, indem wir anstelle von $F(x) = x^6$ von $F(x) = \frac{1}{6}x^6$ ausgehen. Nun ergibt sich tatsächlich $F'(x) = \left(\frac{1}{6}x^6\right)' = x^5 = f(x)$. Die gesuchte Stammfunktion ist gefunden. Allerdings wäre auch $F(x) = \frac{1}{6}x^6 + C$ mit einer beliebigen Konstanten C geeignet, denn additive Konstanten fallen beim Differenzieren weg.

b) Nach den Überlegungen aus a) erhalten wir $\frac{x^4}{4}$ als Stammfunktion von x^3. Daher ist die Funktion $F(x) = 2 \cdot \frac{x^4}{4} = \frac{x^4}{2}$ eine Stammfunktion von $f(x) = 2x^3$. Die Probe durch Differentiation bestätigt dies: $F'(x) = \left(\frac{x^4}{2}\right)' = 2x^3 = f(x)$.

c) Eine Summe wird gliedweise differenziert. Umgekehrt wird eine Summe auch gliedweise integriert. Also erhalten wir als eine Stammfunktion von $f(x) = 3x^4 - 6x + 8$ die Funktion $F(x) = \frac{3}{5}x^5 - 3x^2 + 8x$.

d) Die gebrochen-rationale Funktion $g(x) = \frac{1}{x^n}$ hat die Anleitung $g'(x) = -\frac{n}{x^{n+1}}$. $f(x) = \frac{1}{x^3}$ hat daher in Umkehrung dieser Regel die Stammfunktion $F(x) = -\frac{1}{2 \cdot x^2}$.

Aus den soeben durchgeführten Beispielrechnungen können wir mehrere Schlüsse ziehen:

(A) Hat eine Funktion f eine Stammfunktion F, so hat sie unendlich viele weitere Stammfunktionen, die sich durch Hinzufügung einer beliebigen additiven Konstanten ergeben
Die Menge aller Stammfunktionen einer Funktion f bezeichnet man auch als **das unbestimmte Integral von f.**

(B) Aus jeder Differentiationsregel (Regel zum Auffinden der Ableitungsfunktion) ergibt sich durch sinngemäße "Umkehrung" eine entsprechende Integrationsregel (Regel zum Auffinden einer Stammfunktion). Insbesondere führt die Potenzregel der Differentialrechnung zu einer Potenzregel der Integralrechnung. Ebenso ist die Summenregel umkehrbar.

Wir präzisieren diese Anmerkungen in einigen Sätzen und Beispielen.

Satz IV.3: (1) Zwei Stammfunktionen einer Funktion f unterscheiden sich nur um eine additive Konstante.
(2) Ist F(x) eine Stammfunktion von f(x), so ist auch F(x) + C ($C \in \mathbb{R}$) eine Stammfunktion von f.

Beweis:
(1): Seien F_1 und F_2 zwei Stammfunktionen von f. Dann gilt $F_1'(x) = f(x)$ und $F_2'(x) = f(x)$. Also folgt $[F_1(x) - F_2(x)]' = F_1'(x) - F_2'(x) = f(x) - f(x) = 0$. Die Differenzfunktion $F_1(x) - F_2(x)$ hat also die Ableitung 0 und muss daher konstant sein.
Daher ist $F_1(x) - F_2(x) = C$, $F_1(x) = F_2(x) + C$.

(2): Sei F(x) eine Stammfunktion von f. Dann gilt $[F(x) + C]' = f(x) + 0 = f(x)$. Also ist auch F(x) + C eine Stammfunktion von f.

Beispiel: Gegeben sei $f(x) = x^2 - 2x$.
a) Bestimmen Sie eine Stammfunktion von f.
b) Welche Stammfunktion von f schneidet die x-Achse bei x = 1?
c) Auf dem Graphen welcher Stammfunktion von f liegt der Punkt P(2|−3)?

Lösung:

a) $F(x) = \frac{x^3}{3} - x^2 + C$

b) $F(1) = 0 \Rightarrow \frac{1}{3} - 1 + C = 0 \Rightarrow C = \frac{2}{3}$

$\Rightarrow \quad F(x) = \frac{x^3}{3} - x^2 + \frac{2}{3}$

c) $F(2) = -3 \Rightarrow \frac{8}{3} - 4 + C = -3 \Rightarrow C = -\frac{5}{3}$

$\Rightarrow F(x) = \frac{x^3}{3} - x^2 - \frac{5}{3}$

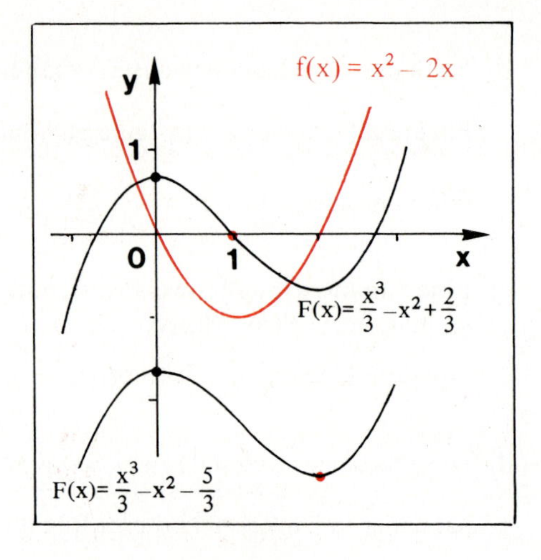

Bild 1

Satz IV.4 (Potenzregel der Integration):
n sei eine ganze Zahl, $n \neq -1$. Dann gilt:
$f(x) = x^n$ hat die Stammfunktion $F(x) = \frac{x^{n+1}}{n+1} + C$.

Beweis:

$F'(x) = \left(\frac{x^{n+1}}{n+1} + C\right)' = \frac{(n+1)\cdot x^n}{n+1} + 0 = x^n = f(x)$

Beispiele:

$f(x) = x^5 \quad \Rightarrow F(x) = \frac{x^6}{6} + C$

$f(x) = \frac{1}{x^4} = x^{-4} \quad (x > 0)$

$\Rightarrow \; F(x) = \frac{x^{-3}}{-3} + C = -\frac{1}{3x^3} + C$

Satz IV.5: F(x) und G(x) seien Stammfunktionen von f(x) bzw. g(x). Dann gelten die Regeln:
(1) $S(x) = F(x) + G(x)$ ist eine Stammfunktion von $s(x) = f(x) + g(x)$.
(2) $P(x) = a \cdot F(x)$ ist eine Stammfunktion von $p(x) = a \cdot f(x)$ $(a \in \mathbb{R})$.
(3) $N(x) = -F(x)$ ist eine Stammfunktion von $n(x) = -f(x)$.
(4) $K(x) = \frac{1}{a} F(ax + b)$ ist eine Stammfunktion von $k(x) = f(ax + b)$ $(a \in \mathbb{R}, a \neq 0)$.

Übung 1
Bestimmen Sie durch Anwendung der Regeln aus den Sätzen IV.4 und IV.5 eine Stammfunktion F von f. Überprüfen Sie Ihr Resultat anschließend durch Differenzieren.

a) $f(x) = x^4$ b) $f(x) = -x^3$ c) $f(x) = 3x^3 - 2x$ d) $f(x) = 3x^2 - \frac{5}{x^2}$

Übung 2
Beweisen Sie die in Satz IV.5 formulierten Regeln zum Auffinden von Stammfunktionen zusammengesetzter Funktionen, indem Sie S(x), P(x), N(x) und K(x) differenzieren.

Übung 3

Bestimmen Sie eine Stammfunktion von f. Wenden Sie Satz IV.4 und Satz IV.5 an.

a) $f(x) = (x+2)^5$ b) $f(x) = (3x-8)^7$ c) $f(x) = \frac{1}{(2x+5)^3}$ d) $f(x) = (rx+s)^n,\ n \in \mathbb{N}$

e) $f(x) = (3-x)^2$ f) $f(x) = \frac{1}{(3x-1)^4}$ g) $f(x) = \frac{4}{(2x+3)^5}$ h) $f(x) = \frac{1}{(rx+s)^n},\ n \in \mathbb{N}/\{1\}$

B. Der Hauptsatz über Flächeninhaltsfunktionen

Wir wenden uns nun wieder unserem Hauptanliegen, der Bestimmung des Inhalts einer durch den Graphen einer Funktion begrenzten Fläche zu. Hierzu benötigen wir die Flächeninhaltsfunktion A_0 der jeweils vorliegenden Funktion. In Satz IV.2 stellten wir fest, dass $A_0(x)$ den beiden Bedingungen $A_0'(x) = f(x)$ und $A_0(0) = 0$ genügt.

Bedeutung von $A_0'(x) = f(x)$

Diese Bedingung besagt nichts anderes, als dass A_0 eine Stammfunktion von f ist. Davon gibt es unendlich viele, die sich allerdings nur um additive Konstanten unterscheiden. Ist also F eine beliebige Stammfunktion von f, so gilt:

$$A_0(x) = F(x) + C.$$

Bedeutung von $A_0(0) = 0$

Diese Bedingung siebt aus der unendlichen Zahl von Stammfunktionen von f die als Flächeninhaltsfunktion zur unteren Grenze 0 geeignete Stammfunktion aus: Aus $A_0(x) = F(x) + C$ und $A_0(0) = 0$ erhalten wir $C = -F(0)$. Hiermit folgt sofort:

$$A_0(x) = F(x) - F(0).$$

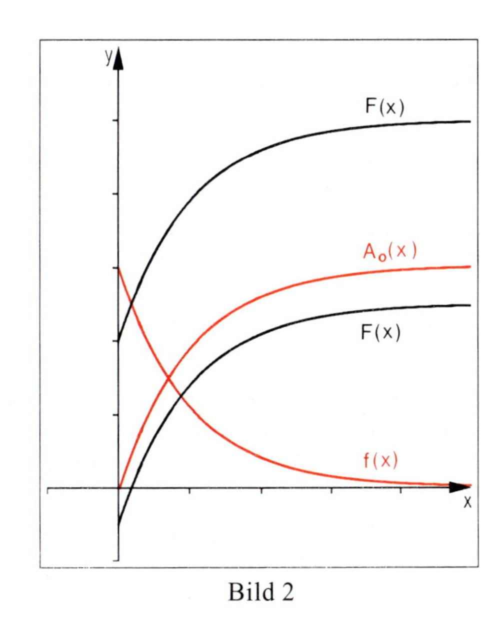

Bild 2

Wir bezeichnen dieses Resultat als **Hauptsatz über Flächeninhaltsfunktionen**.

Satz IV.6 (Hauptsatz über Flächeninhaltsfunktionen): f sei eine stetige, nichtnegative Funktion. A_0 sei die Flächeninhaltsfunktion von f zur unteren Grenze 0. F sei eine beliebige Stammfunktion von f. Dann gilt für $x \geq 0$:

$$A_0(x) = F(x) - F(0).$$

◊ **Beispiel**: Gegeben sei $f(x) = \frac{1}{2}x^2 + x$. Berechnen Sie den Inhalt der Fläche unter dem Graphen von f über dem Intervall [0 ; 3].

◊ Lösung:
Wir bestimmen eine beliebige Stammfunktion F und berechnen den gesuchten Flächeninhalt nach Satz IV.6.
Resultat: $A_0(3) = 9$.

$f(x) = \frac{1}{2}x^2 + x$ gegeben

$F(x) = \frac{1}{2} \cdot \frac{x^3}{3} + \frac{x^2}{2}$ Satz IV.4

$A_0(3) = F(3) - F(0)$ Satz IV.6
$= \frac{1}{2} \cdot \frac{27}{3} + \frac{9}{2}$
$= 9$

Aus dem Hauptsatz über Flächeninhaltsfunktionen lässt sich ableiten, wie wir vorgehen können, wenn die Fläche unter dem Graphen einer nichtnegativen stetigen Funktion f über einem beliebigen Intervall [a ; b] ($0 \le a \le b$) berechnet werden soll.

Ist F(x) eine beliebige Stammfunktion von f, so ist der Flächeninhalt A über dem Intervall [a ; b] gegeben durch

$$\begin{aligned} A &= A_0(b) - A_0(a) \\ &= (F(b) - F(0)) - (F(a) - F(0)) \\ &= F(b) - F(a). \end{aligned}$$

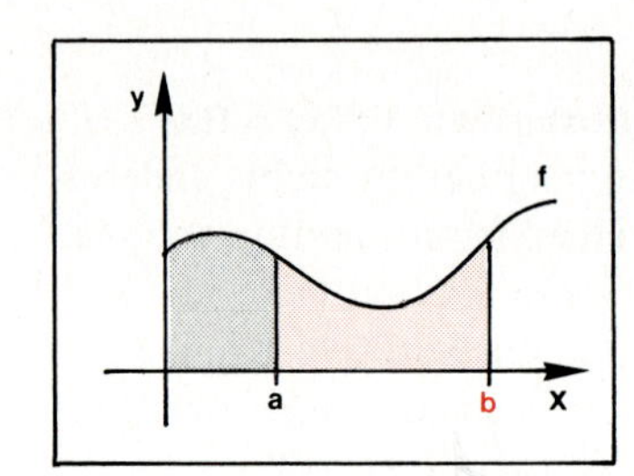

Bild 3

Satz IV.7: f sei eine stetige, nichtnegative Funktion und F eine beliebige Stammfunktion von f. Der Flächeninhalt A unter dem Graphen von f über dem Intervall [a;b] ($0 \le a \le b$) ist gleich

$$A = F(b) - F(a).$$

◊ **Beispiel**: Gegeben sei die Funktion zu $f(x) = x^3 + 1$. Berechnen Sie den Inhalt der Fläche unter dem Graphen von f über dem Intervall [1 ; 4].

◊ Lösung:
Eine mögliche Stammfunktion von f ist $F(x) = \frac{1}{4}x^4 + x$. Wir berechnen den Flächeninhalt nach der Formel

$$A = F(4) - F(1).$$

Ergebnis: $A = \frac{267}{4}$

$f(x) = x^3 + 1$

$F(x) = \frac{1}{4}x^4 + x$

$A = F(4) - F(1)$
$= 64 + 4 - (\frac{1}{4} + 1)$
$= \frac{267}{4}$

Übung 4
Berechnen Sie den Inhalt der Fläche unter dem Graphen von f über dem Intervall I.

a) $f(x) = 2x^3 + 3$; I = [1 ; 2] b) $f(x) = x^2 - 2x + 3$; I = [3 ; 5] c) $f(x) = \frac{1}{x^2}$; I = [2 ; 4]

C. Das bestimmte Integral

Mit Hilfe der Flächeninhaltsfunktion werden Flächenberechnungen sehr einfach. Leider mussten wir uns bisher auf nichtnegative Funktionen beschränken. Um diese gravierende Einschränkung zu umgehen, erweitern wir die Begriffe auf beliebige stetige Funktionen. Dabei orientieren wir uns an Satz IV.6 und Satz IV.7.

Definition IV.3 (Definition der Integralfunktion): f sei eine beliebige stetige Funktion und F sei eine Stammfunktion von f. Dann heißt die Funktion $I_a(x)$, die definiert ist durch

$$I_a(x) = F(x) - F(a)$$

Integralfunktion von f zur unteren Grenze a.

Für nichtnegative Funktionen stimmen die Funktionswerte $I_a(b) = F(b) - F(a)$ exakt mit dem Flächeninhalt unter dem Graphen von f über dem Intervall [a ; b] überein.
Für alle anderen stetigen Funktionen können wir die Bedeutung der Funktionswerte der Integralfunktion an dieser Stelle noch nicht klären.
Wir holen das im nächsten Abschnitt nach. Zuvor führen wir einige historisch gewachsene Bezeichnungen und Schreibweisen über die Funktionswerte der Integralfunktion ein.

Die Funktionswerte der Integralfunktion werden als bestimmte Integrale bezeichnet. Ein solches Integral wird mit Hilfe des sogenannten Integralzeichens dargestellt. Genauer:

Definition IV.4: f sei eine stetige Funktion. I_a sei die Integralfunktion von f zur unteren Grenze a. Dann wird der Funktionswert $I_a(b) = F(b) - F(a)$ als bestimmtes Integral über f von a bis b bezeichnet. Anstelle von $I_a(b)$ wird folgende Schreibweise verwandt:

$\int_a^b f(x)dx$ **(bestimmtes Integral über f nach dx in den Grenzen von a bis b).**

Die durch das Symbol **dx** gekennzeichnete Variable x heißt **Integrationsvariable**.
Der Term f(x) heißt **Integrand**.
Die Zahl **a** heißt **untere Integrationsgrenze**, die Zahl **b** heißt **obere Integrationsgrenze**.

Es gilt also: $\int_a^b f(x)dx = F(b) - F(a)$.

Bemerkung: Für das **unbestimmte Integral** von f (vgl. Seite 103) wird sinngemäß die Schreibweise $\int f(x)\,dx$ verwendet.

Beispiel: Gegeben sei $f(x) = 3x^2 - 4x + 1$.
Berechnen Sie das bestimmte Integral über f nach dx in den Grenzen von –1 bis 4.

Lösung:
Wir bestimmen eine Stammfunktion F von f und berechnen das bestimmte Integral nach der Formel:

$$\int_a^b f(x)\,dx = F(b) - F(a).$$

Funktion: $f(x) = 3x^2 - 4x + 1$
Stammfunktion $F(x) = x^3 - 2x^2 + x \ (+C)$
Bestimmtes Integral:

$$\int_{-1}^{4} (3x^2 - 4x + 1)\,dx = F(4) - F(-1) = (+36) - (-4) = 40$$

Übung 5
Berechnen Sie das bestimmte Integral von f nach dx in den Grenzen von a bis b.

a) $f(x) = x^2 + 2x + 1$, $a = 0, b = 4$
b) $f(x) = 2x^3 - x + 1$, $a = 1, b = 3$
c) $f(x) = \frac{1}{x^2}$, $a = 2, b = 5$
d) $f(x) = x^3 + \frac{1}{x^2}$, $a = -4, b = -1$
e) $f(x) = rx^2 - 2x + 3$, $a = 2, b = 3$
f) $f(x) = 3x^2$, $a = 0, b = n$
g) $f(x) = x - 1$, $a = 1, b = n+2$
h) $f(x) = -\frac{4}{x^2}, x > 0$, $a = \alpha > 0, b = \beta > 0$

Die Tätigkeit der Berechnung eines bestimmten Integrals wird als **Integration** oder als **Integrieren** bezeichnet. Der Term dx wird als **Differential** bezeichnet. Er zeigt lediglich an, dass x die Integrationsvariable ist. Hat die Funktion beispielsweise die unabhängige Variable t anstelle von x, so wird man bei der Integration dieser Funktion das Differential dt anstelle von dx benutzen. Wichtig wird die Anzeigefunktion des Differentials etwa bei der Integration einer von zwei Variablen abhängigen Funktion.

Beispiel: Berechnen Sie das bestimmte Integral $\int_1^2 (x^2 - 3t^2x + 4t + x + 2)\,dt$.

Lösung:
Der Integrand hängt in diesem Fall von zwei Variablen, nämlich von x und von t ab. Das Differential dt gibt an, dass nach der Variablen t integriert wird. Der Integrand ist daher als f(t) aufzufassen. x hat während des Integrationsvorganges lediglich den Charakter einer Formvariablen. Wir erhalten: $F(t) = x^2t - t^3x + 2t^2 + xt + 2t$ als Stammfunktion von f(t).
Daher gilt:

$$\int_1^2 (x^2 - 3t^2x + 4t + x + 2)\,dt = F(2) - F(1) = (2x^2 - 6x + 12) - (x^2 + 4) = x^2 - 6x + 8.$$

Übung 6
Berechnen Sie die folgenden bestimmten Integrale. Bestimmen Sie dazu unter Beachtung der jeweiligen Integrationsvariable zunächst eine Stammfunktion des jeweiligen Integranden.

a) $\int_0^1 (2x^3 - x + 4)\,dx$ b) $\int_1^2 (xy^2 + x + 2)\,dx$ c) $\int_1^2 (xy^2 + x + 2)\,dy$ d) $\int_{-1}^3 (rx + 2r)\,dr$

Die Berechnung bestimmter Integrale lässt sich etwas verkürzen, wenn man den Ausdruck $F(b)-F(a)$ durch die Abkürzung $[F(x)]_a^b$ ersetzt. Wir demonstrieren dies an einem Beispiel.

Beispiel: Berechnen Sie das bestimmte Integral $\int_1^3 (4x^3-2x+1)\,dx$.

Lösung:

Normale Schreibweise:

$f(x) = 4x^3 - 2x + 1$

$F(x) = x^4 - x^2 + x$

$$\int_1^3 (4x^3-2x+1)\,dx = F(3) - F(1) = 75 - 1 = 74$$

Verkürzte Schreibweise:

$$\int_1^3 (4x^3-2x+1)\,dx = [x^4-x^2+x]_1^3 = 75 - 1 = 74$$

Rechenregeln für bestimmte Integrale

Aus Definition IV.4 lassen sich problemlos einige Regeln für das Rechnen mit bestimmten Integralen ableiten, deren Anwendung uns oft die Arbeit erleichtern kann.

Satz IV.8: f sei eine stetige Funktion. Dann gilt:

(1) $\int_a^a f(x)\,dx = 0$ — Stimmen obere und untere Grenze überein, so ist das Integral 0.

(2) $\int_a^b f(x)\,dx + \int_b^c f(x)\,dx = \int_a^c f(x)\,dx$ — Intervalladditivität

(3) $\int_a^b f(x)\,dx = -\int_b^a f(x)\,dx$ — Vertauschung der Grenzen ändert das Vorzeichen.

(4) $\int_a^b k\cdot f(x)\,dx = k\cdot\int_a^b f(x)\,dx$ — Faktorregel

(5) $\int_a^b (f(x)+g(x))\,dx = \int_a^b f(x)\,dx + \int_a^b g(x)\,dx$ — Summenregel

Beweis:

Wir beschränken uns auf die Beweise zu (2) und (4). F sei eine Stammfunktion von f.

zu (2): $\int_a^b f(x)\,dx + \int_b^c f(x)\,dx = F(b)-F(a)+F(c)-F(b) = F(c)-F(a) = \int_a^c f(x)\,dx$

zu (4) $\int_a^b k\cdot f(x)\,dx = [k\cdot F(x)]_a^b = k\cdot F(b) - k\cdot F(a) = k\cdot(F(b)-F(a)) = k\cdot\int_a^b f(x)\,dx$

D. Bestimmte Integrale und Flächeninhalte

Wir werden das bestimmte Integral und die Rechenregeln für bestimmte Integrale vor allem im Zusammenhang mit Flächeninhaltsberechnungen anwenden.
Die Zusammenhänge werden im Folgenden zusammenfassend dargestellt.

a) Für eine stetige **nichtnegative Funktion f** stellt das bestimmte Integral über f in den Grenzen von a bis b den Inhalt der Fläche zwischen dem Graphen von f und der x-Achse über dem Intervall [a ; b] dar.

Begründung:
Ist F eine beliebige Stammfunktion der nichtnegativen Funktion f, so gilt für den Flächeninhalt A:

$A = F(b) - F(a)$ (Satz IV.7)

$= \int_a^b f(x)\,dx$ (Definition IV.4).

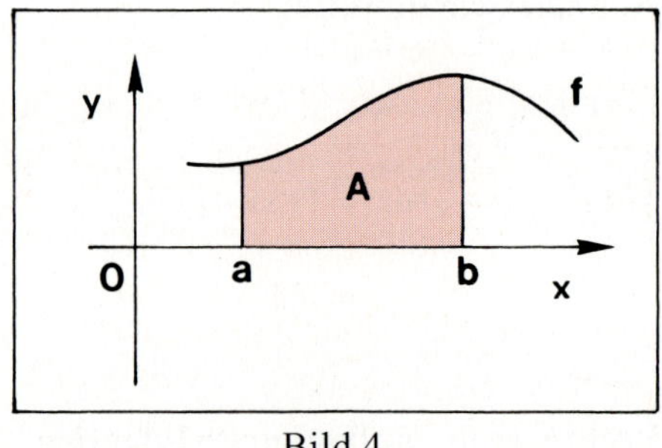

Bild 4

b) Für eine stetige **nichtpositive Funktion f** stellt das bestimmte Integral über f in den Grenzen von a bis b den mit einem negativen Vorzeichen versehenen Inhalt der Fläche zwischen f und der x-Achse über dem Intervall [a ; b] dar.

Begründung:
Da die Funktion −f nichtnegativ ist, stellt das bestimmte Integral über −f in den Grenzen a und b die Fläche zwischen dem Graphen von −f und der x-Achse über dem Intervall [a;b] dar, die aus Symmetriegründen genauso groß wie die Fläche zwischen dem Graphen von f und der x-Achse über [a ; b] ist.
Das oben angegebene Resultat folgt nun, weil das bestimmte Integral über f und das bestimmte Integral über −f sich im Vorzeichen unterscheiden, denn aus dem Satz IV.8 (4) folgt für k = −1:

$$\int_a^b -f(x)\,dx = -\int_a^b f(x)\,dx$$
$$= -(F(b) - F(a)$$
$$= |F(b) - F(a)| .$$

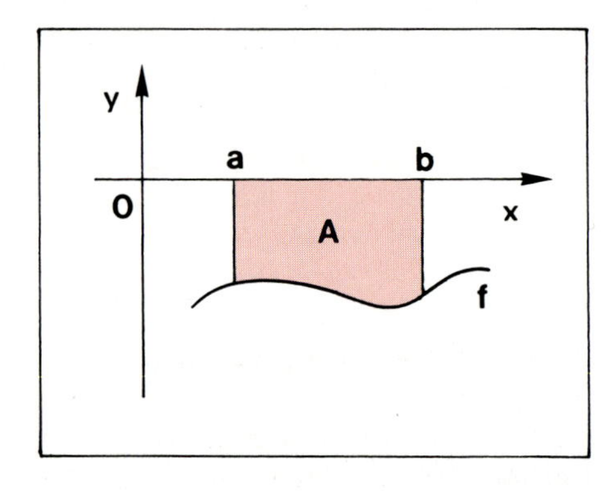

Bild 5

c) Liegen bei einer stetigen Funktion f auf [a ; b] **wechselnde Vorzeichen** vor, so stellt das bestimmte Integral über f in den Grenzen von a bis b die Flächenbilanz dar, d.h., dass es die Differenz der Inhaltssumme der oberhalb der x-Achse gelegenen Flächenstücke und der Inhaltssumme der unterhalb der x-Achse liegenden Flächenstücke ist.

Begründung:
Wir erläutern das Resultat anhand einer Funktion f, die auf [a ; b] genau einen Vorzeichenwechsel aufweist, etwa an der Stelle m (Bild 6).
Das bestimmte Integral über f von a bis b kann nun nach Satz IV.8 (2) in die Summe des bestimmten Integrals von a bis m und des bestimmten Integrals von m bis b zerlegt werden.
Das erste dieser Integrale ist gleich A, das zweite Integral ist gleich −B. Dabei sind A und B die Inhalte der eingezeichneten Flächenstücke.
Das Integral von a bis b stellt daher die Flächendifferenz A − B dar.
Der Inhalt der Fläche zwischen dem Graphen von f und der x-Achse über dem Intervall [a ; b] ist also die Summe der Beträge der bestimmten Integrale über f von a bis m und von m bis b.

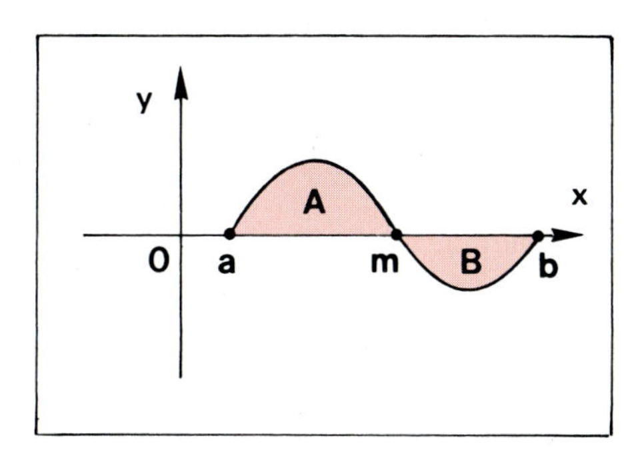

Bild 6

$$\int_a^b f(x)\,dx = \int_a^m f(x)\,dx + \int_m^b f(x)\,dx = A - B$$

$$A + B = \left| \int_a^m f(x)\,dx \right| + \left| \int_m^b f(x)\,dx \right|$$

Beispiel: Gegeben sei $f(x) = x^2 - 2x$.
Zeichnen Sie den Graphen von f über dem Intervall I = [−1 ; 3].
Berechnen Sie anschließend den Gesamtinhalt A der Flächenstücke, die über diesem Intervall vom Graphen von f und der x-Achse eingeschlossen werden.

Lösung:
Der Graph zeigt, dass die gesuchte Fläche A in drei Teilflächen A_1, A_2 und A_3 zerfällt, die in den Nullstellen von f (x = 0 und x = 2) aneinander stoßen.

Den Inhalt dieser Teilflächen berechnen wir jeweils mit Hilfe der zugehörigen bestimmten Integrale (unter strenger Beachtung der Vorzeichen!). Wir erhalten so $A = A_1 + A_2 + A_3 = 4$ als Resultat.

Achtung: Das bestimmte Integral über f von −1 bis 3 berechnet lediglich die Flächenbilanz über dem Intervall I, die $\frac{4}{3}$ beträgt.

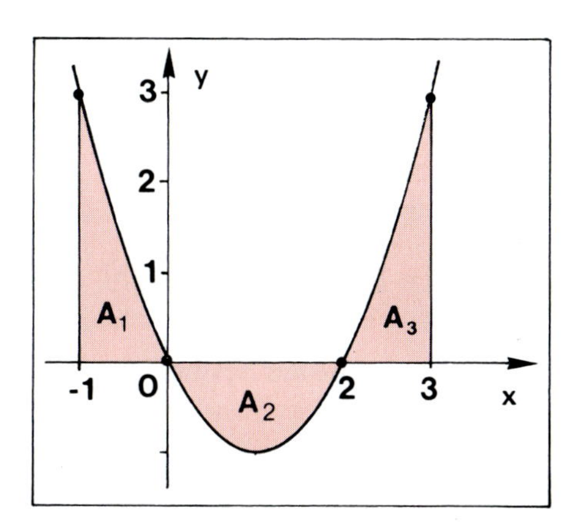

Bild 7

$$A_1 = \int_{-1}^{0} (x^2 - 2x)\,dx = \left[\tfrac{1}{3}x^3 - x^2\right]_{-1}^{0} = 0 - \left(-\tfrac{4}{3}\right)$$

$$A_2 = \left| \int_0^2 (x^2 - 2x)\,dx \right| = \left| -\tfrac{4}{3} \right| = \tfrac{4}{3}$$

$$A_3 = \int_2^3 (x^2 - 2x)\,dx = \tfrac{4}{3}$$

E. Übungen

Stammfunktionen

7. Bestimmen Sie eine Stammfunktion von f. Welche Gestalt hat eine beliebige Stammfunktion?

a) $f(x) = 5x^4$ b) $f(x) = 8x^3$ c) $f(x) = 3x^2 - 8x + 2$

d) $f(x) = \frac{1}{x^5}$, $x > 0$ e) $f(x) = x^3 - \frac{1}{x^3}$, $x > 0$ f) $f(x) = mx^n + 2$ $(m, n \in \mathbb{N})$

8. Gegeben seien die Funktionen aus Übung 7. Bestimmen Sie – sofern möglich – zu jeder Funktion f eine Stammfunktion F mit F(1) = –2 bzw. F(2) = 4.

9. Bestimmen Sie eine Stammfunktion von f (vgl. Satz IV.5, (4)).

a) $f(x) = (x + 5)^5$ b) $f(x) = \left(\frac{1}{ax+b}\right)^{n+1}$; $x \neq -\frac{b}{a}$, $n \in \mathbb{N}$ c) $f(x) = \frac{1}{(3x-6)^4}$, $x \neq 2$

d) $f(x) = (2x - 1)^3$ e) $f(x) = (nx + n)^n$, $n \in \mathbb{N}$ f) $f(x) = (4x - 9)^6$

10. Bestimmen Sie eine Stammfunktion der Betragsfunktion zu $f(x) = |x|$, $x \in \mathbb{R}$.

11. Bestimmen Sie eine Stammfunktion von $f(x) = |x - 1|$, $x \in \mathbb{R}$.

Integralfunktion und bestimmtes Integral

12. Berechnen Sie den Inhalt der Fläche unter dem Graph von f über dem Intervall I.

a) $f(x) = x^3$, $I = [0 ; 1]$ b) $f(x) = 3x^2 + 5$, $I = [-1 ; 3]$

c) $f(x) = \frac{1}{4}x^2 + 2$, $I = [2 ; 4]$ d) $f(x) = \frac{2}{x^3}$, $I = [1 ; 2]$

e) $f(x) = x^2 + \frac{1}{x^2}$, $I = [1 ; 3]$ f) $f(x) = x^3 + 2x + 1$, $I = [2 ; 4]$

13. Bestimmen Sie das bestimmte Integral von f nach dx in den Grenzen a und b.

a) $f(x) = x^2 + 4x$; $a = 0, b = 3$ b) $f(x) = 4x^3 - x + 2$; $a = 2, b = 3$

c) $f(x) = \frac{4}{x^3}$; $a = 1, b = 3$ d) $f(x) = x^2 + \frac{1}{x^3}$; $a = 1, b = 4$

e) $f(x) = tx + x^2$; $a = -2, b = 2$ f) $f(x) = x^n$, $n \in \mathbb{N}$; $a = 0, b = 1$

g) $f(x) = (x - 2)^2$; $a = 0, b = 3$ h) $f(x) = nx^3 + nx$; $a = 1, b = 2$

14. Berechnen Sie das bestimmte Integral.

a) $\int_0^2 (2x^2 - xt^2 + 5)\,dx$ b) $\int_1^3 (xy^3 + x^2y + 2)\,dy$ c) $\int_{-1}^3 (xy^3 + x^2y + 2)\,dx$

d) $\int_4^6 (x^3 + 2)\,dy$ e) $\int_1^5 (1 + x + t)^2\,dt$ f) $\int_{-1}^2 (1 - z)(1 - z)(x - z)\,dz$

15. Für welche Werte des Parameters k gilt die Integralgleichung?

a) $\int_1^2 kx^3\,dx = 75$ b) $\int_k^{k+1} (k^2 + 2t)\,dt = 9$ c) $\int_{-k}^1 (1 - x^2)\,dx = \frac{2}{3}$

16. Berechnen Sie möglichst einfach durch Anwendung der Rechenregeln für bestimmte Integrale (Satz IV.8):

a) $\int_{-2}^{3} (4x^2 - 3x + 5)\,dx + \int_{-2}^{3} (3x - 5)\,dx$
b) $\int_{-2}^{2} x^2\,dx + \int_{2}^{3} x^2\,dx + \int_{3}^{4} x^2\,dx + \int_{4}^{7} x^2\,dx$

c) $\int_{-10}^{10} (2x^2 + x)\,dx + \int_{-10}^{10} (2x^2 + 2x)\,dx + \int_{-10}^{10} (2x^2 + 3x)\,dx$
d) $\int_{2}^{3} (2x - 4x^2)\,dx + 4\int_{2}^{3} x^2\,dx$.

17. Leiten Sie folgende Regeln mit Hilfe der Regeln aus Satz IV.8 her.

a) $\int_a^b f(x)\,dx - \int_a^b g(x)\,dx \;=\; \int_a^b (f(x) - g(x))\,dx$

b) $\int_a^b (u \cdot f(x) + v \cdot g(x))\,dx \;=\; u \cdot \int_a^b f(x)\,dx + v \cdot \int_a^b g(x)\,dx$

18. a) Deuten Sie die Regel $\int_a^b f(x + d)\,dx = \int_{a+d}^{b+d} f(x)\,dx$ geometrisch.

b) Weisen Sie die Regel $\int_a^b f(mx + n)\,dx = \frac{1}{m} \cdot \left[F(mx + n)\right]_a^b$ nach. Dabei sei F(x) eine Stammfunktion von f(x).

19. Berechnen Sie die folgenden Integrale mit Hilfe der Regel aus Aufgabe 18.b).

a) $\int_{-1}^{2} (2x + 1)\,dx$
b) $\int_{0}^{3} (5x - 3)^2\,dx$
c) $\int_{-2}^{5} (4x - 3)^3\,dx$
d) $\int_{1}^{2} \frac{1}{(3x+2)^2}\,dx$

20. Weisen Sie die folgende Regel durch Anwenden von Satz IV.8 nach:

a) $\int_{-a}^{a} f(x)\,dx = 0$, falls f punktsymmetrisch zum Ursprung ist.

b) $\int_{-a}^{a} f(x)\,dx = 2 \cdot \int_{0}^{a} f(x)\,dx$, falls f achsensymmetrisch zur y-Achse ist.

21. Gegeben sei $f(x) = -x^2 - 4x - 3$.
Zeichnen Sie den Graphen von f über dem Intervall $I = [-4\,;\,1]$.
Berechnen Sie anschließend den Gesamtinhalt der Flächenstücke, die über diesem Intervall zwischen dem Graphen von f und der x-Achse liegen.

22. Berechnen Sie $\int_{0}^{4} (x^3 - 3x^2)\,dx$. Deuten Sie das Resultat geometrisch.

23. Lösen Sie in Analogie zu Übung 21:

a) $f(x) = x^2 + x - 2$
$I = [-2\,;\,3]$

b) $f(x) = x^3 - 2x^2 - 4x$
$I = [-1\,;\,3]$

c) $f(x) = -x^2 + 3x$
$I = [-1\,;\,2]$

d) $f(x) = x^3 - x^2 - 2x + 2$
$I = [-2\,;\,\sqrt{2}\,]$

e) $f(x) = \frac{1}{3}(x^3 - x)$
$I = [-2\,;\,3]$

f) $f(x) = x^4 + 2x^3 - x^2 - 2x$
$I = [-3\,;\,2]$.

3. Flächenberechnungen

A. Flächen unter Funktionsgraphen

Im Folgenden geht es um die Berechnung des Inhaltes von Flächenstücken, die durch den Graphen einer Funktion begrenzt sind. Im letzten Abschnitt sahen wir, dass solche Flächenstücke, sofern sie ganz auf einer Seite der x-Achse liegen, mit Hilfe bestimmter Integrale berechnet werden können. Wir rechnen nun einige weitere Beispiele.

Beispiel: Gegeben sei $f(x) = -x^2 + 4x - 3$. Zeichnen Sie den Graphen von f für $0 \leq x \leq 4$ und berechnen Sie den Inhalt der Fläche A zwischen dem Graphen der Funktion und der x-Achse über dem Intervall $[2 ; 3]$.

Lösung:
Der Graph zeigt, dass das betrachtete Flächenstück A ganz oberhalb der x-Achse liegt ($f \geq 0$). Also ist ihr Inhalt gleich dem bestimmten Integral über f in den Grenzen von 2 bis 3.

Als Resultat erhalten wir: $A = \frac{2}{3}$.

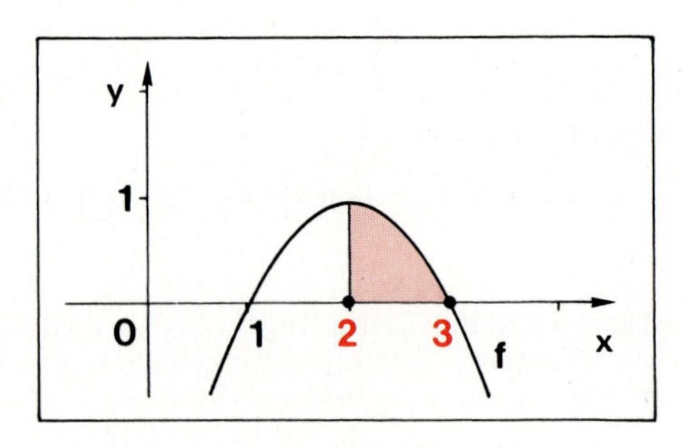

Bild 1

$$A = \int_2^3 (-x^2 + 4x - 3)\,dx$$

$$= [-\tfrac{1}{3}x^3 + 2x^2 - 3x]_2^3 = 0 - (-\tfrac{2}{3}) = \tfrac{2}{3}$$

Beispiel: Gegeben sei $f(x) = x^2 - 5x + 4$.
a) Bestimmen Sie den Inhalt der unterhalb der x-Achse liegenden Fläche A_1.
b) Bestimmen Sie den Inhalt des Flächenstücks A_2, das vom Graphen von f und den beiden Koordinatenachsen eingeschlossen wird.

Lösung:
Eine Skizze des Graphen von f liefert uns zunächst einen Überblick.

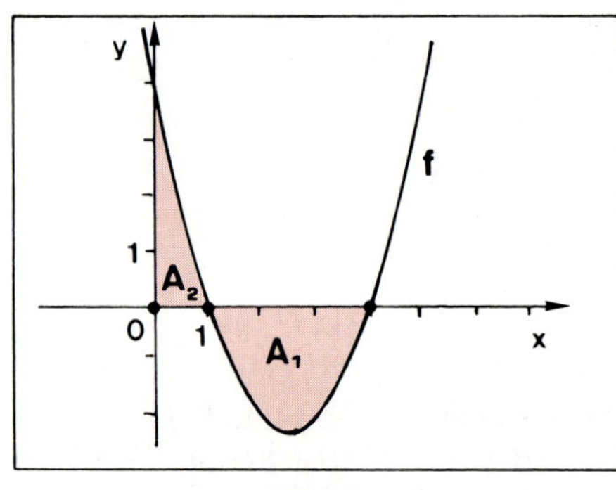

Bild 2

a) $\int_1^4 (x^2 - 5x + 4)\,dx = [\tfrac{1}{3}x^3 - \tfrac{5}{2}x^2 + 4x]_1^4 = (\tfrac{64}{3} - 40 + 16) - (\tfrac{1}{3} - \tfrac{5}{2} + 4) = -\tfrac{9}{2} \quad \Rightarrow \quad A_1 = 4{,}5$

b) $\int_0^1 (x^2 - 5x + 4)\,dx = [\tfrac{1}{3}x^3 - \tfrac{5}{2}x^2 + 4x]_0^1 = (\tfrac{1}{3} - \tfrac{5}{2} + 4) - (0) = \tfrac{11}{6} \quad \Rightarrow \quad A_2 = \tfrac{11}{6}$

Beispiel: Gegeben sei $f_a(x) = ax^2 + 1$.
Wie muß $a > 0$ gewählt werden, damit die Fläche unter dem Graphen von f_a über dem Intervall [0 ; 1] den Inhalt 2 hat ?

Lösung:
Wir berechnen das bestimmte Integral über f_a von 0 bis 1. Den von a abhängigen Ergebnisterm setzen wir gleich 2. Auflösen der so entstandenen Bestimmungsgleichung für a liefert a = 3.

$$\int_0^1 (ax^2+1)\,dx = \left[\frac{a}{3}x^3 + x\right]_0^1 = \frac{a}{3} + 1 \overset{!}{=} 2$$

$$\Rightarrow a = 3$$

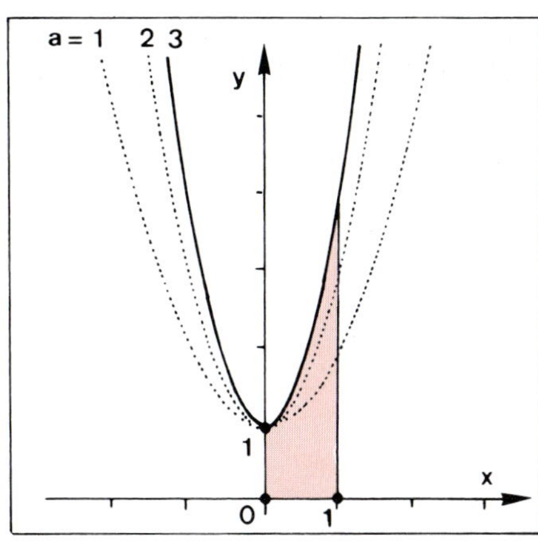

Bild 3

Übung 1
Skizzieren Sie den Graphen von f. Berechnen Sie anschließend den Inhalt der Fläche, die über dem Intervall I zwischen dem Graphen von f und der x-Achse liegt.

a) $f(x)= x^2 + 1$, I = [1 ; 3]
b) $f(x)= x^2 - 2x$, I = [0 ; 2]
c) $f(x)= 1 - x^2$, I = [−1 ; 1]
d) $f(x)= -x^2+x+2$, I = [−1 ; 0]
e) $f(x)= x^2-3x+2$, I = [2 ; 3]
f) $f(x)=1-1{,}5x-x^2$, I = [−2;−1]
g) $f(x)= x^2 - 4$, I = [0 ; 2]
h) $f(x)= x^3 + x^2$, I = [−1 ; 1]
i) $f(x)= x^3 - 1$, I = [−1 ; 2]

Übung 2
Wie muss a gewählt werden, damit die Fläche unter dem Graphen von f_a über I den Inhalt A hat?

a) $f(x)= ax + 1$, I = [1;3], A = 10, $a > 0$
b) $f(x)= x^2 + 3a$, I = [−1;2], A = 21, $a > 0$
c) $f(x)= ax^2 - 2a$, I = [0;1], A = 5, $a < 0$
d) $f(x)= 2x^3 - 2x$, I = [1;a], A = 4,5, $a > 1$

Bei Funktionen mit wechselndem Vorzeichen integriert man zur Bestimmung des Inhalts der Fläche zwischen Graph und x-Achse von "Nullstelle zu Nullstelle".

Beispiel: Gegeben sei die Funktion zu
$$f(x) = \frac{1}{3}x^4 - \frac{10}{3}x^2 + 3.$$
Berechnen Sie den Gesamtinhalt der Fläche A, die über dem Intervall I = [−3;2] zwischen dem Graphen der Funktion f und der x-Achse liegt.

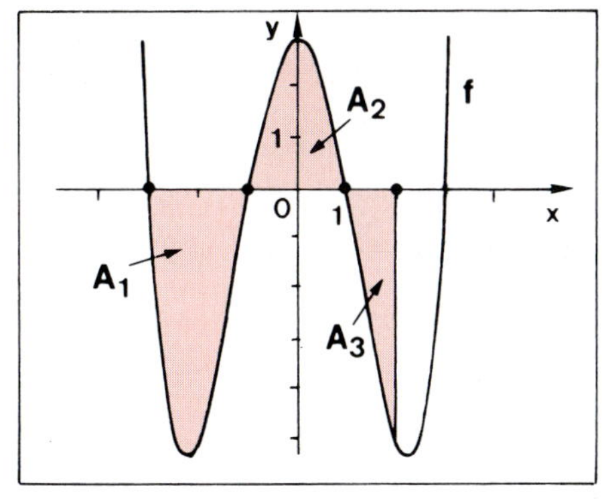

Bild 4

Lösung:
Des besseren Überblicks wegen skizzieren wir den Graphen der Funktion (Bild 4). Wir erkennen, dass die Fläche A aus drei Teilstücken A_1, A_2 und A_3 besteht, deren Inhalte wir einzeln mit Hilfe der passenden bestimmten Integrale berechnen können.

Wir bestimmen zunächst die Nullstellen von f, da diese zum Teil als Integrationsgrenzen vorkommen. Dabei ist eine biquadratische Gleichung zu lösen.
Resultat: $x_1 = -3$, $x_2 = 3$, $x_3 = -1$, $x_4 = 1$.

Nullstellen von f:

$$\frac{1}{3}x^4 - \frac{10}{3}x^2 + 3 = 0$$
$$x^4 - 10x^2 + 9 = 0$$
$$(x^2)^2 - 10(x^2) + 9 = 0$$

$$x^2 = 5 \pm \sqrt{25-9} = 5 \pm \sqrt{16} = 5 \pm 4$$
$$x^2 = 9 \quad \Rightarrow \quad x_1 = -3,\ x_2 = 3$$
$$x^2 = 1 \quad \Rightarrow \quad x_3 = -1,\ x_4 = 1$$

Damit liegen die Integrationsintervalle $I_1 = [-3\,;-1]$, $I_2 = [-1\,;1]$, $I_3 = [1\,;2]$ fest.

Nach Bestimmung einer Stammfunktion von f ($F(x) = \frac{1}{15}x^5 - \frac{10}{9}x^3 + 3x$) bestimmen wir die Inhalte von A_1 bis A_3.

Stammfunktion:

$$F(x) = \frac{1}{15}x^5 - \frac{10}{9}x^3 + 3x$$

Der Inhalt von A ergibt sich nun als Summe der Inhalte von A_1 bis A_3.
Resultat: $A = \frac{602}{45} \approx 13{,}38$.

Flächeninhalt: $A = A_1 + A_2 + A_3$

$$A = \left|\int_{-3}^{-1} f(x)\,dx\right| + \int_{-1}^{1} f(x)\,dx + \left|\int_{1}^{2} f(x)\,dx\right|$$
$$= \frac{304}{45} + \frac{176}{45} + \frac{122}{45} \approx 13{,}38$$

Übung 3
Bestimmen Sie den Gesamtinhalt der Fläche A, die über dem Intervall I zwischen dem Graphen von f und der x-Achse liegt.
a) $f(x) = x^4 - 5x^2 + 4$, $I = [-3\,;1]$
b) $f(x) = x^4 + x^3 - 2x^2$, $I = [-2{,}5\,;1{,}5]$

Beispiel: Gegeben sei $f(x) = x^3 + x^2 - 6x$. Berechnen Sie den Gesamtinhalt der Fläche A, die vom Graphen der Funktion und der x-Achse eingeschlossen wird.

Lösung:
Die Nullstellen von f erhalten wir durch Ausklammern und mit Hilfe der p-q-Formel. f hat drei Nullstellen.

Nullstellen von f: $x^3 + x^2 - 6x = 0$
$x \cdot (x^2 + x - 6) = 0$
$x = 0$ bzw. $(x^2 + x - 6) = 0$
$\Rightarrow x_1 = 0,\ x_2 = -3,\ x_3 = 2$

Wir bestimmen zunächst wieder eine Stammfunktion von f.

Stammfunktion: $F(x) = \frac{1}{4}x^4 + \frac{1}{3}x^3 - 3x^2$

Integration von Nullstelle zu Nullstelle liefert sodann das Resultat:

$$A = \frac{253}{12} \approx 21{,}08.$$

Flächeninhalt: $A = \int_{-3}^{0} f(x)\,dx + \left|\int_{0}^{2} f(x)\,dx\right|$

$$= \frac{63}{4} + \frac{16}{3} \approx 21{,}08$$

Die Bestimmung der Integrationsgrenzen bei Inhaltsberechnungen ist – wie wir gesehen haben – häufig weitgehend identisch mit einer Nullstellenberechnung. Dabei werden wir Methoden wie die p-q-Formel, das Raten von Nullstellen und die Polynomdivision anwenden müssen.

Beispiel: Bestimmen Sie den Gesamtinhalt der Fläche A, die vom Graphen der Funktion $f(x)=\frac{1}{3}x^3-x^2-x+3$ und der x-Achse über dem Intervall [0 ; 4] eingeschlossen wird.

Lösung:

1. Skizze

Mit den Mitteln der Kurvendiskussion bestimmen wir die charakteristischen Punkte des Graphen von f und fertigen eine Skizze an (Bild 5).

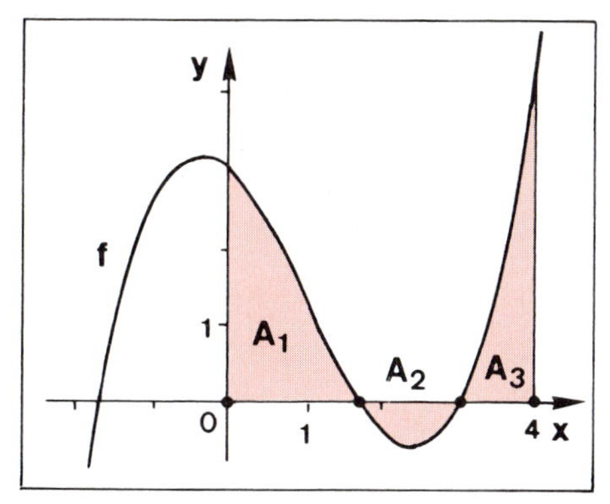

Bild 5

2. Nullstellen / Integrationsgrenzen

Der Graph zeigt, dass die Fläche A in drei Teilflächen A_1, A_2 und A_3 zerfällt, die in den Nullstellen von f aneinander stoßen. Wir bestimmen also zunächst die genaue Lage der Nullstellen.

Durch Probieren finden wir eine Nullstelle bei $x_1 = 3$. Eine Polynomdivision liefert $x_2=-\sqrt{3}$ und $x_3=\sqrt{3}$ als weitere Nullstellen. Für uns sind nur x_1 und x_3 interessant, die in [0 ; 4] liegen.

3. Stammfunktion

Wir berechnen eine Stammfunktion von f: $F(x)=\frac{1}{12}x^4-\frac{1}{3}x^3-\frac{1}{2}x^2+3x$.

4. Flächeninhalt

Nun können wir die Inhalte von A_1 bis A_3 mit Hilfe bestimmter Integrale berechnen. Der Inhalt von A ist die Summe dieser Inhalte: $A=4\cdot\sqrt{3}-2\approx 4{,}928$.

2. Ansatz: $\frac{1}{3}x^3-x^2-x+3=0$

   Raten: $x_1 = 3$

   Polynomdivision:

   $(\frac{1}{3}x^3-x^2-x+3):(x-3)=\frac{1}{3}x^2-1$

   weitere Nullstellen:

   $\frac{1}{3}x^2-1=0 \Rightarrow x_2=-\sqrt{3},\ x_3=\sqrt{3}$

3. Stammfunktion:

   $F(x)=\frac{1}{12}x^4-\frac{1}{3}x^3-\frac{1}{2}x^2+3x.$

   $F(0)=0,\ F(\sqrt{3})=2\sqrt{3}-\frac{3}{4},\ F(3)=\frac{9}{4},\ F(4)=4$

4. $A_1=\int_0^{\sqrt{3}} f(x)\,dx=[F(x)]_0^{\sqrt{3}}\approx 2{,}714$

   $A_2=\left|\int_{\sqrt{3}}^{3} f(x)\,dx\right|=\left|[F(x)]_{\sqrt{3}}^{3}\right|\approx 0{,}464$

   $A_3=\int_3^4 f(x)\,dx=[F(x)]_3^4\approx 1{,}750$

Übung 4

Berechnen Sie den Inhalt der Fläche A, die vom Graphen der Funktion f und der x-Achse über dem Intervall I eingeschlossen wird.

a) $f(x)=x^3+x^2-2x$, $I=[-2 ; 2]$

b) $f(x)=x^5+x^4-2x^3$, $I=[-1{,}5 ; 1]$

c) $f(x)=x^3-3x^2-6x+8$, $I=[0 ; 3]$

d) $f(x)=x^3+3x^2-2$, $I=[-3 ; 1]$

Bei symmetrischen Funktionen treten kongruente Teilflächen auf, so dass sich der Rechenaufwand bei Inhaltsberechnungen in der Regel verringert.

Beispiel: Bestimmen Sie den Gesamtinhalt A der Fläche, die vom Graphen der Funktion f und der x-Achse über dem Intervall I eingeschlossen wird.

a) $f(x)=\frac{1}{2}x^4-\frac{5}{2}x^2+2, \quad I=[-2;2]$

b) $f(x)=\frac{1}{6}x^3-\frac{3}{2}x, \quad I=[-4;3]$

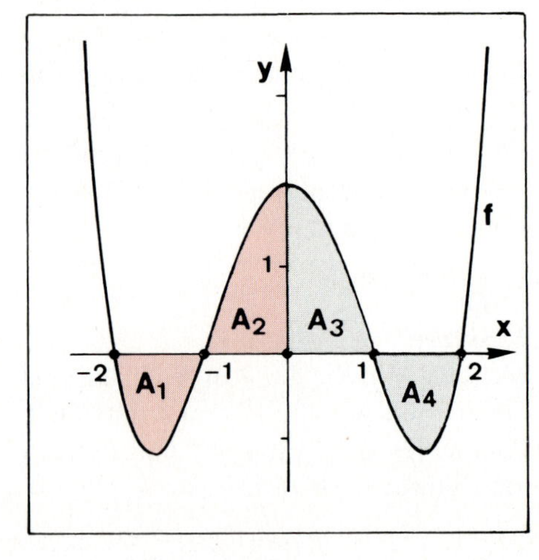

Bild 6

Lösung zu a):

1. Symmetriebetrachtung

Die Funktion ist symmetrisch zur y-Achse. Daher sind die rechts bzw. links der y-Achse liegenden Flächenstücke inhaltsgleich. Es genügt also, die Inhalte der links der y-Achse liegenden Flächenstücke A_1 und A_2 zu bestimmen.

2. Nullstellen / Integrationsgrenzen

Die biquadratische Gleichung

$$\frac{1}{2}x^4-\frac{5}{2}x^2+2=0$$

liefert Nullstellen bei −2, −1, 1 und 2. Wir integrieren daher über die Intervalle $I_1=[-2\,;-1]$ und $I_2=[-1\,;0]$.

2. Nullstellen: $x_1=-2$, $x_2=-1$, $x_3=1$, $x_4=2$

3. Stammfunktion

$F(x)=\frac{1}{10}x^5-\frac{5}{6}x^3+2x$ ist eine Stammfunktion von f.

3. Stammfunktion:

$$F(x)=\frac{1}{10}x^5-\frac{5}{6}x^3+2x$$

$$F(-2)=-\frac{8}{15},\ F(-1)=-\frac{19}{15},\ F(0)=0$$

4. Flächeninhalt

Die Inhaltsbestimmung mit Hilfe der zugehörigen bestimmten Integrale liefert $A_1=\frac{11}{15}$ und $A_2=\frac{19}{15}$. Insgesamt folgt also $A=2\cdot(\frac{11}{15}+\frac{19}{15})=4$.

4. Flächeninhalt:

$$A_1=\left|\int_{-2}^{-1}f(x)dx\right|=\left|[F(x)]_{-2}^{-1}\right|=\frac{11}{15}$$

$$A_2=\int_{-1}^{0}f(x)dx=[F(x)]_{-1}^{0}=\frac{19}{15}$$

$$A=A_1+A_2+A_3+A_4$$
$$=2\cdot(A_1+A_2)=2\cdot(\frac{11}{15}+\frac{19}{15})=4$$

◊ Lösung zu b):
Bei punktsymmetrischen Funktionen kann man entsprechend vorgehen. In diesem Beispiel genügt es daher, A_1 und A_2 zu berechnen, denn A_3 ist inhaltsgleich zu A_2.

Nullstellen von f: $x_1 = -3$, $x_2 = 0$, $x_3 = 3$

Integrationsintervalle: $I_1 = [-4; -3]$, $I_2 = [-3; 0]$

Stammfunktion: $F(x) = \frac{1}{24}x^4 - \frac{3}{4}x^2$

Flächeninhalte: $A_1 = \frac{49}{24}$, $A_2 = \frac{81}{24}$

Gesamtinhalt: $A = A_1 + A_2 + A_3 \approx 8{,}79$

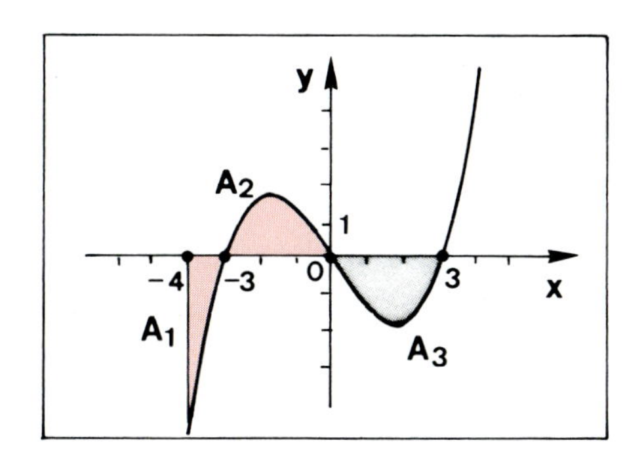

Bild 7

Wir beschließen diesen Abschnitt mit zwei Problemstellungen, deren Lösung die Verwendung von Parametern erforderlich macht.

Beispiel: Gegeben sei $f(x) = x^2$. Bestimmen Sie den Parameter a so, dass die Fläche A unter f über dem Intervall [0;2] durch die senkrechte Gerade x = a im Verhältnis 1:7 geteilt wird.

Lösung:
Durch die senkrechte Gerade x = a wird eine Fläche A_1 abgetrennt, deren Inhalt $\frac{1}{8}$ des Inhaltes von A sein soll.
Wegen

$$A = \int_0^2 x^2 dx = \frac{8}{3} \text{ und } A_1 = \int_0^a x^2 dx = \frac{a^3}{3}$$

folgt damit $\frac{a^3}{3} = \frac{1}{3}$, d.h. a = 1.

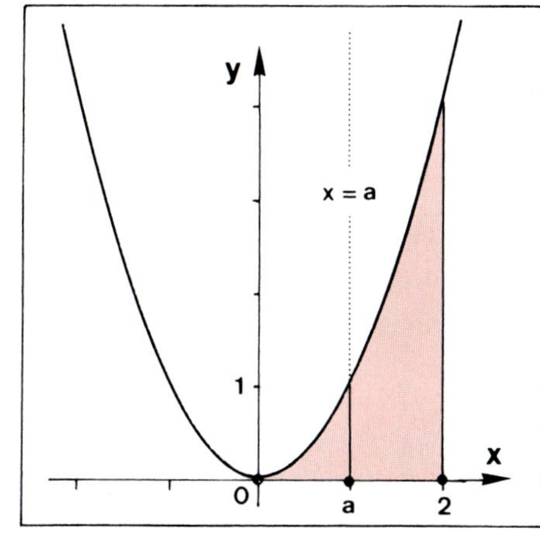

Bild 8

Übung 5
Bestimmen Sie den Gesamtinhalt der Fläche zwischen dem Graphen von f und der x-Achse über I.

a) $f(x) = \frac{1}{6}x^4 - \frac{2}{3}x^2$, $I = [-3 ; 3{,}5]$

b) $f(x) = x^3 - 4x$, $I = [-2{,}5 ; 2{,}5]$

c) Für welches a hat die Fläche unter dem Graphen von $f(x) = x^2$ über [1 ; a] den Inhalt 21?

Beispiel: Eine ganzrationale Funktion dritten Grades hat im Ursprung einen Wendepunkt und geht durch den Punkt P(1|3). Ihr Graph schließt mit der x-Achse über dem Intervall [0 ; 1] eine Fläche mit dem Inhalt 1 ein. Um welche Funktion handelt es sich?

Lösung:
Wir wählen den Ansatz $f(x) = ax^3 + bx^2 + cx + d$. Dann ist $f''(x) = 6ax + 2b$. Damit ergibt sich folgende Rechnung:

1. f geht durch den Ursprung. $\Rightarrow f(0) = 0 \quad \Rightarrow d = 0 \quad \Rightarrow f(x) = ax^3+bx^2+cx$

2. f hat im Ursprung einen Wendepunkt. $\Rightarrow f''(0) = 0 \quad \Rightarrow b = 0 \quad \Rightarrow f(x) = ax^3+cx$

3. f geht durch P(1|3). $\Rightarrow f(1) = 3 \quad \Rightarrow a+c = 3,\ c = 3-a \Rightarrow f(x) = ax^3+(3-a)x$

4. Der Inhalt der Fläche unter f über [0 ; 1] beträgt 1. $\Rightarrow \int_0^1 f(x)dx = 1 \quad \Rightarrow \frac{a}{4} + \frac{3-a}{2} = 1, a = 2 \quad \Rightarrow f(x) = 2x^3 + x$

Übung 6
Eine quadratische Funktion mit einer Nullstelle bei x = 1, deren Maximum auf der y-Achse liegt, schließt mit den beiden Koordinatenachsen im 1. Quadranten eine Fläche mit dem Inhalt 1 ein.
Um welche Funktion handelt es sich?

B. Flächen zwischen Funktionsgraphen

Wir werden im Folgenden Flächen betrachten, die von zwei Funktionsgraphen begrenzt werden. Auch für solche Flächen kann die Inhaltsbestimmung mit Hilfe der Integralrechnung durchgeführt werden.

f und g seien zwei Funktionen, deren Graphen – wie in Bild 9 dargestellt – über dem Intervall [a ; b] eine Fläche einschließen. Die eingeschlossene Fläche A lässt sich anschaulich als Differenz der Fläche A_f unter dem Graphen von f und der Fläche A_g unter dem Graphen von g interpretieren.

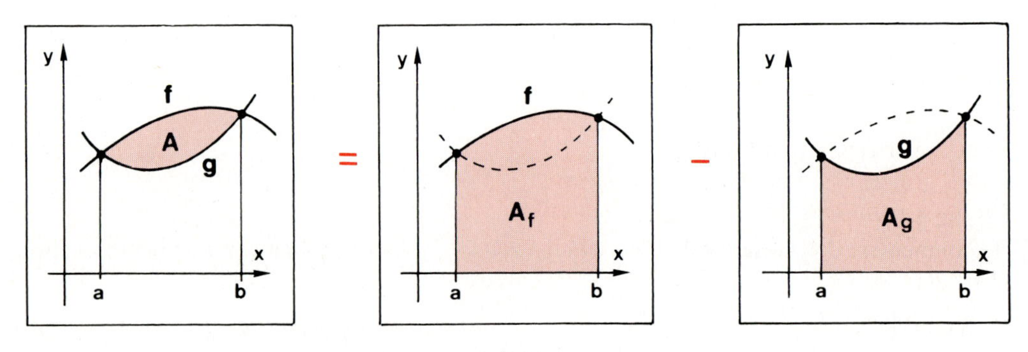

Bild 9

Die Flächeninhalte von A_f und A_g können als bestimmte Integrale über f bzw. g von a bis b berechnet werden.

$$A_f = \int_a^b f(x)\,dx \quad , \quad A_g = \int_a^b g(x)\,dx$$

Der Inhalt von A ergibt sich dann als Differenz der Inhalte A_f und A_g bzw. der zugehörigen bestimmten Integrale.

$$A = \int_a^b f(x)\,dx - \int_a^b g(x)\,dx$$

Nach Satz IV.8 kann die Differenz zu einem bestimmten Integral zusammengefasst werden. Der Integrand ist nunmehr die Differenzfunktion h=f–g von f und g.

$$A = \int_a^b (f(x) - g(x))\,dx$$

Insgesamt ergibt sich also folgendes Rezept für die Bestimmung des Inhalts einer Fläche A, die von zwei Funktionen f und g mit genau zwei Schnittpunkten eingeschlossen wird:

1. Man bestimme die Schnittstellen a und b der beiden Funktionen f und g.
2. Man bilde die Differenzfunktion $h(x) = f(x) - g(x)$.
3. Man berechne das bestimmte Integral über h(x) von a bis b.
   Dieses gibt den Inhalt der Fläche A zwischen f und g an.

Hierbei wurde o.B.d.A. vorausgesetzt, dass $f(x) \geq g(x)$ gilt für alle $x \in [a\,;\,b]$.

Beispiel: Gegeben seien die Funktionen zu $f(x) = -x^2 + \frac{3}{2}x + 4$, $g(x) = \frac{1}{2}x^2 + 1$. Bestimmen Sie den Inhalt der Fläche A, die von den Graphen der beiden Funktionen eingeschlossen wird.

Lösung:
Wir fertigen zunächst zum Zwecke der besseren Übersicht eine Skizze der Graphen von f und g an (Bild 10).

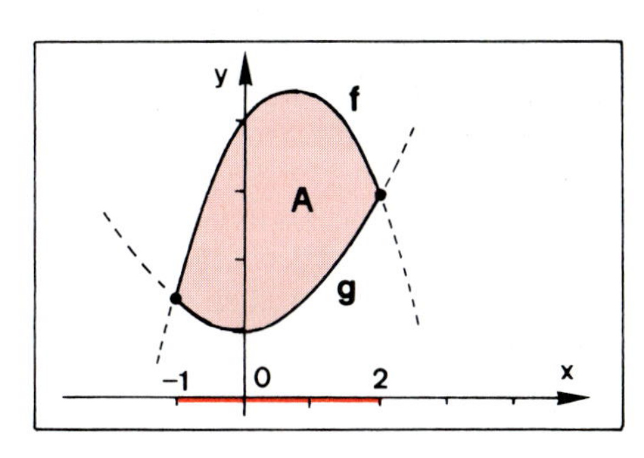

Bild 10

1. Schnittstellen von f und g
Nun berechnen wir die Schnittstellen von f und g. Dazu lösen wir die Gleichung f(x) = g(x) nach x auf.
Resultat: a = –1, b = 2.

$$\begin{aligned} f(x) &= g(x) \\ -x^2 + \tfrac{3}{2}x + 4 &= \tfrac{1}{2}x^2 + 1 \\ -\tfrac{3}{2}x^2 + \tfrac{3}{2}x + 3 &= 0 \\ x^2 - x - 2 &= 0 \Rightarrow x_1 = -1,\ x_2 = 2 \end{aligned}$$

◊ **2. Bestimmung der Differenzfunktion**
Wir entnehmen der Skizze, dass im zu betrachtenden Intervall $[-1\,;\,2]$ der Graph der Funktion f über dem der Funktion g liegt, d.h., es gilt dort $f(x) \geq g(x)$. Daher wählen wir $h(x) = f(x) - g(x)$ als Differenzfunktion.

Resultat: $h(x) = -\frac{3}{2}x^2 + \frac{3}{2}x + 3$.

Es gilt $f(x) \geq g(x)$ für $x \in [-1\,;\,2]$.
(Begründung: Bild 10 bzw. als Teststelle $x = 0$ einsetzen)

Daher:

$$\begin{aligned} h(x) &= f(x) - g(x) \\ &= (-x^2 + \tfrac{3}{2}x + 4) - (\tfrac{1}{2}x^2 + 1) \\ &= -\tfrac{3}{2}x^2 + \tfrac{3}{2}x + 3 \end{aligned}$$

◊ **3. Inhaltsbestimmung**
Wir berechnen das bestimmte Integral über $h(x) = f(x) - g(x)$ von $a = -1$ bis $b = 2$, welches den Inhalt von A angibt.

Resultat: $A = \frac{27}{4} = 6{,}75$.

$$\begin{aligned} A &= \int_{-1}^{2} (f(x) - g(x))\,dx \\ &= [-\tfrac{1}{2}x^3 + \tfrac{3}{4}x^2 + 3x]_{-1}^{2} \\ &= 5 - (-\tfrac{7}{4}) = \tfrac{27}{4} = 6{,}75 \end{aligned}$$

Übung 7
Berechnen Sie den Inhalt der von den Graphen der Funktionen f und g begrenzten Fläche A.

a) $f(x) = 2x$, $g(x) = x^2$ b) $f(x) = -x^2 + 8$, $g(x) = x^2$ c) $f(x) = \frac{1}{4}x^2$, $g(x) = (x-1)^2$

Übung 8
Bestimmen Sie a so, dass die von den Graphen der Funktionen f und g eingeschlossene Fläche den angegebenen Inhalt A hat.

a) $f(x) = -x^2 + 2a^2$, $a > 0$
   $g(x) = x^2$, $A = 72$

b) $f(x) = x^2$
   $g(x) = ax$, $a > 0$, $A = \frac{4}{3}$

c) $f(x) = x^2 + 1$
   $g(x) = (a^2 + 1)\cdot x^2$, $a > 0$, $A = \frac{4}{3}$

Alle bisher betrachteten Beispiele hatten eines gemeinsam: Die Fläche A zwischen den Kurven zu f und g lag stets oberhalb der x-Achse. Nun stellt sich die Frage: Wie geht man vor, wenn die Fläche A zwischen den Kurven von der x-Achse in zwei Teilflächen zerschnitten wird, von denen eine oberhalb und eine unterhalb der x-Achse liegt (Bild 11) ?

Glücklicherweise ist dieser neue Fall nur scheinbar komplizierter beschaffen.

Man kann nämlich beide Funktionsgraphen in y-Richtung so weit nach oben verschieben, dass die Fläche A ganz oberhalb der x-Achse liegt (Bild 12).

Nun lässt sich der Inhalt von A nach der Differenzfunktion-Methode berechnen.

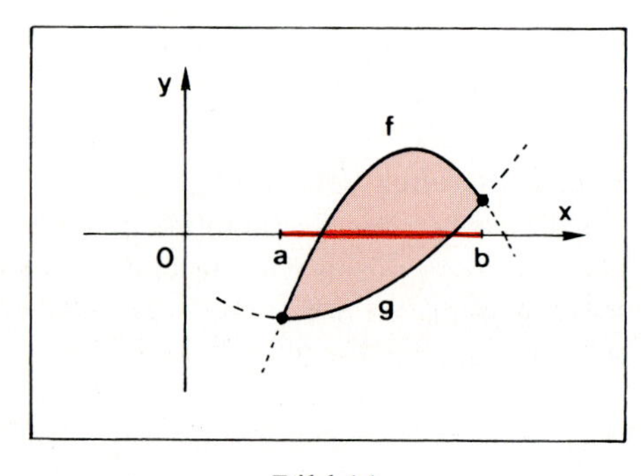

Bild 11

Da beim Verschieben um eine Strecke der Länge k die Funktion f(x) zu f(x) + k und g(x) zu g(x) + k wird, erhalten wir für A:

$$A = \int_a^b [(f(x)+k)-(g(x)+k)]\,dx.$$

Besonders vorteilhaft ist es, dass der Integrand sich vereinfachen lässt:

$[(f(x) + k) - (g(x) + k)] = f(x) - g(x)$.

Damit erhalten wir insgesamt:

$$A = \int_a^b [f(x)-g(x)]\,dx.$$

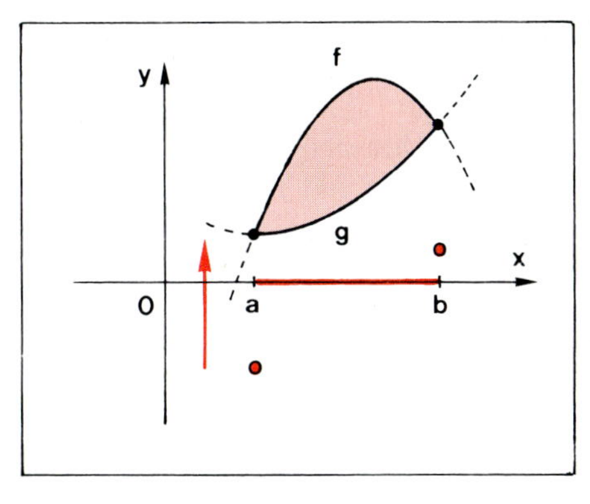

Bild 12

Das bedeutet:
Die Verschiebung nach oben muss im konkreten Fall gar nicht ausgeführt werden. Der Inhalt der Fläche zwischen zwei Kurven zu f und g lässt sich – unabhängig von der Lage der Fläche – stets durch Integration über die Differenzfunktion f – g bestimmen.

Beispiel: Gesucht ist der Flächeninhalt A zwischen den Graphen zu $f(x) = x+1$ und $g(x) = x^2+2x-1$.

Lösung:
Die Kurven schneiden sich an den Stellen $a = -2$ und $b = 1$.
Also gilt:

$$A = \int_{-2}^{1} [f(x)-g(x)]\,dx$$

$$= \int_{-2}^{1} (-x^2 - x + 2)\,dx$$

$$= [-\tfrac{x^3}{3} - \tfrac{x^2}{2} + 2x]_{-2}^{1}$$

$$= (\tfrac{7}{6}) - (-\tfrac{10}{3}) = \tfrac{9}{2}$$

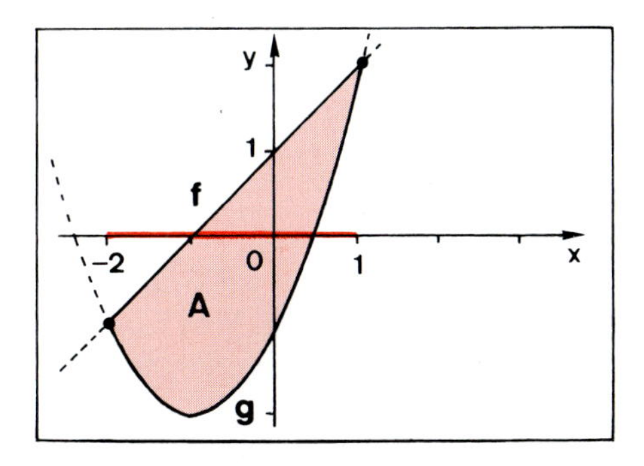

Bild 13

Wir betrachten nun den Fall, dass die von zwei Kurven f und g eingeschlossene Fläche A in zwei oder mehr Teilflächen zerfällt. Dieser Fall tritt z.B. dann ein, wenn f und g mehr als zwei Schnittpunkte haben (Bild 14). Die Lösungsmethode ist recht einfach: Man berechnet die Inhalte der Teilflächen einzeln. Bei der Bildung der Differenzfunktion h ist allerdings jedesmal zu prüfen, ob im jeweiligen Intervall der Graph von f über dem Graphen von g liegt ($f \geq g \Rightarrow h = f - g$) oder ob der umgekehrte Fall vorliegt ($g \geq f \Rightarrow h = g - f$).

Beispiel: Gegeben seien die Funktionen zu $f(x) = \frac{1}{3}x^3 - \frac{4}{3}x$ und $g(x) = \frac{1}{3}x^2 + \frac{2}{3}x$. Berechnen Sie den Inhalt der von den Graphen von f und g eingeschlossenen Fläche A.

Lösung:
Wir skizzieren zunächst die Graphen von f und g (Bild 14). Diese haben drei Schnittpunkte. Die Fläche zerfällt in zwei Teilflächen A_1 und A_2, die von Schnittpunkt zu Schnittpunkt reichen.

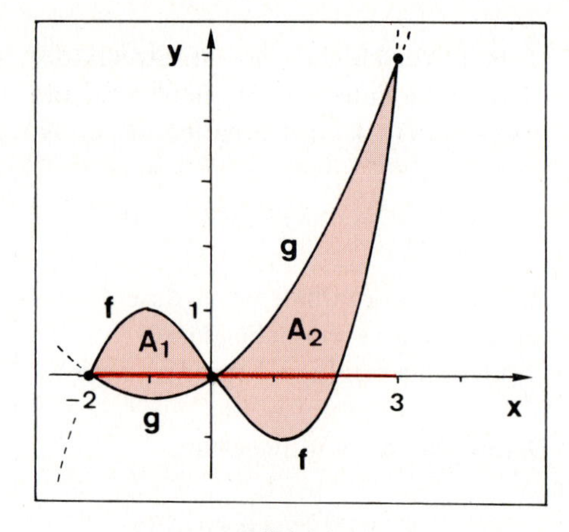

Bild 14

1. Schnittstellen von f und g
Der Ansatz $f(x) = g(x)$ führt auf die Gleichung $x(x^2 - x - 6) = 0$.
Produktsatz und p-q-Formel liefern $x_1 = 0$, $x_2 = -2$ und $x_3 = 3$ als Lösungen. A_1 wird durch Integration über dem Intervall $[-2\,;\,0]$ berechnet und A_2 durch Integration über dem Intervall $[0\,;\,3]$.

$$f(x) = g(x)$$
$$\tfrac{1}{3}x^3 - \tfrac{4}{3}x = \tfrac{1}{3}x^2 + \tfrac{2}{3}x$$
$$\tfrac{1}{3}x^3 - \tfrac{1}{3}x^2 - 2x = 0$$
$$x^3 - x^2 - 6x = 0$$
$$x \cdot (x^2 - x - 6) = 0$$
$$\Rightarrow x_1 = 0,\ x_2 = -2,\ x_3 = 3$$

2. Der Inhalt von A_1
Im Intervall $[-2;0]$ liegt der Graph von f über dem Graphen von g. Man kann dies aus der Skizze (Bild 14) erkennen oder durch eine Testeinsetzung feststellen.
Daher wählen wir als nichtnegative Differenzfunktion $h_1 = f - g$.
Integration über h_1 liefert uns das Resultat: $A_1 = \frac{16}{9} \approx 1{,}78$.

Testeinsetzung:
$f(-1) = 1,\ g(-1) = -\frac{1}{3} \quad \Rightarrow \quad f \geq g$ in $[-2;3]$

Differenzfunktion:
$h_1(x) = f(x) - g(x) = \frac{1}{3}x^3 - \frac{1}{3}x^2 - 2x$

Flächeninhalt:
$$A_1 = \int_{-2}^{0} h_1(x)\,dx = \left[\tfrac{1}{12}x^4 - \tfrac{1}{9}x^3 - x^2\right]_{-2}^{0} = \tfrac{16}{9}$$

3. Der Inhalt von A_2
Im Intervall $[0;3]$ liegt der Graph von g über dem Graphen von f. Als Differenzfunktion ergibt sich somit $h_2 = g - f = -h_1$. Eine Neuberechnung ist also überflüssig. Die Integration ergibt $A_2 = \frac{21}{4} = 5{,}25$.

$$A_2 = \int_{0}^{3} h_2(x)\,dx = \left[-\tfrac{1}{12}x^4 + \tfrac{1}{9}x^3 + x^2\right]_{0}^{3} = \tfrac{21}{4}$$

4. Der Inhalt von A
Gesamtinhalt: $A_1 + A_2 = \frac{253}{36} \approx 7{,}03$.

$$A = A_1 + A_2 = \tfrac{16}{9} + \tfrac{21}{4} = \tfrac{253}{36} \approx 7{,}03$$

Wir können nun unser Rezept zur Berechnung des Inhaltes der von den Graphen zweier Funktionen f und g eingeschlossenen Fläche A etwas allgemeiner formulieren, wobei bei konkreten Anwendungen durchaus noch spezifische Anpassungen vorgenommen werden können.

1. Man bestimme alle Schnittstellen der Graphen von f und g. Diese seien, der Größe nach geordnet, $x_1 < x_2 < \ldots < x_n$.
2. Man berechne für jedes der $n-1$ Intervalle $[x_1;x_2], \ldots, [x_{n-1};x_n]$ die über dem jeweiligen Intervall von f und g eingeschlossene Fläche einzeln. Dabei ist jeweils über $f-g$ oder über $g-f$ zu integrieren, je nachdem, ob $f \geq g$ oder $g \geq f$ gilt.
3. Man addiere die so errechneten $n-1$ Flächeninhalte zum Gesamtinhalt A auf.

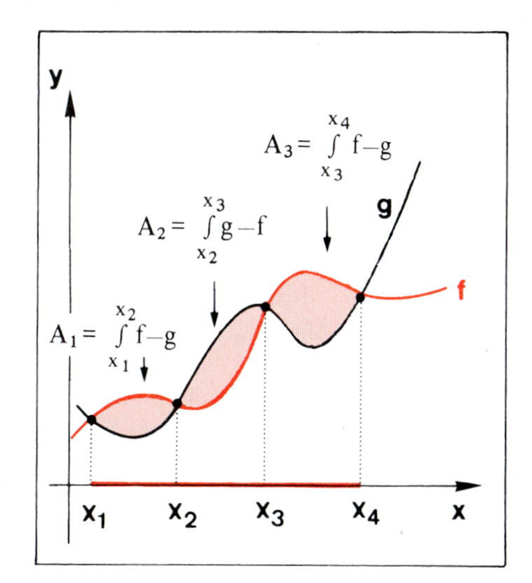

Beispiel: Berechnen Sie den Inhalt der Fläche A, die über dem Intervall [–3;2] zwischen den Graphen von $f(x) = \frac{1}{2}(x^3+x^2-4x)$ und $g(x) = \frac{1}{2}x^2$ liegt.

Lösung:

1. Schnittstellen

Der Ansatz $f(x) = g(x)$ liefert Schnittstellen bei $x_1 = -2$, $x_2 = 0$, $x_3 = 2$. Diese begrenzen zwei Flächen A_2 und A_3. Dazu kommt noch die Fläche A_1 zwischen den Kurven, die vom linken Intervallendpunkt –3 bis zur Schnittstelle $x_1 = -2$ reicht (Bild 15).

2. Inhaltsberechnung

Mit jeweils wechselnden Differenzfunktionen erhalten wir $A_1 = \frac{25}{8}$, $A_2 = 2$ und $A_3 = 2$, so dass $A = \frac{57}{8} \approx 7{,}13$ folgt.

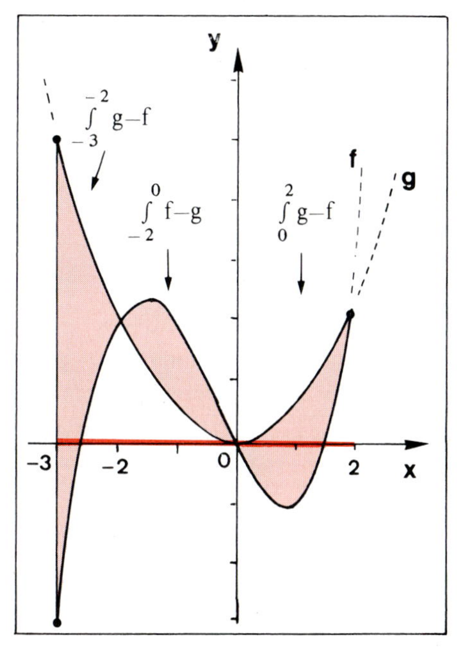

Bild 15

Übung 9

Berechnen Sie den Inhalt der Fläche A zwischen den Kurven f und g über dem Intervall I.

a) $f(x) = x^3 + x^2$, $g(x) = x^2 + x$, $I = [-2;1]$

b) $f(x) = \frac{1}{2}x^4 - \frac{1}{2}x^2$, $g(x) = x^3 - x$, $I = [-1;2]$

Wir schließen diesen Abschnitt mit der Betrachtung einiger weiterer Beispiele.

Beispiel: Das Dach einer 20 m breiten und 60 m langen Tennishalle soll einen Parabelbogen spannen. Welchen Zuwachs erhält das Luftvolumen der Halle, wenn anstelle der ursprünglich geplanten Bauhöhe von 8 m eine Höhe von 10 m gewählt wird (Bild 16)?

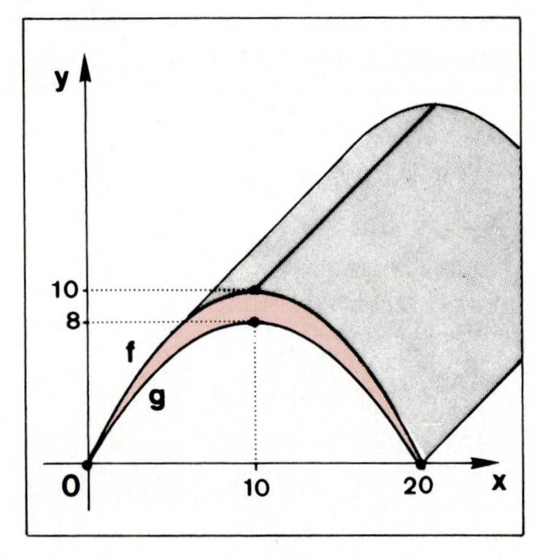

Bild 16

Lösung:
Die Skizze aus Bild 16 lässt uns erkennen, dass es genügt, die Fläche A zwischen dem aktuellen Dachprofil f und dem ursprünglich geplanten, niedrigeren Dachprofil g zu berechnen. Der Luftzuwachs ergibt sich durch Multiplikation von A mit der gegebenen Länge der Halle.

Zunächst benötigen wir die Funktionsgleichungen der Profilkurven f und g. Diese erhalten wir nach Festlegung eines Koordinatensystems z.B. durch Einsetzen der gegebenen Maße in die Scheitelpunktsform der Parabelgleichung. Man kann auch mit Hilfe eines Ansatzes der Form $f(x) = ax^2 + bx + c$ arbeiten.

Ansatz: $f(x) = ax^2 + bx + c$

$$\left.\begin{array}{l} f(0) = 0 \\ f(10) = 10 \\ f(20) = 0 \end{array}\right\} \Rightarrow \begin{array}{r} c = 0 \\ 100a + 10b + c = 10 \\ 400a + 20b + c = 0 \end{array}$$

$$\Rightarrow a = -\tfrac{1}{10}, \quad b = 2, \quad c = 0$$

Also gilt: $f(x) = -\frac{1}{10}x^2 + 2x$

Analog: $g(x) = -\frac{2}{25}x^2 + \frac{8}{5}x$

Anschließend bestimmen wir A, indem wir über die Differenzfunktion $f - g$ von $a = 0$ bis $b = 20$ integrieren. Wir erhalten so einen Flächeninhalt von $A = \frac{80}{3}\,\text{m}^2$. Hieraus ergibt sich ein Volumenzuwachs von $1600\ \text{m}^3$ Luft.

$$A = \int_0^{20} (f(x) - g(x))dx = \int_0^{20} \left(\tfrac{-1}{50}x^2 + \tfrac{2}{5}x\right)dx$$

$$= \left[-\tfrac{1}{150}x^3 + \tfrac{1}{5}x^2\right]_0^{20} = \tfrac{80}{3}$$

$$V = \tfrac{80}{3}\,\text{m}^2 \cdot 60\text{m} = 1600\ \text{m}^3$$

Übung 10
Aus 16 mm dickem Plexiglas wird eine Bikonvexlinse ausgeschnitten. Ihre beiden Brechungsflächen sollen parabelförmiges Profil sowie die in der Zeichnung angegebenen Maße besitzen. Wie groß ist der Materialverbrauch (in cm^3)?

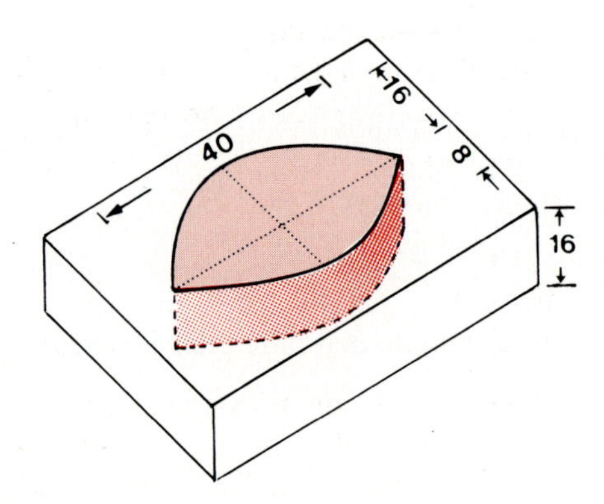

Das folgende Beispiel zeigt, dass auch Flächen, die nicht nach allen Seiten durch Randkurven begrenzt sind, sondern sich bis in alle Unendlichkeit erstrecken, unter bestimmten Umständen durchaus einen (endlichen) Flächeninhalt haben können.

Beispiel: Bestimmen Sie den Inhalt der Fläche A, die sich – begrenzt vom Graphen der Funktion zu $f(x) = x^2$, vom Graphen der Funktion zu $g(x)=\frac{1}{x^2}$ und von der x-Achse – längs der positiven x-Achse ins Unendliche erstreckt (Bild 17).

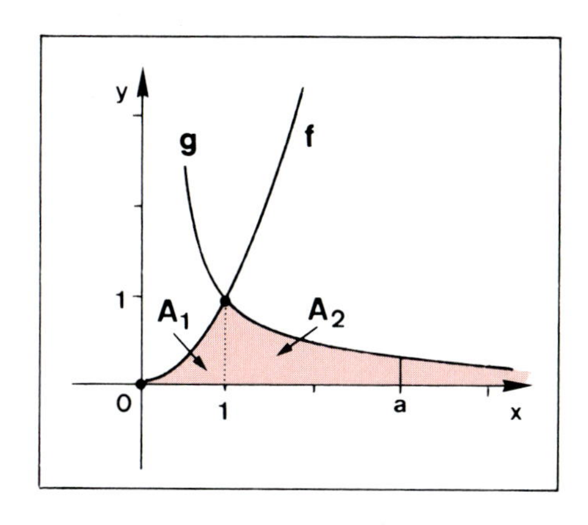

Bild 17

Lösung:
Man könnte vermuten, dass diese unendlich ausgedehnte Fläche A einen unendlich großen Flächeninhalt hat. Dass dies nicht so ist, können wir folgendermaßen nachweisen:

1. Der Inhalt der Fläche A_1:
A_1 ist die Fläche unter dem Graphen von $f(x) = x^2$ über dem Intervall [0 ; 1].
Sie hat, wie wir wissen, den Inhalt $\frac{1}{3}$.

$$A_1 = \int_0^1 x^2 dx = \left[\frac{1}{3}x^3\right]_0^1 = \frac{1}{3}$$

2. Der Inhalt der Fläche A_2:
A_2 sei die Fläche unter dem Graphen von $g(x)=\frac{1}{x^2}$ über dem Intervall [1 ; a], a > 1.
Da g(x) als eine Stammfunktion die Funktion $G(x) = -\frac{1}{x}$ hat, erhalten wir durch Integration $A_2 = 1-\frac{1}{a}$.

$$A_2 = \int_1^a \frac{1}{x^2} dx = \left[-\frac{1}{x}\right]_1^a = 1-\frac{1}{a}$$

3. Der Inhalt von A_2 für $a \to \infty$:
Lassen wir nun die obere Grenze der Fläche A_2, also den Parameter a, weiter nach rechts wandern, so dehnt sich die Fläche A_2 immer weiter aus.
Allerdings wächst ihr Inhalt nicht über alle Grenzen, sondern er nähert sich immer mehr der Zahl 1: $\lim_{a\to\infty} A_2 = 1$.

$$\lim_{a\to\infty} A_2 = \lim_{a\to\infty} \int_1^a \frac{1}{x^2} dx$$
$$= \lim_{a\to\infty} (1-\frac{1}{a}) = 1$$

4. Der Inhalt von A:
Der Inhalt von A ist die Summe der Inhalte von A_1 und A_2. Überraschendes Resultat: $A = \frac{4}{3} < \infty$!

$$A = A_1 + \lim_{a\to\infty} A_2 = \frac{1}{3}+1 = \frac{4}{3}$$

Übung 11

Berechnen Sie den Inhalt der Fläche A, die rechts von x = 2 zwischen den Graphen von $f(x)=\frac{1}{x^3}$ und $g(x)=\frac{1}{x^2}$ liegt.

Das folgende Beispiel zeigt die prinzipielle Vorgehensweise bei der Berechnung des Inhaltes von Flächen, die von mehr als zwei Kurven berandet werden.

Beispiel: Bestimmen Sie den Inhalt derjenigen Fläche A, die von den Graphen der Funktionen f, g und h auf die in Bild 18 dargestellte Weise eingeschlossen wird. Dabei gelte $f(x) = \frac{1}{4}x^2+2$, $g(x)=\frac{1}{2}x^2-4x+9$ und $h(x) = -\frac{3}{2}x+12$.

Lösung:
Glücklicherweise ist die graphische Darstellung der Fläche A schon vorgegeben (Bild 18). Wir erkennen, dass wir die Fläche A durch eine Parallele zur y-Achse so in zwei Teilflächen A_1 und A_2 zerlegen können, dass A_1 eine Fläche zwischen f und g und A_2 eine Fläche zwischen h und g bildet. Diese jeweils nur von zwei Graphen begrenzten Teilflächen berechnen wir in der gewohnten Weise.

Als Erstes bestimmen wir die Integrationsgrenzen als Schnittstellen von f, g und h. Hierzu sind drei quadratische Gleichungen zu lösen. Beispielsweise führt der Ansatz f(x) = g(x) über

$$\frac{1}{4}x^2+2=\frac{1}{2}x^2-4x+9$$

auf die quadratische Gleichung

$$x^2-16x+28=0,$$

welche die Lösungen x = 2 und x = 14 hat.

Die Graphen zu f und g schneiden sich also bei x = 2 und x = 14. Ähnlich finden wir die Schnittstellen der Graphen von f und h bei x = −10 und x = 4.
Die Graphen zu g und h schneiden sich bei x = −1 und x = 6. Die Skizze aus Bild 18 zeigt uns, dass von diesen Schnittstellen nur a = 2, b = 4 und c = 6 als Integrationsgrenzen in Frage kommen.

Nun berechnen wir A_1 und A_2 und summieren auf. Resultat: A = 11.

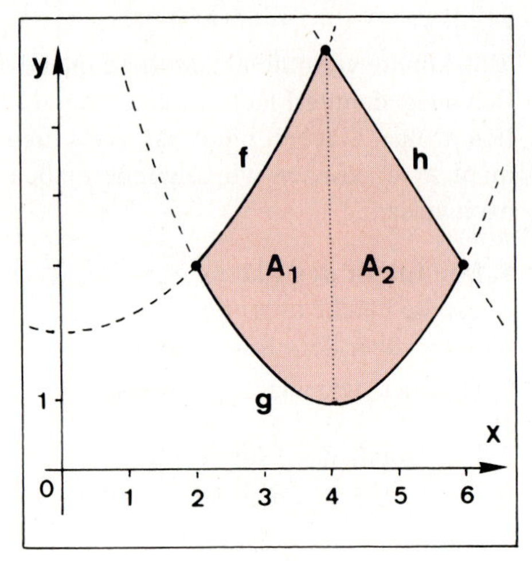

Bild 18

$$A_1 = \int_2^4 (f(x)-g(x))\,dx$$

$$= \int_2^4 \left(\tfrac{-1}{4}x^2+4x-7\right)dx$$

$$= \left[-\tfrac{1}{12}x^3+2x^2-7x\right]_2^4 = \tfrac{16}{3}$$

$$A_2 = \int_4^6 (h(x)-g(x))\,dx$$

$$= \int_4^6 \left(-\tfrac{1}{2}x^2+\tfrac{5}{2}x+3\right)dx$$

$$= \left[-\tfrac{1}{6}x^3+\tfrac{5}{4}x^2+3x\right]_4^6 = \tfrac{17}{3}$$

$$A = A_1 + A_2 = \tfrac{16}{3}+\tfrac{17}{3} = \tfrac{33}{3} = 11$$

Übung 12

Bestimmen Sie den Inhalt der Fläche zwischen den Graphen von f, g und h (Skizzen!).

a) $f(x) = x^2 - 4x + 5$
$g(x) = -x + 5$
$h(x) = -x^2 + 4x - 1$

b) $f(x) = x^2 - 2x + 3$
$g(x) = -x^2 + 4x - 1$
$h(x) = x^2 - 4x + 5$

c) $f(x) = -\frac{1}{4}x^2 + x + 3$
$g(x) = -x^2 + 4x$
$h(x) = -\frac{3}{4}x + 3$

C. Übungen

Flächen unter Funktionsgraphen

13. Skizzieren Sie den Graphen von f. Berechnen Sie den Inhalt der Fläche, die über dem Intervall I zwischen dem Graphen von f und der x-Achse liegt.

a) $f(x) = -0{,}5x + 2$, $I = [-2 ; 6]$
b) $f(x) = -\frac{1}{3}x^2 + \frac{4}{3}x + \frac{5}{3}$, $I = [-1 ; 6]$
c) $f(x) = 0{,}5x^2 - x - 1{,}5$, $I = [-2 ; 3]$
d) $f(x) = 0{,}5x^2 - 3x + 2{,}5$, $I = [1 ; 6]$
e) $f(x) = 2x^3 - 8x$, $I = [-1 ; 2]$
f) $f(x) = \frac{2}{x^2}$, $I = [1 ; 5]$
g) $f(x) = x^4 - 1$, $I = [0{,}5 ; 2]$
h) $f(x) = x^3 - 4x$, $I = [-1 ; 2{,}5]$
i) $f(x) = -0{,}5x^4 + 2{,}5x^2 - 2$, $I = [0 ; 2]$
j) $f(x) = x^3 + 3x^2 - 2$, $I = [-3 ; 0]$
k) $f(x) = x^3 - 6x^2 + 9x - 4$, $I = [0 ; 3]$
l) $f(x) = x^3 - 2{,}5x^2 + 6x$, $I = [-2 ; 1]$

14. Bestimmen Sie den Inhalt der Fläche A, die über dem Intervall I zwischen Funktionsgraph und der x-Achse liegt, in Abhängigkeit von dem Parameter k ($k > 0$).

a) $f(x) = x - k$, $I = [0 ; 2]$, $k < 2$
b) $f(x) = kx - 3k$, $I = [0 ; 4]$
c) $f(x) = \frac{1}{4}x^2 - k$, $I = [0 ; 3\sqrt{k}\,]$
d) $f(x) = kx^2 - 4x$, $I = [-1 ; k]$
e) $f(x) = x^3 - kx^2$, $I = [0 ; 2k]$
f) $f(x) = x^2 - (k + 2)x + k + 1$, $I = [0 ; k+2]$

15. Wie muss der Parameter p gewählt werden, damit die Fläche unter dem Graphen von f über dem Intervall I den Inhalt A hat?

a) $f(x) = px + 4$, $I = [1 ; 2]$, $A = 7$ ($p > 0$)
b) $f(x) = 3x^2 + p^2$, $I = [-1 ; 2]$, $A = 21$
c) $f(x) = x^3 + px$, $I = [0 ; 2]$, $A = 18$ ($p > 0$)
d) $f(x) = px^3 - p^2x$, $I = [0 ; 1]$, $A = 7$ ($p > 2$)

16. Bestimmen Sie den Inhalt der Fläche A, die insgesamt vom Graphen der Funktion f und der x-Achse über dem Intervall I eingeschlossen wird. Bestimmen Sie zunächst die Nullstellen von f, erforderlichenfalls durch Raten und Polynomdivision.

a) $f(x) = x^4 + x^2 - 2$, $I = [-2 , 3]$
b) $f(x) = x^3 + 2x^2 - 3x$, $I = [-2 ; 2{,}5]$
c) $f(x) = (x + 2)(x - 1)^2$, $I = [-2 ; 2]$
d) $f(x) = (x - 1)(x + 2)(x - 3)$, $I = [-1 ; 2]$
e) $f(x) = x^3 - 3x^2 - 3x + 9$, $I = [-1 ; 3]$
f) $f(x) = x^3 + x^2 - 9x - 9$, $I = [-1 ; 4]$
g) $f(x) = x^4 - 4x^3 - 3x^2$, $I = [-1 ; 3]$
h) $f(x) = x^4 - 5x^3 + 8x^2 - 4x$, $I = [-1 ; 3]$

17. Gegeben sei die Parabelschar $f_a(x) = -\frac{4}{a^3}x^2 + \frac{8}{a^2}x$ mit $a \neq 0$.

a) Skizzieren Sie die Parabeln für $a = 1$, $a = 0{,}5$, $a = 4$ und $a = -1$.
b) Bestimmen Sie den Inhalt der vom Funktionsgraphen und der x-Achse eingeschlossenen Fläche in Abhängigkeit von a.

18. Bestimmen Sie den Inhalt der Fläche, die vom Graphen von f und der x-Achse über dem Intervall I eingeschlossen wird. Nutzen Sie Symmetrien zur Rechenvereinfachung aus.

a) $f(x) = -0{,}5x^2 + 8$, $I = [-3 ; 3]$
b) $f(x) = x^2 - 1$, $I = [-2 ; 3]$
c) $f(x) = x^3 - 2x$, $I = [-1 ; 2]$
d) $f(x) = \frac{1}{5}x^3 - \frac{5}{4}x$, $I = [-2 ; 2{,}5]$
e) $f(x) = x^4 - 3{,}25x^2 + 2{,}25$, $I = [-1 ; 1{,}5]$
f) $f(x) = x^4 - 6{,}25x^2$, $I = [-2 ; 2]$
g) $f(x) = x^5 - 4{,}25x^3 + x$, $I = [-2 ; 3]$
h) $f(x) = x^5 - x$, $I = [-2 ; 2]$
i) $f(x) = ax^3 - a^3x$, $I = [-a ; a]$, $a > 0$
j) $f(x) = a^2x^4 + x^2$, $I = [-1 ; 1]$, $a \neq 0$

19. Bestimmen Sie den Inhalt der Fläche A zwischen dem Graphen von f und der x-Achse über dem Intervall I.

a) $f(x) = x^2 - 6x + 5$, $I = [0 ; 6]$
b) $f(x) = x^3 - 2x + x^2$, $I = [-2 ; 2]$
c) $f(x) = x^3 - 7x + 6$, $I = [-2 ; 2]$
d) $f(x) = x^3 - 3x + 2$, $I = [-2 ; 2]$

20. Der Graph von f schließt mit der x-Achse Flächenstücke ein. Bestimmen Sie, für welche Werte des Parameters $k > 0$ die insgesamt eingeschlossene Fläche den Inhalt A hat.

a) $f(x) = kx^2 + 4kx$, $A = \frac{16}{3}$
b) $f(x) = x^2 - kx$, $A = 36$
c) $f(x) = k^2x^3 - x$, $A = 8$
d) $f(x) = x^3 - kx^2$, $A = \frac{4}{3}$

21. Wie muss k gewählt werden, damit die senkrechte Gerade $x = k$ die Fläche A halbiert, die über dem Intervall $[0 ; 2]$ zwischen dem Graphen von $f(x) = \frac{1}{8}x^3$ und der x-Achse liegt?

22. Gegeben sei die Funktion zu $f(x) = x^3 - k^2x$, $k > 1$. Der Graph von f schließt mit der x-Achse im vierten Quadranten ein Flächenstück ein, welches von der Parallelen zur y-Achse durch $x = 1$ in die zwei Teilflächen A_1 und A_2 geteilt wird. Bestimmen Sie k so, daß die angegebene Bedingung gilt.

a) A_1 und A_2 sind gleich groß.
b) A_1 ist doppelt so groß wie A_2.
c) A_2 ist doppelt so groß wie A_1.

23. Die senkrechte Gerade $x = k$ teilt die Fläche A, die über dem Intervall I zwischen dem Graphen der Funktion f und der x-Achse liegt, in zwei Teile A_1 und A_2. Wie muss k gewählt werden, damit die Inhalte von A_1 und A_2 im jeweils angegebenen Verhältnis stehen?

a) $f(x) = x^2$, $I = [0 ; 6]$, $A_1 : A_2 = 1:7$
c) $f(x) = \frac{1}{4}x^3$, $I = [0 ; 4]$, $A_1 : A_2 = 1:15$
c) $f(x) = ax^2$, $I = [0 ; 3]$, $A_1 : A_2 = 8:19$
d) $f(x) = x^2 + 1$, $I = [0 ; 6]$, $A_1 : A_2 = 6:33$

24. Gesucht ist die quadratische Funktion g, die die gleichen Nullstellen wie $f(x) = -x^2 - 4x$ besitzt, und die mit der x-Achse eine Fläche einschließt,

a) die halb so groß wie die vom Graphen von f und der x-Achse eingeschlossene Fläche ist,
b) die den Inhalt 32 besitzt.

25. Gegeben sei die Funktion zu $f(x) = -x^2 - x + 2$. Die Tangente an den Graphen der Funktion bei $x = 0$ schließt mit den beiden Koordinatenachsen eine dreieckige Fläche A ein. Der Graph von f teilt diese Fläche in die zwei Stücke A_1 und A_2.
Bestimmen Sie das Teilungsverhältnis $A_1 : A_2$.

26. Der Graph von $f(x) = -\frac{1}{8}x^2 - \frac{1}{4}x + 3$ und die beiden Koordinatenachsen schließen im 1. Quadranten des Koordinatensystems die Fläche A ein. A wird durch die Winkelhalbierende des ersten Quadranten in die zwei Teile A_1 und A_2 geteilt. In welchem Verhältnis stehen die Inhalte A_1 und A_2 zueinander?

27. In welchem Verhältnis teilt der Graph von f das Quadrat mit den Eckpunkten A(0|0), B(2|0), C(2|2), D(0|2)?

a) $f(x) = \frac{1}{4}x^2$ b) $f(x) = \frac{1}{8}x^3$ c) $f(x) = \frac{2}{x^2}$ d) $f(x) = -x^2 + 3x$

28. Gegeben sei das Quadrat mit den Eckpunkten A(0|0), B(1|0), C(1|1) und D(0|1). Bestimmen Sie $k > 0$ so, dass der Graph von $f(x) = -x^2 + k$ das Quadrat halbiert.

29. Gegeben sei das Rechteck A(0|1), B(−1|1), C(−1|−1), D(0|−1).
Bestimmen Sie $a > 0$ so, dass der Graph von f das Rechteck im Verhältnis p:q teilt.

a) $f(x) = a(x^4 - x^2)$, p:q = 2:1 b) $f(x) = a(x^3 - x)$, p:q = 1:2

30. In welchem Verhältnis wird die Fläche des Rechtecks A(1|0), B(3|0), C(3|1), D(1|1) durch den Graphen von $f(x) = \frac{1}{x^2}$ geteilt?

31. Der Graph einer quadratischen Funktion geht durch die Punkte A(0|0) und B(4|0). Er schließt mit der x-Achse eine Fläche mit dem Inhalt $\frac{8}{3}$ ein. Sein Extremum liegt im ersten Quadranten. Wie lautet die Funktionsgleichung?

32. f sei eine ganzrationale Funktion 3. Grades, deren Graph punktsymmetrisch zum Ursprung ist, durch den Punkt B(2|0) geht und das Quadrat A(0|0), B(2|0), C(2|−2), D(0|−2) im Verhältnis 1:5 teilt. Bestimmen Sie die Funktionsgleichung von f.

33. Eine ganzrationale Funktion 3. Grades ist punktsymmetrisch zum Ursprung, hat ein Maximum bei $x = \sqrt{3}$ und schließt im ersten Quadranten mit der x-Achse eine Fläche mit dem Inhalt $\frac{9}{4}$ ein. Um welche Funktion handelt es sich?

34. Eine ganzrationale Funktion dritten Grades geht durch den Ursprung, hat bei $x = 1$ ein Maximum und bei $x = 2$ eine Wendestelle. Sie schließt mit der x-Achse über dem Intervall [0 ; 2] eine Fläche vom Inhalt 6 ein. Wie heißt die Funktionsgleichung?

35. Gegeben sei $f(x) = \frac{1}{k}x^3 + k^2$, $k > 0$.

a) Berechnen Sie den Inhalt der Fläche A zwischen dem Graphen von f und der x-Achse über dem Intervall [0 ; 1] in Abhängigkeit von k.

b) Wie groß ist die Fläche A für $k = 3$, $k = 2$, $k = \frac{1}{4}$?

c) Für welches $k > 0$ wird der Inhalt von A minimal?

d) Für welches $k > 0$ gilt $A = \frac{5}{4}$ bzw. $A = 4$?

36. Bestimmen Sie den Inhalt der Fläche A, welche über dem Intervall [0 ; 10] zwischen dem Graphen der Funktion $f(x) = \frac{1}{64}(ax - 8)^2$ $(a > 0)$ und der x-Achse liegt, in Abhängigkeit von a. Untersuchen Sie anschließend, für welchen Wert des Parameters a der Inhalt von A minimal wird.

Flächen zwischen Funktionsgraphen

37. Die Graphen von f und g besitzen zwei Schnittpunkte. Berechnen Sie den Inhalt der von den Graphen der Funktionen f und g eingeschlossenen Fläche A.

a) $f(x) = x^2$
$g(x) = 2x$

b) $f(x) = 0{,}5x^2 - 2$
$g(x) = -0{,}5x + 1$

c) $f(x) = -x^2 + 4x$
$g(x) = -0{,}5x^2 - 2x$

d) $f(x) = x^2$
$g(x) = x + 2$

e) $f(x) = -0{,}5x^2 + 8$
$g(x) = x + 4$

f) $f(x) = 0{,}5x^2 - 0{,}5x + 1$
$g(x) = -\frac{2}{3}x^2 + \frac{11}{6}x + \frac{9}{2}$

g) $f(x) = x^3$
$g(x) = -x^2$

h) $f(x) = 0{,}5x^2 - 2x + 3{,}5$
$g(x) = \frac{2}{3}x^2 - 3x + \frac{13}{3}$

i) $f(x) = -x^2 - 4x - 3$
$g(x) = -3$

j) $f(x) = -x^2 - 4x$
$g(x) = -0{,}5x^2 - 2x$

k) $f(x) = x^3 + 4x^2$
$g(x) = 2x^2$

l) $f(x) = x^3 + 5x^2 + 6x$
$g(x) = x^2 + 2x$

m) $f(x) = \frac{1}{4}(x^3 + 5x^2)$
$g(x) = \frac{3}{4}x^2$

n) $f(x) = x^4 - 3x^2 - 4$
$g(x) = -x^2 + 4$

38. Bestimmen Sie, für welchen Wert des Parameters $a > 0$ die von den Graphen der Funktionen f und g eingeschlossene Fläche den Inhalt A hat.

a) $f(x) = ax^2$
$g(x) = x \quad A = \frac{2}{3}$

b) $f(x) = x^2$
$g(x) = -ax + 2a^2 \quad A = 4{,}5$

c) $f(x) = x^2 - 2x + 2$
$g(x) = ax + 2 \quad A = 36$

39. Die Graphen von f und g haben 3 oder mehr Schnittpunkte. Bestimmen Sie den Inhalt der von den Graphen von f und g eingeschlossenen Fläche A.

a) $f(x) = \frac{1}{4}(x^3 - 2x^2 - x)$
$g(x) = \frac{1}{4}(-x^2 + 5x)$

b) $f(x) = x^3 - 4x$
$g(x) = 3x^2$

c) $f(x) = \frac{1}{6}(x^3 + x^2 - 6x)$
$g(x) = x$

d) $f(x) = -x^4 + 5x^2$
$g(x) = x^2$

e) $f(x) = x^3 - 4x^2 + 3x + 3$
$g(x) = 3$

f) $f(x) = x^3 + x^2$
$g(x) = 4x + 4$

g) $f(x) = x^3 - 4x^2$
$g(x) = x - 4$

h) $f(x) = \frac{1}{3}x^4 - \frac{10}{3}x^2 + 3$
$g(x) = -\frac{3}{2}x^2 + \frac{2}{3}$

40. Bestimmen Sie, für welchen Wert des Parameters $a > 0$ die von den Graphen der Funktionen f und g eingeschlossene Fläche den Inhalt A hat.

a) $f(x) = x^2$
$g(x) = ax$
$A = 36$

b) $f(x) = x^3 - x$
$g(x) = ax$
$A = 8$

c) $f(x) = x^4 - x^2$
$g(x) = -a(x^2 - 1)$
$A = 2$

d) $f(x) = x^2 - 3x + 2$
$g(x) = -a(x - 1)(x - 2)$
$A = 1$

e) $f(x) = -\frac{1}{4}(x - 2)^2 + 1$
$g(x) = a(x - 2)^2 - 4a$
$A = 24$

41. In welchem Verhältnis teilt der Graph von h die von den Graphen der Funktionen f und g eingeschlossene Fläche (Skizze anfertigen!)?

a) $f(x) = -x^2 + 4$
$g(x) = x^2 - 4$
$h(x) = x + 2$

b) $f(x) = x^2$
$g(x) = \frac{1}{4}x^2 + 3$
$h(x) = -x + 2$

c) $f(x) = x^2$
$g(x) = x + 2$
$h(x) = x^2 - 2x + 2$

42. Berechnen Sie den Inhalt der von den Graphen der Funktionen f, g, h im ersten Quadranten eingeschlossenen Fläche A.

a) $f(x) = -x^2 + 4$
$g(x) = -\frac{4}{3}x + 4$
$h(x) = -2x + 4$

b) $f(x) = -4x + 8$
$g(x) = -(x - 4)^2 + 4$
$h(x) = \frac{1}{4}(x - 4)^2 + 4$

c) $f(x) = -x + 5$
$g(x) = (x - 3)^2$
$h(x) = -\frac{1}{5}x^2 + 9$

d) $f(x) = 0,5x$
$g(x) = (x - 4)^2 + 2$
$h(x) = 5,5x - 5$

e) $f(x) = -\frac{2}{3}(x + 1)(x - 3)$
$g(x) = (x - 3)^3$
$h(x) = 2x - 2$

f) $f(x) = \frac{1}{4}(x - 4)^2$
$g(x) = -(x - 4)^2 + 5$
$h(x) = 0,5x - 2$

43. Berechnen Sie den Inhalt der abgebildeten Flächen.

a) $f(x) = x^2 - 4$ $\quad g(x) = -x + 2$
$h(x) = \frac{1}{8}(x + 4)^2$ $\quad i(x) = -x - 4$

b) $f(x) = 4x - 4$ $\quad g(x) = 0,5x - 0,5$
$h(x) = -\frac{1}{9}x^2 + 2$

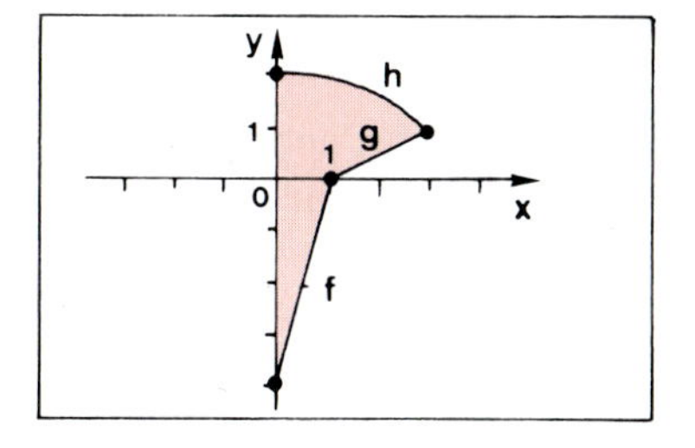

44. Der Graph von $f(x) = x^3 - 2x$ schließt mit der Kurvennormale im Wendepunkt zwei Flächenstücke ein. Welchen Inhalt haben diese Flächenstücke?
(Hinweis: Die Normale im Punkt P steht senkrecht auf der Tangente im Punkt P.)

45. Eine Messehalle soll durch einen Zeltanbau erweitert werden. Das Dach hat parabelförmiges Profil. Es liegt am unteren Ende tangential an. Die Maße sind der nebenstehenden Skizze zu entnehmen. Zur Festlegung der erforderlichen zusätzlichen Heizleistung muss das Luftvolumen des Anbaus bekannt sein.

a) Bestimmen Sie die Gleichung der Parabel.

b) Berechnen Sie das Luftvolumen.

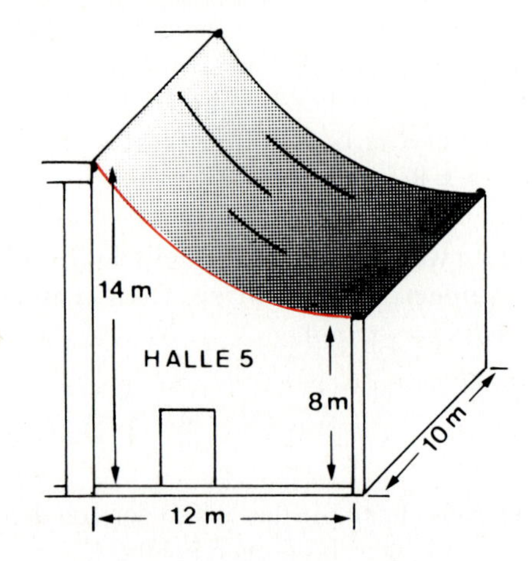

46. Bestimmen Sie das massive Volumen des abgebildeten Werkstücks. Die Profilkurve ist eine achsensymmetrische Parabel 4. Grades. Die Bohrung hat einen Durchmesser von 1 cm.
(Bestimmen Sie zunächst die Gleichung der Parabel anhand der eingezeichneten Punkte.)

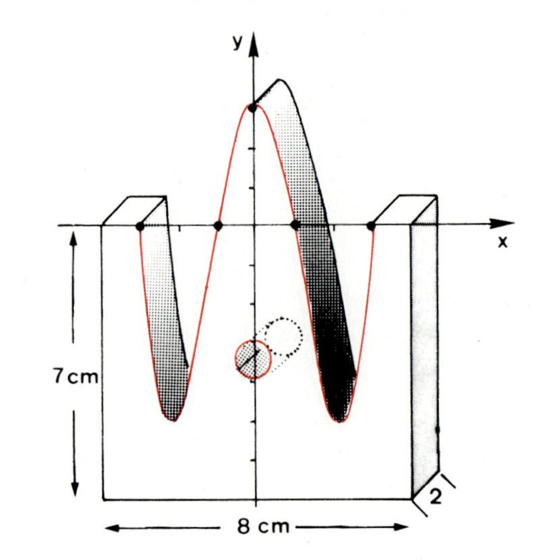

47. Eine ganzrationale Funktion dritten Grades ist punktsymmetrisch zum Ursprung, hat eine Nullstelle bei $x = 2$ und schließt im 1. Quadranten mit der x-Achse eine Fläche mit dem Inhalt 4 ein. Ihr Minimum liegt im dritten Quadranten.
Um welche Funktion handelt es sich?

48. Der Graph einer ganzrationalen Funktion vierten Grades schneidet die x-Achse bei $x = 0$ und bei $x = 4$. Der Punkt $P(0|0)$ ist außerdem Sattelpunkt. Der Funktionsgraph umschließt mit der x-Achse eine Fläche mit dem Inhalt 9,6. Ihr Minimum liegt im 4. Quadranten.
Wie lautet die Funktionsgleichung?

4. Integration von Exponentialfunktionen und trigonometrischen Funktionen

A. Stammfunktionen

Aus den elementaren Ableitungsregeln $(e^x)' = e^x$, $(\sin x)' = \cos x$, $(\cos x)' = -\sin x$ ergeben sich durch unmittelbare Umkehrung die rechts aufgeführten Integrationsregeln für die natürliche Exponentialfunktion und für die trigonometrischen Grundfunktionen Sinus und Kosinus.

Grundintegrale

$$\int e^x\,dx = e^x + C$$

$$\int \cos x\,dx = \sin x + C$$

$$\int \sin x\,dx = -\cos x + C$$

Verkettungen der Grundfunktionen mit einer linearen inneren Funktion lassen sich ebenfalls problemlos integrieren, wie die folgenden Beispiele zeigen.

Z.B. gilt $\int e^{3x}\,dx = \frac{1}{3}e^{3x} + C$.

Der Faktor $\frac{1}{3}$ ist erforderlich, weil nach der Kettenregel $(e^{3x})' = 3e^{3x}$ gilt, so dass erst das Voranstellen des Faktors $\frac{1}{3}$ das gewünschte Ergebnis $(\frac{1}{3}e^{3x})' = e^{3x}$ liefert.

Analog erhält man z.B. auch die Formel $\int \sin(2x+5)\,dx = -\frac{1}{2}\cos(2x+5)\,dx + C$.

Integration bei linearer Verkettung

$$\int e^{ax+b}\,dx = \frac{1}{a}e^{ax+b} + C$$

$$\int \cos(ax+b)\,dx = \frac{1}{a}\sin(ax+b) + C$$

$$\int \sin(ax+b)\,dx = -\frac{1}{a}\cos(ax+b) + C$$

In diesem Zusammenhang muss eine deutliche Warnung ausgesprochen werden: Die bei der linearen Verkettung angewandte "Faktormethode" darf nicht unzulässig verallgemeinert werden. Liegt eine nichtlineare innere Funktion vor, wie z.B. im Integral $\int e^{x^2}\,dx$, so kommen wir in der Regel nicht mehr zum Ziel. Es gilt zwar $(e^{x^2})' = 2x \cdot e^{x^2}$, aber daraus kann nicht geschlossen werden, dass $\int e^{x^2}\,dx = \frac{1}{2x}e^{x^2} + C$ gilt.
Diese Formel ist falsch, wie Differenzieren nach der Produktregel zeigt. Der Grund ist darin zu sehen, dass nur konstante Faktoren beim Differenzieren / Integrieren erhalten bleiben.

Übung 1 Gesucht sind folgende Integrale:

a) $\int (3x^2 + e^{4x})\,dx$ b) $\int (x - e^{0,5x+1})\,dx$ c) $\int 3 \cdot \cos(7x+1)\,dx$ d) $\int 3 \cdot \sin(\frac{2x}{5})\,dx$

Übung 2 a) Zeigen Sie: $\int 2^x\,dx = \frac{1}{\ln 2} \cdot 2^x + C$. b) Bestimmen Sie $\int a^{2x}\,dx$, a>0.

Kompliziertere exponentielle und trigonometrische Terme lassen sich mit unseren Mitteln nur noch in Ausnahmefällen integrieren. Manchmal kann man aus den Ableitungen einer Funktion auf die Gestalt der Stammfunktion zurückschließen wie im folgenden Beispiel.

Beispiel (Analogiemethode): Gesucht ist eine Stammfunktion F(x) von $f(x) = (x+2)\cdot e^x$.
Tipp: Differenzieren Sie die Funktion zweimal. Aus den Ableitungen von f lässt sich die Stammfunktion F gewinnen.

Lösung:
Die Ableitungen lassen ein klares Bildungsgesetz erkennen. Bei jedem Differentiationsschritt erhöht sich ein Zahlterm um den Wert 1.
Die Annahme liegt also nahe, dass sich dieser Zahlterm in Analogie beim Integrieren um den Wert 1 erniedrigt, so dass man auf den Funktionsterm von F(x) zurückschließen kann.

Ableitungen von f(x)
$f(x) = (x+2)\cdot e^x$
$f'(x) = (x+3)\cdot e^x$
$f''(x) = (x+4)\cdot e^x$

Analogieschluss auf F(x)
$F(x) = (x+1)\cdot e^x$

Überprüfung durch Differentiation
$F'(x) = 1\cdot e^x+(x+1)\cdot e^x = (x+2)\cdot e^x = f(x)$

Beispiel (Ansatzmethode): Gesucht ist eine Stammfunktion von $f(x) = x^2\cdot e^{2x}$.
Tipp: Differenzieren Sie die Funktion zweimal. Aus der Form der Ableitungen von f lässt sich ein Ansatz für die Stammfunktion F gewinnen.

Lösung:
Mit Hilfe der Produktregel und der Kettenregel bestimmen wir f' und f".
Es ist zu erkennen, dass die Funktionsterme von f, f' und f" alle die Form eines Produktes aus einem quadratischen Faktor und dem Term e^{2x} besitzen.
Daher liegt die Vermutung nahe, dass auch Stammfunktionen von f diese Gestalt haben, so dass der rechts aufgeführte Ansatz $F(x) = (ax^2+bx+c)\cdot e^{2x}$ sich anbietet.
Durch Differentiation dieser Ansatzfunktion erhalten wir die Funktion F', die mit der Funktion f übereinstimmen muss.
Setzen wir die entsprechenden Koeffizienten von F' und von f gleich, so erhalten wir ein System von Bestimmungsgleichungen für die Ansatzgrößen a, b und c.
Wir lösen dieses Gleichungssystem und erhalten das nebenstehend aufgeführte Resultat, dessen Richtigkeit wir durch Differentiation bestätigen können.

Ableitungen von f(x)
$f(x) = x^2\cdot e^{2x}$
$f'(x) = (2x^2+2x)\cdot e^{2x}$
$f''(x) = (4x^2+8x+2)\cdot e^{2x}$

Ansatz für F(x)
$F(x) = (ax^2+bx+c)\cdot e^{2x}$

Berechnung von F'(x)
$F'(x) = (2ax+b)\cdot e^{2x}+(ax^2+bx+c)\cdot 2e^{2x}$
$F'(x) = [2ax^2+(2a+2b)\cdot x+(b+2c)]\cdot e^{2x}$

Koeffizientenvergleich
$F'(x) = f(x)$
$[2ax^2+(2a+2b)\cdot x+(b+2c)]\cdot e^{2x} = x^2\cdot e^{2x}$
$2a=1 \qquad a=0{,}5$
$2a+2b=0 \qquad b=-0{,}5$
$b+2c=0 \qquad c=\ 0{,}25$

Ergebnis
$F(x) = (\frac{1}{2}x^2 - \frac{1}{2}x + \frac{1}{4})\cdot e^{2x} + C$

Übung 3
Bestimmen Sie die Integrale mit der oben dargestellten Ansatzmethode.
a) $\int x\cdot e^{-x}dx$ b) $\int -x\cdot e^{1-x}dx$ c) $\int (x-1)\cdot e^{0,5x}dx$ d) $\int x\cdot 3^x\, dx$

B. Flächeninhalte / Exponentialfunktionen

Flächen unter Funktionsgraphen

Beispiel: Bestimmen Sie den Inhalt der nebenstehend abgebildeten Fläche unter dem Graphen von $f(x) = e^{0,5x}$ über $[0;2]$.

Lösung:
$F(x) = 2 \cdot e^{0,5x}$ ist eine Stammfunktion von $f(x) = e^{0,5x}$. Daher gilt:

$$A = \int_0^2 e^{0,5x}dx = [2 \cdot e^{0,5x}]_0^2 = 2e - 2 \approx 3,44.$$

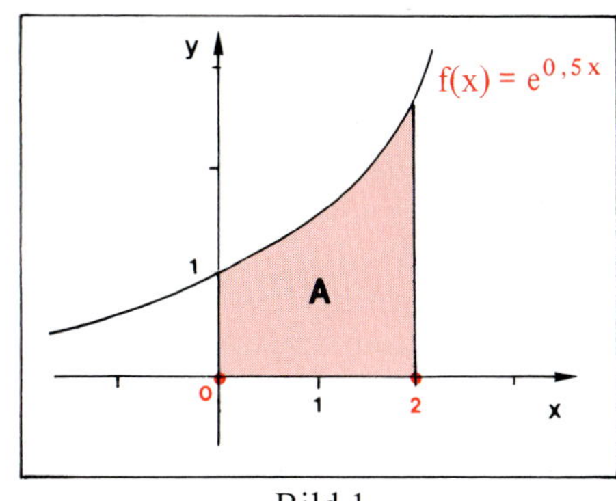

Bild 1

Übung 4
Bestimmen Sie den Flächeninhalt unter dem Graphen der Funktion f über dem Intervall I. Fertigen Sie zu Ihrer Orientierung jeweils eine Skizze an.

a) $f(x) = e^{3x}$, $I = [-1;0]$
b) $f(x) = 2 \cdot e^{1-x}$, $I = [1;6]$
c) $f(x) = 2 \cdot e^{x-1}$, $I = [-1;1]$
d) $f(x) = 4 \cdot e^{-2x+1}$, $I = [0;2]$
e) $f(x) = \frac{1}{2} \cdot e^{2x-2}$, $I = [1;2]$
f) $f(x) = e^{2x} - e^{-x}$, $I = [-1;1]$

Übung 5
Gegeben sei die Funktion zu $f(x) = x \cdot e^{0,5x}$.

a) Differenzieren Sie die Funktion dreimal (Produktregel).
b) Bestimmen Sie eine Stammfunktion F von f. Stellen Sie zunächst anhand der Ableitungen aus a) eine Vermutung auf und überprüfen Sie diese dann durch Differentiation.
c) Bestimmen Sie den Inhalt der Fläche unter f über $[0;2]$ bzw. über $]-\infty;0]$.

Beispiel: Gegeben sei die Exponentialfunktion f mit $f(x) = 2 \cdot e^{-\frac{1}{7}x}$.
Wie muss x_0 gewählt werden, damit die senkrechte Gerade durch x_0 die abgebildete Fläche halbiert?

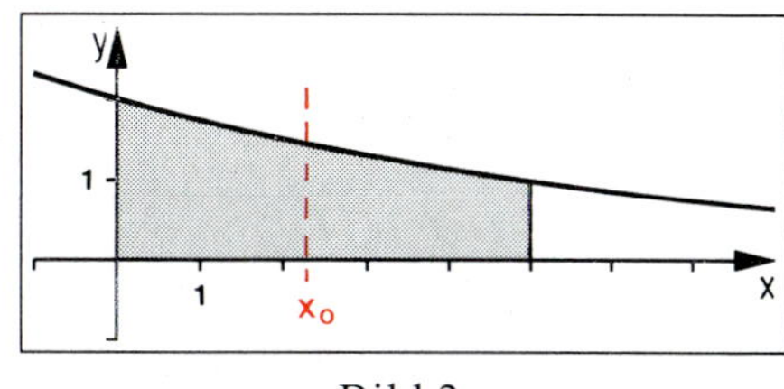

Bild 2

Lösung:

Wir berechnen zunächst $\int 2 \cdot e^{-\frac{1}{7}x}dx = -14 \cdot e^{-\frac{1}{7}x} + C$ sowie $\int_0^5 2 \cdot e^{-\frac{1}{7}}dx = -14 \cdot e^{-\frac{5}{7}} + 14$.

Der Ansatz $\int_0^{x_0} 2 \cdot e^{-\frac{1}{7}x}dx = -7 \cdot e^{-\frac{5}{7}} + 7$ liefert über $-14 \cdot e^{-\frac{1}{7}x_0} + 14 = -7 \cdot e^{-\frac{5}{7}} + 7$ die Lösung $x_0 \approx 2,06$.

Flächen zwischen Funktionsgraphen

Beispiel: Gegeben seien die Funktionen zu $f(x) = 2 \cdot e^{\frac{1}{4}x}$ und $g(x) = e^{\frac{3}{4}x-1}$.

a) Berechnen Sie den Inhalt der Fläche A, die von den Graphen der Funktionen f und g sowie von der y-Achse begrenzt wird.

b) In welchem Verhältnis wird die Fläche A durch die vertikale Gerade $x = 1$ näherungsweise geteilt?

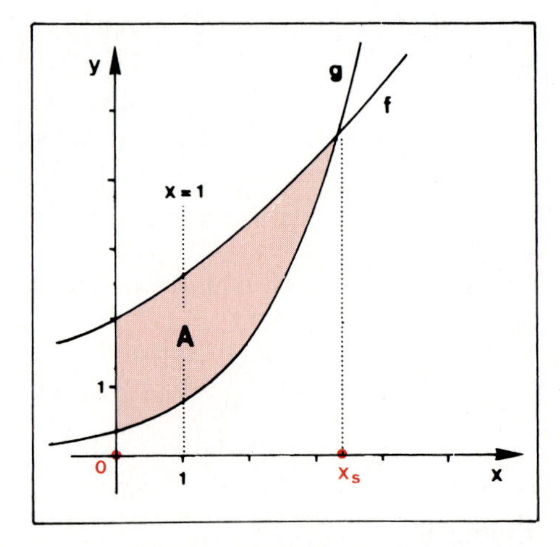

Bild 3

Lösung:
Die Skizze zeigt, dass die Fläche A zwischen den Kurven zu f und g über dem Intervall $[0 ; x_s]$ gesucht ist.

1. Bestimmung der Schnittstelle x_s
Wir setzen die Funktionsterme von f und g gleich. Wir erhalten eine Exponentialgleichung, die wir durch Logarithmieren lösen.
Resultat: $x_s = 2 \cdot (\ln 2 + 1) \approx 3{,}39$.

$$\begin{aligned} f(x) &= g(x) \\ 2 \cdot e^{\frac{1}{4}x} &= e^{\frac{3}{4}x-1} \\ 2 &= e^{\frac{1}{2}x-1} \\ \ln 2 &= \tfrac{1}{2}x - 1 \\ x &= 2 \cdot (\ln 2 + 1) \approx 3{,}39 \end{aligned}$$

2. Flächenberechnung
Der gesuchte Flächeninhalt A ergibt sich als bestimmtes Integral über die Differenzfunktion $d(x) = f(x) - g(x)$ in den Grenzen 0 und $x_s \approx 3{,}39$.
Resultat: $A \approx 4{,}93$.

$$\begin{aligned} A &\approx \int_0^{3{,}39} (2 \cdot e^{\frac{1}{4}x} - e^{\frac{3}{4}x-1})dx \\ &= [8 \cdot e^{\frac{1}{4}x} - \tfrac{4}{3} \cdot e^{\frac{3}{4}x-1}]_0^{3{,}39} \\ &\approx 12{,}44 - 7{,}51 = 4{,}93 \end{aligned}$$

3. Bestimmung des Teilverhältnisses
Wir bestimmen den Inhalt der Fläche A_1 zwischen f und g über dem Intervall $[0;1]$.
Wir erhalten $A_1 \approx 1{,}72$.
Für die Fläche A_2 zwischen f und g über $[1;x_s]$ gilt daher: $A_2 = A - A_1 \approx 3{,}21$.
Nun folgt für das gesuchte Teilungsverhältnis:
$A_1 : A_2 \approx 15:28$.

$$\begin{aligned} A_1 &= \int_0^1 (2 \cdot e^{\frac{1}{4}x} - e^{\frac{3}{4}x-1})dx \\ &= [8 \cdot e^{\frac{1}{4}x} - \tfrac{4}{3} \cdot e^{\frac{3}{4}x-1}]_0^1 \\ &\approx 9{,}23 - 7{,}51 = 1{,}72 \end{aligned}$$

$$A_1 : A_2 \approx 1{,}72 : 3{,}21 \approx 1 : 1{,}866 \approx 15 : 28$$

Übung 6

Berechnen Sie den Inhalt der Fläche A, die von den Graphen der Funktionen f und g sowie von der y-Achse begrenzt wird. Fertigen Sie zunächst eine Skizze an.

a) $f(x) = 0{,}5 \cdot e^{x}$, $g(x) = 0{,}8 \cdot e^{2x-1}$

b) $f(x) = 0{,}5 \cdot e^{0{,}5x}$, $g(x) = e^{-\frac{1}{4}x+1}$

Beispiel: Der Graph der Exponentialfunktion zu $g(x) = a \cdot e^{bx}$ schließt mit der Geraden f eine Fläche A ein. (vgl. Bild 4)

Bestimmen Sie den Inhalt dieser Fläche.

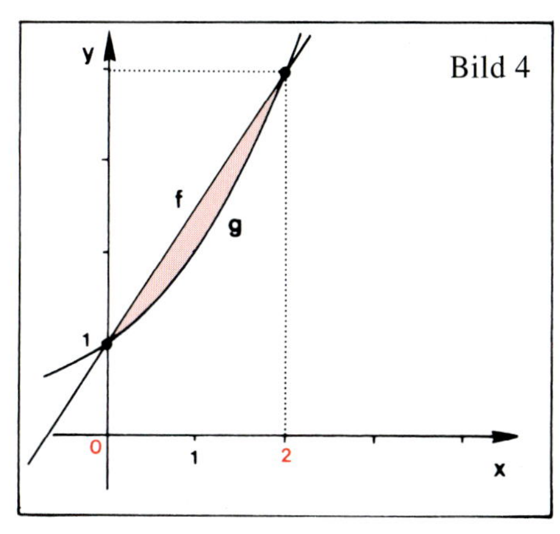

Lösung:

1. Bestimmung der Funktionsgleichungen

Wir bestimmen zunächst die Funktionsgleichungen. Sowohl die Gerade f als auch die Exponentialfunktion g gehen durch die Punkte A(0|1) und B(2|4). Hieraus folgt:

$f(x) = \frac{3}{2}x + 1$, $g(x) = e^{\ln 2 \cdot x}$.

$f(x) = mx + n$	$g(x) = a \cdot e^{bx}$
$f(0) = 1 \Rightarrow \quad n = 1$	$g(0) = 1 \Rightarrow \quad a = 1$
$f(2) = 4 \Rightarrow 2m + n = 4$	$g(2) = 4 \Rightarrow a \cdot e^{2b} = 4$
Daher: $m = \frac{3}{2}$, $n = 1$.	Daher: $a = 1$, $b = \ln 2$.

2. Bestimmung des Flächeninhaltes

Der Inhalt der Fläche A ergibt sich als Wert des bestimmten Integrals über die Differenzfunktion f – g in den Grenzen 0 und 2.

Resultat: $A = 5 - \frac{3}{\ln 2} \approx 0{,}67$.

$$A = \int_0^2 \left(\tfrac{3}{2}x + 1 - e^{\ln 2 \cdot x}\right)dx$$

$$= \left[\tfrac{3}{4}x^2 + x - \tfrac{1}{\ln 2} \cdot e^{\ln 2 \cdot x}\right]_0^2$$

$$= \left(5 - \tfrac{4}{\ln 2}\right) - \left(\tfrac{-1}{\ln 2}\right) = 5 - \tfrac{3}{\ln 2} \approx 0{,}67$$

Übung 7

Bestimmen Sie den Inhalt der Fläche A, die von den Graphen der abgebildeten Funktionen eingeschlossen wird.

a) f : Gerade
g : Expon.fkt. vom Typ $f(x) = a \cdot e^{bx}$

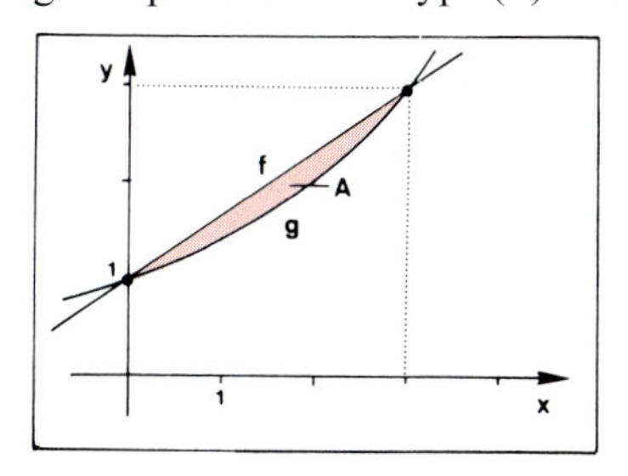

b) h : Parabel zweiten Grades
k : Expon.fkt. vom Typ $f(x) = a \cdot e^{bx}$

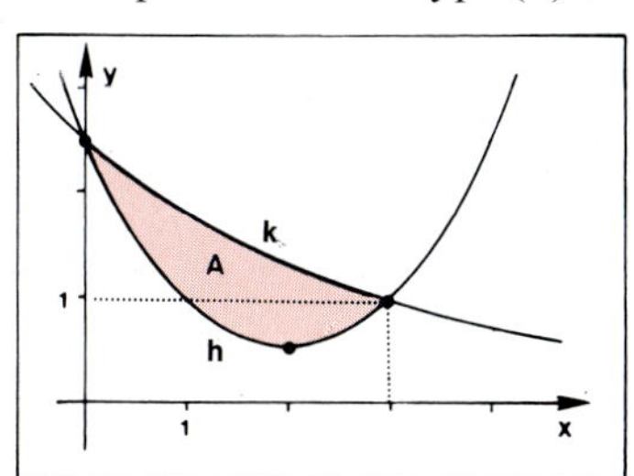

Unbegrenzt ausgedehnte Flächen

Von einer Fläche, die sich unbegrenzt ausdehnt, wird man zunächst einmal annehmen, dass sie keinen (endlichen) Flächeninhalt besitzt. Dass dies nicht zwangsläufig so sein muss, zeigt das folgende Beispiel.

Beispiel: Bestimmen Sie den Inhalt der Fläche A, die im ersten Quadranten zwischen dem Graphen von $f(x) = e^{-x}$ und der x-Achse liegt.

Lösung:
Wir bestimmen zunächst den Inhalt der Fläche A_k unter dem Graphen von f über dem Intervall [0;k] für ein beliebiges k>0.
Resultat: $A_k = 1 - e^{-k}$.
Der Inhalt von A ergibt sich dann als Grenzwert dieses Flächeninhaltes für $k \to \infty$. $A = \lim\limits_{k\to\infty} A_k = 1$

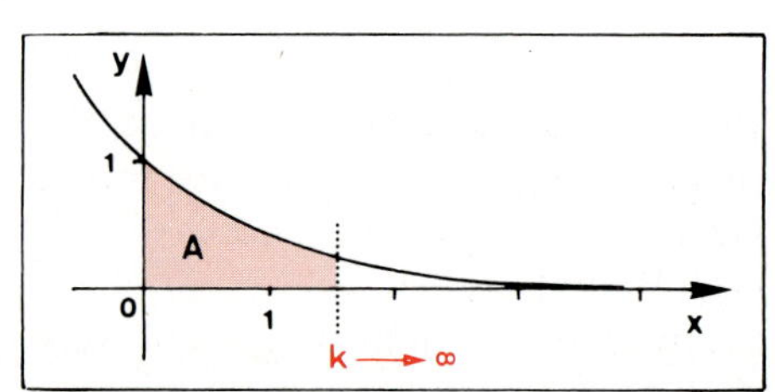

Bild 5

$$A_k = \int_0^k e^{-x}dx = [-e^{-x}]_0^k = -e^{-k} + 1$$

$$A = \lim_{k\to\infty} A_k = \lim_{k\to\infty}(1 - e^{-k}) = 1$$

Beispiel: Gegeben sei $f_a(x) = 2 \cdot e^{-ax}$, a >0. Wie muss der Parameter a gewählt werden, damit die im ersten Quadranten liegende Fläche zwischen der Kurve und der x-Achse den Inhalt 3 hat?

Lösung:
Wir bestimmen zunächst den Inhalt der Fläche A_k unter dem Graphen von f über dem endlichen Intervall [0 ; k].
Anschließend lassen wir $k \to \infty$ streben.

Nun prüfen wir, für welchen Wert des Parameters a die sich ergebende Fläche den Inhalt 3 annimmt.

Resultat: $a = \frac{2}{3}$.

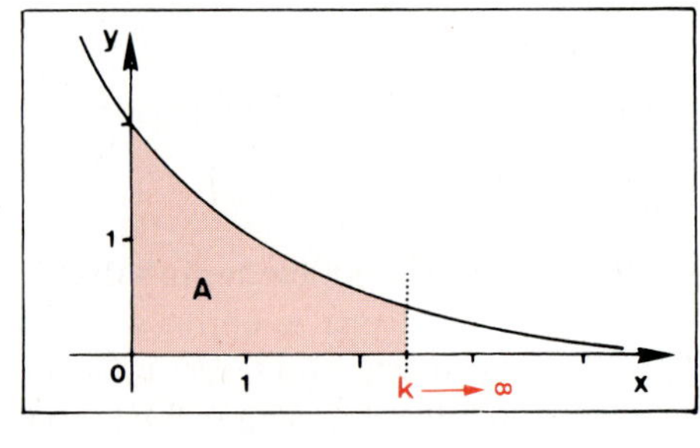

Bild 6

$$A_k = \int_0^k 2 \cdot e^{-ax}dx = [-\tfrac{2}{a} \cdot e^{-ax}]_0^k$$

$$= -\tfrac{2}{a} \cdot e^{-ak} + \tfrac{2}{a}$$

$$A = \lim_{k\to\infty} A_k = \lim_{k\to\infty}(\tfrac{2}{a} - \tfrac{2}{a} \cdot e^{-ak}) = \tfrac{2}{a}$$

$$A = 3 \Leftrightarrow \tfrac{2}{a} = 3 \Leftrightarrow a = \tfrac{2}{3}$$

Übung 8

a) Bestimmen Sie den Inhalt der im ersten Quadranten liegenden Fläche unter dem Graphen zu $f(x) = 4 \cdot e^{-2x}$.

b) Wie ist a > 0 zu wählen, damit der Inhalt der im zweiten Quadranten liegenden Fläche unter $f_a(x) = (a + 1) \cdot e^{ax}$ den Wert 2 annimmt ?

Extremalprobleme

Im Zusammenhang mit Flächeninhaltsbestimmungen treten gelegentlich auch Extremalprobleme auf. Wir betrachten im Folgenden einige einfache Beispiele hierzu.

Beispiel: Gegeben sei $f(x) = e^{-ax}$, $a > 0$. Für welchen Punkt P des Graphen nimmt der Inhalt A des achsenparallelen Rechtecks mit den Ecken 0 (Ursprung) und P ein Maximum an (Bild 7)?

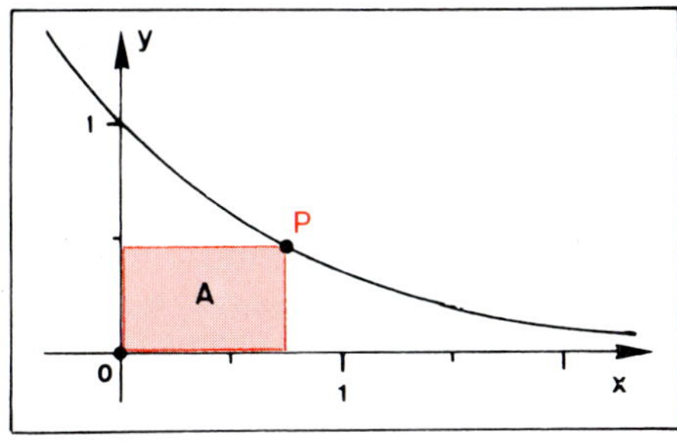

Bild 7

Lösung:

1. Hauptbedingung

Wir bezeichnen die Seitenlängen des besagten Rechtecks mit x und y.
Dann gilt: $A = x \cdot y$.

(1) $A = A(x,y) = x \cdot y$

2. Nebenbedingung

Der Zusammenhang zwischen den Variablen x und y ist durch $y = f(x) = e^{-ax}$ gegeben, da $P(x|y)$ ein Kurvenpunkt ist.

(2) $y = e^{-ax}$

3. Zielfunktion

Durch Einsetzen der Nebenbedingung in die Hauptbedingung erhalten wir die einvariablige Zielfunktion: $A(x) = x \cdot e^{-ax}$.

(3) $A(x) = x \cdot e^{-ax}$

4. Maximum der Zielfunktion

Wir differenzieren die Zielfunktion A nach der Produktregel.
Die Ableitung A' hat genau eine Nullstelle bei $x = \frac{1}{a}$.
Die Überprüfung dieser Stelle mit waagerechter Tangente mittels A'' zeigt, dass dort ein Maximum von A liegt.
Resultat: Das Rechteck mit dem Eckpunkt $P(\frac{1}{a}|\frac{1}{e})$ hat den maximalen Inhalt.

$A'(x) = (1 - ax) \cdot e^{-ax}$

$A'(x) = 0 \Leftrightarrow 1 - ax = 0 \Leftrightarrow x = \frac{1}{a}$

$A''(x) = (a^2x - 2a) \cdot e^{-ax}$

$A''(\frac{1}{a}) = -\frac{a}{e} < 0 \Rightarrow$ Maximum

Übung 9

Gegeben sei $f(x) = a \cdot e^{-ax}$, $a > 0$.
Für welchen Punkt P des Graphen nimmt der Inhalt A des achsenparallelen Rechtecks mit den Ecken 0 und P ein Maximum an?
a) $a = 2$ b) a beliebig

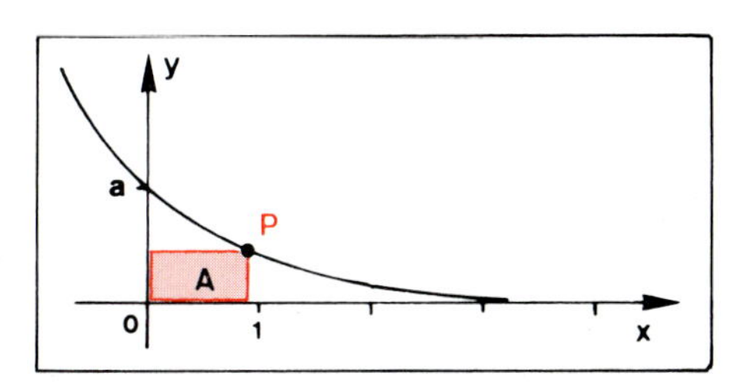

Beispiel: Die Graphen der Funktionen zu $f(x) = e^x$ und $g(x) = 2 \cdot e^{-0,5x}$ schließen mit der x-Achse in der abgebildeten Weise achsenparallele Rechtecke ein. Welches dieser Rechtecke nimmt den maximalen Inhalt an?

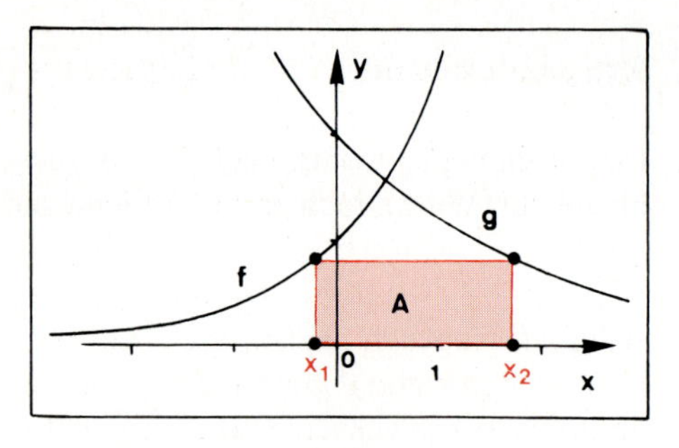

Bild 8

Lösung:

1. Hauptbedingung

Das Rechteck reicht von $x = x_1$ bis $x = x_2$. Seine Breite ist also $x_2 - x_1$. Die Höhe ist $f(x_1) = e^{x_1}$ (vgl Bild 8). Der Flächeninhalt A ist daher durch (1) gegeben.

$$\text{Fläche} = \text{Breite} \cdot \text{Höhe}$$

$$(1) \quad A(x_1, x_2) = (x_2 - x_1) \cdot e^{x_1}$$

2. Nebenbedingung

Die Variablen x_1 und x_2 sind über die Beziehung $f(x_1) = g(x_2)$ miteinander verbunden (vgl. Bild 8).
Lösen wir diese Gleichung nach x_2 auf, so erhalten wir die Nebenbedingung (2).

$$f(x_1) = g(x_2)$$

$$e^{x_1} = 2 \cdot e^{-0,5x_2}$$

$$(2) \quad x_2 = 2 \cdot \ln 2 - 2x_1$$

3. Zielfunktion

Durch Einsetzen von (2) in (1) erhalten wir die Rechtecksfläche A als Funktion der linken Begrenzung x_1 (siehe (3)).

$$(3) \quad A(x_1) = (2\ln 2 - 3x_1) \cdot e^{x_1}$$

4. Maximum von A

Wir berechnen nun A', indem wir die Zielfunktion aus (3) nach der Produktregel differenzieren.
Anschließend bestimmen wir die Nullstelle von A'. Sie liegt bei $x_1 \approx -0,54$. Dort hat A ein Maximum, denn $A''(x_1) < 0$.

$$A'(x_1) = (2\ln 2 - 3 - 3x_1) \cdot e^{x_1}$$

$$A'(x_1) = 0 \quad \Leftrightarrow \quad 2\ln 2 - 3 - 3x_1 = 0$$

$$x_1 = \tfrac{2}{3} \ln 2 - 1 \approx -0,54$$

5. Resultat

Durch Einsetzen des oben berechneten optimalen Wertes für x_1 erhalten wir folgende Daten zur Beschreibung des gesuchten Rechtecks mit maximalem Inhalt:

linke Begrenzung des Rechtecks: $x_1 = \frac{2}{3} \cdot \ln 2 - 1 \approx -0,54$,

rechte Begrenzung des Rechtecks: $x_2 = \frac{2}{3} \cdot \ln 2 + 2 \approx 2,46$,

Breite des Rechtecks: $\text{Breite} = x_2 - x_1 = 3$,

Höhe des Rechtecks: $\text{Höhe} = e^{x_1} = \frac{\sqrt[3]{4}}{e} \approx 0,58$,

Flächeninhalt des Rechtecks: $A_{max} \approx 1,75$.

Beispiel: Gegeben seien die Exponentialfunktionen zu

$$f(x)=e^{0,5x} \text{ und } g(x)=2\times e^{-x}.$$

Die Graphen von f und g begrenzen über einem Intervall I eine Fläche A der abgebildeten Art. Über das Intervall ist lediglich bekannt, dass es die Länge 2 hat. Die Lage der Intervallendpunkte x_1 und x_2 dagegen ist nicht vorgegeben. Wie müssen diese Endpunkte gewählt werden, damit der Inhalt von A maximal wird?

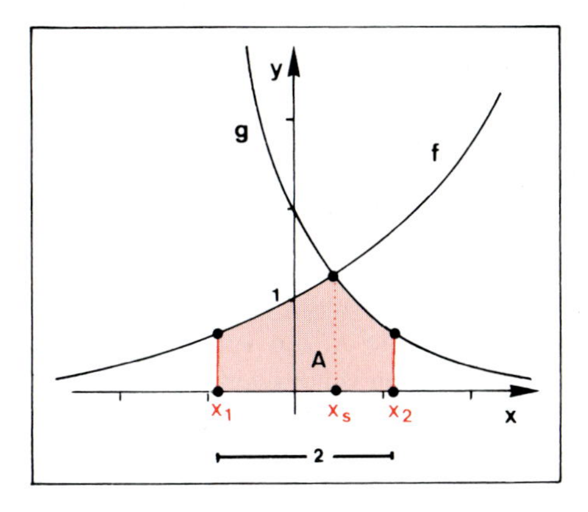

Bild 9

Lösung:

1. Die Schnittstelle der Graphen:

Es ist offensichtlich, dass die Schnittstelle x_s der Graphen von f und g innerhalb des gesuchten optimalen Intervalls liegen muss.

Es gilt $x_s = \frac{2}{3}\ln 2 \approx 0{,}46$.

$$f(x) = g(x) \Rightarrow e^{0,5x} = 2\cdot e^{-x}$$
$$0{,}5x = \ln 2 - x$$
$$x = \tfrac{2}{3}\ln 2 \approx 0{,}46$$

2. Hauptbedingung

A_1 sei die Fläche unter dem Graphen zu f über $[x_1 ; x_s]$. A_2 sei die Fläche unter dem Graphen zu g über $[x_s ; x_2]$.

Dann gilt $A = A_1 + A_2$.

Durch Integrieren erhalten wir A in Abhängigkeit von x_1 und x_2 (vgl.(1)).

$$A_1 = \int_{x_1}^{x_s} e^{0,5x}dx = 2\cdot e^{0,5x_s} - 2\cdot e^{0,5x_1} = 2\cdot\sqrt[3]{2} - 2\cdot e^{0,5x_1}$$

$$A_2 = \int_{x_s}^{x_2} 2\cdot e^{-x}dx = -2\cdot e^{-x_2} + 2\cdot e^{-x_s} = -2\cdot e^{-x_2} + \sqrt[3]{2}$$

$$(1)\quad A(x_1,x_2) = 3\cdot\sqrt[3]{2} - 2\cdot e^{0,5x_1} - 2\cdot e^{-x_2}$$

3. Nebenbedingung

Die Variablen x_1 und x_2 sind über die vorgegebene Intervalllänge miteinander verbunden. Es gilt $x_2 - x_1 = 2$.

$$(2)\quad x_2 = 2 + x_1$$

4. Zielfunktion

Durch Einsetzen von (2) in (1) erhalten wir den Flächeninhalt A als Funktion der linken Begrenzung x_1 (siehe (3)).

$$(3)\quad A(x_1) = 3\cdot\sqrt[3]{2} - 2\cdot e^{0,5x_1} - 2\cdot e^{-2-x_1}$$

5. Maximum von A

Wir differenzieren A und berechnen die Nullstelle der Ableitung. Sie liegt bei $x_1 \approx -0{,}87$. Die Überprüfung mittels A'' zeigt, dass dort ein Maximum von A liegt.

$$A'(x_1) = -e^{0,5x_1} + 2\cdot e^{-2-x_1}$$

$$A'(x_1) = 0 \quad\Leftrightarrow\quad x_1 = \tfrac{2}{3}(\ln 2 - 2) \approx -0{,}87$$

Resultat: $I \approx [-0{,}87 ; 1{,}13]$, $A_{max} \approx 1{,}84$

C. Flächeninhalte / Trigonometrische Funktionen

Im Folgenden wird eine Auswahl von insgesamt relativ einfachen Flächeninhaltsproblemen behandelt, die die Klasse der trigonometrischen Funktionen betreffen.

Beispiel: Bestimmen Sie den Inhalt derjenigen Fläche A, die von der x-Achse und von einem Bogen der Sinusfunktion eingeschlossen wird.

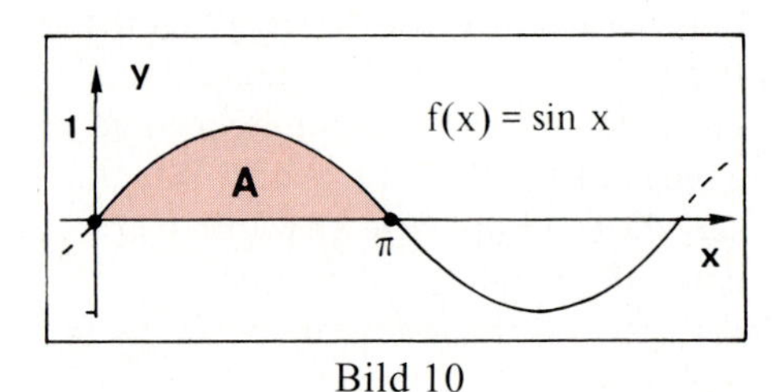

Bild 10

Lösung:
$F(x) = -\cos x$ ist eine Stammfunktion von $f(x) = \sin x$. Die Flächenberechnung mit Hilfe des bestimmten Integrals liefert:
$A = 2$.

$$A = \int_0^{\pi} \sin x \, dx = [-\cos x]_0^{\pi}$$
$$= (-\cos \pi) - (-\cos(0)) = (1) - (-1) = 2$$

Übung 10
Berechnen Sie die folgenden bestimmten Integrale. Interpretieren Sie das Resultat nach Anfertigung einer Skizze des Graphen des Integranden geometrisch.

a) $\int_0^{\frac{\pi}{2}} \cos x \, dx$ b) $\int_0^{\pi} \cos x \, dx$ c) $\int_{-2\pi}^{3\pi} \sin x \, dx$ d) $\int_{\pi+1}^{3\pi+1} \sin x \, dx$ e) $\int_{\pi}^{\frac{5}{2}\pi} \cos x \, dx$

Übung 11
a) Berechnen Sie den Inhalt der Fläche unter dem Graphen von f über dem Intervall I.

α) $f(x) = \sin x$, $I = [\frac{\pi}{3}; \frac{\pi}{2}]$ β) $f(x) = \cos x$, $I = [0; \frac{\pi}{4}]$ γ) $f(x) = \sin x + \cos x$, $I = [0; \frac{\pi}{2}]$

b) Berechnen Sie den Inhalt der Fläche A, die vom Graphen der Sinusfunktion und der Geraden durch die Punkte $P(0|0)$ und $Q(\frac{\pi}{2}|1)$ eingeschlossen wird. Fertigen Sie zunächst eine Skizze an.

Übung 12
Gesucht ist der Inhalt der markierten Fläche.

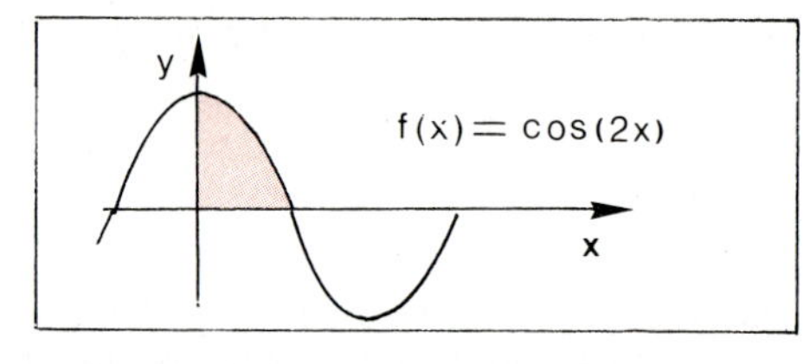

Beispiel: Wie muss a gewählt werden, damit die Fläche A unter dem Graphen zu $f(x)=\cos x$ über dem Intervall [0 ; a] den Inhalt 0,5 hat?

Lösung:
Das bestimmte Integral mit den Grenzen 0 und a hat den Wert sin a. Wir setzen nun sin a = 0,5. Mit Hilfe des Taschenrechners (RAD-Modus, INVSIN-Taste) erhalten wir die Lösung $a \approx 0{,}5236$.

$$A = \int_0^{a} \cos x \, dx = [\sin x]_0^{a} = \sin a$$

$$A = 0{,}5 \quad \Rightarrow \quad \sin a = 0{,}5$$
$$\Rightarrow \quad a \approx 0{,}5236$$

Beispiel: Berechnen Sie den Inhalt der abgebildeten Fläche A.

Lösung:
Die Fläche A lässt sich als Differenz der Flächen A_1 unter dem Graphen von $f(x) = \cos x$ über dem Intervall $[-\frac{\pi}{2}; \frac{\pi}{2}]$ und der Fläche A_2 unter dem Graphen von $g(x) = x - x^2$ über $[0 ; 1]$ auffassen.
Mit Hilfe der beiden Stammfunktionen $F(x) = \sin x$ und $G(x) = \frac{1}{2}x^2 - \frac{1}{3}x^3$ erhalten wir $A_1 = 2$, $A_2 = \frac{1}{6}$ und damit $A = \frac{11}{6}$.

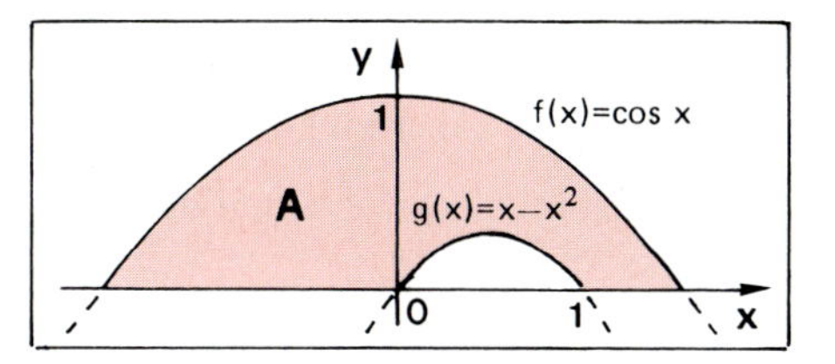

Bild 11

$$A = A_1 - A_2 = \int_{-\frac{\pi}{2}}^{\frac{\pi}{2}} \cos x \, dx - \int_0^1 (x - x^2) dx$$

$$= [\sin x]_{-\frac{\pi}{2}}^{\frac{\pi}{2}} - [\tfrac{1}{2}x^2 - \tfrac{1}{3}x^3]_0^1 = 2 - \tfrac{1}{6} = \tfrac{11}{6}$$

Übung 13
Bestimmen Sie den Inhalt der von den Graphen von $f(x) = \sin x$ und $g(x) = 4x - x^2$ sowie der x-Achse auf die abgebildete Weise eingeschlossenen Fläche A.
Lösen Sie die Aufgabe auf zwei verschiedene Weisen.

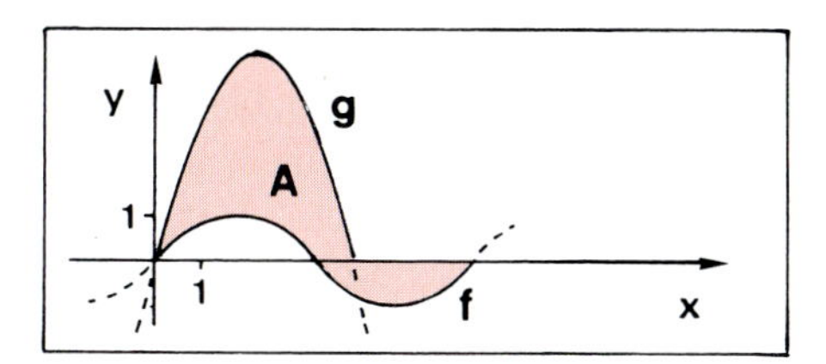

Übung 14
Bestimmen Sie den Inhalt der abgebildeten Fläche A. Berechnen Sie zunächst den Schnittpunkt der beiden Kurven, der die "Spitze" der Fläche A bildet.

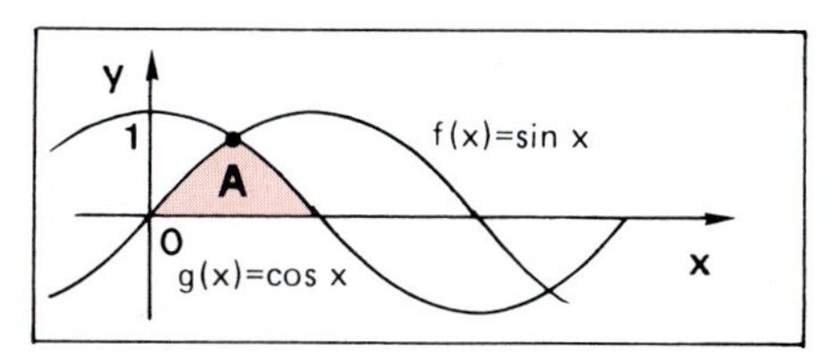

Beispiel: Gegeben seien die Funktionen zu $g(x) = \cos x$ und $h(x) = x$. Berechnen Sie den Inhalt der Fläche A, die von den Graphen der beiden Funktionen und der x-Achse im 1. Quadranten eingeschlossen wird, näherungsweise.

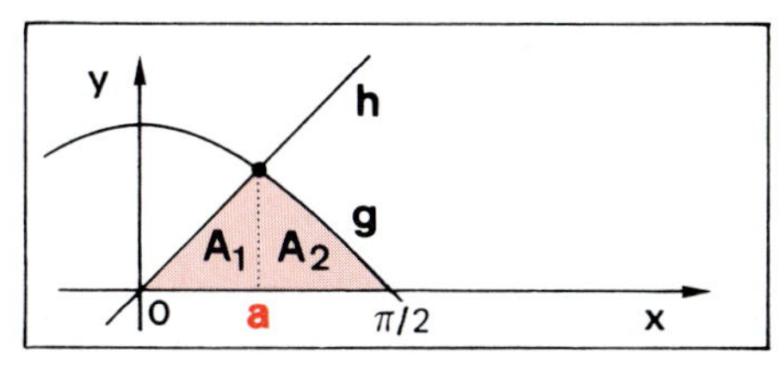

Bild 12 – Bild 14

Lösung:
Die Schnittstellengleichung $\cos x = x$ lässt sich nicht mehr exakt lösen. Wir fertigen eine genaue Zeichnung an und lesen die Lage der Schnittstelle ab: $a \approx 0{,}75$.
Nun zerlegen wir A in A_1 (Fläche unter h über $[0 ; a]$) und A_2 (Fläche unter g über $[a ; \frac{\pi}{2}]$). Resultat: $A \approx 0{,}6$.

Ablesen der Schnittstelle a: $a \approx 0{,}75$

Flächenberechnung:

$$A = A_1 + A_2 = \int_0^a x \, dx + \int_a^{\frac{\pi}{2}} \cos x \, dx$$

$$= [\tfrac{x^2}{2}]_0^a + [\sin x]_a^{\frac{\pi}{2}} \approx 0{,}5996$$

Übung 15
Bestimmen Sie näherungsweise den Inhalt der Fläche, die von den Graphen der Funktionen zu $f(x) = \sin x$, $g(x) = \frac{1}{2}x$ und der x-Achse im 1. Quadranten eingeschlossen wird.

In manchen Fällen lässt sich die Integration relativ komplizierter trigonometrischer Funktionen mit Hilfe der trigonometrischen Formeln auf einfache Fälle der oben behandelten Art zurückführen. Wir zeigen dies an einem Beispiel. Die Integration noch komplizierterer Funktionen allerdings würde den Rahmen dieses Buches sprengen.

Beispiel: Bestimmen Sie eine Stammfunktion von $f(x) = \sin^2 x$.

Lösung:
Die trigonometrische Formel für cos 2x (vgl. S. 24) wandelt den gegebenen "quadratischen" Sinusterm in einen "linearen" Kosinusterm um, der sich relativ leicht integrieren lässt. Wir erhalten als Resultat $F(x) = \frac{1}{2}x - \frac{1}{4}\sin(2x)$.

Trigonometrische Formel:
$\cos 2x = 1 - 2\sin^2 x$

Umwandlung von $f(x) = \sin^2 x$:
$f(x) = \sin^2 x = \frac{1}{2} - \frac{1}{2}\cos 2x$

Berechnung einer Stammfunktion von f:
$F(x) = \frac{1}{2}x - \frac{1}{4}\sin(2x)$.

Übung 16
Gegeben sei die Funktion $f(x) = \cos^2 x$. Bestimmen Sie eine Stammfunktion F(x) von f(x). Bestimmen Sie sodann den Inhalt der Fläche A, die von einem "Bogen" von f und der x-Achse umrandet wird.

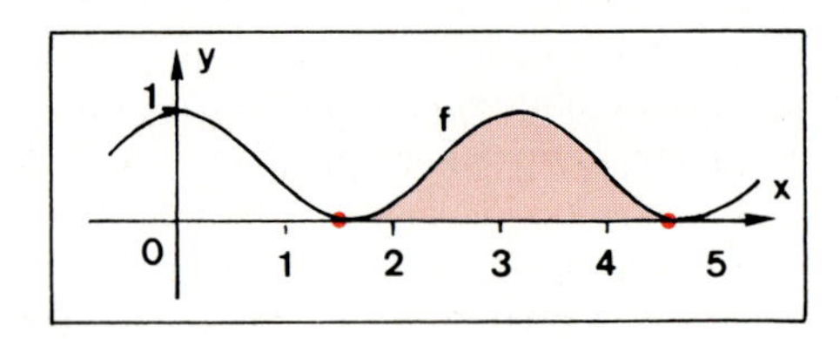

D. Übungen

Flächeninhalte / Exponentialfunktionen

17. Bestimmen Sie den Flächeninhalt unter dem Graphen der Funktion f über dem Intervall I. Fertigen Sie zu Ihrer Orientierung jeweils eine Skizze an.

a) $f(x) = e^{0,5x}$, $I = [-1;1]$
b) $f(x) = 1,5 \cdot e^{2x-1}$, $I = [-4;-1]$
c) $f(x) = 0,5 \cdot e^{1-3x}$, $I = [0;1]$
d) $f(x) = e^{2x} + e^{-2x}$, $I = [-2;2]$
e) $f(x) = -1,5 \cdot e^{-0,5x}$, $I = [0;2]$
f) $f(x) = -3 \cdot e^{0,2x+1}$, $I = [3;4]$

18. Berechnen Sie den Inhalt der Fläche A, die von den Graphen der Funktionen f und g sowie der y-Achse begrenzt wird. Fertigen Sie zunächst eine Skizze an.

a) $f(x) = e^{0,2x}$, $g(x) = 2 \cdot e^{1,5x}$
b) $f(x) = 0,5 \cdot e^{-0,5x}$, $g(x) = 4 \cdot e^{0,4x}$
c) $f(x) = 3 \cdot e^{-0,4x}$, $g(x) = 0,2 \cdot e^{0,1x}$
d) $f(x) = 1,2 \cdot e^{0,8x}$, $g(x) = -0,6 \cdot e^{2x}$
e) $f(x) = -2 \cdot e^{0,8x}$, $g(x) = -e^{0,8x}$
f) $f(x) = 5 + e^{-1,1x}$, $g(x) = 6 - 2 \cdot e^{-1,1x}$

19. Berechnen Sie den Inhalt der Fläche A, die von den Graphen der abgebildeten Funktionen eingeschlossen wird (Typ für f und g: $a \cdot e^{bx}$; h ist eine Gerade).

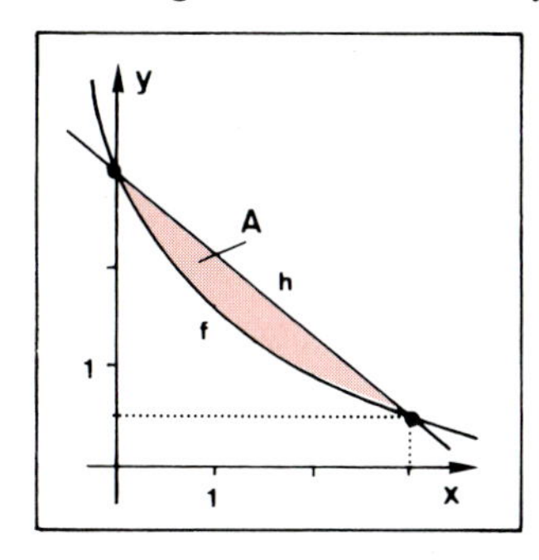

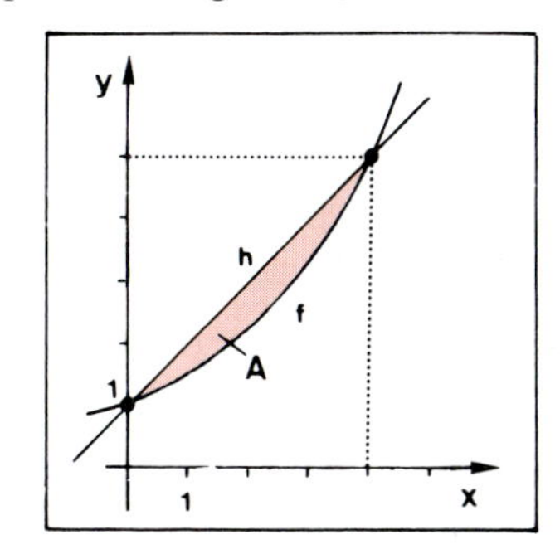

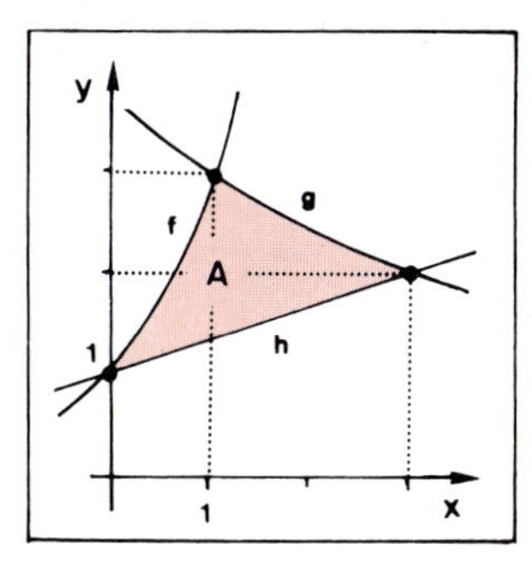

20. Bestimmen Sie den maximalen Inhalt, den ein achsenparalleles Rechteck im 1. Quadranten einnehmen kann, wenn eine Ecke im Ursprung und eine zweite auf dem Graphen zu f liegen soll.

a) $f(x) = 2 \cdot e^{-2x}$ b) $f(x) = 0{,}7 \cdot e^{-1{,}5x}$ c) $f(x) = 3x \cdot e^{-4x}$ d) $f(x) = x^2 \cdot e^{-2x^2}$

21. Gegeben ist die Funktion $f(x) = 1{,}2 \cdot e^{-0{,}5x}$.

a) Bestimmen Sie eine Exponentialfunktion $g(x) = b \cdot e^{cx}$, deren Graph näherungsweise durch die Punkte $P(-4|0{,}9)$ und $Q(-6|0{,}6)$ geht.
b) Bestimmen Sie Nullstellen, Extrema und Wendepunkte von $h(x) = x \cdot f(x)$.
c) Bestimmen Sie die Schnittstellen von h mit der Winkelhalbierenden des 1. Quadranten.
d) Zeichnen Sie den Graphen von h für $-1 \le x \le 6$.
e) Bestimmen Sie eine Stammfunktion von f.
f) Bestimmen Sie den Inhalt der Fläche zwischen dem Graphen von f und der x-Achse über dem Intervall $[0 ; a]$ in Abhängigkeit von $a > 0$.
g) Wie muss a gewählt werden, damit der Inhalt der Fläche aus f) den Wert 1 hat?
h) $R(2|0)$ sei der linke untere Eckpunkt eines achsenparallelen Rechtecks. Der rechte obere Eckpunkt S liege auf dem Graphen von f.
Wie muss S gewählt werden, damit der Inhalt des Rechtecks maximal wird?

Flächeninhalte / Trigonometrische Funktionen

22. Bestimmen Sie eine Stammfunktion der Funktion f.

a) $f(x) = \sin(3x)$
b) $f(x) = \cos(0{,}5x)$
c) $f(x) = \sin(\frac{x}{12})$
d) $f(x) = \cos(\pi x)$
e) $f(x) = \cos(\frac{x}{4})$
f) $f(x) = \sin(-2x)$

23. Gegeben ist die Funktion f.
Bestimmen Sie die Ableitung f' sowie eine Stammfunktion F.

a) $f(x) = 3\sin(2x)$
b) $f(x) = 0{,}5\cos(4x)$
c) $f(x) = -2\sin(-2x)$
d) $f(x) = \sin(5x - 1)$
e) $f(x) = 3\cos(1 - x)$
f) $f(x) = 2\cos(2x - 2)$
g) $f(x) = 0{,}5\sin(3x - 1) + 1$
h) $f(x) = 3\cos(2 - x) - 1$
i) $f(x) = 8\sin(3x - 2) + 2$

24. Berechnen Sie das bestimmte Integral.

a) $\int_0^{\pi} \cos(2x-1)dx$ c) $\int_0^{2\pi} (3\sin(1-x)+2)dx$ e) $\int_0^{\pi} (\sin x \cdot \cos x)dx$

b) $\int_{\pi}^{\pi} (2\sin(3x)+1)dx$ d) $\int_{\pi}^{2\pi} -2\cos(0{,}5x-1)dx$ f) $\int_{\pi}^{2\pi} (2\cos^2 x-1)dx$

25. Berechnen Sie die folgenden Integrale. Interpretieren Sie das Resultat nach Anfertigung einer Skizze geometrisch.

a) $\int_{\frac{\pi}{2}}^{\frac{3}{2}\pi} \sin x\, dx$ b) $\int_0^{3\pi} \sin x\, dx$ c) $\int_{\frac{\pi}{2}}^{\frac{3}{2}\pi} \cos x\, dx$

26. Berechnen Sie den Inhalt der Fläche A unter dem Graphen von f über dem Intervall I.

a) $f(x) = \sin x$, $I = [\frac{\pi}{4};\frac{\pi}{3}]$ b) $f(x) = \cos x$, $I = [0;\frac{2}{5}\pi]$ c) $f(x) = \sin x$, $I = [0;\frac{\pi}{4}]$

27. Berechnen Sie den Inhalt der im nebenstehenden Graphen dargestellten Flächen. Bestimmen Sie zu diesem Zweck zunächst eine Stammfunktion der gegebenen Funktion zu $f(x) = 0{,}5\sin(\pi \cdot x) + 0{,}5$.

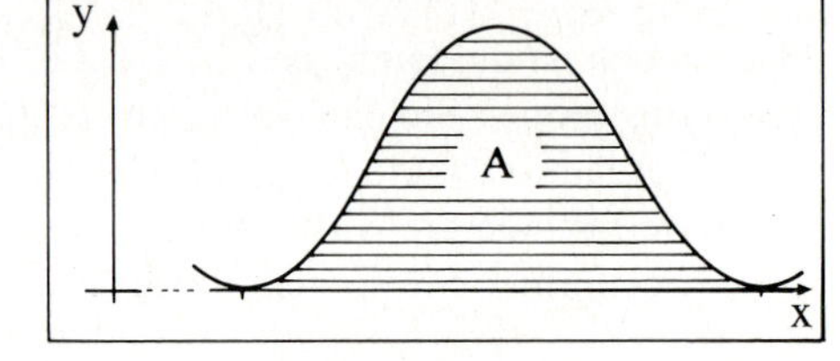

28. Wie muss a gewählt sein, damit die Fläche A unter dem Graphen von $f(x) = \sin x$ über dem Intervall $[0;a]$

a) den Inhalt 0,5 hat? b) den Inhalt 0,25 hat? c) den Inhalt 0,1 hat?

29. Berechnen Sie den Inhalt der abgebildeten Fläche näherungsweise.

a) 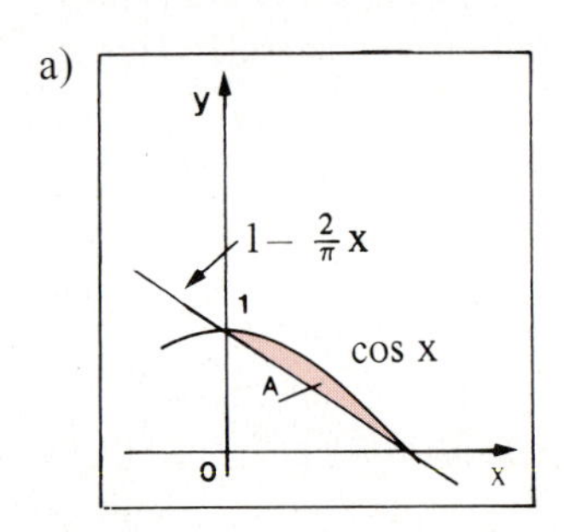

b) 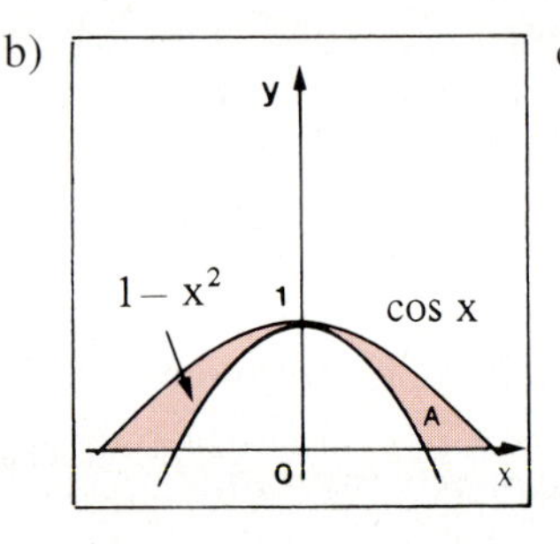

c) 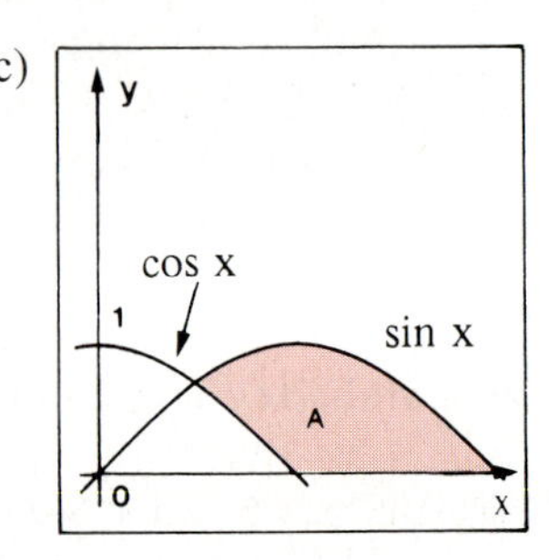

30. Gegeben sei die Funktion $f(x) = \pi - \frac{1}{2}x - \sin x$, $0 \le x \le 2\pi$.

a) Untersuchen Sie die Funktion auf Nullstellen, Extrema und Wendepunkte.
b) Skizzieren Sie den Graphen der Funktion.
c) Bestimmen Sie die Gleichung der Wendenormale für den zwischen den Intervallgrenzen liegenden Wendepunkt.
d) Die Wendenormale bildet mit den beiden Koordinatenachsen ein Dreieck. Der Graph von f zerteilt das Dreieck in zwei Teilflächen A und B. Bestimmen Sie die Flächeninhalte von A und B.

V. Umkehrfunktionen und Logarithmusfunktionen

1. Umkehrfunktionen

A. Die Umkehrbarkeit einer Funktion

Eine Funktion f ordnet jedem x-Wert ihrer Definitionsmenge genau einen y-Wert ihrer Wertemenge zu. Funktionen sind eindeutige Zuordnungen.
Ist ein x-Wert gegeben, so kann man in eindeutiger Weise auf den zugeordneten y-Wert schließen. Die Umkehrung gilt im Allgemeinen nicht, wie das folgende Beispiel zeigt.

Beispiel: Die Rechnung auf dem abgebildeten Protokoll lässt nicht mehr erkennen, wie a definiert ist.
Kann man den Zahlenwert von a wiedergewinnen?

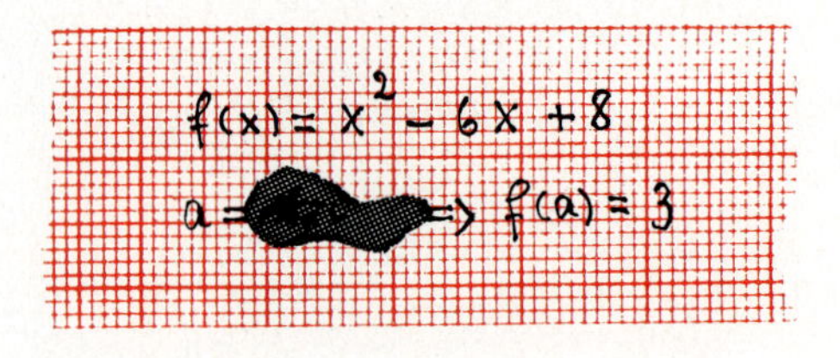

Lösung:
Wir zeichnen den Graphen der Funktion f. Da der Funktionswert von a gleich 3 ist, ziehen wir eine horizontale Gerade durch y = 3. Diese schneidet den Graphen von f bei x = 1 und x = 5.
Es ist nicht entscheidbar, ob a = 1 oder a = 5 gesetzt wurde.
Eine derartige Funktion, bei der zwar der Schluss von einem beliebigen x-Wert ihrer Definitionsmenge auf den zugeordneten y-Wert in eindeutiger Weise möglich ist, nicht jedoch der Rückschluss von einem y-Wert der Wertemenge auf den x-Wert, nennt man **nicht umkehrbar.**

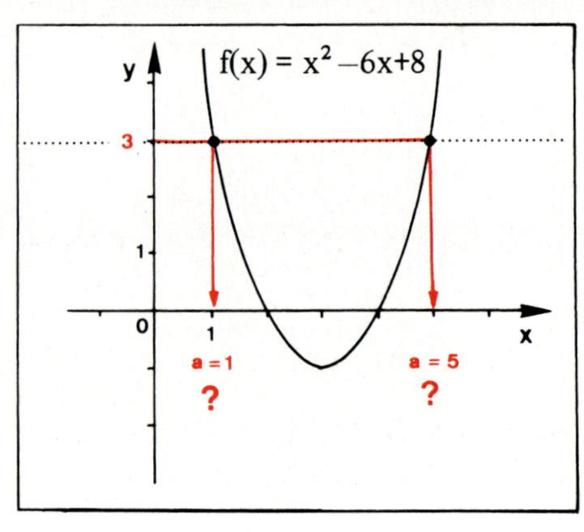

Bild 1

Ganz anders verhält es sich etwa bei der Funktion $f(x) = \frac{1}{4}x^3$ (Bild 2).
Hier schneidet jede Parallele zur x-Achse den Graphen zu der Funktion nur genau einmal, da zu jedem Element y der Werte-menge nicht mehr als ein Element x der Definitionsmenge existiert, für das f(x)=y gilt.
Eine Funktion mit dieser Eigenschaft nennt man **umkehrbar** auf der Definitionsmenge D_f.

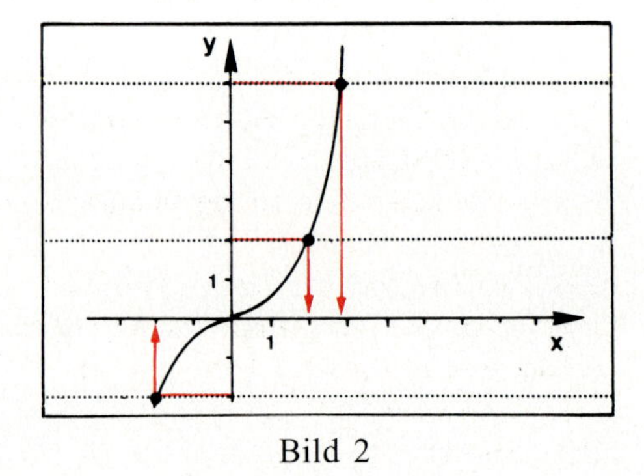

Bild 2

Bei der Untersuchung einer Funktion auf Umkehrbarkeit überprüft man, welche der folgenden Grundkonstellationen vorliegt.

I

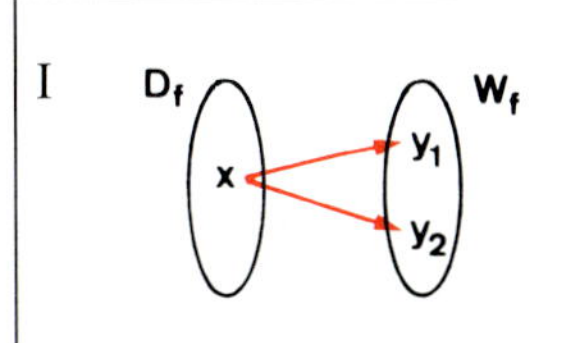

Es gibt ein Element der Definitionsmenge der Zuordnung, dem zwei oder mehr Elemente der Wertemenge zugeordnet sind. Die Zuordnung ist nicht eindeutig. Es handelt sich **nicht um eine Funktion.**

II

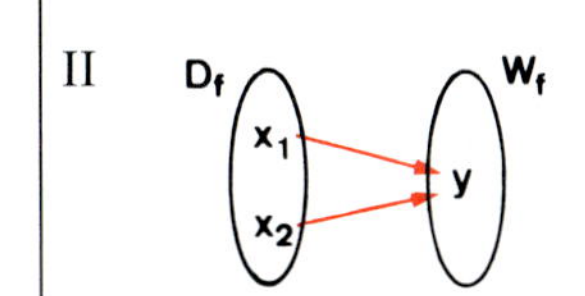

Zwei oder mehr Elementen der Definitionsmenge einer Funktion ist ein und dasselbe Element der Wertemenge zugeordnet.
Die Funktion ist **nicht umkehrbar.**

III

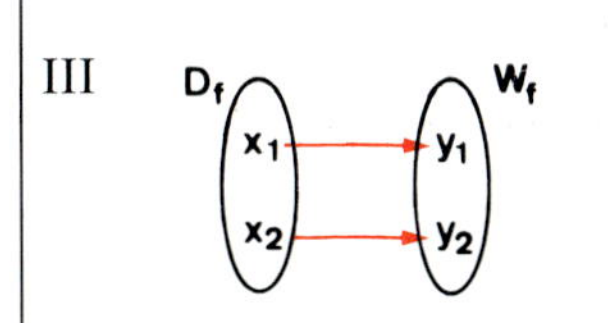

Verschiedenen Elementen der Definitionsmenge einer Funktion sind stets auch verschiedene Elemente der Wertemenge zugeordnet.

$$x_1 \neq x_2 \Rightarrow f(x_1) \neq f(x_2)$$

Die Funktion ist **umkehrbar.**

Im Graph aus Bild 1 liegt Konstellation II vor. Zwei x-Werten $x_1 = 1$, $x_2 = 5$ ist ein und derselbe y-Wert $y = 3$ zugeordnet. Die Funktion ist nicht umkehrbar.
Im Graphen aus Bild 2 liegt Konstellation III vor. Unterschiedliche x-Werte haben auch unterschiedliche y-Werte. Es liegt Umkehrbarkeit vor.

Übung 1
Skizzieren Sie den Graph der Funktion f und geben Sie an, ob f auf D_f umkehrbar ist. Begründen Sie Ihre Ergebnisse.

a) $f(x) = -3x + 2$, $D_f = \mathbb{R}$ b) $f(x) = x^2 + 2x - 3$, $D_f = \mathbb{R}$ c) $f(x) = x^3 + x - 2$, $D_f = \mathbb{R}$

d) $f(x) = \frac{1}{x-1}$, $D_f = \mathbb{R}\setminus\{1\}$ e) $f(x) = \sqrt{x}$, $D_f = [0\,;\infty[$ f) $f(x) = x \cdot e^x$, $D_f = \mathbb{R}$

Eine Funktion, die keinen Funktionswert mehr als einmal annimmt, ist zwangsläufig umkehrbar. Streng monotone Funktionen nehmen jeden Funktionswert nur einmal an. Daher gilt:

Satz V.1: Jede auf ihrer Definitionsmenge streng monotone Funktion ist dort umkehrbar.

Die Umkehrung von Satz V.1 gilt allerdings nicht. Dies zeigt das nebenstehend abgebildete Beispiel einer zwar umkehrbaren, aber keinesfalls streng monotonen Funktion.
Beachten Sie bei der Untersuchung der Umkehrbarkeit stets, dass man strenge Monotonie mit der 1. Ableitung einer Funktion feststellen kann:
$f' > 0 \Rightarrow$ f streng monoton.

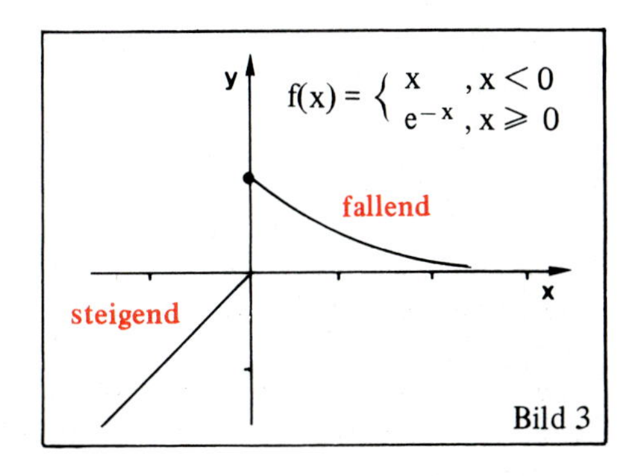

Bild 3

Übung 2

Schränken Sie die Definitionsmenge der Funktion f so ein, dass strenge Monotonie und daher Umkehrbarkeit vorliegt.

a) $f(x) = 2x^2 - 4x + 4$ b) $f(x) = \frac{1}{x}$ c) $f(x) = |2 - x|$ d) $f(x) = \sin x$

B. Die Umkehrfunktion

Beispiel: Gegeben sei die Funktion zu $f(x) = \frac{1}{4}x^3 + 1$, $D_f = [-2; \infty[$. Fertigen Sie eine Wertetabelle an und skizzieren Sie den Graphen von f. Kehren Sie sodann die Wertetabelle um, indem Sie jedem y-Wert von f den zugehörigen x-Wert zuordnen. Skizzieren Sie den Graphen der so definierten Funktion f^{-1} ebenfalls. Was fällt Ihnen auf?

Lösung:

Wertetabelle der Funktion f

x		y
−2	→	−1
−1	→	0,75
0	→	1
1	→	1,25
2	→	3

Umkehrung der Wertetabelle zu f

x		y
−1	→	−2
0,75	→	−1
1	→	0
1,25	→	1
3	→	2

Es fällt auf, dass der Graph der Funktion f^{-1} offensichtlich das Spiegelbild des Graphen der Funktion f ist, wenn als Spiegelachse die Winkelhalbierende des 1. Quadranten gewählt wird.

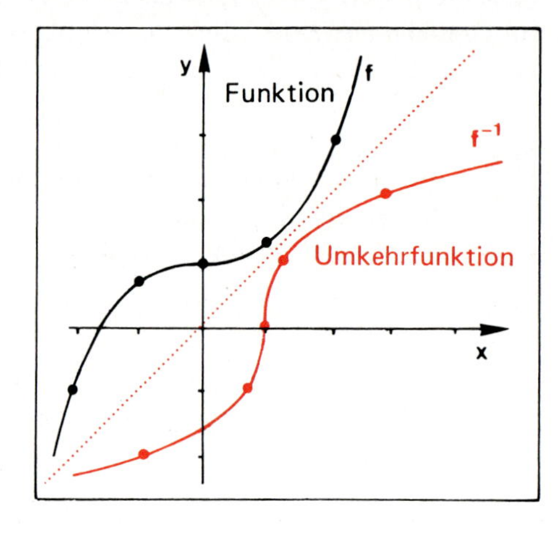

Bild 4

Wir können als Resultat festhalten:

Ist f eine umkehrbare Funktion, so gibt es eine Funktion f^{-1}, die jedem y-Wert der ursprünglichen Funktion in eindeutiger Weise den zugehörigen x-Wert zuordnet.
Diese Funktion f^{-1} wird als **Umkehrfunktion** von f bezeichnet.
Die Definitionsmenge von f^{-1} ist die Wertemenge von f, die Wertemenge von f^{-1} ist die Definitionsmenge von f. Der Graph von f^{-1} geht aus dem Graphen von f durch Spiegelung an der Winkelhalbierenden des 1. Quadranten hervor.

Beispiel: Die Funktion zu $f(x) = \sin x$ ist auf dem Intervall $[-\frac{\pi}{2}; \frac{\pi}{2}]$ umkehrbar. Skizzieren Sie den Graphen von f und kons-truieren Sie den Graphen der Umkehrfunktion f^{-1}.

Lösung:
Wir spiegeln den Graphen der Sinusfunktion mit Hilfe des Geodreiecks an der Winkelhalbierenden und erhalten den Graphen ihrer Umkehrfunktion, die als Arcussinusfunktion ($f^{-1}(x) = \arcsin x$) bezeichnet wird.

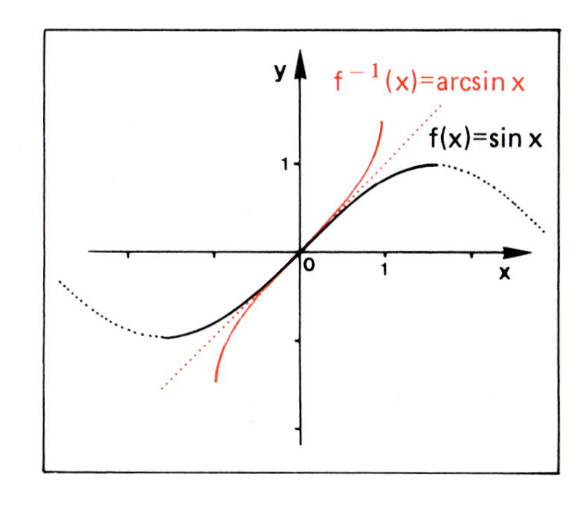

Bild 5

Übung 3
Zeichnen Sie die Graphen der Funktion f und der Umkehrfunktion f^{-1}.

a) $f(x) = \frac{3}{2}x + 1$, $D_f = [-2 ; 4]$ b) $f(x) = \sqrt{x+3}$, $D_f = [-3 ; 6]$ c) $f(x) = \cos x, D_f = [0 ; \pi]$

Wichtig ist der folgende Satz, der im Wesentlichen besagt, dass Funktion und Umkehrfunktion sich in ihrer Zuordnungsvorschrift aufheben, wenn man sie miteinander verkettet.

Satz V.2: f sei eine umkehrbare Funktion mit der Definitionsmenge D_f und der Wertemenge W_f. f^{-1} sei die Umkehrfunktion von f. Dann gelten folgende Aussagen:

(1) $W_{f^{-1}} = D_f$	(2) $f^{-1}(f(x)) = x$	(3) $f(f^{-1}(x)) = x$
$D_{f^{-1}} = W_f$	für $x \in D_f$	für $x \in W_f$

Übung 4
Gegeben sei die Funktion zu $f(x) = x^2 - 6x + 10$, $D_f = [3 ; \infty[$.
a) Zeigen Sie, dass f auf D_f umkehrbar ist. Skizzieren Sie die Graphen von f und f^{-1}.
b) Bestimmen Sie $f^{-1}(1)$, $f^{-1}(5)$ und $f^{-1}(10)$ sowohl graphisch als auch rechnerisch.

Übung 5
Erläutern Sie die Aussagen von Satz V.2 am Beispiel der Funktion zu $f(x) = x^2 + 1$, $D_f = [0 ; \infty[$ sowie ihrer Umkehrfunktion mit $f^{-1}(x) = \sqrt{x-1}$.

Oft ist es möglich, den Funktionsterm der Umkehrfunktion f^{-1} auf rechnerischem Weg aus dem Funktionsterm der gegebenen umkehrbaren Funktion f zu gewinnen.

Beispiel: Gegeben sei die auf ℝ umkehrbare Funktion zu $f(x) = 2x + 4$. Bestimmen Sie den Funktionsterm der Umkehrfunktion f^{-1} rechnerisch.

Lösung:

1. Wir notieren die Funktionsgleichung von f.
2. Wir ersetzen f(x) abkürzend durch y.
3. Wir lösen die Gleichung nach x auf, da die Umkehrfunktion jedem y-Wert der Funktion den zugehörigen x-Wert zuordnet.
4. Wir vertauschen die Variablen, um wie gewohnt x als unabhängige Variable zu erhalten.
5. Wir ersetzen y durch $f^{-1}(x)$.

Wir unterziehen das Resultat $f^{-1}(x)$ einer Probe, indem wir die Gültigkeit von (2), (3) aus Satz V.2 überprüfen.

Bestimmung der Umkehrfunktion	
$f(x) = 2x+4$ $y = 2x+4$	Funktion
$x = \frac{1}{2}y - 2$	Auflösen nach x Übergang zur Umkehrfunktion
$y = \frac{1}{2}x - 2$	Umbenennen der Variablen
$f^{-1}(x) = \frac{1}{2}x - 2$	Umkehrfunktion

Probe:

$$f^{-1}(f(x)) = \frac{1}{2}(2x+4) - 2 = x$$

$$f(f^{-1}(x)) = 2(\frac{1}{2}x - 2) + 4 = x$$

Beispiel: Bestimmen Sie die Gleichung der Umkehrfunktion f^{-1} und skizzieren Sie deren Graph.

a) $f(x) = \frac{1}{2}x^2 + 2x + 2,\ D_f = [-2\ ;\infty[$

b) $f(x) = \frac{1}{x-1},\ D_f = \mathbb{R}\setminus\{1\}$

Lösung zu a):
Der Graph zu f stellt den rechten Ast einer Parabel dar. Daher ist f streng monoton und damit umkehrbar.
Wir berechnen die Funktionsgleichung von f^{-1} und skizzieren die Graphen von f und f^{-1} (Bild 6).

$$f(x) = \frac{1}{2}x^2 + 2x + 2,\ x \geq -2$$

$$y = \frac{1}{2}x^2 + 2x + 2$$

$$\frac{1}{2}x^2 + 2x + (2-y) = 0$$

$$x^2 + 4x + (4-2y) = 0$$

$$x = -2 \pm \sqrt{4-(4-2y)}$$

$$x = -2 \pm \sqrt{2y}\ ,\quad y = -2 \pm \sqrt{2x}$$

$$f^{-1}(x) = -2 \pm \sqrt{2x}\ ,\ x \geq 0$$

Das Minuszeichen ist hier irrelevant, da es sich auf den zweiten Ast der gegebenen Parabel bezieht.

Lösung zu b):
Es handelt sich um eine einfache gebrochen-rationale Funktion. Sie ist umkehrbar auf D_f, weil jedes Element der Wertemenge $W_f = \mathbb{R}\setminus\{0\}$ genau einmal als Funktionswert von f angenommen wird (Bild 7).

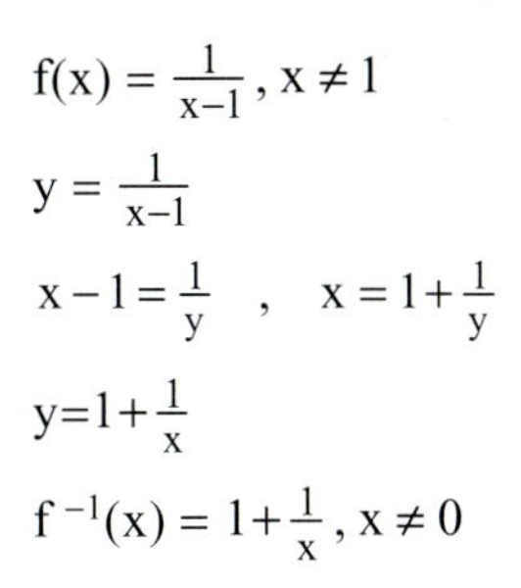

$f(x) = \frac{1}{x-1}, x \neq 1$

$y = \frac{1}{x-1}$

$x - 1 = \frac{1}{y} \quad , \quad x = 1 + \frac{1}{y}$

$y = 1 + \frac{1}{x}$

$f^{-1}(x) = 1 + \frac{1}{x}, x \neq 0$

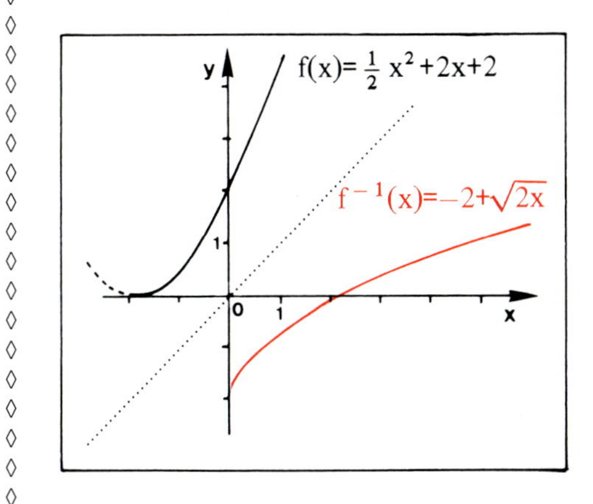

Bild 6

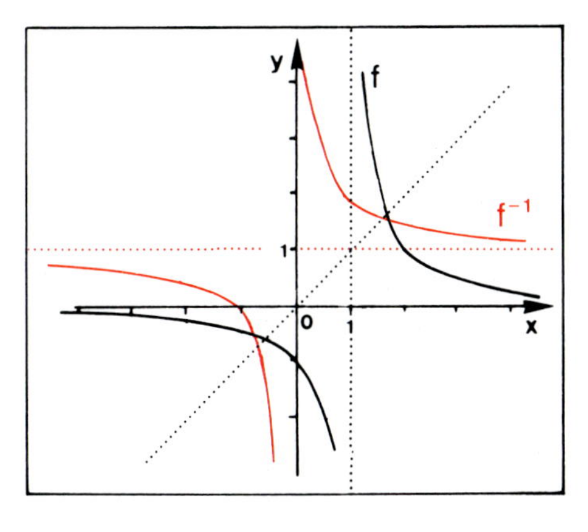

Bild 7

Beispiel: Bestimmen Sie die Gleichung der Umkehrfunktion f^{-1} von $f(x) = \sqrt[3]{x+2}$ und skizzieren Sie die Graphen von f und f^{-1}.

Lösung:

$f(x) = \sqrt[3]{x+2}$

$y = \sqrt[3]{x+2}$

$x = y^3 - 2$ Auflösen nach x

$y = x^3 - 2$ Variablentausch

$f^{-1}(x) = x^3 - 2$

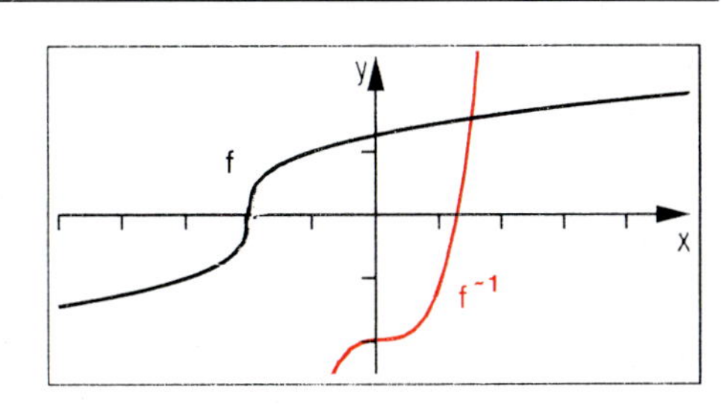

Übung 6

Bestimmen Sie die Umkehrfunktion von f. Zeichnen Sie die Graphen von f und f^{-1}.

a) $f(x) = 2x - 1$, $D_f = \mathbb{R}$

b) $f(x) = 2 - \frac{1}{2}x$, $D_f = \mathbb{R}$

c) $f(x) = x^2 + 1$, $D_f = [0; \infty[$

d) $f(x) = x^2 - 5x + 6$, $D_f = [2{,}5; \infty[$

e) $f(x) = \frac{1}{x+2}$, $D_f = \mathbb{R}\setminus\{-2\}$

f) $f(x) = 2 \cdot \sqrt{x-2}$, $D_f = [2; \infty[$

g) $f(x) = \sqrt[3]{x^2 - 1}$, $x \geq 0$

h) $f(x) = \sqrt[4]{2x-6}$, $x \geq 3$

C. Die Differentiation der Umkehrfunktion

Die Steigung einer Funktion und die Steigung ihrer Umkehrfunktion hängen eng miteinander zusammen. Der Grund ist anschaulich in dem geometrischen Spiegelungszusammenhang zwischen den Graphen dieser beiden Funktionen zu sehen.

Wir betrachten den Punkt $P(x|f(x))$ auf dem Graphen der Funktion f, dem der Spiegelpunkt $P'(f(x)|x)$ auf dem Graphen von f^{-1} entspricht (Bild 8).

Die eingezeichneten Steigungsdreiecke in diesen Punkten sind offensichtlich ebenfalls spiegelungsgleich.

Für die Steigung von f an der Stelle x gilt $f'(x) = \frac{a}{b}$, während für die Steigung von f^{-1} an der Stelle f(x) die Gleichung $(f^{-1})'(f(x)) = \frac{b}{a}$ gilt.

Der erste dieser beiden Steigungsausdrücke ist also der Kehrwert des zweiten. Dies führt auf eine wichtige Ableitungsregel, die sogenannte **Umkehrformel.** Bevor wir sie beweisen, wenden wir sie zur Übung auf einige Beispiele an.

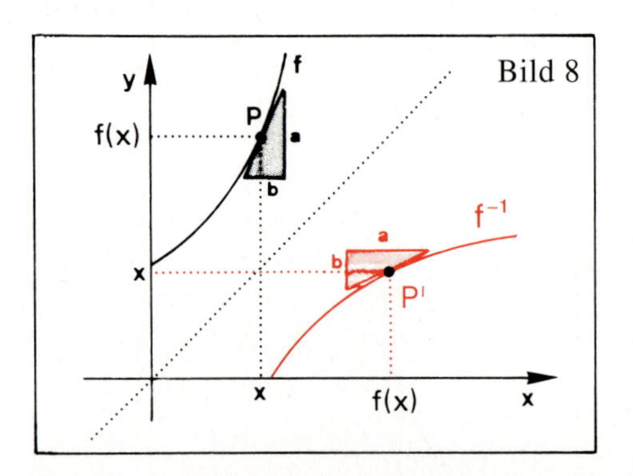

Die Umkehrformel

$$f'(x) = \frac{1}{(f^{-1})'(f(x))}$$

Die Steigung einer Funktion an der Stelle x ist gleich dem Kehrwert der Steigung ihrer Umkehrfunktion an der Stelle f(x).

Die Umkehrformel kann z.B. die Differentiation einer Funktion erleichtern, wenn ihre Umkehrfunktion in einfacher Weise differenziert werden kann.

Beispiel: Berechnen Sie die Ableitung der Funktion zu $f(x) = \sqrt[3]{x}$, $x > 0$.

Lösung:

$f(x) = \sqrt[3]{x}$ ist als Wurzelterm nicht ohne weiteres differenzierbar.
Allerdings sind die Umkehrfunktion f^{-1} mit dem Term $f^{-1}(x) = x^3$ und deren Ableitungsfunktion $(f^{-1})'(x) = 3x^2$ leicht zu bestimmen. Es folgt:
$(f^{-1})'(f(x)) = (f^{-1})'(\sqrt[3]{x}) = 3\cdot(\sqrt[3]{x})^2$.
Setzen wir dies in die Umkehrformel ein, so erhalten wir $(\sqrt[3]{x})' = \frac{1}{3\cdot(\sqrt[3]{x})^2}$.

$$f(x) = \sqrt[3]{x}$$
$$f^{-1}(x) = x^3$$
$$(f^{-1})'(x) = 3x^2$$
$$(f^{-1})'(f(x)) = 3\cdot(f(x))^2 = 3\cdot(\sqrt[3]{x})^2$$
$$f'(x) = \frac{1}{(f^{-1})'(f(x))} = \frac{1}{3\cdot(\sqrt[3]{x})^2}$$

Übung 7

Bestimmen Sie die Ableitungsfunktion von f mit Hilfe der Umkehrformel.

a) $f(x) = \sqrt{x}$, $x > 0$ b) $f(x) = \sqrt{x+1}$, $x > -1$ c) $f(x) = \sqrt[3]{3x-3}$, $x > 1$

Die Umkehrfunktion der Funktion $g(x) = \sin x$ (vgl. Beispiel S. 153) haben wir als Arcussinusfunktion bezeichnet: $g^{-1}(x) = \arcsin x$. Bisher kennen wir lediglich den durch Spiegelung gewonnenen Graphen dieser Funktion. Mit Hilfe der Umkehrformel sind wir nun in der Lage, ihre Ableitungsfunktion zu gewinnen.

Beispiel: Gegeben sei die Umkehrfunktion der Sinusfunktion, also die Funktion zu $f(x) = \arcsin x$ $(-1 < x < 1)$.

a) Zeigen Sie, dass $\cos(\arcsin x) = \sqrt{1-x^2}$ gilt.

b) Bestimmen Sie die Ableitung f'(x) mit Hilfe der Umkehrformel.

c) Skizzieren Sie die Graphen von f und von f'.

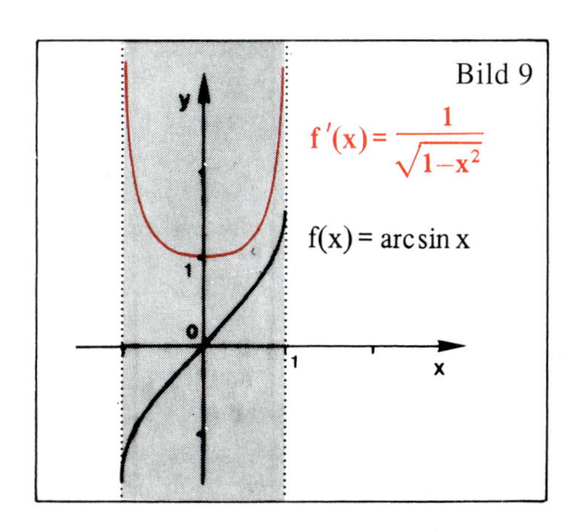

Lösung:

a) Aus $\sin^2 a + \cos^2 a = 1$ folgt für $a = \arcsin x$ zunächst
$\sin^2(\arcsin x) + \cos^2(\arcsin x) = 1$.
Wegen $f^{-1}(f(x)) = x$ gilt
$\sin(\arcsin x) = x$,
so dass folgt: $x^2 + \cos^2(\arcsin x) = 1$.
Also gilt $\cos(\arcsin x) = \sqrt{1-x^2}$.

b) Die Umkehrfunktion von $f(x) = \arcsin x$ ist $f^{-1}(x) = \sin x$. Daher gilt $(f^{-1})'(x) = \cos x$. Die Anwendung der Umkehrformel liefert nun zusammen mit dem Ergebnis von a) das Resultat (vgl. Rechnung rechts)

$$(\arcsin x)' = \frac{1}{\sqrt{1-x^2}}.$$

Rechnung zu b):

$$f(x) = \arcsin x$$

$$f^{-1}(x) = \sin x$$

$$(f^{-1})'(x) = \cos x$$

$$f'(x) = \frac{1}{(f^{-1})'(f(x))} = \frac{1}{\cos(\arcsin x)} = \frac{1}{\sqrt{1-x^2}}$$

Übung 8

Die Tangensfunktion zu $y(x) = \tan x = \frac{\sin x}{\cos x}$, $-\frac{\pi}{2} < x < \frac{\pi}{2}$, ist umkehrbar.

Ihre Umkehrfunktion wird als **Arcustangensfunktion** bezeichnet: $f(x) = \arctan x$. Im Bild rechts sind die Graphen von Tangensfunktion und Arcustangensfunktion dargestellt.

Die Arcustangensfunktion ist differenzierbar und es gilt:

$$f'(x) = (\arctan x)' = \frac{1}{1+x^2}.$$

Leiten Sie diese Formel her:

a) Zeigen Sie zunächst:

$$g'(x) = (\tan x)' = \frac{1}{\cos^2 x} = 1+\tan^2 x.$$

b) Wenden Sie dann die Umkehrformel an, um die Ableitungsformel

$f'(x) = \frac{1}{1+x^2}$ zu gewinnen.

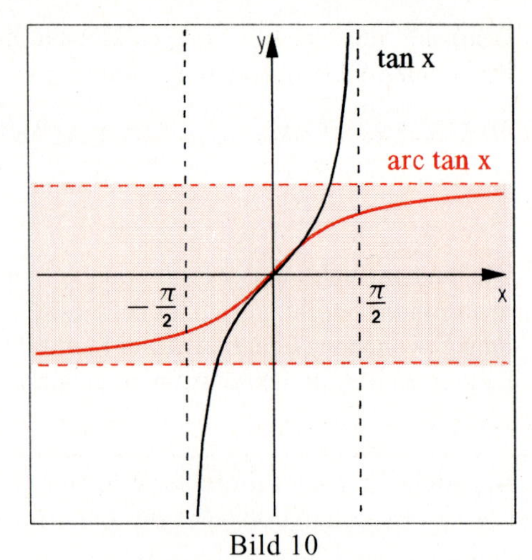

Bild 10

Die arctan-Funktion ist die Umkehrfunktion der tan-Funktion.
Für ihre Ableitung gilt:

$$(\arctan x)' = \frac{1}{1+x^2}.$$

Beispiel: Gegeben ist die Funktion $f(x) = x^3 + 3x^2$, $x > 0$. Skizzieren Sie den Graphen der Funktion sowie den Graphen ihrer Umkehrfunktion.
Berechnen Sie die Ableitung der Umkehrfunktion an der Stelle $x = 4$.

Lösung:

Da die direkte Berechnung der Gleichung der Umkehrfunktion und ihrer Ableitung nicht möglich ist, versuchen wir es mit der Anwendung der Umkehrformel. Wir lösen diese zunächst nach dem Term $(f^{-1})'(f(x))$ auf und erhalten

$$(f^{-1})'(f(x)) = \frac{1}{f'(x)} = \frac{1}{3x^2+6x}.$$

Da wir $(f^{-1})'(4)$ suchen, müssen wir zunächst berechnen, für welches x die Gleichung $f(x) = 4$ erfüllt ist.
$x^3 + 3x^2 = 4$ hat die Lösung $x = 1$ (Raten).
Damit folgt nun:

$$(f^{-1})'(4) = (f^{-1})'(f(1)) = \frac{1}{f'(1)} = \frac{1}{3+6} = \frac{1}{9}.$$

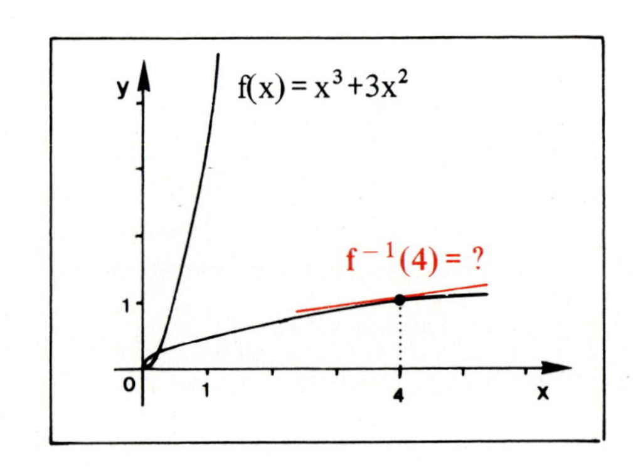

Bild 11

Wir holen nun der Exaktheit halber die genaue Formulierung sowie eine Beweisidee der Umkehrformel nach.

Satz V.3 (Umkehrformel):
f sei eine umkehrbare Funktion mit der Umkehrfunktion f^{-1}.
f sei an der Stelle x differenzierbar und es gelte $f'(x) \neq 0$.
Dann ist f^{-1} an der Stelle f(x) differenzierbar. Außerdem gilt die nebenstehende Umkehrformel.

$$f'(x) = \frac{1}{(f^{-1})'(f(x))}$$

Die Steigung einer Funktion an der Stelle x ist gleich dem Kehrwert der Steigung ihrer Umkehrfunktion an der Stelle f(x).

Beweisgedanke:
Die Differenzierbarkeit von f^{-1} an der Stelle f(x) folgt aus Bild 8 in anschaulicher Weise aus der Differenzierbarkeit von f an der Stelle x durch Spiegelung.

Die Voraussetzung $f'(x) \neq 0$ sichert, dass beim Spiegeln keine unzulässige senkrechte Tangente entstehen kann.

Auf eine strenge analytische Beweisführung verzichten wir.

f^{-1} ist Umkehrfunktion von f. Also gilt:

$$f^{-1}(f(x)) = x.$$

Wir differenzieren beiderseits des Gleichheitszeichens, wobei die Differentiation der linken Seite die Anwendung der Kettenregel erfordert.
Wir erhalten die Gleichung

$$(f^{-1})'(f(x)) \cdot f'(x) = 1.$$

Durch Auflösen nach f'(x) ergibt sich nun die Umkehrformel.

Übung 9
Überprüfen Sie die Gültigkeit der Umkehrformel an folgenden Beispielen:

a) $f(x) = 2x + 5$
b) $f(x) = 2 + \sqrt{x}$, $x > 0$
c) $f(x) = \sqrt{x-1}$, $x > 1$
d) $f(x) = \frac{1}{2x}$, $x \neq 0$
e) $f(x) = (x+1)^2$, $x > \frac{1}{2}$
f) $f(x) = (\sqrt{x} - 1)^2$, $x > 0$

D. Übungen

Die Umkehrbarkeit einer Funktion

10. Skizzieren Sie den Graphen der Funktion f und geben Sie an, ob f auf D_f umkehrbar ist.

a) $f(x) = 1 - 2x$, $D_f = \mathbb{R}$ b) $f(x) = x^2 - 1$, $D_f = \mathbb{R}$

c) $f(x) = x^3 - 1$, $D_f = \mathbb{R}$ d) $f(x) = \sqrt{x-1}$, $D_f = [1;\infty[$

e) $f(x) = x^2 - 3x + 2$, $D_f = [1;\infty[$ f) $f(x) = \frac{1}{x+2}$, $D_f =]-2;{\scriptstyle]0;\frac{\pi}{2}[}[$

g) $f(x) = e^{x^2}$, $D_f = [0;\infty[$ h) $f(x) = \sin(2x)$, $D_f = [0;\frac{\pi}{2}]$

i) $f(x) = \frac{1}{\sin x}$, $D_f =]0;\pi[$

11. Untersuchen Sie die Funktion auf Umkehrbarkeit.

a) $f(x) = 2x$, $D_f = \mathbb{R}$ b) $f(x) = x^2$, $D_f = (2;\infty)$

c) $f(x) = \frac{1}{1-x}$, $D_f = \mathbb{R}\backslash\{1\}$ d) $f(x) = e^{\frac{1}{x}}$, $D_f = \mathbb{R}\backslash\{0\}$

e) $f(x) = \sqrt{2-x}$, $D_f =]-\infty;2[$ f) $f(x) = x^2 \cdot e^x$, $D_f =]-2;0[$

g) $f(x) = \frac{1}{x^2}$, $D_f =]0;\infty[$ h) $f(x) = x \cdot e^{\frac{1}{x}}$, $D_f =]1;\infty[$

i) $f(x) = \frac{1}{\cos x}$, $D_f =]0;\frac{\pi}{2}[$

12. Zeigen Sie, dass die zusammengesetzte Funktion f auch an der Schnittstelle differenzierbar ist, und untersuchen Sie f dann mit Hilfe von Satz V.1 auf Umkehrbarkeit.

a) $f(x) = \begin{cases} (x-1)^2 & \text{für } x < 0 \\ 1-2x & \text{für } x \geq 0 \end{cases}$ b) $f(x) = \begin{cases} e^{2x} & \text{für } x < 0 \\ (x+1)^2 & \text{für } x \geq 0 \end{cases}$

c) $f(x) = \begin{cases} \sqrt{1-x} & \text{für } x < 0 \\ 1-\frac{1}{2}x & \text{für } x \geq 0 \end{cases}$

13. Beweisen Sie: Ist eine Funktion auf ihrer Definitionsmenge streng monoton steigend (fallend), so ist ihre Umkehrfunktion auf $D_{f^{-1}}$ ebenfalls streng monoton steigend (fallend).

14. Für welche Funktionen f gilt: $f(x) = f^{-1}(x)$?

15. Zeichnen Sie den Graphen der Funktion f und ihrer Umkehrfunktion f^{-1}.

a) $f(x) = x^2$, $x > 0$ b) $f(x) = 2x - 3$ c) $f(x) = \sqrt{x-1}$, $x > 1$

d) $f(x) = \cos x$, $0 < x < \pi$ e) $f(x) = -\frac{1}{3}x^3 + 1$ f) $f(x) = e^x$

g) $f(x) = \tan x$, $0 < x < \frac{\pi}{2}$ h) $f(x) = \frac{1}{6}(x+1)^3$ i) $f(x) = \frac{1}{8}x^4$, $x > 0$

16. Gegeben sei die Funktion f. Zeigen Sie, dass f auf D_f umkehrbar ist, und skizzieren Sie den Graphen von f^{-1}. Bestimmen Sie $f^{-1}(a)$ sowohl graphisch als auch rechnerisch (Satz V.3).

a) $f(x) = \frac{1}{3}x - 1$, $D_f = \mathbb{R}$, $a = 0$ b) $f(x) = x^2 - 4x + 2$, $D_f = [2;\infty[$, $a = 2$

c) $f(x) = \frac{1}{3}x^3 + 1$, $D_f = \mathbb{R}$, $a = 1$ d) $f(x) = \sqrt{x}$, $D_f = [0;\infty[$, $a = 2$

17. Bestimmen Sie die Umkehrfunktion f^{-1} und skizzieren Sie die Graphen von f und f^{-1}.

a) $f(x) = 2x - 4$, $D_f = \mathbb{R}$ b) $f(x) = 3 - 0{,}5x$, $D_f = \mathbb{R}$
c) $f(x) = 3x - 6$, $D_f = \mathbb{R}$ d) $f(x) = x^2 - 1$, $D_f = [0;\infty[$
e) $f(x) = \frac{1}{3-x}$, $D_f = \mathbb{R}\setminus\{3\}$ f) $f(x) = 4 - 2x^2$, $D_f = [0;\infty[$
g) $f(x) = \frac{1}{1-2x}$, $D_f = \mathbb{R}\setminus\{\frac{1}{2}\}$ h) $f(x) = x^2 - 2x + 1$, $D_f = [1;\infty[$
i) $f(x) = 1 + \sqrt{2x}$, $D_f = [0;\infty[$ j) $f(x) = 1 + \frac{1}{x}$, $D_f = \mathbb{R}\setminus\{0\}$
k) $f(x) = x + \frac{1}{x}$, $D_f = \mathbb{R}\setminus\{0\}$ l) $f(x) = x^3 - 1$, $D_f = \mathbb{R}$

Die Differentiation der Umkehrfunktion

18. Bestimmen Sie die Ableitungsfunktion von f mit Hilfe der Umkehrformel.

a) $f(x) = \sqrt{2+x}$, $x > -2$ b) $f(x) = \sqrt{2x}$, $x > 0$
c) $f(x) = \sqrt[3]{x-1}$, $x > 1$ d) $f(x) = \sqrt[5]{x}$, $x > 0$
e) $f(x) = \sqrt[5]{2x-3}$, $x > \frac{3}{2}$ f) $f(x) = \sqrt[4]{3x-6}$, $x > 2$

19. Gegeben sei die Funktion zu $f(x) = \arcsin(2x)$ $(0 \le x \le \frac{1}{2})$.

a) Skizzieren Sie die Graphen von f und f^{-1}.
b) Zeigen Sie, dass f^{-1} mit $f^{-1}(x) = \frac{1}{2}\sin x$ die Umkehrfunktion von f ist.
c) Zeigen Sie, dass $\cos(\arcsin(2x)) = \sqrt{1-4x^2}$ gilt.
d) Bestimmen Sie die Ableitung f' mit Hilfe der Umkehrformel.

20. Bestimmen Sie die Ableitungsfunktion f' von x mit Hilfe der Umkehrformel.
Bestimmen Sie zunächst die Umkehrfunktion f^{-1} von f.
Überprüfen Sie dann Ihr Ergebnis, indem Sie f'(x) mit Hilfe der Kettenregel bestimmen.

a) $f(x) = \arcsin(3x)$ b) $f(x) = \arccos(x-1)$ c) $f(x) = \arccos(2x)$

d) $f(x) = \arcsin(\frac{1}{2}x)$ e) $f(x) = \arccos(2x-1)$ f) $f(x) = \arcsin(4x-1)$

21. Berechnen Sie die Ableitung der Umkehrfunktion von f an der Stelle x = a.

a) $f(x) = 2x^3 + x$, $a = 0$
b) $f(x) = x^3 - 2x^2$, $x > 2$, $a = 9$
c) $f(x) = x^4 + 2x^2$, $x > 0$, $a = 3$
d) $f(x) = x^3 - 3x$, $x > 1$, $a = 2$
e) $f(x) = \sqrt{x-1}$, $x > 1$, $a = 2$
f) $f(x) = \sqrt{2x-6}$, $x > 3$, $a = 6$
g) $f(x) = x \cdot \sqrt{x-2}$, $x > 2$, $a = 12$
h) $f(x) = \frac{1}{2x-4}$, $x \neq 2$, $a = \frac{1}{4}$

22. Bestimmen Sie die Ableitungsfunktion der Umkehrfunktion von f auf zwei Arten.

a) $f(x) = 3x - 4$
b) $f(x) = x^2 - 2$, $x > 0$
c) $f(x) = \sqrt{3x}$, $x > 0$
d) $f(x) = (x - 2)^2$, $x > 2$
e) $f(x) = (\sqrt{x} + 2)^2$, $x > 0$
f) $f(x) = \sqrt{4x-1}$, $x > \frac{1}{4}$
g) $f(x) = (2x - 1)^2$, $x > \frac{1}{2}$
h) $f(x) = \frac{1}{2x}$, $x \neq 0$
i) $f(x) = \frac{1}{x-2}$, $x \neq 2$

23. Gegeben sei die Funktion f. An welcher Stelle hat der Graph der Umkehrfunktion f^{-1} eine maximale bzw. minimale Steigung?

a) $f(x) = x^3 + 6x + 1$
b) $f(x) = x^3 - 6x^2 + 12x$
c) $f(x) = x^3 + 3x^2 + 6x - 1$

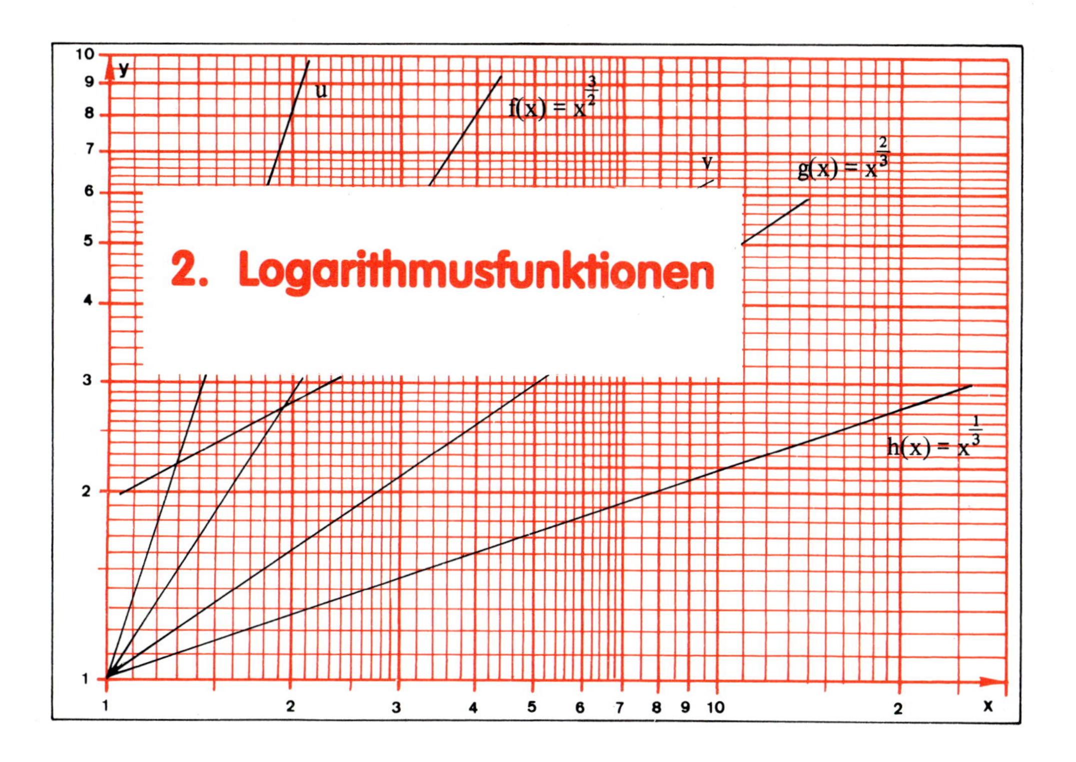

2. Logarithmusfunktionen

A. Die natürliche Logarithmusfunktion

Die Exponentialfunktion zu $f(x) = e^x$ ist eine der anwendungsreichsten elementaren Funktionen. Daher ist es nur natürlich, dass ihre Umkehrfunktion, mit der wir uns nun befassen werden, ebenfalls eine wichtige Rolle spielt.

Beispiel: Gegeben sei die Exponentialfunktion zu $f(x) = e^x$. Konstruieren Sie den Graphen ihrer Umkehrfunktion.

Lösung:
Die Exponentialfunktion zu $f(x) = e^x$ ist auf ganz $\mathbb{R}$ streng monoton steigend und daher umkehrbar.
Den Graphen ihrer Umkehrfunktion f^{-1} kann man durch Spiegelung an der Winkelhalbierenden des 1. und 3. Quadranten gewinnen (Bild 1).
Man bezeichnet diese Umkehrfunktion als **natürliche Logarithmusfunktion*** und verwendet die symbolische Schreibweise $f^{-1}(x) = \ln x$.

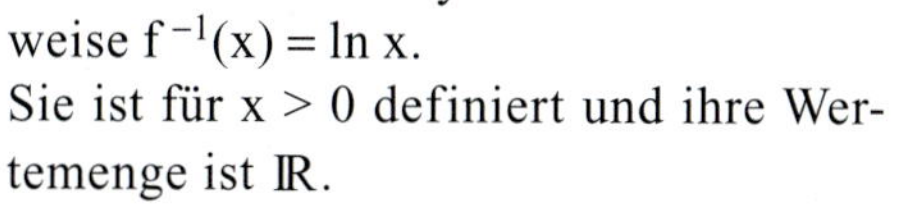

Sie ist für $x > 0$ definiert und ihre Wertemenge ist $\mathbb{R}$.

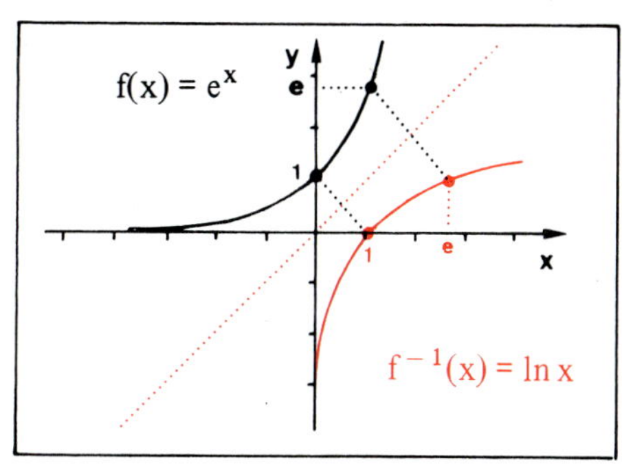

Bild 1

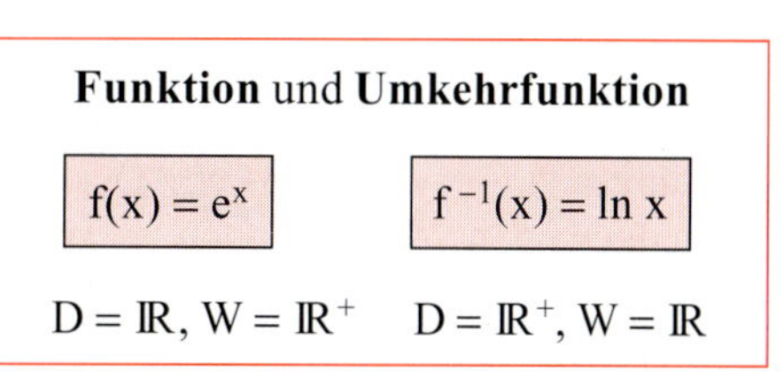

Funktion und **Umkehrfunktion**

$f(x) = e^x$	$f^{-1}(x) = \ln x$
$D = \mathbb{R}, W = \mathbb{R}^+$	$D = \mathbb{R}^+, W = \mathbb{R}$

* logarithmus naturalis

Die natürliche Logarithmusfunktion ist eine streng monoton wachsende Funktion, allerdings wächst sie außergewöhnlich langsam an.

Beispiel: Ihr Taschenrechner besitzt eine Funktionstaste zur Bestimmung von Funktionswerten der natürlichen Logarithmusfunktion zu $f(x) = \ln x$.
Bestimmen Sie für x = 10, 20, 30 und für x = 10010, 10020, 10030 die zugehörigen Funktionswerte.

Lösung:

x	$f(x) = \ln x$
10	2,303
20	2,996
30	3,401

x	$f(x) = \ln x$
10010	9,211
10020	9,212
10030	9,213

Das Wachstum der Funktion flacht mit wachsendem x sehr stark ab. Noch eindrucksvoller lässt sich das langsame Wachstum der Logarithmusfunktion mit Hilfe eines schönen Vergleichs demonstrieren.

Beispiel: Wir denken uns den Graphen der Logarithmusfunktion $f(x) = \ln x$ auf einem Papierbogen aufgetragen, der die Erde auf der Höhe des Äquators so umspannt, dass dieser die x-Achse bildet (Bild 2).
Eine Längeneinheit sei 1 cm.

a) Welche Höhe hat der Graph der Funktion nach einer Umrundung der Erde?
b) In welcher Höhe verläuft er nach 2 Umrundungen?
c) Welcher Höhengewinn ergibt sich bei der 11. Umrundung?

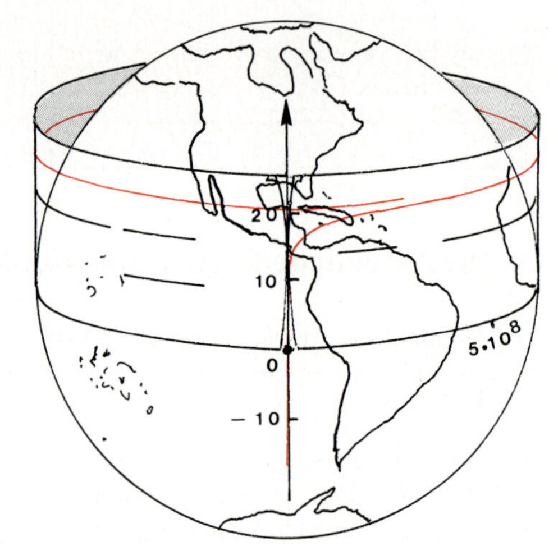

Bild 2

Lösung:

a) Nach einer Umrundung der Erde* (Umfang des Äquators ca. 40000 km $= 4 \cdot 10^9$ cm) verläuft der Graph wegen $\ln(4 \cdot 10^9) \approx 22{,}11$ in einer Höhe von 22,11 cm.
b) Nach 2 Umrundungen beträgt die Höhe ca. 22,80 cm. Die zweite Umrundung bringt also lediglich noch 7mm Zuwachs.
c) Nach 10 Umrundungen beträgt die Höhe ca. 24,41 cm, nach 11 Umrundungen sind es erst 24,51 cm. Der Höhengewinn beträgt nur noch ca. 1mm.

$$f(4.000.000.000) = \ln(4.000.000.000) \approx 22{,}11$$

$$f(8.000.000.000) = \ln(8.000.000.000) \approx 22{,}80$$

$$f(40.000.000.000) \approx 24{,}41$$
$$f(44.000.000.000) \approx 24{,}51$$
$$0{,}10$$

* Der Erdradius beträgt ca. 6370 km.

Übung 1

Wir denken uns nun die Logarithmusfunktion auf einen Papierbogen gezeichnet, der die Sonne auf der Erdumlaufbahn so umspannt, dass die Erdbahn die x-Achse bildet.

a) Welche Höhe hat der Graph der Logarithmusfunktion nach einer Erdumrundung (nach 50, nach 100) erreicht?

b) Nach welcher Zahl von Umrundungen der Sonne erreicht der Graph der Logarithmusfunktion die Höhe eines DIN A 4-Blattes?

Die Funktion zu $f(x) = \ln x$ weist einige elementare Eigenschaften auf, die sich in Gestalt nützlicher Rechenregeln formulieren lassen.

Satz V.4: Es gelten die folgenden Aussagen:

(1) $\ln 1 = 0$	(3) $\ln(e^x) = x$	(5) $\ln(k \cdot x) = \ln k + \ln x \quad (x, k > 0)$
(2) $\ln e = 1$	(4) $e^{\ln x} = x \; (x > 0)$	(6) $\ln(\frac{x}{k}) = \ln x - \ln k \quad (x, k > 0)$
		(7) $\ln(x^k) = k \cdot \ln x \quad (x > 0)$

Beweis:

Wir beschränken uns auf die Beweise zu (1), (3) und (5).

Wir setzen $f(x) = \ln x$, so dass $f^{-1}(x) = e^x$ gilt.

(1): Wegen $f^{-1}(0) = e^0 = 1$ gilt $f(1) = 0$, d.h. $\ln 1 = 0$.

(3): Aus $f(f^{-1}(x)) = x$ folgt hier $\ln(e^x) = x$.

(5): $\ln(k \cdot x) = \ln(e^{\ln k} \cdot e^{\ln x}) = \ln(e^{\ln k + \ln x}) = \ln k + \ln x$

↑ nach (4) ↑ Potenzgesetz ↑ nach (3)

Übung 2

a) Beweisen Sie Satz V.4 (2), (4), (6), (7).

b) Beweisen Sie, dass für $x > 0$ gilt: $\ln \frac{1}{x} = -\ln x$.

Beispiel: Für welche Werte des Arguments x sind die Funktionswerte der natürlichen Logarithmusfunktion

a) gleich 3, b) größer als 15, c) kleiner als -10?

Lösung:

a) Aus dem Ansatz $\ln x = 3$ folgt $x = e^{\ln x} = e^3 \approx 20{,}09$.

b) $\ln x = 15$ gilt für $x = e^{15}$. $\ln x > 15$ gilt daher für $x > 3.269.017{,}4$.

c) $\ln x = -10$ gilt für $x = e^{-10}$. $\ln x < -10$ gilt daher für $x < e^{-10} \approx 0{,}000045$.

Übung 3

a) Nach welcher Zahl von Umrundungen der Sonne auf der Erdbahn hat der Grasph der natürlichen Logarithmusfunktion die Höhe 100 cm?

b) Lösen Sie die Gleichung $\ln(x^2 - 4) = 16$ $\quad(\ln(\frac{x^2}{7}) = 5 \quad ; \quad 2^{3x^2} = 7 \quad ; \quad 2^{3x} : 3^{2x} = 5)$.

c) Wie groß muss x gewählt werden, damit $f(x) = e^x$ den Funktionswert 100 $(\frac{1}{100})$ annimmt?

B. Die Ableitung der natürlichen Logarithmusfunktion

Satz V.5: Die natürliche Logarithmusfunktion f mit $f(x) = \ln x$ ($x > 0$) ist differenzierbar.

Es gilt: $f'(x) = \frac{1}{x}$.

Logarithmische Ableitungsregel:

$$(\ln x)' = \frac{1}{x} \quad (x > 0)$$

Beweis:
Die Differenzierbarkeit der natürlichen Logarithmusfunktion folgt nach Satz V.3 aus der Differenzierbarkeit der e-Funktion, da Letztere nirgends die Steigung 0 besitzt.

Die Ableitungsfunktion von $f(x) = \ln x$ ergibt sich wie nebenstehend dargestellt mit Hilfe der Umkehrformel.

$$f'(x) = \frac{1}{(f^{-1})'(f(x))} \quad \text{Umkehrformel}$$

$$f(x) = \ln x$$

$$f^{-1}(x) = e^x, \quad (f^{-1})'(x) = e^x$$

$$f'(x) = \frac{1}{e^{\ln x}} = \frac{1}{x}$$

Beispiel: Welche Ursprungsgerade ist Tangente an den Graphen zu $f(x) = \ln x$?

Lösung:
$y = mx$ sei die gesuchte Tangente.
$P(x_0|\ln x_0)$ sei der Berührpunkt mit dem Graphen. Die Tangentensteigung m lässt sich auf zwei Arten ausdrücken:

$$m = \frac{\ln x_0}{x_0} \quad \text{und} \quad m = f'(x_0) = \frac{1}{x_0} .$$

Gleichsetzen ergibt $\ln x_0 = 1$, d.h. $x_0 = e$.

Hieraus folgt $m = \frac{1}{e}$ und $y = \frac{1}{e} \cdot x$.

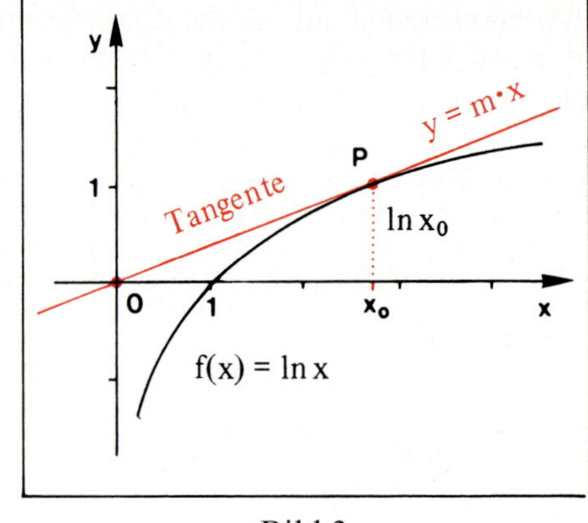

Bild 3

Übung 4
Differenzieren Sie die Funktion f unter Verwendung der logarithmischen Ableitungsregel und gegebenenfalls weiterer Ableitungsregeln (Produktregel, Kettenregel etc.).

a) $f(x) = \ln(2x)$, $x > 0$ b) $f(x) = \ln x^2$, $x > 0$ c) $f(x) = x \cdot \ln x$, $x > 0$

d) $f(x) = x \cdot \ln x - x$, $x > 0$ e) $f(x) = \ln(\ln x)$, $x > 1$ f) $f(x) = \sqrt{\ln x}$, $x > 1$

g) $f(x) = \ln(\cos x)$, $0 \leq x < \frac{\pi}{2}$ h) $f(x) = (\ln x)^2$, $x > 0$

Übung 5

Gegeben sei die Funktion zu $f(x) = \ln(\frac{x}{2})$, $x > 0$.

a) Wie lautet die Gleichung derjenigen Tangente von f, die durch die Nullstelle von f geht?
b) Bestimmen Sie die Gleichung der Tangente an f, deren Berührpunkt die Ordinate $y_0 = 2$ besitzt.

C. Kurvendiskussionen

Wir diskutieren nun einige Kurven, deren Funktionsgleichungen unter anderem auch logarithmische Terme enthalten.

Beispiel: Diskutieren Sie die Funktion zu $f(x) = x - \ln x$, $x > 0$.

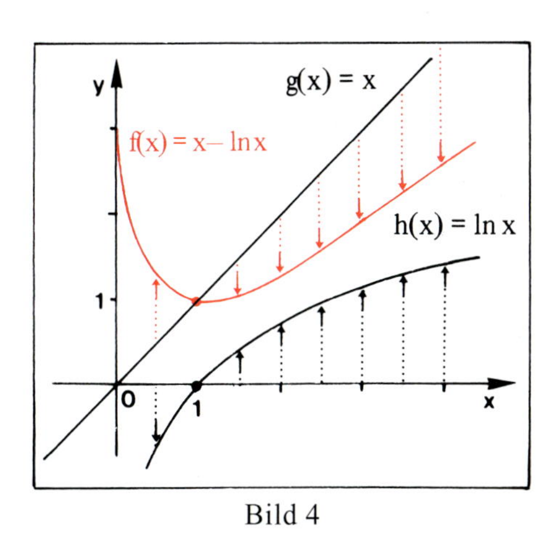

Bild 4

Lösung:
Die Funktion zu $f(x) = x - \ln x$ ist die Differenzfunktion von $g(x) = x$ und $h(x) = \ln x$. Wir können daher den Graphen von f in einfachster Weise durch graphische Differenzbildung aus den Graphen von g und h gewinnen (Bild 4).
Das Resultat sollten wir nach Möglichkeit rechnerisch überprüfen.

1. Ableitungen

$f'(x) = 1 - \frac{1}{x}$, $f''(x) = \frac{1}{x^2}$

2. Extrema

Die Funktion besitzt ein Minimum im Punkt P(1|1).

$f'(x) = 0$: $1 - \frac{1}{x} = 0$, $x - 1 = 0$, $x = 1$, $y = 1$

$f''(1) = 1 > 0 \Rightarrow$ Minimum

3. Wendepunkte

Es gibt keine Wendepunkte.

$f''(x) = \frac{1}{x^2} > 0 \Rightarrow$ keine Wendepunkte

4. Nullstellen

Die Funktion ist stetig und hat nur ein relatives Extremum (Minimum). Das relative Minimum ist daher auch absolutes Minimum von f. Daher gilt für alle $x > 0$: $f(x) \geq f(1) = 1 > 0$. Es gibt also keine Nullstellen.

5. Verhalten für $x \to 0$ und $x \to \infty$

Die Funktion steigt sowohl für $x \to 0$ als auch für $x \to \infty$ über alle Grenzen.
Für $x \to 0$ schmiegt sich ihr Graph an die y-Achse, die eine vertikale Asymptote darstellt.

x	f(x)
0,1	2,40
0,01	4,62
0,001	6,91
0,0001	9,21
↓	↓
0	∞

x	f(x)
1	1
10	7,7
100	95,4
1000	993,1
↓	↓
∞	∞

Übung 6

Diskutieren Sie die Funktion zu $f(x) = x^2 - \frac{1}{2}\ln x$, $x > 0$. Skizzieren Sie den Graphen für $0 < x \leq 1{,}5$.

Beispiel: Gegeben sei $f(x) = x \cdot \ln x$, $x > 0$. Führen Sie eine Kurvendiskussion durch.

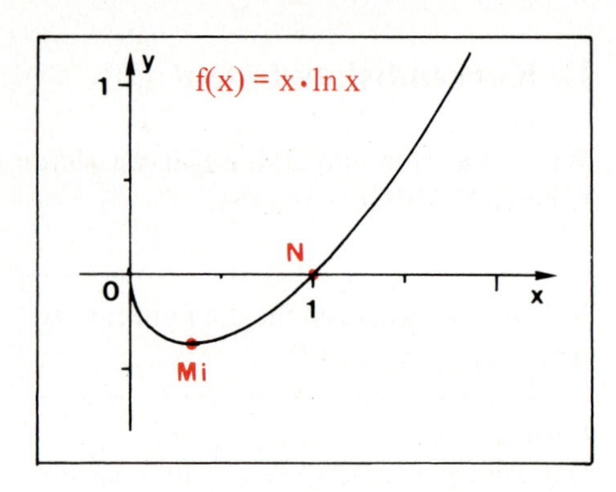

Bild 5

Lösung:

1. Ableitungen

Unter Verwendung der Produktregel bestimmen wir f' und f''.

$f'(x) = 1 \cdot \ln x + x \cdot \frac{1}{x} = \ln x + 1$

$f''(x) = \frac{1}{x}$

2. Nullstellen

f hat genau eine Nullstelle. Sie liegt bei $x = 1$: $N(1|0)$ (Der Faktor x des Funktionsterms ist zwar für $x = 0$ ebenfalls 0, aber $0 \notin D_f$).

$f(x) = 0$: $x \cdot \ln x = 0$, $\ln x = 0$
$x = 1$

3. Extrema

Der Ansatz $f'(x) = 0$ liefert genau eine waagerechte Tangente bei $x = \frac{1}{e}$. Die Überprüfung mittels f'' zeigt, dass es sich dabei um ein Minimum handelt.

Resultat: $Mi(\frac{1}{e}|-\frac{1}{e})$

$f'(x) = 0$: $\ln x + 1 = 0$
$\ln x = -1$
$x = e^{-1} = \frac{1}{e} \approx 0{,}37$
$y = e^{-1} \cdot \ln(e^{-1}) = -\frac{1}{e}$
$f''(\frac{1}{e}) = e > 0 \Rightarrow$ Minimum

4. Wendepunkte

Es gibt keine Wendepunkte, denn die zweite Ableitung ist stets ungleich 0.

$f''(x) = 0$: $\frac{1}{x} = 0$
unlösbar $\Rightarrow$ keine Wendepunkte

5. Verhalten für $x \to \infty$ und $x \to 0$

Für $x \to \infty$ wachsen die Funktionswerte f(x) über alle Grenzen.
Für $x \to 0$ streben die Funktionswerte f(x) gegen Null.

x	$f(x) = x \cdot \ln x$
1	0
10	23,03
100	460,52
↓	↓
∞	∞

x	$f(x) = x \cdot \ln x$
1	0
0,1	−0,23
0,01	−0,05
↓	↓
0	0

6. Die Steigung in der Nähe von x = 0

Strebt x gegen 0, so wird die Tangente an den Graph von f immer steiler.
Der Graph verläuft also in der Nähe des Ursprungs nahezu senkrecht.

$$\lim_{\substack{x \to 0 \\ x > 0}} f'(x) = \lim_{\substack{x \to 0 \\ x > 0}} (\ln x + 1) = -\infty$$

Übung 7

Gegeben sei die Funktion f. Führen Sie eine Kurvendiskussion durch.

a) $f(x) = x^2 \cdot \ln x$, $x > 0$

b) $f(x) = x \cdot \ln(x^2)$, $x \neq 0$

Beispiel: Diskutieren Sie die Funktion zu $f(x) = x^2 \cdot (\ln x - 1)$, $x > 0$.

Lösung:

1. Ableitungen

$f'(x) = 2x(\ln x - 1) + x^2 \cdot \frac{1}{x} = x(2\ln x - 1)$

$f''(x) = 1 \cdot (2\ln x - 1) + x \cdot \frac{2}{x} = 2\ln x + 1$

$f'''(x) = \frac{2}{x}$

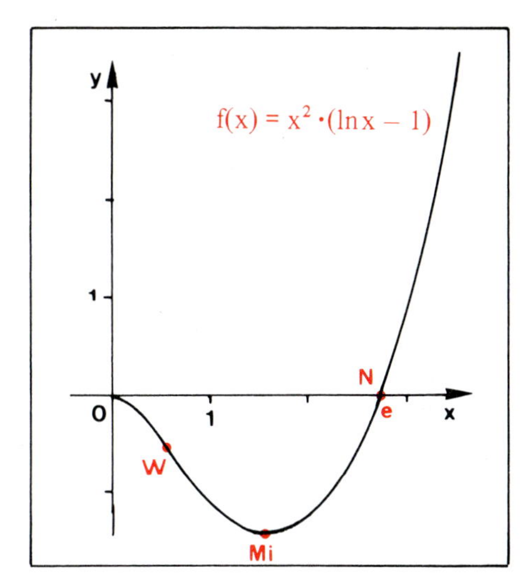

Bild 6

2. Nullstellen

Einer der beiden Faktoren des Funktionsterms wird Null für $x = 0$ (nicht in der Definitionsmenge) bzw. für $x = e$.
Resultat: Es gibt genau eine Nullstelle bei $N(e|0)$.

3. Extrema

f' hat für $x > 0$ nur eine Nullstelle bei $x = e^{\frac{1}{2}} \approx 1{,}65$.
Dort liegt ein Minimum: $Mi(1{,}65|-1{,}36)$.

$$f'(x) = 0: \; x \cdot (2\ln x - 1) = 0$$
$$2\ln x - 1 = 0$$
$$x = e^{\frac{1}{2}} \approx 1{,}65$$
$$y = -\tfrac{1}{2}e \approx -1{,}36$$
$$f''(e^{\frac{1}{2}}) = 2 > 0 \Rightarrow \text{Minimum}$$

4. Wendepunkte

f'' hat eine Nullstelle bei $x = e^{-\frac{1}{2}} \approx 0{,}61$.
Dort liegt, wie die Überprüfung mittels f''' zeigt, eine Wendestelle: $W(0{,}61|-0{,}55)$.

$$f''(x) = 0: \; 2\ln x + 1 = 0$$
$$x = e^{-\frac{1}{2}} \approx 0{,}61$$
$$y = -\tfrac{3}{2}e^{-1} \approx -0{,}55$$
$$f'''(e^{-\frac{1}{2}}) = 2e^{\frac{1}{2}} \neq 0 \Rightarrow \text{Wendestelle}$$

5. Verhalten für $x \to \infty$ und $x \to 0$

Für $x \to \infty$ streben die Funktionswerte ebenfalls gegen ∞.
Für $x \to 0$ streben die Funktionswerte gegen 0 und die Steigung ebenfalls.

x	f(x)
5	15,2
10	130,3
100	36051,7
↓	↓
∞	∞

x	f(x)	f'(x)
0,5	−0,42	−1,19
0,1	−0,03	−0,56
0,01	−0,0006	−0,10
↓	↓	↓
0	0	0

Übung 8

a) Bestimmen Sie näherungsweise die Gleichung der Wendetangente der Funktion zu $f(x) = x^2 \cdot (\ln x - 1)$. Wo schneidet die Wendetangente die x-Achse?
b) Unter welchem Winkel schneidet die Funktion zu $f(x) = x^2 \cdot (\ln x - 1)$ die x-Achse?
c) Diskutieren Sie die Funktion zu $f(x) = x^3 \cdot \ln x$ $(x > 0)$.

Beispiel: Diskutieren Sie die Funktion zu $f(x) = 5 \cdot \frac{\ln x}{x}$, $x > 0$. Zeichnen Sie den Graphen von f.

Lösung:

1. Ableitungen

Wir formen den Funktionsterm derart um, dass die Produktregel anwendbar wird. Entsprechend gehen wir bei den höheren Ableitungen vor.
Wir erhalten die nebenstehend aufgeführten Resultate.

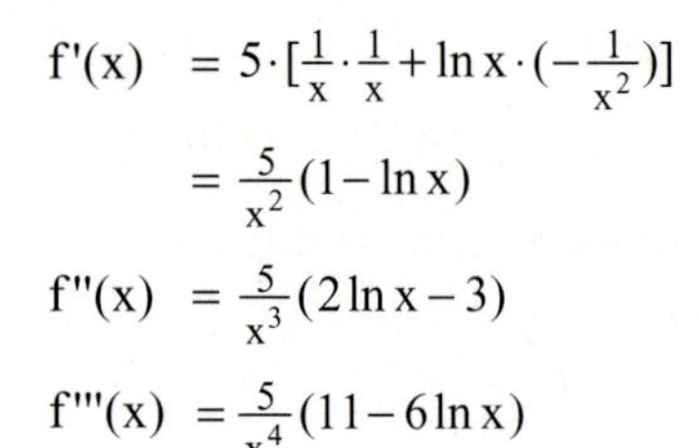

$$f'(x) = 5 \cdot [\tfrac{1}{x} \cdot \tfrac{1}{x} + \ln x \cdot (-\tfrac{1}{x^2})]$$
$$= \tfrac{5}{x^2}(1 - \ln x)$$
$$f''(x) = \tfrac{5}{x^3}(2 \ln x - 3)$$
$$f'''(x) = \tfrac{5}{x^4}(11 - 6 \ln x)$$

2. Nullstellen, Extrema, Wendepunkte

Nullstelle : $N(1|0)$

Maximum : $Ma(e|\frac{5}{e}) \approx Ma(2{,}72|1{,}84)$

Wendepunkt : $W(e^{\frac{3}{2}}|\frac{15}{2} \cdot e^{-\frac{3}{2}}) \approx W(4{,}48|1{,}67)$

3. Verhalten für $x \to 0$ und $x \to \infty$

x	f(x)
0,1	−115,13
0,01	−2302,59
0,001	−34538,78
↓	↓
0	−∞

x	f(x)
10	1,15
100	0,23
1000	0,03
↓	↓
∞	0

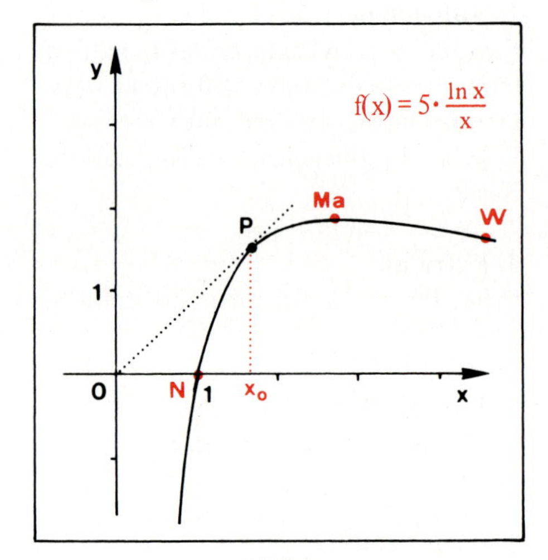

Bild 7

Beispiel: Eine Ursprungsgerade berührt den Graphen von $f(x) = 5 \cdot \frac{\ln x}{x}$ im Punkt $P(x_0|f(x_0))$. Berechnen Sie x_0.

Lösung:
Die Steigung m der Geraden lässt sich auf zwei Arten darstellen:

$$m = \frac{f(x_0)}{x_0} \quad \text{bzw.} \quad m = f'(x_0).$$

Durch Gleichsetzen ergibt sich eine Bestimmungsgleichung für x_0.
Resultat: $x_0 = \sqrt{e} \approx 1{,}65$.

$$\frac{f(x_0)}{x_0} = f'(x_0)$$
$$5 \cdot \frac{\ln x_0}{x_0^2} = \frac{5}{x_0^2}(1 - \ln x_0)$$
$$\ln x_0 = 1 - \ln x_0$$
$$\ln x_0 = \frac{1}{2}$$
$$x_0 = e^{\frac{1}{2}} = \sqrt{e} \approx 1{,}65$$

Übung 9

a) Diskutieren Sie die Funktion f mit $f(x) = (\ln x)^2$, $x > 0$.

b) Wie lautet die Gleichung der Wendetangente?

Beispiel: Diskutieren Sie die Funktion zu $f(x) = \ln x + \frac{1}{x}$, $x > 0$.

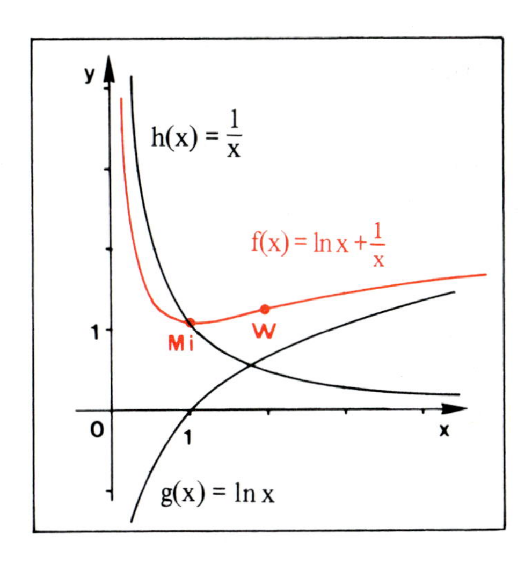

Bild 8

Lösung:
Der Graph von f lässt sich leicht durch Addition aus den Graphen von $g(x) = \ln x$ und $h(x) = \frac{1}{x}$ konstruieren (Bild 8).
Rechnerisch gehen wir folgendermaßen vor:

1. Ableitungen

$f'(x) = \frac{1}{x} - \frac{1}{x^2}$

$f''(x) = -\frac{1}{x^2} + \frac{2}{x^3}$, $f'''(x) = \frac{2}{x^3} - \frac{6}{x^4}$

2. Extrema
Es existiert genau ein Minimum: Mi(1|1).

$f'(x) = 0$: $\frac{1}{x} - \frac{1}{x^2} = 0$, $x - 1 = 0$, $x = 1$

$y = 1$

$f''(1) = 1 > 0 \Rightarrow$ Minimum

3. Wendepunkte
Es gibt genau einen Wendepunkt:
$W(2|\ln 2 + \frac{1}{2}) \approx W(2|1{,}19)$.

$f''(x) = 0$: $-\frac{1}{x^2} + \frac{2}{x^3} = 0$, $-x + 2 = 0$, $x=2$

$f'''(2) = -0{,}125 \neq 0 \Rightarrow$ Wendepunkt

4. Nullstellen
Die Funktion ist für $x > 0$ stetig. Daher ist ihr einziges lokales Minimum bei $x = 1$ auch ihr absolutes Minimum. Also gilt für alle $x > 0$: $f(x) \geq f(1) = 1 > 0$.
Daher gibt es keine Nullstellen.

5. Verhalten für $x \to 0$ und $x \to \infty$
Für $x \to 0$ schmiegt sich der Graph von f an den positiven Teil der y-Achse an.
Für $x \to \infty$ schmiegt sich der Graph von f dem Graphen der Funktion $g(x) = \ln x$ an.

x	f(x)
1	1
0,1	7,70
0,01	95,39
↓	↓
0	∞

x	f(x)
1	1
10	2,40
100	4,62
↓	↓
∞	∞

Übung 10

Diskutieren Sie die Funktion f mit $f(x) = \frac{1}{x}(\ln x + 1)$, $x > 0$.

Übung 11

Diskutieren Sie die Funktion f mit $f(x) = \sqrt{x} - \ln x$, $x > 0$.

Beispiel: Diskutieren Sie die Kurvenschar zu

$$f_a(x) = \ln x + \frac{a}{x} \quad (x > 0) \quad \text{für} \quad a \geq 1.$$

Zeichnen Sie insbesondere die Graphen von f_1, f_2, f_3 und bestimmen Sie die Ortskurve der Extrema.

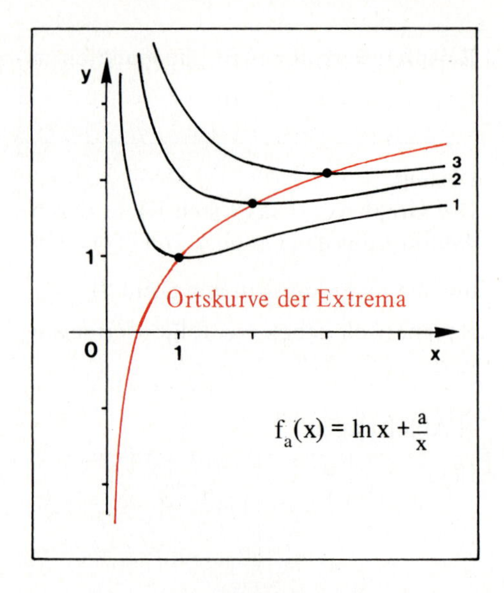

Bild 9

Lösung:
Die Aufgabenstellung knüpft an das vorhergehende Beispiel unmittelbar an.

1. Ableitungen

$f_a'(x) = \frac{1}{x} - \frac{a}{x^2}$

$f_a''(x) = -\frac{1}{x^2} + \frac{2a}{x^3}$

$f_a'''(x) = \frac{2}{x^3} - \frac{6a}{x^4}$

2. Extrema

Die Funktion f_a besitzt genau ein relatives Extremum. Es handelt sich um ein Minimum: Mi(a|ln a + 1).

$f_a'(x) = 0$: $\frac{1}{x} - \frac{a}{x^2} = 0$, $x = a$

$y = \ln a + 1$

$f_a''(a) = \frac{1}{a^2} > 0$

$\Rightarrow$ Minimum

3. Wendepunkte

f_a besitzt genau einen Wendepunkt. Er liegt bei $W(2a|\ln 2a + \frac{1}{2})$.

$f_a''(x) = 0$: $-\frac{1}{x^2} + \frac{2a}{x^3} = 0$, $x = 2a$

$y = \ln 2a + \frac{1}{2}$

$f_a'''(2a) = -\frac{1}{8a^3} \neq 0$

$\Rightarrow$ Wendepunkt

4. Nullstellen

Es gibt keine Nullstellen, da für alle $x > 0$ und $a \geq 1$ (vgl. 2.) $f(x) \geq f(a) = \ln a + 1 > 0$ gilt.

5. Ortskurve der Extrema

Wir gewinnen die Ortskurve aus den Koordinaten des Tiefpunktes.
Die y-Koordinate ist $y = \ln a + 1$, die x-Koordinate ist $x = a$.
Also gilt $y = \ln x + 1$. Der Graph hierzu ist die Ortskurve der Extrema (vgl. Bild 9).

Übung 12

Diskutieren Sie die Kurvenschar zu $f_a(x) = a^2 \cdot x - \ln x$ ($x > 0$, $a \geq 1$).

Übung 13

Skizzieren Sie einige Kurven der Schar aus dem obigen Beispiel für $0 < a \leq 1$ bzw. für $a < 0$.

D. Logarithmische Integration und Flächeninhalte

Die natürliche Logarithmusfunktion ist für $x > 0$ eine Stammfunktion von $f(x) = \frac{1}{x}$, denn es gilt $(\ln x)' = \frac{1}{x}$. Wir können nunmehr Flächeninhaltsberechnungen am Graphen von $f(x) = \frac{1}{x}$ vornehmen.

Beispiel: Bestimmen Sie den Inhalt der Fläche A unter dem Graphen von $f(x) = \frac{1}{x}$ über dem Intervall [1 ; 4].

Lösung:

$$A = \int_1^4 \frac{1}{x}\,dx = [\ln x]_1^4 = \ln 4 - \ln 1 \approx 1{,}39$$

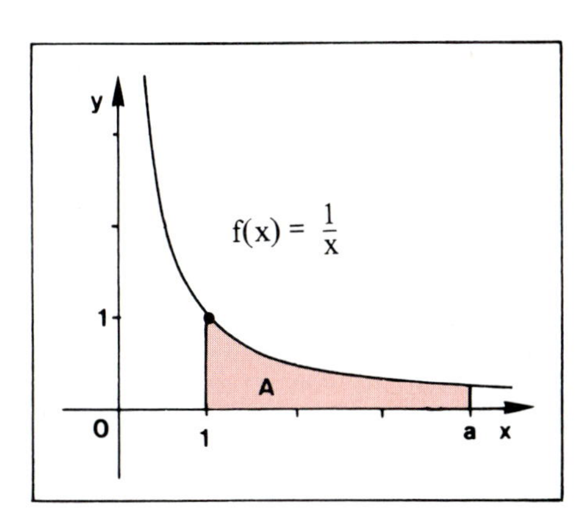

Bild 10

Übung 14

Wie muss $a > 1$ gewählt werden, damit die Fläche unter dem Graphen von $f(x) = \frac{1}{x}$ über dem Intervall [1 ; a] den Inhalt 2 annimmt (Bild 10)?

Die Funktion $G(x) = \ln x$ ist eine Stammfunktion von $g(x) = \frac{1}{x}$. Allgemeiner gilt:

Satz V.6: f(x) sei eine auf dem Intervall I differenzierbare und nullstellenfreie Funktion. Dann gilt:
$G(x) = \ln|f(x)|$ ist eine Stammfunktion von $g(x) = \frac{f'(x)}{f(x)}$ auf I.

Logarithmische Integration	
$g(x) = \frac{f'(x)}{f(x)}$ **Funktion**	$G(x) = \ln\lvert f(x)\rvert$ **Stammfunktion**

Beweis:
f wechselt auf I als stetige und nullstellenfreie Funktion ihr Vorzeichen nicht.
Unter Verwendung der Kettenregel folgt:

$$[\ln|f(x)|]' = \left\{\begin{array}{ll} [\ln f(x)]' = \frac{f'(x)}{f(x)} & , \text{ falls } f(x) > 0 \\ [\ln(-f(x)]' = \frac{-f'(x)}{-f(x)} & , \text{ falls } f(x) < 0 \end{array}\right\} = \frac{f'(x)}{f(x)}\,.$$

Übung 15

Bestimmen Sie mittels logarithmischer Integration eine Stammfunktion von h.

a) $h(x) = \frac{4}{4x+1}$ b) $h(x) = \frac{2x}{x^2+3}$ c) $h(x) = \frac{3x^2}{x^3+2}$ d) $h(x) = \frac{x^3+x}{x^4+2x^2}$

Beispiel: Bestimmen Sie den Inhalt der Fläche A, die vom Graphen der Funktion zu $f(x) = \frac{6}{2x+2}$, der Geraden zu $g(x) = \frac{3}{2}x$, der vertikalen Geraden h durch x = 4 und der x-Achse begrenzt wird.

Lösung:
Wir skizzieren die Graphen der Funktionen f und g sowie die Gerade h und kennzeichnen die Fläche A.
Die Graphen von f und g schneiden sich, wie die graphische Darstellung oder eine rechnerische Schnittstellenbestimmung zeigt, an der Stelle x = 1.
Der Inhalt von A ist daher die Summe der Inhalte von A_1 und A_2 (Bild 11).
Die Berechnung von A_2 als bestimmtes Integral erfolgt, nachdem der Integrand durch Ausklammern des Faktors 3 an den Satz V.6 angepasst worden ist.
Resultat: $A = A_1 + A_2 \approx 0{,}75 + 2{,}75 = 3{,}5$.

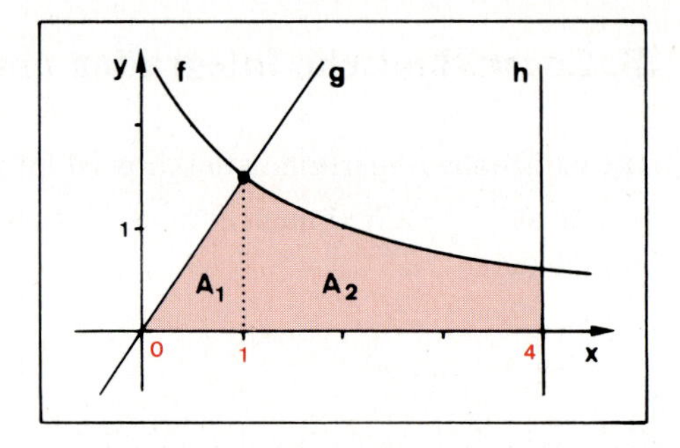

Bild 11

$$A_1 = \int_0^1 \tfrac{3}{2}x\,dx = [\tfrac{3}{4}x^2]_0^1 = \tfrac{3}{4}$$

$$A_2 = \int_1^4 \frac{6}{2x+2}\,dx = 3\cdot\int_1^4 \frac{2}{2x+2}\,dx$$

$$= 3\cdot[\ln|2x+2|]_1^4 = 3\cdot(\ln 10 - \ln 4)$$

$$\approx 2{,}75$$

Übung 16
Berechnen Sie den Inhalt der Fläche A unter dem Graphen von f über dem Intervall I.

a) $f(x) = \frac{1}{x+3}$, $I = [0\,;4]$ b) $f(x) = \frac{4x}{x^2+2}$, $I = [0\,;3]$ c) $f(x) = \frac{e^x}{e^x+1}$, $I = [-2\,;2]$

Übung 17
Bestimmen Sie den Inhalt der Fläche A, die von den Graphen der Funktionen f und g eingeschlossen wird.

a) $f(x) = \frac{10}{2x+1}$
$g(x) = -5x + 10$

b) $f(x) = \frac{1}{2x}$
$g(x) = -\frac{5}{6}x + \frac{8}{3}$

c) $f(x) = 3x^2 - 10x + 9$
$g(x) = \frac{2}{x}$

Übung 18
Bestimmen Sie den Inhalt der Fläche A, die vom Graphen der Funktion zu $f(x) = \frac{12}{3x+1}$, der Parabel zu $g(x) = x^2 + 2$, der vertikalen Geraden durch x = 3 und den Koordinatenachsen eingeschlossen wird.

Übung 19
Gegeben sind die Funktionen zu $f(x) = \frac{1}{x}$ und $g(x) = \frac{1}{x-1}$. Bestimmen Sie den Inhalt der einseitig nicht begrenzten Fläche A, die rechts von x = 2 zwischen den Graphen von f und g liegt.

Übung 20
Wie muss a > 0 gewählt werden, damit die Fläche A unter $f(x) = \frac{4}{ax}$ über [1 ; e] den Wert 2 hat?

E. Extremalprobleme

Beispiel: Die Graphen der Funktionen zu $f(x) = x$ und $g(x) = \frac{1}{x}$ $(x > 0)$ beranden über einem Intervall der Länge 1 eine Fläche A (Bild 12).
Wie müssen die Intervallendpunkte x und y gewählt werden, damit der Inhalt von A ein Maximum annimmt?

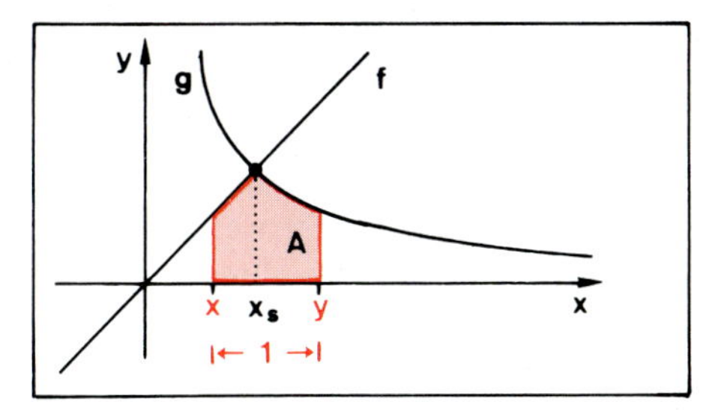

Bild 12

Lösung:

1. Der Schnittpunkt von f und g

Die Graphen von f und g schneiden sich in der rechten Halbebene an genau einer Stelle, nämlich bei $x_s = 1$.

$$f(x_s) = g(x_s):\ x_s = \frac{1}{x_s},\ x_s^2 = 1,\ x_s = 1$$

2. Hauptbedingung

Bezeichnen wir die Grenzen des Intervalls I mit x und y, so kann A offensichtlich nur dann maximal werden, wenn x links und y rechts von $x_s = 1$ liegt.
Wir können A nun als Summe zweier bestimmter Integrale darstellen.
A hängt von den beiden variablen Intervallgrenzen x und y ab.

$$A(x,y) = \int_x^{x_s} f(t)\,dt + \int_{x_s}^{y} g(t)\,dt$$

$$= \int_x^1 t\,dt + \int_1^y \frac{1}{t}\,dt$$

$$= \left[\frac{t^2}{2}\right]_x^1 + [\ln t]_1^y$$

$$A(x,y) = \frac{1}{2} - \frac{x^2}{2} + \ln y \qquad (1)$$

3. Nebenbedingung

Da die Intervalllänge 1 beträgt, muss nun $y = 1 + x$ gelten.

$$y = 1 + x \qquad (2)$$

4. Zielfunktion

Setzen wir (2) in (1) ein, erhalten wir den Flächeninhalt A als Funktion der linken Intervallgrenze x (siehe (3)).

$$A(x) = \frac{1}{2} - \frac{x^2}{2} + \ln(1+x) \qquad (3)$$

5. Maximum der Zielfunktion

Wir bestimmen die Ableitung A' der Zielfunktion A und berechnen die Nullstellen von A'. In der rechten Halbebene liegt nur eine Nullstelle bei $x \approx 0{,}62$.
Dort liegt ein Maximum von A, wie die Überprüfung mittels A'' zeigt.
Resultate:
Das optimale Intervall ist $I = [0{,}62; 1{,}62]$.
Der maximale Flächeninhalt ist $A \approx 0{,}79$.

$$A'(x) = -x + \frac{1}{1+x}$$

$$A'(x) = 0:\ -x + \frac{1}{1+x} = 0$$

$$x^2 + x - 1 = 0$$

$$x \approx 0{,}62 \quad (x \approx -1{,}62)$$

$$A''(0{,}62) \approx -1{,}38 < 0 \Rightarrow \text{Maximum}$$

$$x \approx 0{,}62 \Rightarrow y = x + 1 \approx 1{,}62$$

$$A_{max} = A(0{,}62) \approx 0{,}79$$

Übung 21
Gegeben seien die Funktionen f und g mit
$f(x) = \frac{1}{2x}$ und $g(x) = -x$.
Zwischen den Graphen von f und g soll wie abgebildet ein achsenparalleler Streifen der Breite 1 eingeschlossen werden. Wie muss $a > 0$ gewählt werden, damit der Streifeninhalt minimal wird?

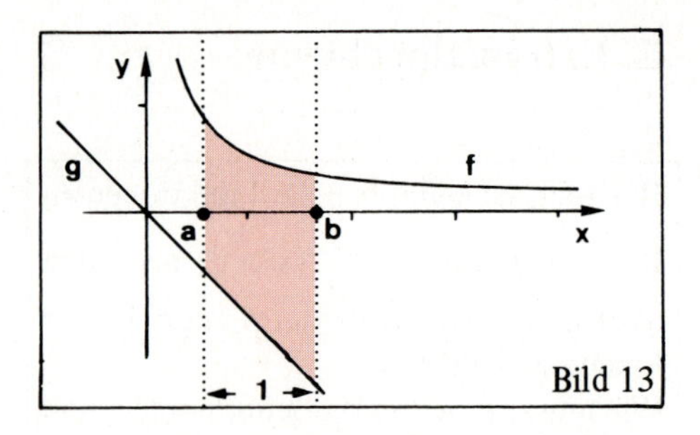

Bild 13

Übung 22

Gegeben seien $f(x) = \frac{1}{2}x$ und $g(x) = \frac{1}{x-1}$.
Die eingezeichnete Fläche A hat die "Breite" 2. Bestimmen Sie $a > 0$ so, dass der Flächeninhalt von A ein Maximum annimmt.

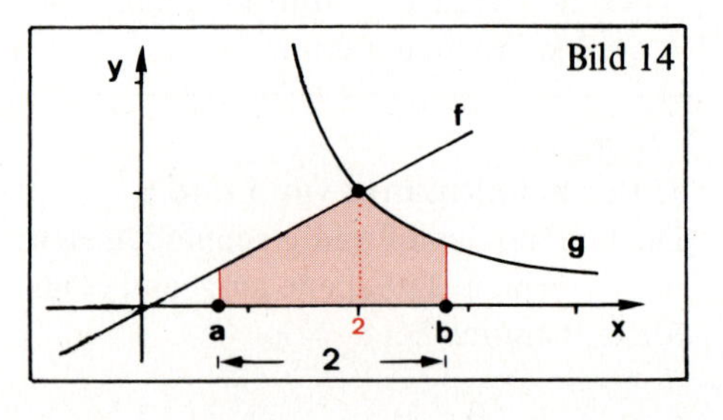

Bild 14

Die folgenden Extremalprobleme führen auf Gleichungen, die sich nur noch mit Hilfe eines Näherungsverfahrens lösen lassen.

Beispiel: Welcher der Punkte des Graphen der natürlichen Logarithmusfunktion hat den geringsten Abstand zum Punkt P(3|0)?

Lösung:
Q(x|y) sei ein beliebiger Kurvenpunkt. Dann gilt für den Abstand d von P und Q nach dem Satz des Pythagoras die Gleichung (1).

y ist Ordinate des Kurvenpunktes mit der Abszisse x, so dass Gleichung (2) gilt. Setzen wir (2) in (1) ein, so erhalten wir das Quadrat des Abstandes als Funktion von x (Gleichung (3)).

Wir können d^2 als Zielfunktion verwenden, da ein relatives Minimum von d^2 auch ein relatives Minimum von d ist. Wir bilden die Ableitung von (d^2) (Gleichung (4)) und setzen diese gleich null. Dies führt schließlich auf Gleichung (5), die nur noch näherungsweise zu lösen ist.

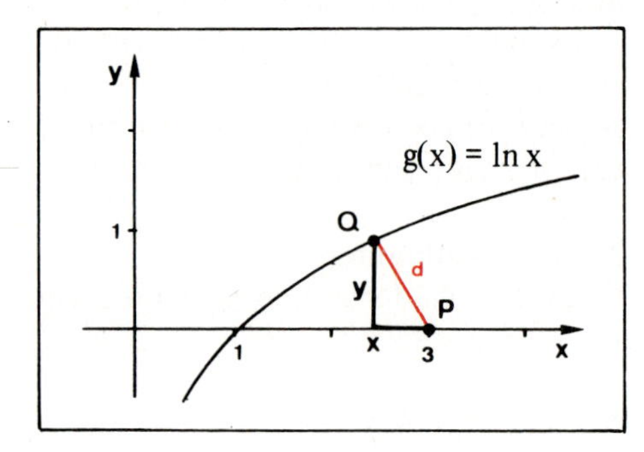

Bild 15

(1) $d^2 = (3 - x)^2 + y^2$

(2) $y = \ln x$

(3) $d^2(x) = (3 - x)^2 + (\ln x)^2$

(4) $(d^2)'(x) = 2x - 6 + 2\frac{\ln x}{x}$

$2x - 6 + 2\frac{\ln x}{x} = 0$

(5) $x^2 - 3x + \ln x = 0$

◊ Wir wenden das Newton-Verfahren* auf die Funktion $f(x) = x^2 - 3x + \ln x$ an. Als Startwert wählen wir $x_0 = 3$.
Nach vier Iterationsschritten sind drei Nachkommastellen stabil. Wir erhalten als Resultat $x \approx 2{,}632$ als Abszisse des Punktes Q mit minimalem Abstand zu P(3|0). Die Ordinate ergibt sich nach (2) zu $y \approx 0{,}97$, so dass wir als Resultat erhalten: $Q \approx Q(2{,}63|0{,}97)$.

Funktion : $f(x) = x^2 - 3x + \ln x$

Ableitung : $f'(x) = 2x - 3 + \frac{1}{x}$

Newtonsche Formel : $x_{n+1} = x_n - \frac{f(x_n)}{f'(x_n)}$

Startwert : $x_0 = 3$

Iteration : $x_1 \approx 3 - 0{,}33 = 2{,}67$

$x_2 \approx 2{,}67 - 0{,}037 = 2{,}633$

$x_3 \approx 2{,}633 - 0{,}0007 = 2{,}632$

Übung 23
Bestimmen Sie denjenigen Punkt Q auf dem Graphen der natürlichen Logarithmusfunktion, der den geringsten Abstand zum Punkt P(0|2) hat (Näherungsverfahren erforderlich).

Übung 24
Das rechts eingezeichnete achsenparallele Rechteck hat die Eckpunkte P(3|0) und Q(x|y), wobei $1 \leq x \leq 3$ gelte.
Wie muss x gewählt werden, damit der Inhalt des Rechtecks ein Maximum annimmt?
(Näherungsverfahren erforderlich)

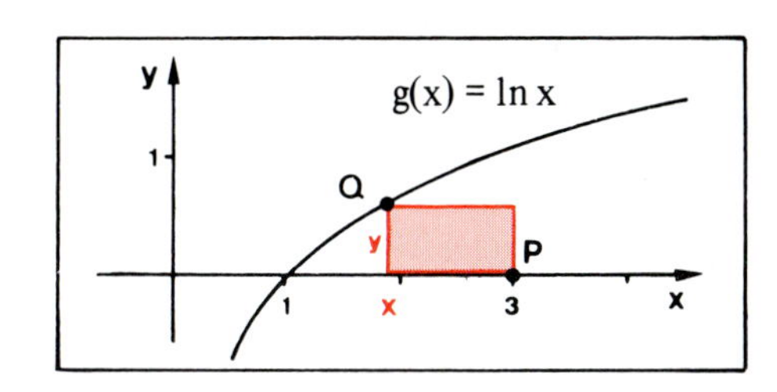

Bild 16

F. Die allgemeine Logarithmusfunktion $f(x) = \log_a x$

Die Umkehrfunktion der Exponentialfunktion zu $g(x) = a^x$ $(a > 0, a \neq 1)$ wird als

Logarithmusfunktion zur Basis a

bezeichnet. Man verwendet für diese Funktion die symbolische Schreibweise

$$f(x) = \log_a x.$$

Diese Funktionen können durch einen kleinen Kunstgriff mit Hilfe der natürlichen Logarithmusfunktion dargestellt werden.

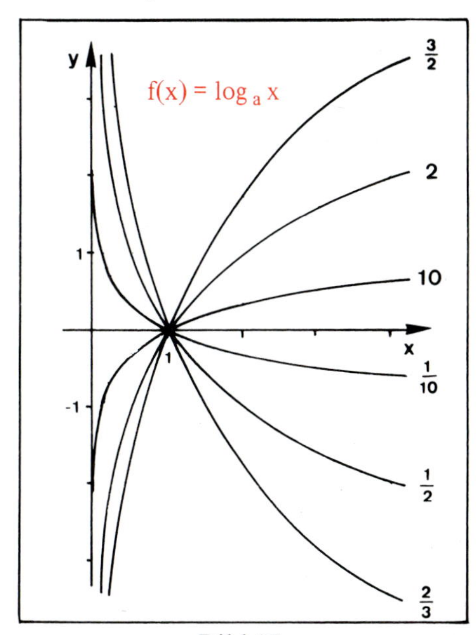

Bild 17

* : Newton-Verfahren: vgl. S.256 ff

Beispiel: Zeigen Sie: Für $a > 0, a \neq 1$ gilt

(1) $\log_a x = \frac{\ln x}{\ln a}$ (2) $(\log_a x)' = \frac{1}{x \cdot \ln a}$.

Lösung:

Da $f(x) = \log_a x$ die Umkehrfunktion f^{-1} mit $f^{-1}(x) = a^x$ besitzt, gilt wegen

$$f^{-1}(f(x)) = x$$

die Gleichung $a^{\log_a x} = x$.

Logarithmieren dieser Gleichung mit Hilfe des natürlichen Logarithmus und Anwendung der Logarithmus-Rechenregeln führt dann auf Gleichung (1).

Gleichung (2) folgt unmittelbar durch Differenzieren aus Gleichung (1).

$$a^{\log_a x} = x \qquad (\text{wg. } f^{-1}(f(x)) = x)$$

$$\ln(a^{\log_a x}) = \ln x$$

$$\log_a x \cdot \ln a = \ln x$$

$$\log_a x = \frac{\ln x}{\ln a}$$

$$(\log_a x)' = \left(\frac{\ln x}{\ln a}\right)' = \frac{1}{\ln a} \cdot \frac{1}{x}$$

Wichtig ist vor allem der sogenannte **dekadische Logarithmus.** So bezeichnet man den Logarithmus zur Basis 10 (siehe Bild 17).

Symbolisch: $\log_{10} x$ bzw $\log x$.

Er wird vor allem bei Millimeterpapier mit logarithmischer Achsenteilung verwendet. Logarithmiert man die Exponentialgleichung $y = a^x$ $(a > 0)$, so erhält man $\ln y = x \cdot \ln a$.

Ist die y-Achse logarithmisch aufgeteilt, so erscheinen Graphen von Exponentialfunktionen daher als Geraden (Bild 18). Auf diese Weise lässt sich feststellen, ob eine Messreihe einem exponentiellen Zusammenhang gehorcht.

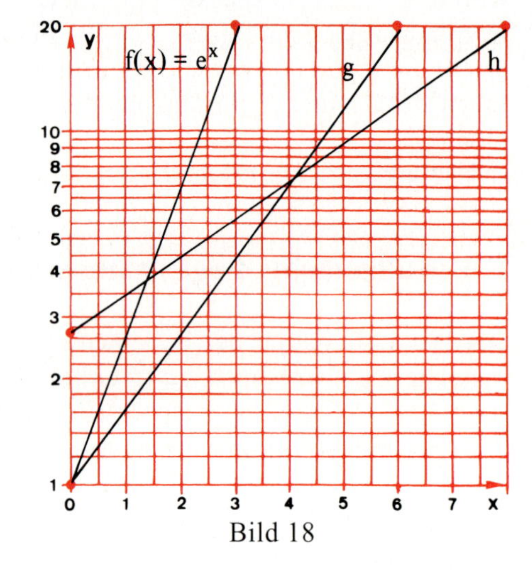

Bild 18

Bei der Beschreibung technischer Zusammenhänge treten häufig Potenzfunktionen auf. Logarithmiert man die Potenzgleichung $y = x^k$, so erhält man $\ln y = k \cdot \ln x$. Benutzt man zur Darstellung der Graphen von Potenzfunktionen bzw. von zugehörigen Messreihen Millimeterpapier mit einer logarithmischen Teilung beider Achsen (x-Achse und y-Achse), so erscheinen die entsprechenden Funktionsgraphen nun ebenfalls als Geraden (siehe S. 163).

Übung 25

a) Bestimmen Sie die Funktionsgleichung der im Bild 18 dargestellten Funktionen g und h.

b) Bestimmen Sie die Funktionsgleichungen der auf S. 163 dargestellten Funktionen u, v.

Übung 26
Gegeben sei die Funktion f ($x \geq 1$). Bei welcher Art von Achsenaufteilung (nur die y-Achse oder beide Achsen logarithmisch geteilt) erscheint der Graph von f als Gerade?
Zeichnen Sie den Graphen von f für ein geeignetes Intervall.

a) $f(x) = \frac{10}{x}$ b) $f(x) = 3 \cdot 2^x$ c) $f(x) = \sqrt{x}$ d) $f(x) = e^{0,5x}$

e) $f(x) = (\frac{3}{2})^{2x}$ f) $f(x) = \sqrt[3]{x^2}$ g) $f(x) = (1{,}5x)^{0,8}$ h) $f(x) = (\frac{5}{4})^{2x+1}$

G. Das Wachstumsverhalten der Logarithmusfunktion für $x \to \infty$

Die natürliche Logarithmusfunktion wächst für große Werte von x nur noch sehr langsam an. Um diese Aussage zu präzisieren, vergleichen wir das Wachstum der Logarithmusfunktion mit dem Wachstum von Wurzelfunktionen.

Beispiel: Vergleich des Wachstums von ln x und $\sqrt{x}$ für große Werte von x.

a) Zeigen Sie, dass für $x \geq e^4$ die Abschätzung $\frac{\ln x}{\sqrt[4]{x}} \leq \frac{4}{e}$ gilt.

b) Zeigen Sie, dass $\lim\limits_{x \to \infty} \frac{\ln x}{\sqrt{x}} = 0$ gilt (ln x wächst signifikant schwächer als $\sqrt{x}$).

Lösung:

a) Wir setzen $f(x) = \frac{\ln x}{\sqrt[4]{x}} = \ln x \cdot x^{-\frac{1}{4}}$ und differenzieren diese Funktion mittels Produktregel und allgemeiner Potenzregel: $f'(x) = x^{-\frac{5}{4}} \cdot (1 - \frac{1}{4} \ln x)$.

Für $x \geq e^4$ gilt $x^{-\frac{5}{4}} > 0$ und $(1 - \frac{1}{4} \ln x) \leq 0$, also insgesamt $f'(x) \leq 0$.

Für $x \geq e^4$ ist f daher monoton fallend. Also gilt dort $f(x) \leq f(e^4) = \frac{4}{e}$.

b) Es gilt $\frac{\ln x}{\sqrt{x}} = \frac{\ln x}{\sqrt[4]{x}} \cdot \frac{1}{\sqrt[4]{x}}$. Mit dem Resultat von a) ergibt sich hieraus für $x \geq e^4$ die Einschachtelung $0 \leq \frac{\ln x}{\sqrt{x}} \leq \frac{4}{e \cdot \sqrt[4]{x}}$. Da die äußeren Terme in dieser Ungleichung für $x \to \infty$ gegen 0 streben, muss auch der mittlere Term für $x \to \infty$ gegen 0 streben, was zu beweisen war.

Die natürliche Logarithmusfunktion wächst also für $x \to \infty$ signifikant schwächer als die Quadratwurzelfunktion. Man kann dieses Resultat noch verschärfen.

Satz V.7: Für $n \in \mathbb{N}$ gilt: $\lim\limits_{x \to \infty} \frac{\ln x}{\sqrt[n]{x}} = 0$	Die natürliche Logarithmusfunktion ln x wächst für $x \to \infty$ signifikant schwächer als die Wurzelfunktion $\sqrt[n]{x}$.

Übung 27

a) Beweisen Sie Satz V.7 in Analogie zu den Betrachtungen im vorigen Beispiel.

b) Begründen Sie, weshalb für jede positive reelle Zahl r gilt: $\lim\limits_{x \to \infty} \frac{\ln x}{x^r} = 0$.

Übung 28

a) Zeigen Sie, dass für $0 < x < \frac{1}{e}$ gilt: $0 \geq x \cdot \ln x \geq -\frac{1}{e}$. Untersuchen Sie hierzu $f(x) = x \cdot \ln x$ im betrachteten Bereich auf Monotonie.

b) Weisen Sie unter Verwendung des Ergebnisses aus a) nach, dass für x > 0 gilt: $\lim\limits_{x \to 0} (x^2 \cdot \ln x) = 0$.

c) Wie lautet die Verallgemeinerung des Resultates aus b)?

H. Übungen

Die natürliche Logarithmusfunktion

29. Gegeben sei $f(x) = \ln x$, $x > 0$.

a) Bestimmen Sie f(2) (10; 300; 20000; $4 \cdot 10^{15}; 8 \cdot 10^{30}; 0{,}1; 3 \cdot 10^{-15}$).

b) Für welchen x-Wert gilt f(x) = 1 (2; 3; 10; 20; 23; 50; –10; –100)?

c) Bestimmen Sie $f(5 \cdot 10^{250})$ (bzw. $43 \cdot 25^{80}; 1{,}2 \cdot 13^{200}; 10^{-250}$).

d) Für welchen x-Wert gilt ln x = 400 (bzw. 10000; 4000)?

(Wenden Sie für die Aufgabenteile c) und d) geeignete Rechenregeln an.)

30. Lösen Sie die Gleichung.

a) $2^x \cdot 2^{2x} = 2^{4x-1}$
b) $3^{x+1} \cdot 3^{x-1} = 3^{4x-3}$
c) $4^x \cdot 2^{x-1} = 8^x$
d) $6^{x-1} = 3 \cdot 2^{2x}$
e) $0{,}2 \cdot e^{x+2} = 5^x$
f) $3 \cdot e^{x+1} \cdot 2^x = 8^{x+1}$
g) $3 \cdot 4^{x+2} = 5^x$
h) $3^x \cdot 5^{2x} = 6 \cdot 2^{x+1}$
i) $5 \cdot e^{x+1} = 2 \cdot 5^{2x}$
j) $3 \cdot 5^{2x} = 180$
k) $2^x + 3 \cdot 2^{x+1} = 2 \cdot 3^{x+2} - 5 \cdot 3^{x+1}$
l) $6^{x+1} - 7 \cdot 2^x = 6^x$

31. Zeigen Sie, dass sich die Funktionen f und g mit $f(x) = \ln x$ und $g(x) = \ln(ax)$ $(a > 0)$ nur um eine additive Konstante unterscheiden $(f(x) = g(x) + k)$.

32. Beweisen Sie, dass für x > 0 gilt:

a) $\ln x = -2 \cdot \ln(\frac{1}{\sqrt{x}})$
b) $\frac{5}{6} \ln x = \ln \sqrt{x} + \ln \sqrt[3]{x}$
c) $x = 2 \cdot \ln x + \ln(\frac{e^x}{x^2})$

Die Ableitung der natürlichen Logarithmusfunktion

33. Differenzieren Sie die Funktion f.

a) $f(x) = \ln(x^3)$, $x > 0$
b) $f(x) = \ln(1 - x)$, $x < 1$
c) $f(x) = 2x - \ln(2x - 4)$, $x > 2$
d) $f(x) = \ln(x^2 - 4)$, $x > 2$
e) $f(x) = \frac{1}{\ln x}$, $x > 0$
f) $f(x) = \ln(x^2 - 2x)$, $x > 2$
g) $f(x) = (\ln x)^{\frac{3}{2}}$, $x > 0$
h) $f(x) = x^2 \cdot \ln x$, $x > 0$
i) $f(x) = \ln\sqrt{2x}$, $x > 0$
j) $f(x) = \ln(\sin x)$, $0 < x < \pi$
k) $f(x) = x \cdot \ln(\frac{1}{x})$, $x > 0$
l) $f(x) = (\ln(x^2))^{-\frac{1}{3}}$, $x > 0$

34. a) Bestimmen Sie die Gleichung der Tangente an den Graphen von $f(x) = \ln(2x)$ $(x > 0)$, die die y-Achse bei $y = 1$ schneidet.
b) An welcher Stelle haben die Funktionen f und g mit $f(x) = \ln(x + 1)$ und $g(x) = x^2 + 1$ die gleiche Steigung ($x > 0$)?
c) Zeigen Sie:
Die Steigung von $f(x) = \ln(x^2)$ ist stets doppelt so groß wie die von $g(x) = \ln x$.
d) Zeigen Sie:
Die Graphen der Funktionen $f(x) = \ln(2x - 1)$ und $g(x) = x^2 - 1$ berühren sich in genau einem Punkt.

35. Bestimmen Sie die Gleichung der Ursprungsgeraden, die den Graphen von $f(x) = \ln(2x)$ berührt.

36. Untersuchen Sie die Funktion zu $f(x) = \sqrt{\ln x} - \ln\sqrt{x}$ $(x > 1)$ auf Extrema.
(Stellen Sie die Art des Extremums mit Testeinsetzungen fest.)

Kurvendiskussionen

37. Führen Sie eine Kurvendiskussion durch.

a) $f(x) = \ln(x - 1) - 2x$, $x > 1$
b) $f(x) = x \cdot (1 - \ln x)$, $x > 0$
c) $f(x) = x \cdot (\ln x)^2$, $x > 0$
d) $f(x) = x \cdot \ln\sqrt{x}$, $x > 0$

38. Gegeben sei die Funktion zu $f(x) = x \cdot (\ln(x^2) - 1)$, $x \neq 0$.
a) Untersuchen Sie f auf Symmetrie.
b) Bestimmen Sie die Nullstellen von f.
c) Untersuchen Sie f auf Extrema.
d) Zeigen Sie, dass f keine Wendepunkte besitzt.
e) Zeichnen Sie den Graphen von f für $-3 \leq x \leq 3$.
f) Unter welchem Winkel schneidet der Graph von f die x-Achse?
g) Bestimmen Sie den Schnittwinkel der Grenztangente für $x \to 0$ von f mit der x-Achse.

39. Gegeben sei die Kurvenschar zu $f_a(x) = a \cdot \sqrt{x} - \ln(x^2)$, $x > 0$, $a > 0$.

a) Untersuchen Sie f_a auf Extrema und Wendepunkte.
b) Zeigen Sie, dass f_a für $a \geq 2$ keine Nullstellen besitzt.
c) Zeichnen Sie den Graphen von f_4 für $0 < x < 5$.
d) Bestimmen Sie die Gleichung der Wendetangente von f_4.
e) Bestimmen Sie die Gleichung der Ortskurve der Extrema.
f) Bestimmen Sie die Gleichung der Ortskurve der Wendepunkte.

40. Gegeben sei die Kurvenschar zu $f_a(x) = x^2 - a \cdot \ln x$, $x > 0$, $a > 0$.

a) Untersuchen Sie f_a auf Extrema und Wendepunkte.
b) Bestimmen Sie die Gleichung der Ortskurve der Extrema.
c) Für welchen Wert von a berührt der Graph von f_a bei der Extremalstelle die x-Achse?
d) Zeigen Sie, dass f_a für $0 < a < 5$ keine Nullstellen besitzt (Nutzen Sie die Resultate aus den vorhergehenden Aufgabenteilen.).
e) Zeichnen Sie die Graphen von f_2 und f_5.

Anwendungen und Ergänzungen

41. Bestimmen Sie mittels logarithmischer Integration eine Stammfunktion von f.

a) $f(x) = \frac{2x}{x^2-1}$ b) $f(x) = \frac{3x^2-1}{x^3-x}$ c) $f(x) = \frac{6x^2-2x}{x^3-0{,}5x^2}$

d) $f(x) = \frac{\sin x}{\cos x}$ e) $f(x) = \frac{\sin x \cdot \cos x}{(\sin x)^2}$ f) $f(x) = \frac{\frac{2}{x}}{\ln x}$

42. Gegeben sei die Funktion f für $x > 0$. Bestimmen Sie $f'(x)$.

a) $f(x) = 3 \cdot \log_4 x$ b) $f(x) = 4 \cdot \log_{0,2} x$ c) $f(x) = x \cdot \log_3 x$

d) $f(x) = \sqrt{x} \cdot \log_3 x$ e) $f(x) = \log_2 x \cdot \log_5 x$ f) $f(x) = x^2 \cdot \log_{0,1} x$

43. a) Wie muss x ($0 < x < 1$) gewählt werden, damit das achsenparallele Rechteck mit den Eckpunkten $P(0|0)$ und $Q(x|\ln x)$ maximalen Flächeninhalt besitzt?

b) Wie muss $a > 2$ gewählt werden, damit die Fläche zwischen dem Graphen von $f(x) = \frac{2}{x-1}$ und der x-Achse über dem Intervall $I = [2\,;\,a]$ den Inhalt 10 annimmt?

VI. Gebrochen-rationale Funktionen

1. Die Quotientenregel

Stellt man – wie nebenstehend dargelegt– einen Quotienten als Produkt dar (Zähler mal Kehrwert des Nenners), so kann man ihn mit Hilfe der Produkt- und Kettenregel differenzieren.

Wendet man diese Methode auf einen Quotienten in allgemeiner Darstellung an, so gewinnt man – wie die nebenstehende Rechnung zeigt– eine allgemeine Formel für die Differentiation von Quotienten.

Diese Formel wird als **Quotientenregel** bezeichnet.

$$\left[\frac{u(x)}{v(x)}\right]' = \left[u(x)\cdot\frac{1}{v(x)}\right]'$$

$$= u'(x)\cdot\frac{1}{v(x)} + u(x)\cdot\left(-\frac{v'(x)}{(v(x))^2}\right)$$

$$= \frac{u'(x)\cdot v(x)}{(v(x))^2} - \frac{u(x)\cdot v'(x)}{(v(x))^2}$$

$$= \frac{u'(x)\cdot v(x) - u(x)\cdot v'(x)}{(v(x))^2}$$

Satz VI.1 (Quotientenregel): Sind u und v an der Stelle x_0 differenzierbare Funktionen mit $v(x_0) \neq 0$, so ist auch der Quotient $f(x) = \frac{u(x)}{v(x)}$ an der Stelle x_0 differenzierbar und es gilt:

$$f'(x_0) = \frac{u'(x_0)\cdot v(x_0) - u(x_0)\cdot v'(x_0)}{(v(x_0))^2}.$$

Kurzform der Quotientenregel

$$\left(\frac{u}{v}\right)' = \frac{u'\cdot v - u\cdot v'}{v^2}$$

Beispiel: Gegeben sei $f(x) = \frac{5x}{(2x-1)^2}$, $x \neq 0{,}5$. Bestimmen Sie die Ableitung f'(x).

Lösung:
Wir bestimmen f' mit Hilfe der Quotientenregel.

Es ist nicht ratsam, den quadratischen Nennerterm von f auszumultiplizieren, auch wenn dies verlockend erscheinen mag.
Man kann den Nennerterm nämlich nach der Kettenregel leicht differenzieren.
Dies ist aber nicht der einzige Vorteil. Man kann anschließend erkennen, dass der Faktor (2x−1) nicht nur im Nenner von f' steckt, sondern auch in jedem Summanden des Zählers, so dass man ihn herauskürzen kann. Damit ergibt sich eine erhebliche Vereinfachung.

$$f'(x) = \left[\frac{5x}{(2x-1)^2}\right]'$$

Quotientenregel

$$= \frac{5\cdot(2x-1)^2 - 5x\cdot 2\cdot(2x-1)\cdot 2}{(2x-1)^4}$$

Kürzen mit (2x−1)

$$= \frac{5\cdot(2x-1) - 5x\cdot 2\cdot 2}{(2x-1)^3}$$

Zusammenfassen

$$= \frac{-10x-5}{(2x-1)^3}$$

Das folgende Beispiel verdeutlicht noch einmal den Vereinfachungsvorteil, der sich ergibt, wenn man bei Anwendung der Quotientenregel die Möglichkeiten zum Kürzen konsequent nutzt.

Beispiel: Bestimmen Sie die ersten drei Ableitungen von $f(x) = \frac{x^2+x}{x-2}$, $x \neq 2$.

Lösung:

$$f'(x) = \frac{(2x+1)\cdot(x-2)-(x^2+x)\cdot 1}{(x-2)^2} = \frac{x^2-4x-2}{(x-2)^2}$$

$$f''(x) = \frac{(2x-4)\cdot(x-2)^2-(x^2-4x-2)\cdot 2\cdot(x-2)}{(x-2)^4} = \frac{(2x-4)\cdot(x-2)-(x^2-4x-2)\cdot 2}{(x-2)^3} = \frac{12}{(x-2)^3}$$

$$f'''(x) = \frac{0\cdot(x-2)^3-12\cdot 3\cdot(x-2)^2}{(x-2)^6} = \frac{-36}{(x-2)^4}$$

Man erkennt, dass der Exponent im Nenner – wenn man richtig kürzt – von einer Ableitung zur nächsten sich nicht etwa verdoppelt, sondern genau um 1 wächst.

Interessanterweise können auch recht exotische Funktionen mit der Quotientenregel differenziert werden, wie das Beispiel der Tangensfunktion zeigt.

Beispiel: Differenzieren Sie die Funktion f mit $f(x) = \tan x$, $-\frac{\pi}{2} < x < \frac{\pi}{2}$.

Lösung:
Wir stellen die Tangensfunktion als Quotient von Sinusfunktion und Kosinusfunktion dar.

Diesen Quotienten differenzieren wir nach der Quotientenregel.

Resultat: $(\tan x)' = \frac{1}{\cos^2 x}$

$$f(x) = \tan x = \frac{\sin x}{\cos x}$$

$$f'(x) = \frac{\cos x\cdot\cos x-\sin x\cdot(-\sin x)}{\cos^2 x}$$

$$= \frac{\cos^2 x+\sin^2 x}{\cos^2 x}$$

$$= \frac{1}{\cos^2 x}$$

Übung 1
Bestimmen Sie die ersten beiden Ableitungen der Funktion f.

a) $f(x) = \frac{2x-3}{x+5}$
c) $f(x) = \frac{x^2}{(x+1)^3}$
e) $f(x) = \frac{3x^2-x+2}{x^2+x-1}$
g) $f(x) = \frac{\cos x}{\sin x}$

b) $f(x) = \frac{x^3+2x}{x+3}$
d) $f(x) = \frac{1}{(x^2+1)^3}$
f) $f(x) = (\frac{3x+1}{x-2})^3$
h) $f(x) = \frac{\sin x}{x}$

Wir sind nun in der Lage, Funktionen, deren Funktionsterme die Gestalt eines Quotienten haben, auf relative Extrema und Wendepunkte zu untersuchen.

Beispiel: Untersuchen Sie die Funktion zu $f(x) = \frac{2x+2}{x^2+3}$ auf relative Extrema.

Lösung:
Zunächst berechnen wir mit Hilfe der Quotientenregel die Ableitungen f' und f''.

Anschließend untersuchen wir f auf Stellen mit waagerechten Tangenten, indem wir die Nullstellen von f' berechnen. Diese liegen bei $x = 1$ und $x = -3$.

Wir überprüfen diese Stellen mit der zweiten Ableitung. Da f'' bei $x = 1$ und $x = -3$ nicht null ist, liegen dort Extrema.

Resultat: Maximum bei $x = 1$, $y = 1$.
Minimum bei $x = -3$, $y = -\frac{1}{3}$.

$$f'(x) = \frac{-2x^2-4x+6}{(x^2+3)^2}$$

$$f''(x) = \frac{4x^3+12x^2-36x-12}{(x^2+3)^3}$$

Stellen mit waagerechter Tangente:

$f'(x) = 0 \;:\; -2x^2 - 4x + 6 = 0$:

$x = 1$, $y = 1$ sowie $x = -3$, $y = -\frac{1}{3}$

Überprüfung mittels f'':

$x = 1 \quad : f''(1) = -\frac{1}{2} < 0 \quad \Rightarrow$ Ma

$x = -3 \quad : f''(-3) = \frac{1}{18} > 0 \quad \Rightarrow$ Mi

Beispiel: Zeigen Sie, dass die Funktion zu $f(x) = \frac{x^3}{x-1}$ $(x \neq 1)$ genau einen Wendepunkt hat.

Lösung:
Wir bestimmen die Nullstellen von f''.
Es gibt nur eine solche Nullstelle von f''.
Diese liegt bei $x = 0$.

Überprüfen wir diese mittels f''', so erhalten wir $f'''(0) = -6 < 0$.

Damit ist sicher, dass bei $x = 0$, $y = 0$ der einzige Wendepunkt der Funktion liegt.

$$f''(x) = \frac{2x^3-6x^2+6x}{(x-1)^3}$$

$$f'''(x) = \frac{-6}{(x-1)^4}$$

$f''(x) = 0 : \; 2x^3-6x^2+6x = 0$
$\qquad 2x(x^2-3x+3) = 0$

$x = 0$; $(x = 1{,}5 \pm\sqrt{-0{,}75})$
$f'''(0) = -6 \neq 0 \Rightarrow$ Wendepunkt

Übung 2
Untersuchen Sie die Funktion f auf relative Extrema.

a) $f(x) = \frac{x^2}{2x-1}$ b) $f(x) = \frac{3x^2+9x}{x+4}$ c) $f(x) = \frac{x}{3x^2+12}$ d) $f(x) = \frac{10x}{x^3+1}$

Übungen

3. Bestimmen Sie die Ableitung der Funktion f auf ihrem Definitionsbereich.

a) $f(x) = \frac{2x}{4x-1}$ c) $f(x) = \frac{x-1}{\sqrt{x+1}}$ e) $f(x) = \frac{\sqrt{x-1}}{\sqrt{x+1}}$

b) $f(x) = \frac{x^2}{\sin x}$ d) $f(x) = \frac{ax}{ax+b}$, a, b ∈ ℝ f) $f(x) = \frac{a+bx}{a-bx}$, a, b ∈ ℝ

4. Bestimmen Sie die ersten beiden Ableitungen der Funktion f auf ihrem Definitionsbereich.

a) $f(x) = \frac{1+x^2}{x+2}$ c) $f(x) = \frac{(x-1)^2}{x}$ e) $f(x) = \frac{1}{x^2+1}$

b) $f(x) = \frac{x^2+1}{(x-1)^2}$ d) $f(x) = \frac{x}{\cos x}$ f) $f(x) = \frac{e^x}{x}$

5. Untersuchen Sie die Funktion auf relative Extrema.

a) $f(x) = \frac{x^2}{x-1}$ c) $f(x) = \frac{x-1}{x^2+1}$ e) $f(x) = \frac{2x}{x^2-1}$

b) $f(x) = \frac{x+4}{x^2}$ d) $f(x) = \frac{x}{2x^2+1}$ f) $f(x) = \frac{e^{2x}}{x}$

6. Untersuchen Sie die Funktion auf Wendestellen.

a) $f(x) = \frac{x}{e^x}$ b) $f(x) = \frac{x^2+1}{x}$ c) $f(x) = \frac{x^3+1}{x}$

7. An welchen Stellen haben die Graphen der Funktionen zu $f(x) = \frac{e^x}{x}$ und $g(x) = \frac{e^x}{x+1}$ gleiche Steigung?

8. f sei eine überall differenzierbare Funktion. $g = \frac{1}{f}$ sei die zu f reziproke Funktion.

Zeigen Sie: Gilt $f'(x) \neq 0$ für alle x ∈ ℝ, so besitzen f und g an keiner Stelle die gleiche Steigung. Gilt dies auch ohne die Voraussetzung $f'(x) \neq 0$?

2. Kurvenuntersuchungen

A. Der Begriff der rationalen Funktion

Eine Funktion, deren Funktionsterm als Quotient zweier Polynomfunktionen darstellbar ist, wird als rationale Funktion bezeichnet.

Rationale Funktion

$$f(x) = \frac{a_n x^n + a_{n-1} x^{n-1} + ... + a_1 x + a_0}{b_m x^m + b_{m-1} x^{m-1} + ... + b_1 x + b_0}$$

Man bezeichnet eine rationale Funktion als ganzrational, wenn sie auf ihrer Definitionsmenge als Polynomfunktion darstellbar ist.
Ist dies nicht möglich, so spricht man von einer gebrochen-rationalen Funktion.
Welcher dieser beiden Fälle vorliegt, lässt sich stets mit Hilfe einer Polynomdivision feststellen.

Beispiel: Gegeben sei die Funktion zu

$$f(x) = \frac{x^3-x^2+2x-2}{x-1}, \; x \neq 1.$$

Zeigen Sie, dass f eine ganzrationale Funktion ist.

Lösung:
f ist eine ganzrationale Funktion, denn die Polynomdivision

$$(x^3-x^2+2x-2):(x-1)$$

geht auf.
Sie liefert für f die Polynomdarstellung $f(x) = x^2 + 2$, die für $x \neq 1$ gilt.

Polynomdivision:

$$(x^3-x^2+2x-2):(x-1) = x^2+2 \quad \text{Polynom}$$
$$\underline{x^3-x^2}$$
$$2x-2$$
$$\underline{2x-2}$$
$$0$$

$f(x) = \frac{x^3-x^2+2x-2}{x-1}$ ist ganzrational.

Beispiel: Überprüfen Sie, ob die rationale Funktion zu $f(x) = \frac{x^3-3x^2+3x+2}{x-1}$, $x \neq 1$, ganzrational oder gebrochen-rational ist.

Lösung:
Hier liegt eine gebrochen-rationale Funktion vor, denn die Polynomdivision geht in diesem Fall nicht auf.

Vielmehr zerfällt f in die Summe aus einem Polynom und einem nichtpolynomischen **Restterm.**
Der Nennergrad des Resterms ist größer als der Grad des Zählers.

Polynomdivision:

$$(x^3-3x^2+3x+2):(x-1) = x^2-2x+1+\frac{3}{x-1}$$
$$\underline{x^3-x^2}$$
$$-2x^2+3x$$
$$\underline{-2x^2+2x}$$
$$x+2$$
$$\underline{x-1}$$
$$3$$

↓ Polynom ↓ Restterm

$f(x) = \frac{x^3-3x^2+3x+2}{x-1}$

ist gebrochen-rational.

Übung 1
Prüfen Sie, ob die Funktion f ganzrational oder gebrochen-rational ist.

a) $f(x) = \frac{x^3-x^2-26x-19}{x-5}, \quad x \neq 5$ b) $f(x) = \frac{x^3+4x^2+x-6}{x+2}, \quad x \neq -2$

Wir zeigen nun noch exemplarisch, dass die Summe aus einem Polynom und einem rationalen Restterm, dessen Nennergrad größer als sein Zählergrad ist, kein Polynom sein kann.

Beispiel: Im obigen Beispiel führte die Polynomdivision auf den Ergebnisterm $x^2-2x+1+\frac{3}{x-1}$. Zeigen Sie, dass dieser Term nicht als Polynom darstellbar ist.

Lösung:
Wir machen die Annahme, dass der gegebene Term ein Polynom p(x) darstellt.

Annahme:
$x^2-2x+1+\frac{3}{x-1} = p(x)$

Dann ließe sich der Restterm als Differenz zweier Polynome darstellen und wäre somit ebenfalls als Polynom q(x) darstellbar.

$\Rightarrow \quad \frac{3}{x-1} = p(x)-(x^2-2x+1)$

$\Rightarrow \quad \frac{3}{x-1} = q(x)$

Dies aber führt auf eine Darstellung der Zahl 3 als Polynom t(x) mindestens ersten Grades, was unmöglich wahr sein kann.

$\Rightarrow \quad 3 = q(x)\cdot(x-1)$

$\Rightarrow \quad 3 = t(x)$

Grad = 0   Grad ≥ 1 : Widerspruch !

Daher ist unsere Annahme falsch.

Dies ist ein Widerspruch, da der Grad des linken Terms 0 ist, während der Grad des rechten Terms mindestens 1 ist.

Übung 2
Wie lauten Zähler- und Nennerpolynom der rationalen Funktion f?
Überprüfen Sie, ob f sogar ganzrational ist.

a) $f(x) = \frac{\frac{1}{x}}{\frac{x-2}{x}+2}, \; x \neq 0, \frac{2}{3}$ b) $f(x) = \frac{x^2+6x+11+\frac{6}{x}}{x+\frac{5x+6}{x}}, \; x \neq 0, -2, -3$

c) $f(x) = \frac{(x-2)^2}{3+\frac{1}{x-2}}, \; x \neq 2, \frac{5}{3}$ d) $f(x) = \frac{\frac{x^2-1}{x+1}+2}{\frac{x+1}{x^2}}, \; x \neq 0, -1$

B. Definitionslücken gebrochen-rationaler Funktionen

Eine rationale Funktion ist an den Stellen nicht definiert, für welche ihr Nennerterm den Wert null annimmt. Daher werden die Nullstellen des Nennerterms als **Definitionslücken** der rationalen Funktion bezeichnet.

Man interessiert sich natürlich dafür, wie sich eine solche Funktion "in der Nähe" ihrer Definitionslücken verhält.

Beispiel: Skizzieren Sie den Graphen der Funktion zu $f(x) = \frac{x+1}{x-2}$, $x \neq 2$.
Welches Verhalten zeigt die Funktion, wenn man sich ihrer Definitionslücke bei $x = 2$ von links bzw. von rechts nähert?

Lösung:
Den Graphen der Funktion skizzieren wir auf der Basis einer hinreichend dichten Wertetabelle (Bild 1).

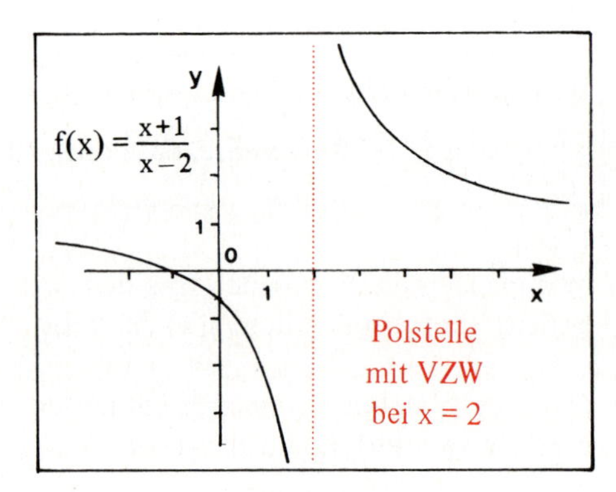

Bild 1

Wir können erkennen, dass die Funktionswerte gegen ∞ steigen, wenn wir uns der Lücke $x = 2$ von rechts nähern, denn der Zählerterm strebt dann dem Wert 3 zu, während der Nennerterm sich mit positivem Vorzeichen der Zahl Null nähert.

x	3	2,5	2,1	2,01	...	→ 2
y	4	7	31	301	...	→ ∞

$$\lim_{\substack{x \to 2 \\ x > 2}} \frac{x+1}{x-2} = \infty$$

Nähert man sich der Lücke $x = 2$ von links, so fallen die Funktionswerte gegen $-\infty$, da sich der Nennerterm nun mit negativem Vorzeichen der Zahl Null nähert.

x	1	1,5	1,9	1,99	...	→ 2
y	−2	−5	−29	−299	...	→ −∞

$$\lim_{\substack{x \to 2 \\ x < 2}} \frac{x+1}{x-2} = -\infty$$

Man bezeichnet daher die Stelle $x = 2$ als **Unendlichkeitsstelle** oder als **Polstelle** der Funktion f.

Da die Funktion beim "Überschreiten der Polstelle" das Vorzeichen wechselt, bezeichnet man $x = 2$ etwas genauer als **Polstelle mit Vorzeichenwechsel**.

Interessant ist, dass der Funktionsgraph durch die Polstelle in zwei Teile gespalten wird, die man als **Zweige** der Funktion bezeichnet.
Dies hat zur Folge, dass der Graph der Funktion nicht ohne Absetzen in einem Zug gezeichnet werden kann.

◊◊◊◊◊◊◊◊◊◊◊◊◊◊◊◊◊◊◊◊◊◊◊

Beispiel: Untersuchen Sie, wie sich die Funktion zu $f(x)=\frac{x+2}{(x-1)^2}$ in der Umgebung ihrer Definitionslücke verhält.

Lösung:
Die Funktion ist für x = 1 nicht definiert. Da ihr Zählerterm x + 2 dort den Wert 3 annimmt, ergibt sich sowohl bei linksseitiger als auch bei rechtsseitiger Annäherung an x = 1 ein Anwachsen der Funktionswerte gegen ∞, denn der Nennerterm nähert sich dabei der Zahl Null, ist aber jeweils positiv.

Wir erhalten also eine **Polstelle ohne Vorzeichenwechsel**.

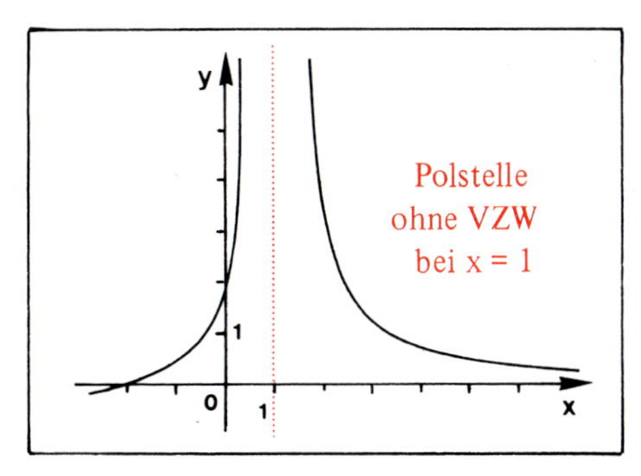

Bild 2

x	0	0,5	0,9	...	→ 1
y	2	10	290	...	→ ∞

x	2	1,5	1,1	...	→ 1
y	4	14	310	...	→ ∞

Den Nachweis dafür, dass eine gegebene Definitionslücke den Charakter einer Polstelle hat, kann man – wie in den obigen Beispielen – durch eine Grenzwertbetrachtung führen. Oft lässt sich zeitsparend das folgende hinreichende Kriterium für Polstellen anwenden:

Satz VI.2 (Polstellenkriterium): f mit $f(x)=\frac{Z(x)}{N(x)}$ sei eine rationale Funktion mit dem Zählerpolynom Z und dem Nennerpolynom N.
Dann gilt:

Aus $N(x_0)=0$, $Z(x_0)\neq 0$ folgt: x_0 ist eine Polstelle von f.

Begründung:
Da Zähler Z und Nenner N stetige Funktionen sind, gilt:

Läßt man $x \to x_0$ streben, so strebt der Zähler gegen $Z(x_0)\neq 0$ und der Nenner gegen $N(x_0)=0$.

Der Quotient $f(x)=\frac{Z(x)}{N(x)}$ strebt folglich dem Betrage nach gegen unendlich.

Hieraus folgt per Definition, dass x_0 eine Polstelle von f ist.

Beispiel:

Die rationale Funktion $f(x)=\frac{x+2}{(x-1)^2}$ hat bei $x_0=1$ eine Polstelle.

$$\left.\begin{array}{l} Z(1)=3\neq 0 \\ N(1)=0 \end{array}\right\} \Rightarrow \text{Polstelle bei } x_0=1$$

Das Vorzeichenverhalten von f in der Umgebung der Polstelle kann man z.B. durch Testeinsetzungen prüfen:

$$\left.\begin{array}{l} f(0{,}9)=290>0 \\ f(1{,}1)=310>0 \end{array}\right\} \Rightarrow \text{kein Vorzeichenwechsel.}$$

Die Definitionslücken einer rationalen Funktion stellen nicht in jedem Fall Polstellen dar, wie das folgende Beispiel verdeutlicht.

Beispiel: Zeichnen Sie den Graphen der Funktion zu $f(x) = \frac{x^3-2x^2-x+2}{x-2}$, $x \neq 2$. Untersuchen Sie anschließend die Definitionslücke der Funktion näher.

Lösung:
Die Funktion hat genau eine Definitionslücke. Diese befindet sich bei x = 2.

Nähert man sich dieser, so streben – anders als in den bisher betrachteten Beispielen – Zähler und Nenner beide gegen null.

Die Funktion als Ganzes allerdings nähert sich, wie Testeinsetzungen bzw. die Grenzwertrechnung zeigen, mit ihren Werten der Zahl 3.

Diese Zahl passt bei x = 2 haargenau als y-Wert in den Funktionsgraphen von f, der bei x = 2 also nur eine Art "Loch" hat.

Eine Stelle, an der ein solches Loch auftritt, bezeichnet man als (be)**hebbare Definitionslücke**, da das Loch durch Einsetzen eines einzigen Funktionswertes passgenau gestopft werden könnte.

Nebenstehend sind drei Methoden zur Identifizierung einer hebbaren Definitionslücke dargestellt.

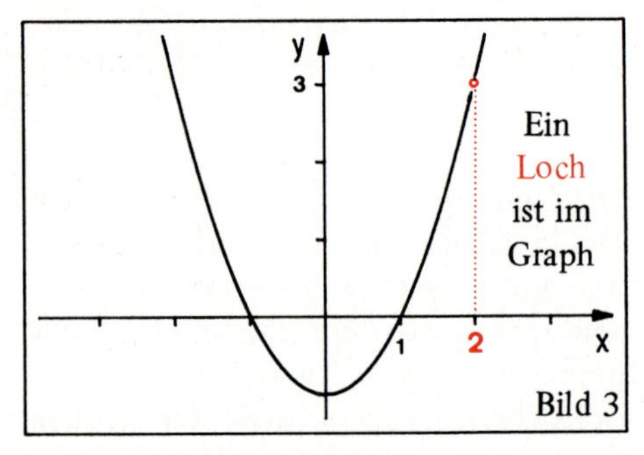

Bild 3

Methode 1: Testeinsetzungen

x	1,9	1,99	1,999	→ 2
y	2,61	2,96	2,996	→ 3

x	2,1	2,01	2,001	→ 2
y	3,41	3,04	3,004	→ 3

Methode 2: Grenzwertrechnung

$$\lim_{x\to 2} f(x) = \lim_{h\to 0} f(2+h) = \lim_{h\to 0} \frac{(2+h)^3-2(2+h)^2-(2+h)+2}{(2+h)-2} = \lim_{h\to 0} \frac{h^3+4h^2+3h}{h} = \lim_{h\to 0} (h^2+4h+3) = 3$$

Methode 3: Kürzen
Da Zähler und Nenner von f bei x = 2 Null werden, lässt sich aus ihnen – z.B. mittels Polynomdivision – jeweils der Linearfaktor (x – 2) abspalten, so dass ein Kürzungsvorgang möglich wird:

$$f(x) = \frac{x^3-2x^2-x+2}{x-2} = \frac{(x^2-1)(x-2)}{1\cdot(x-2)} = x^2-1.$$

Der Ergebnisterm zeigt, dass f(x) für $x \to 2$ gegen den Wert 3 strebt.

Übung 3
Untersuchen Sie die Definitionslücken der Funktion f.

a) $f(x) = \frac{x^3-5x^2+7x-3}{x-3}$ b) $f(x) = \frac{x^3-2x+1}{x-1}$ c) $f(x) = \frac{x^3+2x^2+x}{x+2}$

C. Asymptoten gebrochen-rationaler Funktionen

Die Bildfolge zeigt den Graphen der Funktion f mit $f(x) = \frac{x^2-x+1}{x-1}$. Bild 4a zeigt den Graphen von f in der Nähe der Polstelle $x = 1 (-4 \le x \le 4)$. In Bild 4b ist ein größerer Ausschnitt des Graphen dargestellt $(-20 \le x \le 20)$ und Bild 4c zeigt den Graphen – bildlich gesehen – aus einer noch größeren Distanz $(-100 \le x \le 100)$.

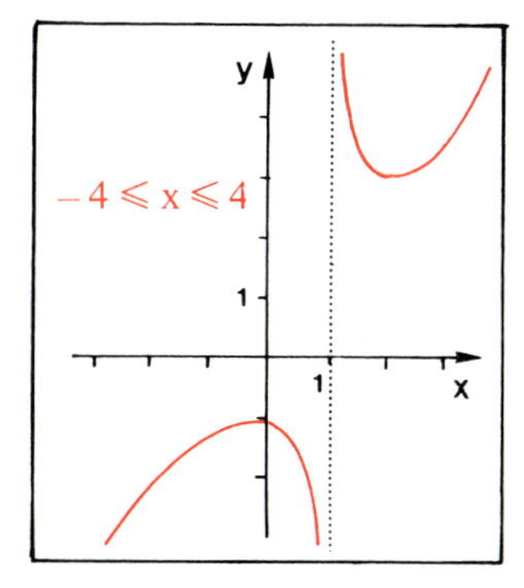

Bild 4a zeigt einen recht kompliziert erscheinenden Kurvenverlauf, geprägt von einer Polstelle bei $x = 1$, einem Maximum und einem Minimum.

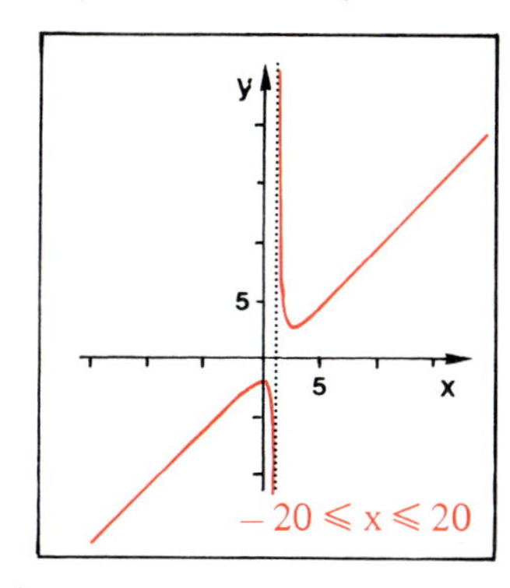

In Bild 4b wird deutlich, dass der Graph für größere Werte von $|x|$ einen erstaunlich geradlinigen Verlauf nimmt. Die Extremalpunkte dominieren nun nicht mehr das Bild.

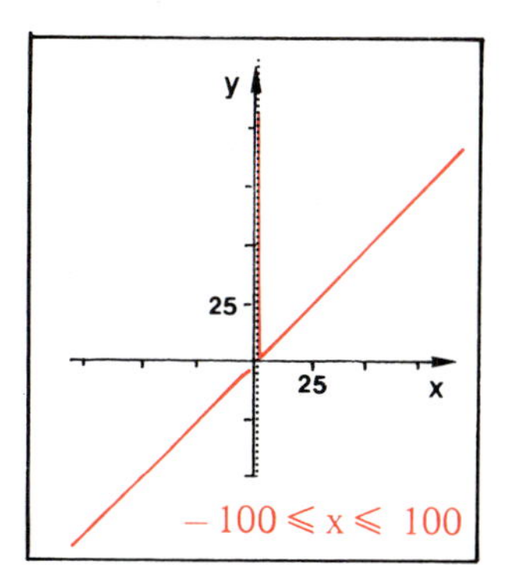

In Bild 4c kann der Graph seine Verwandschaft zur Geraden $A(x) = x$ nicht mehr verleugnen. Der unregelmäßige Verlauf in Polstellennähe hat nur noch den Rang einer lokalen Störung.

Das in der Bildfolge dargestellte Phänomen ist charakteristisch für rationale Funktionen. Jede rationale Funktion f verläuft für große Werte von $|x|$ nahezu wie eine ganz bestimmte Polynomfunktion, die man als **Asymptote** von f für $|x| \to \infty$ bezeichnet. Man definiert also:

Definition VI.1: Die Polynomfunktion A heißt Asymptote der rationalen Funktion f für $|x| \to \infty$, wenn gilt:

$$\lim_{|x| \to \infty} [f(x) - A(x)] = 0.$$

Satz VI.3: Stellt man eine rationale Funktion f mittels Polynomdivision als Summe aus einem Polynom und einem Restterm (Nennergrad > Zählergrad) dar, so ist das Polynom gerade die Asymptote der Funktion.

Zur Bestimmung der Asymptoten der oben betrachteten Funktion f müssen wir also lediglich eine Polynomdivision durchführen. Diese zeigt, dass $A(x) = x$ die Asymptote von f ist, denn der Restterm hat für $|x| \to \infty$ den Grenzwert 0.

Polynomdivision:

$$f(x) = (x^2 - x + 1) : (x - 1) = x + \frac{1}{x-1}$$

$$\frac{x^2 - x}{\qquad 1}$$

↑ Asymptote ↑ Rest

Übung 4

Untersuchen Sie die Funktion f auf Polstellen, hebbare Lücken und Asymptoten.

a) $f(x) = \frac{x+3}{x-2}$ b) $f(x) = \frac{2x^2}{x-3}$ c) $f(x) = \frac{x^3+2x^2}{x^2-4}$

Im Einführungsbeispiel (Bild 4a – 4c) näherte sich der Graph von f asymptotisch einer Geraden, als Asymptote ergab sich also ein Polynom ersten Grades. Welchen Grad die Asymptote einer rationalen Funktion f besitzt, das hängt allein davon ab, welche Graddifferenz Zähler und Nenner von f aufweisen. Genauer gilt:

Satz VI.4: Ist $f(x) = \frac{\text{Zählerpolynom}}{\text{Nennerpolynom}}$ eine rationale Funktion, so gelten folgende Aussagen:

Zählergrad < Nennergrad:	Zählergrad = Nennergrad:	Zählergrad > Nennergrad:
Die x-Achse ist Asymptote von f.	Eine zur x-Achse parallele Gerade ist Asymptote von f.	Ein Polynom vom Grad k > 0 ist Asymptote von f.

Beispiel: Bestimmen Sie die Gleichung der Asymptote von f und skizzieren Sie f.

a) $f(x) = \frac{4x+2}{x^2}$ b) $f(x) = \frac{10x-38}{x-4}$ c) $f(x) = \frac{x^3-5x^2-50}{2x-10}$

Lösung:

a)	b)	c)
Zählergrad < Nennergrad:	Zählergrad = Nennergrad:	Zählergrad = Nennergrad +2:
Es gilt:	Polynomdivision liefert:	Polynomdivision liefert:
$f(x) = 0 + \frac{4x+2}{x^2}.$	$f(x) = 10 + \frac{2}{x-4}.$	$f(x) = \frac{1}{2}x^2 - \frac{50}{2x-10}.$
$A(x) = 0$ ist Asymptote. (x-Achse)	$A(x) = 10$ ist Asymptote. (Parallele zur x-Achse)	$A(x) = \frac{1}{2}x^2$ ist Asymptote. (Parabel zweiten Grades)

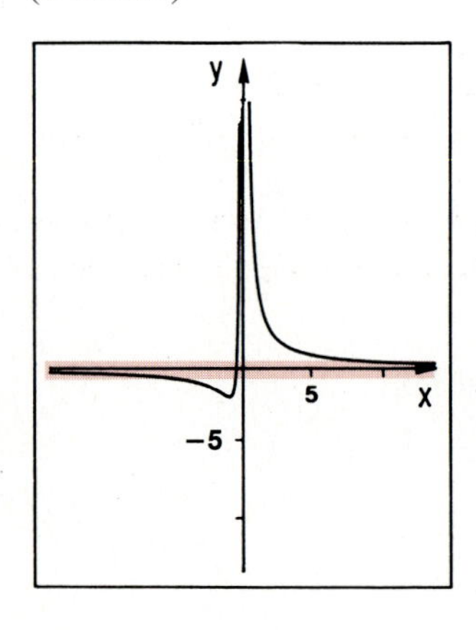

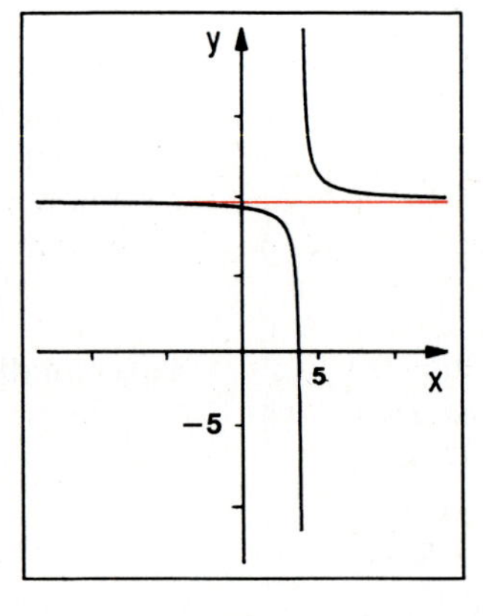

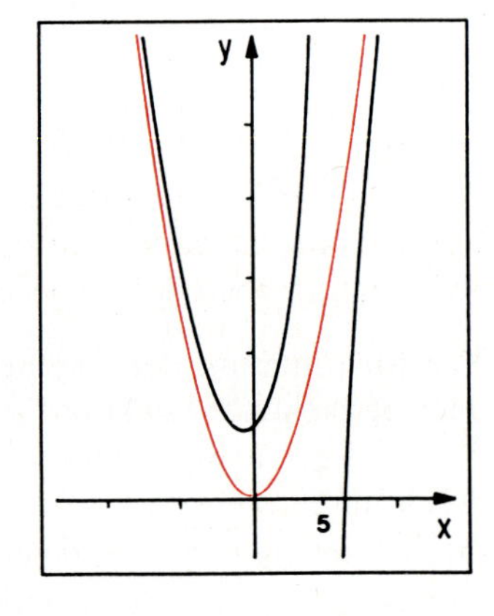

Sehr häufig kann man den Verlauf des Graphen einer rationalen Funktion grob skizzieren, ohne die Mittel der Differentialrechnung anwenden zu müssen.

Beispiel: Gegeben sei $f(x)=\frac{x^3+x^2+1}{x^2}$.
Fertigen Sie eine qualitative Skizze des Graphen von f an.

Lösung:
Polynomdivision liefert die folgende Darstellung von f als Summe von Asymptote und rationalem Restterm:

$$f(x)=A(x)+R(x)=x+1+\frac{1}{x^2}.$$

Für große Werte von $|x|$ dominiert die Asymptote A.

Der rationale Restterm R wird in der Umgebung von $x=0$ groß und verursacht dort eine **lokale Störung** in Form einer Polstelle ohne Vorzeichenwechsel.

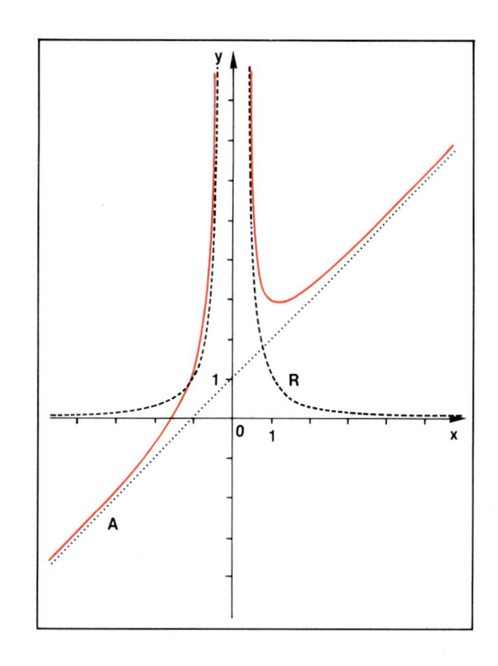

Bild 5

So ergibt sich die Skizze in Bild 5, der man ohne weiteres entnehmen kann, dass f eine Nullstelle, ein Minimum und eine Polstelle besitzt und sich von oben an die asymptotische Näherungsgerade zu $A(x) = x + 1$ anschmiegt. Die genaue Lage des Minimums allerdings sollte man mit den Mitteln der Differentialrechnung bestimmen.

Übung 5
Bestimmen Sie die Gleichung der Asymptote von f.

a) $f(x)=\frac{3x-6}{x^2-4}$ b) $f(x)=\frac{4x-2}{2x+4}$ c) $f(x)=\frac{3x^2+2x+1}{2x+1}$

Übung 6
Skizzieren Sie den Graphen der Funktion f in grober Näherung. Skizzieren Sie zunächst den Graphen der Asymptote und überlegen Sie, wo der Restterm lokale Störungen verursacht und von welcher Art diese sind.

a) $f(x)=2+\frac{1}{x}$ d) $f(x)=2+\frac{1}{x(x-2)}$ g) $f(x)=x-1+\frac{1}{x^2-4}$

b) $f(x)=2+\frac{1}{x-1}$ e) $f(x)=x+\frac{1}{x}$ h) $f(x)=x-1-\frac{1}{x+1}$

c) $f(x)=2+\frac{1}{(x-2)^2}$ f) $f(x)=x^2+\frac{1}{x-1}$ i) $f(x)=1-\frac{1}{x^2+1}$

C. Kurvendiskussionen

Der Funktionsterm einer rationalen Funktion ist als Quotient zweier Polynomfunktionen darstellbar, die wir im Folgenden als Zählerpolynom und Nennerpolynom bezeichnen.

$$f(x) = \frac{Z(x)}{N(x)} = \frac{\text{Zählerpolynom}}{\text{Nennerpolynom}}$$

Es ist stets möglich – z.B. mittels Polynomdivision – den Funktionsterm der rationalen Funktion f als Summe einer ganzrationalen Funktion A (Asymptote) und eines rationalen Restterms R (Zählergrad < Nennergrad) darzustellen.

$$\begin{array}{ccccc} f(x) & = & A(x) & + & R(x) \\ \text{Funktion} & = & \text{Asymptote} & + & \text{Restterm} \end{array}$$

$$R(x) = \frac{Z_1}{N_1} \text{ mit grad } Z_1 < \text{grad } N_1$$

Während der asymptotische Anteil oft einen relativ langweiligen Kurvenverlauf besitzt, erzeugt der Restterm interessante und charakteristische, das Kurvenbild der rationalen Funktion wenigstens lokal prägende Veränderungen des Verlaufs (lokale Störungen).
Diese wollen wir im Folgenden mit den Mitteln der Differentialrechnung untersuchen.

Beispiel: Gegeben sei die rationale Funktion zu $f(x) = \frac{1}{4} \cdot \frac{x^3}{x-1}$, $x \neq 1$.
Führen Sie eine Kurvendiskussion durch. Skizzieren Sie den Graphen von f für $-6 \leq x \leq 6$.

Lösung:

1. Asymptote und Restterm:

Mittels Polynomdivision erhalten wir die Zerlegung von f in Asymptote und rationalen Restterm.

$$f(x) = \underbrace{\tfrac{1}{4}(x^2 + x + 1)}_{\text{Asymptote}} + \underbrace{\frac{1}{4(x-1)}}_{\text{Restterm}}$$

Der Graph von f entsteht also aus einer Parabel zweiter Ordnung, die von einem Restterm überlagert wird, der im Wesentlichen eine lokale Störung in Form einer Polstelle mit Vorzeichenwechsel von minus nach plus an der Stelle x = 1 verursacht. Dadurch entsteht ein Wendepunkt links von x = 1 und ein Minimum rechts von x = 1.

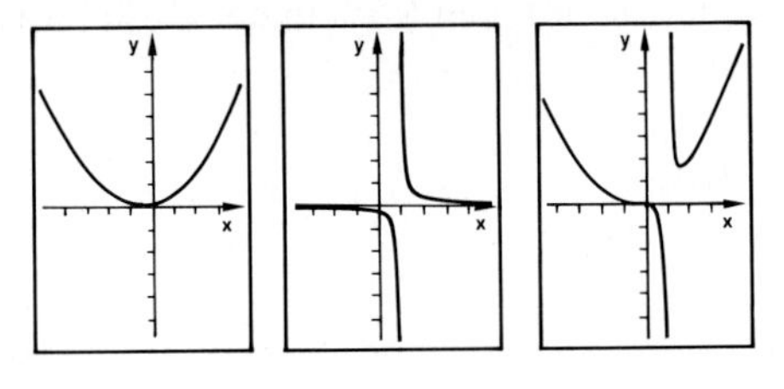

Asymptote + Restterm = Funktion

2. Definitionslücken:

Es gibt nur eine Definitionslücke bei x = 1. Dabei handelt es sich – wie oben bereits erwähnt – um eine Polstelle, denn der Nenner von f ist dort Null, nicht jedoch der Zähler von f.

$$\left.\begin{array}{l} N(1) = 0 \\ Z(1) = 1 \neq 0 \end{array}\right\} \Rightarrow \text{Polstelle bei } x = 1$$

$$\left.\begin{array}{l} f(0{,}9) \approx -1{,}8 \\ f(1{,}1) \approx 3{,}3 \end{array}\right\} \Rightarrow \text{Vorzeichenwechsel von minus nach plus}$$

3. Nullstellen:
f hat eine Nullstelle bei x = 0, da dort der Zähler von f null ist, nicht jedoch der Nenner von f.
Es handelt sich um eine Nullstelle mit Vorzeichenwechsel von plus nach minus.

$$\left.\begin{array}{l} Z(0) = 0 \\ N(0) \neq 0 \end{array}\right\} \Rightarrow \text{Nullstelle bei } x = 0$$

$$\left.\begin{array}{l} f(-0{,}5) \approx 0{,}02 \\ f(0{,}5) \approx -0{,}06 \end{array}\right\} \Rightarrow \text{Vorzeichenwechsel von plus nach minus}$$

4. Ableitungen:
Mit Hilfe der Quotientenregel bestimmen wir die Ableitungen f', f'' und f'''. Die Ergebnisse sind nebenstehend aufgeführt.

$$f'(x) = \frac{1}{4} \cdot \frac{2x^3-3x^2}{(x-1)^2}$$

$$f''(x) = \frac{1}{4} \cdot \frac{2x^3-6x^2+6x}{(x-1)^3}$$

$$f'''(x) = \frac{1}{4} \cdot \frac{-6}{(x-1)^4}$$

5. Extrema:
f' hat genau zwei Nullstellen: x = 0 und x = 1,5. Bei x = 0, y = 0 liegt kein Extremum, sondern ein Sattelpunkt.
Bei x = 1,5, y ≈ 1,69 liegt ein Minimum.

$$f'(x) = 0 \Leftrightarrow x^2(2x-3)=0 \Leftrightarrow x_1 = 0,\ x_2 = 1{,}5$$

$x_1=0$: $f''(0) = 0$, $f'''(0) < 0 \Rightarrow$ Sattelpunkt
$x_2=1{,}5$: $f''(1{,}5) > 0 \Rightarrow$ Minimum

6. Wendepunkte:
f'' hat genau eine Nullstelle bei x = 0, y = 0. Hier liegt, wie wir bereits aus dem vorigen Untersuchungsabschnitt 5 wissen, ein Sattelpunkt.

$$f''(x) = 0 \Leftrightarrow x(2x^2 - 6x + 6) = 0$$

$x = 0$	$2x^2 - 6x + 6 = 0$
$y = 0$	$x^2 - 3x + 3 = 0$
	$x = 1{,}5 \pm\sqrt{2{,}25-3}$
Sattelpunkt	keine Lösung

7. Graph:
In Abschnitt 1 haben wir den Verlauf des Funktionsgraphen aufgrund einfacher Überlegungen grob skizziert.
Die nachfolgenden Rechnungen haben diese Vorhersage eindrücklich bestätigt.

Wir sind nunmehr in der Lage, den Graphen von f präzise zu zeichnen.

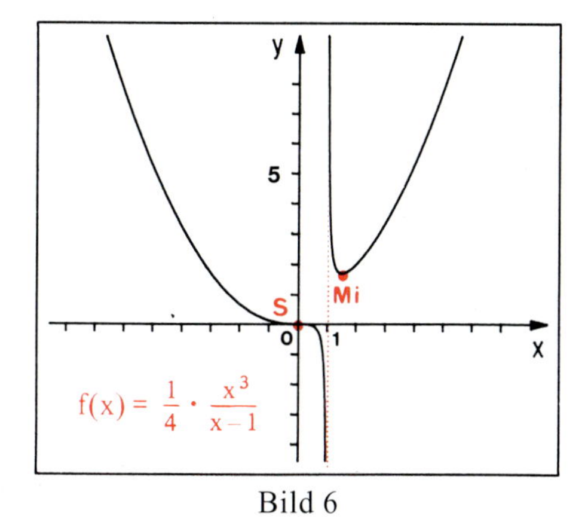

Bild 6

Übung 7

Diskutieren Sie die rationale Funktion zu $f(x) = \frac{3x^2-5x}{3x-9}$, $x \neq 3$.
Skizzieren Sie den Graphen von f für $-8 \leq x \leq 8$.

Wir ergänzen die Kurvenuntersuchung aus dem Beispiel von Seite 196 um eine Flächeninhaltsbestimmung.

Beispiel: Bestimmen Sie den Inhalt der Fläche A unter dem Graphen von

$$f(x) = \frac{1}{4} \cdot \frac{x^3}{x-1}, \ x \neq 1$$

über dem Intervall [2 ; e+1].

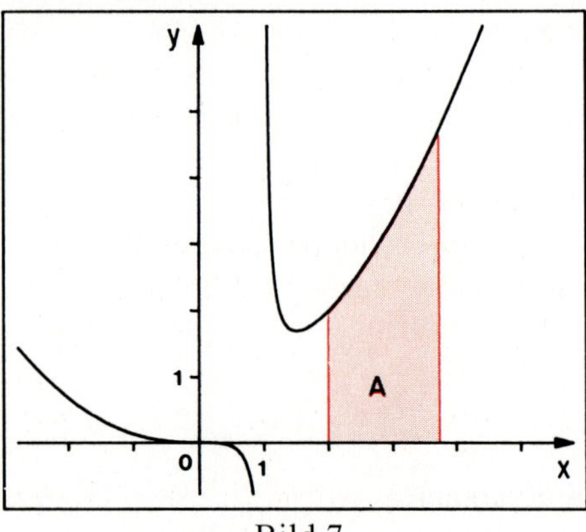

Bild 7

Lösung:

1. Stammfunktion:

Stellen wir f als Summe von Asymptote und rationalem Restterm dar, so lässt sich ohne Probleme eine Stammfunktion F bestimmen.

$$f(x) = \frac{1}{4}x^2 + \frac{1}{4}x + \frac{1}{4} \quad + \quad \frac{1}{4} \cdot \frac{1}{x-1}$$

$$F(x) = \frac{1}{12}x^3 + \frac{1}{8}x^2 + \frac{1}{4}x \quad + \quad \frac{1}{4}\ln|x-1|$$

2. Flächeninhaltsbestimmung:

Der gesuchte Inhalt kann nun als bestimmtes Integral von f über dem Intervall [2 ; e+1] berechnet werden.

$$A = \int_2^{e+1} f(x)\,dx = F(e+1) - F(2) \approx 7{,}192 - 1{,}667 \approx 5{,}53$$

Resultat: $A \approx 5{,}53$

Übung 8

Gegeben sei die Funktion zu $f(x) = \frac{1}{4} \cdot \frac{x^3}{x-1}$, $x \neq 1$, aus dem letzten Beispiel.

Bestimmen Sie den Inhalt der Fläche A, die vom Graphen der Funktion und der waagerechten Geraden zu $y(x) = 2$ im 1. Quadranten eingeschlossen wird.
(Hinweis: Eine Schnittstelle ist ganzzahlig.)

Übung 9

Gegeben sei die Funktion zu $f(x) = \frac{3x^2-5x}{3x-9}$, $x \neq 3$ (vgl. Übung 7).

Berechnen Sie den Inhalt der Fläche A, die im ersten Quadranten des Koordinatensystems von der Kurve und der x-Achse eingeschlossen wird.

Übung 10

a) Diskutieren Sie die Funktion zu $f(x) = \frac{x^4-2}{x}$, $x \neq 0$.

b) Berechnen Sie den Inhalt der Fläche, die vom Graphen der Funktion, der x-Achse und der Geraden zu $y(x) = x$ im ersten Quadranten eingeschlossen wird.

Beispiel: Diskutieren Sie die Funktion zu $f(x)=\frac{1-x^2}{x^2+1}$.

Lösung:

1. Asymptote und Restterm:

Eine Polynomdivision liefert die nebenstehende Darstellung.

$$f(x)=-1+\frac{2}{x^2+1}$$

Der Restterm verhält sich für große Werte von $|x|$ angenähert wie die Hyperbel zu $y(x)=\frac{2}{x^2}$. Für $x = 0$ nimmt er anstelle der Polstelle der Hyperbel seinen Maximalwert 2 an.
Er verursacht also eine lokale Störung in der Umgebung der Stelle $x = 0$.

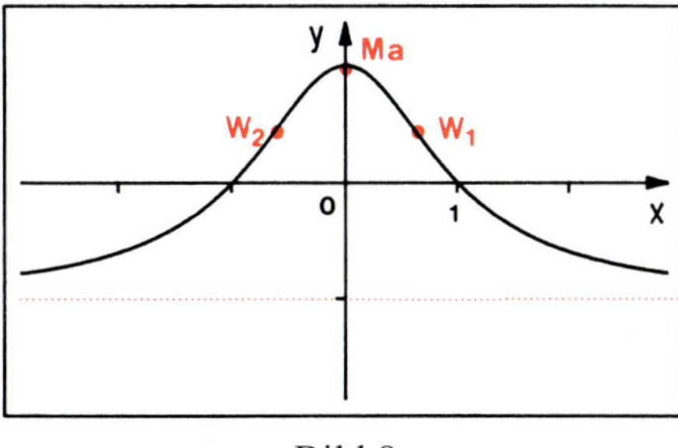

Bild 8

2. Definitionslücken:

Es gibt keine Definitionslücken, da der Nenner von f nirgends null wird.

$N(x) = x^2+1 > 0 \Rightarrow$ keine Definitionslücken

3. Nullstellen:

Es gibt zwei Nullstellen bei $x = 1$ und $x = -1$.

$Z(x) = x^2-1 = 0 \Leftrightarrow x_1 = 1$, $x_2 = -1$ (Nullstellen)

4. Ableitungen:

Mit Hilfe der Quotientenregel bestimmen wir die Ableitungen f', f'' und f'''.

$$f'(x) = \frac{-4x}{(x^2+1)^2}, \quad f''(x)=\frac{12x^2-4}{(x^2+1)^3}$$

$$f'''(x) = \frac{-48x^3+48x}{(x^2+1)^4}$$

5. Extrema:

f besitzt ein Maximum Ma(0|1).

$$f'(x) = 0 \Leftrightarrow 4x = 0 \Leftrightarrow x = 0$$
$$f''(0) = -4 < 0 \Rightarrow \text{Maximum}$$

6. Wendepunkte:

Es gibt zwei Wendepunkte:

$W_1(\frac{1}{\sqrt{3}}|\frac{1}{2})$, $W_2(-\frac{1}{\sqrt{3}}|\frac{1}{2})$.

$$f''(x) = 0 \Leftrightarrow 12x^2-4 = 0 \Leftrightarrow x=\pm\frac{1}{\sqrt{3}}$$

$f'''(\frac{1}{\sqrt{3}}) = \frac{27}{8}\sqrt{3} > 0$, Rechts - links-Wendepunkt

$f'''(\frac{-1}{\sqrt{3}}) = -\frac{27}{8}\sqrt{3} < 0$, Links - rechts-Wendepunkt

7. Graph:

Auf eine detaillierte Zeichnung des Graphen von f können wir verzichten, da der oben gegebenen Darstellung nichts Wesentliches hinzuzufügen wäre.

Übung 11

Diskutieren Sie die Funktion zu $f(x)=\frac{x^2}{x^2+3}$. Zeichnen Sie den Graphen für $-3 \le x \le 3$.

Beispiel: Diskutieren Sie die Funktion zu $f(x) = \frac{x^2+2x+1}{x^2+1}$.

Lösung:

1. Asymptote und Restterm:
Wir stellen f als Summe von Asymptote und rationalem Restterm dar:

$$f(x) = 1 + \frac{2x}{x^2+1}.$$

Den Graphen des Restterms kann man folgendermaßen entwickeln:
Man geht aus vom Term $\frac{2x}{x^2} = \frac{2}{x}$, der bei $x = 0$ eine Polstelle mit Vorzeichenwechsel hat (Bild a).
Erhöht man den Nenner um 1, so kann dieser nicht mehr Null werden. Die Polstelle verschwindet, während der Vorzeichenwechsel bleibt (Bild b).

$$(x^2 + 2x + 1):(x^2 + 1) = 1 + \frac{2x}{x^2+1}$$
$$\underline{x^2+1}$$
$$2x$$

↓ Asymptote ↓ Restterm

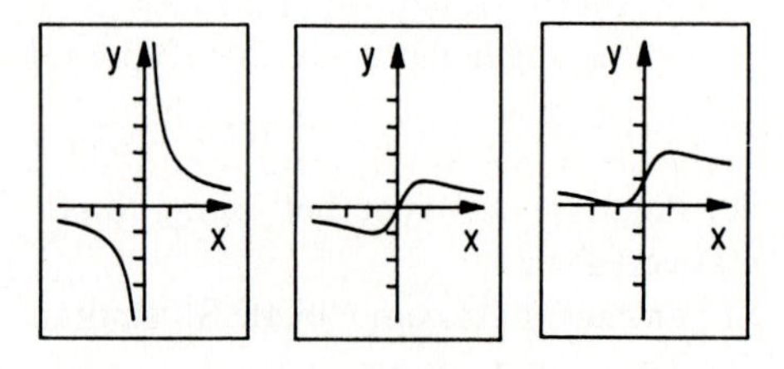

$\frac{2x}{x^2} = \frac{2}{x}$ (a) $\Rightarrow$ $\frac{2x}{x^2+1}$ (b) $\Rightarrow$ $1+\frac{2x}{x^2+1}$ (c)

2. Definitionslücken :
Es gibt keine Definitionslücken, da das Nennerpolynom nirgends verschwindet.

$N(x) = x^2+1 > 0$ für alle $x \in \mathbb{R}$

3. Nullstellen:
Die Funktion f hat bei $x = -1$ eine Nullstelle ohne Vorzeichenwechsel.

$$\left.\begin{array}{l} f(-1) = 0 \\ f(-2) = 0{,}2 > 0 \\ f(0) = 1 > 0 \end{array}\right\} \Rightarrow$$ Nullstelle bei $x = -1$ kein Vorzeichenwechsel

4. Ableitungen:
Mit Hilfe der Quotientenregel bilden wir f', f'' und f'''.

$$f'(x) = -\frac{2(x^2-1)}{(x^2+1)^2}, \quad f''(x) = \frac{4x(x^2-3)}{(x^2+1)^3}$$

$$f'''(x) = -\frac{12(x^4-6x^2+1)}{(x^2+1)^4}$$

5. Extrema:
f besitzt ein Minimum Mi(−1|0) sowie ein Maximum Ma(1|2), denn es gilt:
$f'(-1) = 0, f''(-1) = 1 > 0$, bzw.
$f'(1) = 0$, $f''(1) = -1 < 0$.

6. Wendepunkte:
Es gibt drei Wendepunkte: $W_1(0|1)$, $W_2(-\sqrt{3}|1-\frac{\sqrt{3}}{2})$, $W_3(\sqrt{3}|1+\frac{\sqrt{3}}{2})$.

7. Graph:

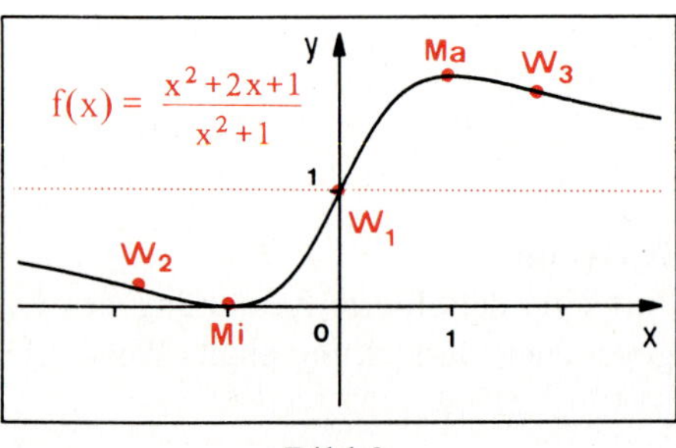

Bild 9

Übung 12

Diskutieren Sie die Funktion zu $f(x) = \frac{4x-4}{x^3}$, $x \neq 0$. Zeichnen Sie den Graphen für $-3 \le x \le 3$.

Beispiel: Diskutieren Sie die Funktion zu $f(x)=\frac{x^2-2x+1}{x^2-2x}$.

Lösung:

1. Asymptote und Restterm:

Der Graph von f nähert sich asymptotisch der waagerechten Geraden zu $A(x)=1$.

Der rationale Restterm $R(x)=\frac{1}{x(x-2)}$ wird in der Umgebung von $x=0$ und der Umgebung von $x=2$ groß. Er erzeugt dort lokale Störungen (Polstellen).

$$f(x) = 1 + \frac{1}{x^2-2x} = 1 + \frac{1}{x(x-2)}$$

$\downarrow$ Asymptote $\quad \downarrow$ Restterm

2. Definitionslücken:

Die Funktion ist für $x=0$ und $x=2$ nicht definiert.

Bei $x=0$ liegt eine Polstelle mit Vorzeichenwechsel von plus nach minus.

Bei $x=2$ liegt eine Polstelle mit Vorzeichenwechsel von minus nach plus.

x=0: Pol mit VZW	x=2: Pol mit VZW
$N(0)=0$	$N(2)=0$
$Z(0)=1$	$Z(2)=1$
$f(-\frac{1}{2})=1{,}8>0$	$f(\frac{3}{2})\approx-0{,}3<0$
$f(\frac{1}{2})\approx-0{,}3<0$	$f(\frac{5}{2})=1{,}8>0$

3. Nullstellen:

Bei $x=1$ hat f eine Nullstelle ohne Vorzeichenwechsel.

$$\left.\begin{array}{l} f(1)=0 \\ f(0{,}5)\approx-0{,}3<0 \\ f(1{,}5)\approx-0{,}3<0 \end{array}\right\} \Rightarrow \text{Nullstelle bei } x=1 \text{ ohne Vorzeichenwechsel}$$

4. Ableitungen:

Mit Hilfe der Quotientenregel bilden wir f', f'' und f'''.

$$f'(x)=\frac{2(1-x)}{(x^2-2x)^2},\quad f''(x)=\frac{2(3x^2-6x+4)}{(x^2-2x)^3}$$

$$f'''(x)=\frac{-24(x^3-3x^2+4x-2)}{(x^2-2x)^4}$$

5. Extrema:

f besitzt ein Maximum $Ma(1|0)$, denn es gilt: $f'(1)=0$, $f''(1)=-2<0$.

6. Wendepunkte:

Es existieren keine Wendepunkte, da f'' nirgends null wird, denn das Zählerpolynom von f'' hat keine Nullstellen.

7. Graph

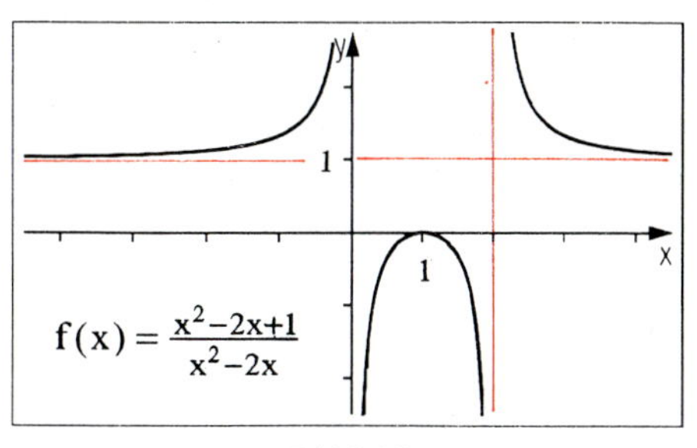

Bild 10

Übung 13

Diskutieren Sie die rationale Funktion f. Zeichnen Sie jeweils den Graphen.

a) $f(x)=\frac{x^2-1}{x^2+1}$ b) $f(x)=\frac{x^2-2}{x^2-4}$ c) $f(x)=\frac{2x^2-8x+1}{x^2-4x}$

Beispiel: Diskutieren Sie die Funktion zu $f(x)=\frac{5x^2-15}{(x^2-4)^2}$.

Lösung:

1. Asymptote und Restterm:

Der Grad des Zählerpolynoms ist kleiner als der Grad des Nennerpolynoms, so dass $A(x)=0$ Asymptote der Funktion ist.

2. Definitionslücken:

f hat Definitionslücken bei $x=-2$ und $x=2$. Es handelt sich um Polstellen. Wir überprüfen durch Testeinsetzungen, ob ein Vorzeichenwechsel vorliegt. Dabei müssen die Teststellen so nahe an der untersuchten Polstelle liegen, dass zwischen Polstelle und Teststelle weder eine weitere Polstelle noch eine Nullstelle liegt.

$x=-2$: Pol o. VZW	$x=2$: Pol o. VZW
$N(-2)=0$	$N(2)=0$
$Z(-2)=5$	$Z(2)=5$
$f(-2{,}1)\approx 41{,}9>0$	$f(1{,}9)\approx 20{,}1>0$
$f(-1{,}9)\approx 20{,}1>0$	$f(2{,}1)\approx 41{,}9>0$

3. Nullstellen:

Bei $x=-\sqrt{3}$ und $x=\sqrt{3}$ liegen Nullstellen mit Vorzeichenwechsel von plus nach minus bzw. von minus nach plus.

4. Ableitungen:

$f'(x)=-\frac{10x(x^2-2)}{(x^2-4)^3}$, $f''(x)=\frac{10(3x^4+2x^2-8)}{(x^2-4)^4}$, $f'''(x)=-\frac{120x(x^4+5x^2-4)}{(x^2-4)^5}$.

5. Extrema:

f' hat Nullstellen bei $x=-\sqrt{2}$, $x=0$ und $x=\sqrt{2}$. Dort liegen relative Extrema, wie die Standardüberprüfung mittels f'' zeigt:

$Mi(-\sqrt{2}|-\frac{5}{4})$, $Ma(0|-\frac{15}{16})$,

$Mi(\sqrt{2}|-\frac{5}{4})$.

6. Wendepunkte:

Setzt man den Zähler von f'' Null, so erhält man die biquadratische Gleichung $3x^4+2x^2-8=0$. Ihre Lösungen sind

$$x=\pm\frac{2}{\sqrt{3}}\approx\pm 1{,}15.$$

Die zugehörigen Wendepunkte sind:

$W_1(-\frac{2}{\sqrt{3}}|-\frac{75}{64})$, $W_2(\frac{2}{\sqrt{3}}|-\frac{75}{64})$.

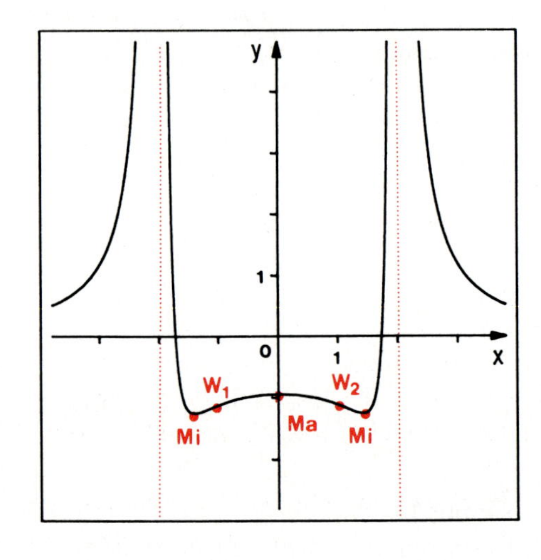

Bild 11

D. Kurvenscharen

Wir beschäftigen uns nun mit der Untersuchung von Scharen rationaler Funktionen. Den Scharparameter bezeichnen wir dabei stets mit dem Buchstaben t.

Beispiel: Gegeben sei die Funktionenschar zu $f_t(x) = \frac{x^2-2tx+2t^2}{x-t}$, $t > 0$.
Führen Sie eine vollständige Kurvendiskussion durch (Asymptote und Restterm, Definitionslücken, Nullstellen, Extrema, Wendepunkte, Graphen für t = 1 und t = 2).

Lösung:

1. Asymptote und Restterm:
Mittels Polynomdivision ergibt sich die Darstellung von f_t als Summe von Asymptote A_t und Restterm R_t:

$$f_t(x) = x - t + \frac{t^2}{x-t}, \quad t > 0.$$

Polynomdivision:

$$(x^2 - 2tx + 2t^2) : (x - t) = \underbrace{x - t}_{A_t(x)} + \underbrace{\frac{t^2}{x-t}}_{R_t(x)}$$

$$\begin{array}{r} x^2 - tx \\ \hline -tx + 2t^2 \\ -tx + t^2 \\ \hline t^2 \end{array}$$

2. Definitionslücken:
Der Nennerterm von f_t wird null für $x = t$. Da der Zählerterm an dieser Stelle den Wert $t^2 > 0$ annimmt, liegt hier eine Polstelle.
Es handelt sich, wie die nähere Untersuchung zeigt, um eine Polstelle mit Vorzeichenwechsel von minus nach plus.
Man kann diese Polstelle als eine vom Restterm erzeugte lokale Störung der Asymp-tote interpretieren.

$Z(t) = t^2 > 0$
$N(t) = 0$
$N(x) < 0$ für $x < t$
$N(x) > 0$ für $x > t$
$\Rightarrow$ Polstelle bei $x = t$ mit Vorzeichenwechsel von minus nach plus

Der Restterm $R_t(x) = \frac{t^2}{x-t}$ verhält sich in der Umgebung von $x = t$ ähnlich wie der Term $\frac{1}{x}$ in der Umgebung der Stelle $x = 0$.

3. Nullstellen:
f_t besitzt keine Nullstellen, da der Zählerterm von f_t nirgends null wird.

$f_t(x) = 0 \Rightarrow x^2 - 2tx + 2t^2 = 0$
$\Leftrightarrow x = t \pm \sqrt{t^2 - 2t^2}$
$\Rightarrow$ keine reellen Lösungen

4. Ableitungen:
Mit Hilfe der Quotientenregel und der Kettenregel können wir f_t' und f_t'' bestimmen.
Noch einfacher ist es, von der Darstellung von f_t aus Abschnitt 1 auszugehen.
f_t''' wird nicht benötigt (vgl. Abschnitt 5).

$$f_t'(x) = \frac{x^2-2tx}{(x-t)^2}, \quad t > 0$$

$$f_t''(x) = \frac{2t^2}{(x-t)^3}, \quad t > 0$$

5. Extrema / Wendepunkte:

f_t besitzt ein Maximum und ein Minimum: Ma(0|−2t)
Mi(2t|2t).

Wendepunkte existieren nicht, da f_t'' nirgends null wird.

6. Die Graphen der Scharkurven:

Alle Funktionen der Schar besitzen hyperbelartige Graphen, die sich in ihrem Charakter wenig unterscheiden.
Jeder Graph besitzt zwei Zweige, die durch eine Polstelle getrennt werden.
Die Maxima der Schargraphen liegen auffälligerweise alle auf der y-Achse, während die Ortskurve der Minima die Gerade zu y(x) = x ist.

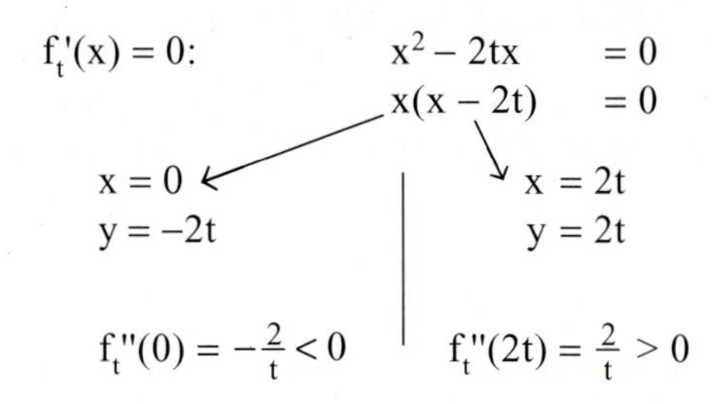

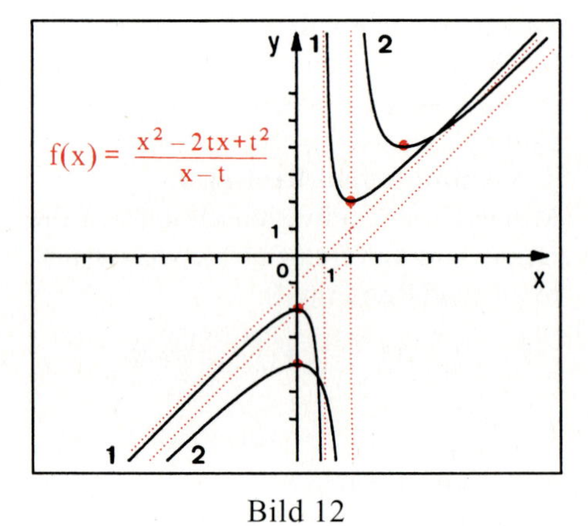

Bild 12

Übung 14

Diskutieren Sie die Funktionenschar zu $f_t(x) = \frac{x^2 - 2tx + 2t^2}{x - t}$ aus dem obigen Beispiel für $t < 0$.
Verwenden Sie die oben bereits erzielten Zwischenergebnisse.

Übung 15

Gegeben sei die Funktionenschar zu $f_t(x) = \frac{-x^3 + 4t^3}{tx^2}$, $t > 0$.

a) Führen Sie eine Kurvendiskussion durch (Asymptote, Definitionslücken, Nullstellen, Extrema, Wendepunkte). Skizzieren Sie die Graphen von f_1, f_2 und f_3 für $-8 \leq x \leq 8$.
b) Wie lautet die Ortskurve der Minima der Schar ?
c) Bestimmen Sie eine Stammfunktion von f_t.
d) Berechnen Sie den Inhalt der Fläche A, welche vom Graphen der Scharfunktion f_1, der horizontalen Geraden zu y(x) = 3 und der vertikalen Geraden zu x = −1 im zweiten Quadranten eingeschlossen wird.
e) Wie viele Lösungen hat die Gleichung $x^3 + 4 = 4x^2$?
f) Wie viele Lösungen hat die Gleichung $x^2 + 4 = ax^2$ in Abhängigkeit von a?

Übung 16

Gegeben sei die Funktionenschar zu $f_t(x) = \frac{x^3 + t^3}{tx}$, $t \neq 0$.

a) Diskutieren Sie die Schar für $t > 0$. Skizzieren Sie die Graphen von f_1 und f_2.
b) Welche Resultate ergeben sich für den Fall $t < 0$?

Beispiel: Diskutieren Sie die Funktionenschar zu $f_t(x) = \frac{4x^2+4tx+t^2}{4x^2}$, $t \in \mathbb{R}$.

Lösung:

1. Der Sonderfall t = 0:

Wir betrachten zunächst den Sonderfall t = 0. Die Funktion f_0 stimmt für $x \neq 0$ mit der Geraden zu y(x) = 1 überein. Bei x = 0 hat f_0 eine hebbare Definitionslücke.

$$f_0(x) = \frac{4x^2}{4x^2} = 1 \quad (x \neq 0)$$

2. Asymptote und Restterm:

Für $|x| \to \infty$ ist die horizontale Gerade zu A(x) = 1 Asymptote von f_t.

$$f_t(x) = \frac{4x^2+4tx+t^2}{4x^2} = \underbrace{1}_{A_t(x)} + \underbrace{\frac{4tx+t^2}{4x^2}}_{R_t(x)}$$

3. Definitionslücken:

Bei x = 0 liegt eine Definitionslücke. Es handelt sich um eine Polstelle ohne Vorzeichenwechsel, die – verursacht vom Restterm – als lokale Störung bei x = 0 imponiert.

$$\left.\begin{array}{ll} Z(0) & = t^2 > 0 \\ N(0) & = 0 \\ N(x) & > 0 \text{ für } x \neq 0 \end{array}\right\} \Rightarrow \begin{array}{l}\text{Polstelle} \\ \text{bei } x = 0 \\ \text{ohne VZW}\end{array}$$

4. Nullstellen:

Es gibt genau eine Nullstelle bei $x = -\frac{t}{2}$. Es handelt sich um eine Nullstelle ohne Vorzeichenwechsel (vgl. 6.).

$$4x^2 + 4tx + t^2 = 0$$
$$x^2 + tx + \frac{t^2}{4} = 0$$
$$x = -\frac{t}{2} \pm \sqrt{\frac{t^2}{4} - \frac{t^2}{4}} = -\frac{t}{2}$$

5. Ableitungen:

$$f_t'(x) = -\frac{t(2x+t)}{2x^3}\ ,\quad f_t''(x) = \frac{t(4x+3t)}{2x^4}\ ,\quad f_t'''(x) = -\frac{6t(x+t)}{x^5}$$

6. Extrema:

f_t' hat eine Nullstelle bei $x = -\frac{t}{2}$.

Wegen $f_t''(-\frac{t}{2}) = \frac{8}{t^2} > 0$ handelt es sich um ein Minimum $Mi(-\frac{t}{2}|0)$.

7. Wendepunkte:

f_t'' hat eine Nullstelle bei $x = -\frac{3}{4}t$.

Wegen $f_t'''(-\frac{3}{4}t) = \frac{512}{81t^3} > 0$ handelt es sich um einen Links-rechts-Wendepunkt: $W(-\frac{3}{4}t|\frac{1}{9})$.

8. Graph:

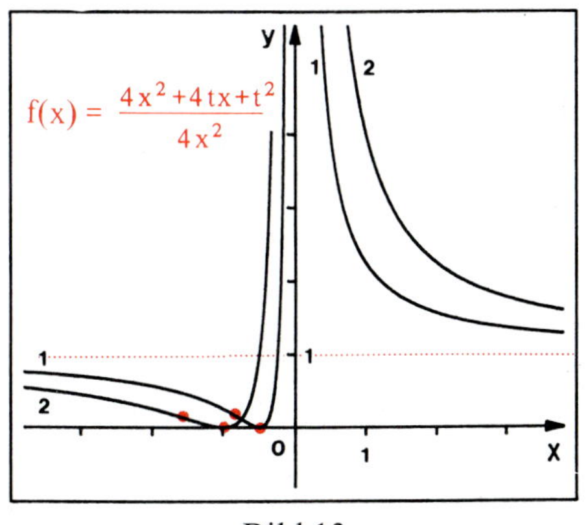

Bild 13

Beispiel: Diskutieren Sie die Kurvenschar zu $f_t(x) = \frac{4x-t}{x^2}$; $t \geq 0$. Bestimmen Sie außerdem die Ortslinien der Extrema und Wendepunkte.

Lösung:

1. Der Sonderfall t = 0:

Für t = 0 ergibt sich die Hyperbel $f_0(x) = \frac{4}{x}$, deren Kurvenverlauf wenig aufregend und uns wohl bekannt ist, so dass wir auf die weitere Untersuchung verzichten.

2. Asymptote und Restterm:

Wegen Zählergrad < Nennergrad nähert sich der Funktionsgraph für $|x| \to \infty$ asymptotisch der x-Achse.
Für große Werte von |x| kann t im Zähler vernachlässigt werden. Die Funktion verhält sich etwa so wie die Funktion g mit

$$g(x) = \frac{4}{x}.$$

Für kleine Werte von |x| kann der Term 4x im Zähler vernachlässigt werden. Die Funktion verhält sich dann etwa so wie die Funktion h mit $h(x) = -\frac{t}{x^2}$.

|x| groß:

$$\frac{4x-t}{x^2} \approx \frac{4x}{x^2} \approx \frac{4}{x}$$

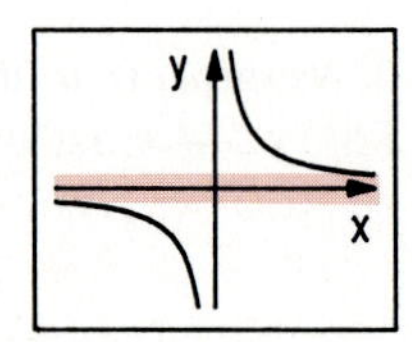

|x| klein:

$$\frac{4x-t}{x^2} \approx -\frac{t}{x^2}$$

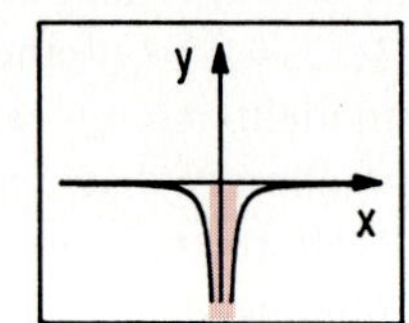

3. Definitionslücken:

Die Definitionslücke bei x = 0 hat den Charakter einer Polstelle ohne Vorzeichenwechsel. Als Teststellen für den Vorzeichentest wählen wir $x = \pm\frac{t}{8}$, da bei $x = \frac{t}{4}$ schon wieder eine Nullstelle liegt.

$N(0) = 0$
$Z(0) = -t < 0$
$f(-\frac{t}{8}) = -\frac{96}{t} < 0$
$f(\frac{t}{8}) = -\frac{32}{t} < 0$
$\Rightarrow$ Polstelle ohne VZW

4. Nullstellen:

Bei $x = \frac{t}{4}$ liegt die einzige Nullstelle der Funktion. Sie wechselt dort ihr Vorzeichen von minus nach plus.

$Z(\frac{t}{4}) = 0$
$N(\frac{t}{4}) \neq 0$
$f(\frac{t}{8}) = -\frac{32}{t} < 0$
$f(t) = \frac{3}{t} > 0$
$\Rightarrow$ Nullstelle mit VZW von minus nach plus

5. Ableitungen

Die Ableitungen ergeben sich nach der Quotientenregel.

$$f'(x) = \frac{-4x+2t}{x^3}, \quad f''(x) = \frac{8x-6t}{x^4}$$

$$f'''(x) = \frac{-24x+24t}{x^5}$$

6. Extrema:

Die Funktion besitzt ein Maximum. Dieses liegt bei $Ma(\frac{t}{2}|\frac{4}{t})$.

$f'(\frac{t}{2}) = 0$
$f''(\frac{t}{2}) = -\frac{32}{t^3} < 0$
$\Rightarrow$ Maximum bei $x = \frac{t}{2}$

7. Wendepunkte:
Die Funktion hat genau einen Wendepunkt bei $W(\frac{3}{4}t|\frac{32}{9t})$.
Sie geht dort aus einer Rechts- in eine Linkskrümmung über.

8. Ortslinien:
Ortslinie der Maxima:

$x = \frac{t}{2}$

$y = \frac{4}{t}$ $\Rightarrow$ $y = \frac{4}{2x}$

Ortslinie der Wendepunkte:

$x = \frac{3}{4}t$

$y = \frac{32}{9t}$ $\Rightarrow$ $y = \frac{8}{3x}$

$f''(\frac{3}{4}t) = 0$

$f'''(\frac{3}{4}t) = \frac{2048}{81t^4} > 0$

9. Graph:

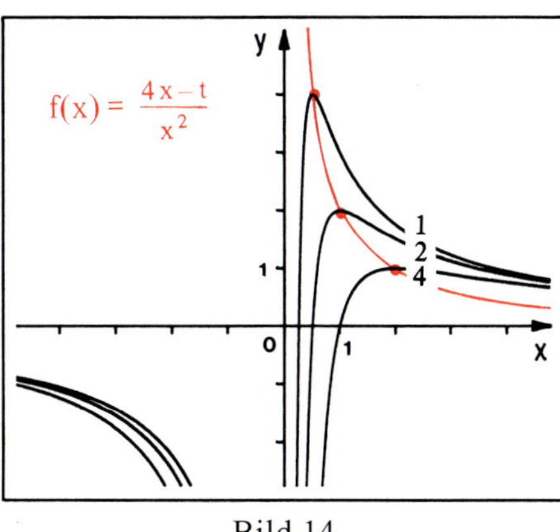

Bild 14

Wir untersuchen die Funktion aus dem obigen Beispiel noch etwas genauer.

Beispiel: Bestimmen Sie die Gleichung der Wendetangente von $f_t(x) = \frac{4x-t}{x^2}$, $t > 0$.
Ist es möglich, den Parameter t so zu wählen, dass die Wendetangente durch den Punkt $P(27|-\frac{40}{3})$ geht?

Lösung:
Wir bestimmen zunächst die Gleichung der Wendetangente.
Dazu verwenden wir die Punktsteigungsform der Geradengleichung, in die wir die Steigung im Wendepunkt sowie die Koordinaten des Wendepunktes einsetzen.
Wir setzen die Koordinaten des Punktes $P(27|-\frac{40}{3})$ in die Gleichung der Wendetangente ein, um feststellen zu können, ob der Punkt auf dieser liegt.
Es ergibt sich eine Bestimmungsgleichung für den Parameter t, die sich nach einigen Umformungen mit Hilfe der p-q-Formel lösen lässt.
Resultat: Für t = 2 liegt der Punkt P auf der Wendetangente von f_t.

Wendepunkt: $W(\frac{3}{4}t|\frac{32}{9t})$

Steigung im Wendepunkt: $f_t'(\frac{3}{4}t) = -\frac{64}{27t^2}$

$y(x) = m(x - x_0) + y_0$

$y(x) = -\frac{64}{27t^2}(x - \frac{3}{4}t) + \frac{32}{9t}$

$y(x) = -\frac{64}{27t^2}x + \frac{16}{3t}$ (Wendetangente)

Ansatz: $y(27) = -\frac{40}{3}$

$$-\frac{64}{27t^2}\cdot 27 + \frac{16}{3t} = -\frac{40}{3}$$
$$-192 + 16t = -40t^2$$
$$t^2 + 0{,}4t - 4{,}8 = 0$$
$$t = -0{,}2 \pm\sqrt{4{,}84}$$
$$t = -0{,}2 \pm 2{,}2$$
$$t = 2\ ,\ (t = -2{,}4)$$

Übung 17

Diskutieren Sie die Funktionenschar zu $f_t(x) = \frac{4x^2-1}{x^2-t}$, $t \neq \frac{1}{4}$. (Graph von f_{-1})

Abschließend diskutieren wir in knapper Form eine Schar, die sehr variationsreich ist. Wir empfehlen dem Leser, Beispiel und Übung ausführlich nachzurechnen.

Beispiel: Diskutieren Sie die Kurvenschar zu $f_t(x) = \frac{tx^2-1}{x^2-t}$, $t > 1$.

Lösung:

1. Asymptote und Restterm:

$$f_t(x) = \frac{tx^2-1}{x^2-t} = \underbrace{t}_{A_t(x)} + \underbrace{\frac{t^2-1}{x^2-t}}_{R_t(x)}$$

2. Definitionslücken:

$x = \sqrt{t}$: Polstelle mit Vorzeichenwechsel von minus nach plus

$x = -\sqrt{t}$: Polstelle mit Vorzeichenwechsel von plus nach minus

3. Nullstellen:

$x = \frac{1}{\sqrt{t}}$: Nullstelle mit Vorzeichenwechsel von plus nach minus

$x = -\frac{1}{\sqrt{t}}$: Nullstelle mit Vorzeichenwechsel von minus nach plus

4. Ableitungen:

$$f_t'(x) = -\frac{(2t^2-2)x}{(x^2-t)^2}$$

$$f_t''(x) = \frac{(2t^2-2)(3x^2+t)}{(x^2-t)^3}$$

$$f_t'''(x) = -\frac{12(2t^2-2)(x^3+tx)}{(x^2-t)^4}$$

5. Extrema:

Es existiert ein Maximum bei $x = 0$, $y = \frac{1}{t}$.

6. Wendepunkte:

Es gibt keine Wendepunkte.

7. Graph:

Der Graph von f_t ist symmetrisch zur y-Achse. Er zerfällt in drei Zweige, die durch die Polstellen getrennt werden.

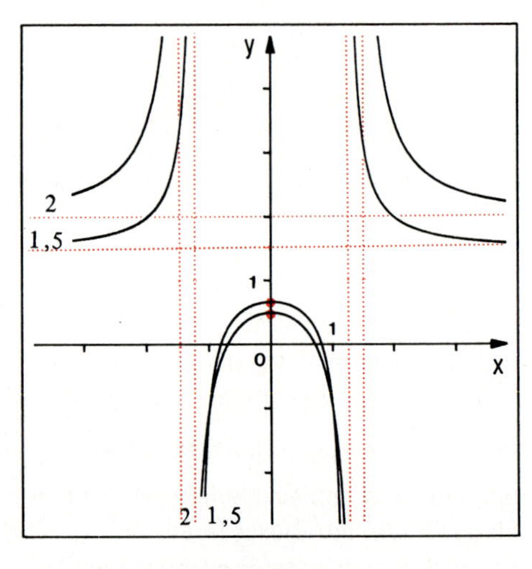

Bild 15

Übung 18

Diskutieren Sie die Funktionenschar zu $f_t(x) = \frac{tx^2-1}{x^2-t}$ für $t < 1$ (siehe Beispiel, oben).

Untersuchen Sie die Fälle $t < -1$, $-1 < t < 0$, $0 < t < 1$ sowie die Sonderfälle $t=0$, $t=1$, $t=-1$.

E. Übungen

Der Begriff der rationalen Funktion / Definitionslücken / Asymptoten

19. Überprüfen Sie, ob die rationale Funktion f ganzrational oder gebrochen-rational ist.

a) $f(x) = \frac{x^3 - 2x^2 + 4}{x - 2}$ b) $f(x) = \frac{x^3 - x^2 - x + 1}{x + 1}$ c) $f(x) = \frac{x^4 - 3x^3 - 2x^2 + 6x}{x - 3}$

d) $f(x) = \frac{x^4 - 3x^2 + 3}{x + 3}$ e) $f(x) = \frac{x^3 - 2x^2 + 3x - 8}{x - 4}$ f) $f(x) = \frac{x^3 - 3x + 2}{x + 2}$

20. Untersuchen Sie die Definitionslücken der Funktion f.

a) $f(x) = \frac{x^2 - 2x + 2}{x - 2}$ b) $f(x) = \frac{x^3 - 4x^2 + 4x - 1}{x - 1}$ c) $f(x) = \frac{x + 4}{(x + 2)^2}$

d) $f(x) = \frac{x^4 - 4x^3 + x - 4}{x - 4}$ e) $f(x) = \frac{x^3 - 2x^2 + 3}{x - 3}$ f) $f(x) = \frac{x^3 - 1}{x - 1}$

21. Untersuchen Sie die Funktion f auf Polstellen, hebbare Lücken und auf Asymptoten.

a) $f(x) = \frac{x - 2}{x + 1}$ b) $f(x) = \frac{\frac{1}{2}x^2 + 2x}{x - 3}$ c) $f(x) = \frac{2x - 3}{x^2 + 1}$

d) $f(x) = \frac{x^3 - 3x^2 - x + 3}{x - 3}$ e) $f(x) = \frac{x^3 - 3x - 3}{x - 3}$ f) $f(x) = \frac{(2x - 1)^2 \cdot x}{(1 - x)^3}$

22. Bestimmen Sie die Gleichung der Asymptote von f.

a) $f(x) = \frac{x^3 - 2x^2 + 2x + 4}{x - 4}$ b) $f(x) = \frac{3x^2 - 2x + 1}{x - 2}$ c) $f(x) = \frac{3x - 6}{x^2 + 2}$

d) $f(x) = \frac{x^2 - 2x + 3}{x^2 + 2}$ e) $f(x) = \frac{x - 2}{x + 1} + \frac{x^2 + 2x}{x - 1}$ f) $f(x) = \frac{(x - 2)^2 \cdot (x + 2)^2}{(x + 4)^2}$

23. Skizzieren Sie den Graphen der Funktion f in grober Näherung.
Skizzieren Sie hierzu zunächst den Graphen der Asymptote. Wo verursacht der Restterm lokale Störungen, von welcher Art sind diese?

a) $f(x) = 1 - \frac{1}{x}$ b) $f(x) = x^2 - \frac{2}{x + 1}$ c) $f(x) = 2x - 1 + \frac{1}{x^2 - 1}$

d) $f(x) = 0{,}5x - 2 + \frac{2}{(x - 1)^2}$ e) $f(x) = \frac{x^3 - 2x^2 + x + 1}{x - 1}$ f) $f(x) = \frac{(2x + 3)^2}{x - 3}$

g) $f(x) = \frac{2x - 1}{x + 1} + \frac{x^2 - 2x}{x + 2}$ h) $f(x) = \frac{2x^2 - 1}{x - 1} - \frac{x^2 + 1}{x + 1}$ i) $f(x) = \frac{x - 2}{x + 2} + \frac{2x^2 + 1}{x - 2}$

j) $f(x) = \frac{x^3 - 6x + 3}{x^2 - 3}$ k) $f(x) = \frac{2x^3 - 6x^2 + 1}{x - 3} - \frac{x^3 + 2x^2 + 2}{x + 2}$

l) $f(x) = \frac{2x^2 - 2x + 1}{x - 1} + \frac{x^2 - x + 3}{1 - x}$ m) $f(x) = \frac{2x^3 + 2x^2 - 1}{x + 1} - \frac{x^3 - x^2 - 2}{x - 1}$

24. Für welche x-Werte unterscheiden sich die Funktionswerte der Funktion und der zugehörigen Asymptote um weniger als $\frac{1}{100}$?

a) $f(x) = \frac{2x - 2}{x - 2}$ b) $f(x) = \frac{x^2 + 2x + 3}{x + 1}$ c) $f(x) = \frac{2x^3 - x^2 - x - 3}{2x + 1}$

25. Zeigen Sie, dass es sich bei den gemeinsamen Punkten der Funktionsgraphen von $f(x) = \frac{4}{x^2}$ und $g(x) = 2 - \frac{x^2}{4}$ um Berührpunkte handelt.

26. Bestimmen Sie die Gleichung der Ursprungsgeraden, die den Graphen der Funktion $f(x) = \frac{1}{x^2}$ rechtwinklig schneidet.

27. Begründen Sie, dass die Steigungen der Tangenten an den Graphen der Funktion f nach oben beschränkt sind.
Bestimmen Sie die kleinste obere Schranke für diese Tangentensteigungen.

a) $f(x) = \frac{3x^2 - 1}{x - 2}$ b) $f(x) = \frac{0{,}5x^2 + 1}{2x - 1}$ c) $f(x) = \frac{(x-1)^2}{2x - 3}$

28. Der Graph der Funktion f aus Aufgabe 27 wird durch die Polstelle in zwei Zweige geteilt. Zeigen Sie, dass die Tangenten eines Zweiges den jeweils anderen Zweig nicht schneiden.

29. An welchen Stellen haben die Tangenten an den Graphen von f die Steigung m?

a) $f(x) = \frac{3x^2 + 2x}{x + 1}$, $m = 2$ b) $f(x) = \frac{2x - 1}{x - 1}$, $m = -1$ c) $f(x) = \frac{x^2 - 3x}{3x - 1}$, $m = 1$

Kurvendiskussionen

30. Diskutieren Sie die Funktion f. Zeichnen Sie den Funktionsgraphen für das angegebene Intervall.

a) $f(x) = \frac{x^3}{2(x+1)}$, $-3 \le x \le 4$ b) $f(x) = \frac{2x^2 - 2x}{3x - 4}$, $-8 \le x \le 8$

c) $f(x) = \frac{2x^2 - 4}{x^2 - 1}$, $-8 \le x \le 8$ d) $f(x) = \frac{x^2 - 1}{x^2 + 1}$, $-6 \le x \le 6$

e) $f(x) = \frac{x^2 + 4x + 1}{x^2 + 1}$, $-8 \le x \le 8$ f) $f(x) = \frac{x^2}{(x-1)^2}$, $-6 \le x \le 6$

g) $f(x) = \frac{2x^2}{4 + x^2}$, $-8 \le x \le 8$ h) $f(x) = \frac{x^2 + 1}{x}$, $-6 \le x \le 6$

i) $f(x) = \frac{4x}{1 + x^2}$, $-8 \le x \le 8$ j) $f(x) = \frac{4x}{(1+x)^2}$, $-6 \le x \le 6$

k) $f(x) = \frac{x^2 + 9}{3x}$, $-8 \le x \le 8$ l) $f(x) = \frac{2x^2}{(x+1)^2}$, $-8 \le x \le 8$

m) $f(x) = \frac{x^2 - 3x + 1}{x^2 - 3x}$, $-6 \le x \le 6$ n) $f(x) = \frac{2\cdot(x^2 + 3x + 1)}{x^2 + 1}$, $-8 \le x \le 8$

o) $f(x) = \frac{5x^2 - 8}{(x^2 - 2)^2}$, $-6 \le x \le 6$ p) $f(x) = \frac{x^2 - 1{,}5}{(x^2 - 1)^2}$, $-4 \le x \le 4$

q) $f(x) = \frac{5x^2 + 4}{(x^2 - 1)^2}$, $-4 \le x \le 4$ r) $f(x) = 5\cdot\frac{x^2 - 4}{(x^2 - 3)^2}$, $-6 \le x \le 6$

s) $f(x) = \frac{2x^2 - 2}{(x^2 - 1)^2}$, $-5 \le x \le 5$ t) $f(x) = \frac{x^2 - 3x - 1}{x^2 - 3x}$, $-6 \le x \le 6$

u) $f(x) = \frac{x^2 + 4}{x^2 - 4}$, $-6 \le x \le 6$ v) $f(x) = \frac{x^2 - 2x}{2\cdot(x+1)}$, $-8 \le x \le 8$

Kurvenscharen

31. Gegeben sei die Kurvenschar f_t. Führen Sie eine vollständige Kurvendiskussion durch (Asymptote und Restterm, Definitionslücken, Nullstellen, Extrema, Wendepunkte, Graph).
Bestimmen Sie außerdem die Ortslinie der Extrema.

a) $f_t(x) = \frac{x^2 + 4x + t}{x - 1}$, Graph für $t = 3$ b) $f_t(x) = \frac{x^2 - x + t}{x - t}$, Graph für $t = -1$

c) $f_t(x) = \frac{x^2 - 4}{x - t}$, Graph für $t = 3$ d) $f_t(x) = \frac{1}{x^2 + t + 1}$, Graph für $t = 1, t = 3$

e) $f_t(x) = \frac{2x}{x^2 + t}$, Graph für $t = -3$ f) $f_t(x) = \frac{t}{x^2} + \left(\frac{x}{t}\right)^2$, Graph für $t = \pm 3$

g) $f_t(x) = \frac{t}{x^2} + \frac{x}{t}$, Graph für $t = 1$ h) $f_t(x) = \frac{1}{x^2 - 2x + t}$, Graph für $t = 0, t = 2$

32. Gegeben sei die Funktionenschar aus Aufgabe 31. Bestimmen Sie eine Stammfunktion von f_t und berechnen Sie anschließend den Inhalt der vom Graphen von f_t und der x-Achse eingeschlossenen Fläche A.
a) f_t aus Teil a), $t = 0$ b) f_t aus Teil b), $t = -1$ c) f_t aus Teil c), $t = 3$.

33. Gegeben sei die Funktionenschar f_{ta} sowie die Funktion h. Für welche Werte für a und t berührt der Graph von f_{ta} den Graphen von h bei $x = k$?

a) $f_{ta}(x) = \frac{1}{x^2 + ax + t}$, $h(x) = -\frac{1}{x}$, $k = -1$ b) $f_{ta}(x) = \frac{x + a}{x + t}$, $h(x) = -5x + 26$, $k = 4$

34. Für welche Werte von t und a besitzt die Funktion zu $f_{ta}(x) = \frac{x^2 + a}{x + t}$ bei $x = -1$ und $x = -5$ Extrema?

35. Die Funktion f besitzt die Asymptote g. Bestimmen Sie die Koeffizienten von f.

a) $f(x) = \frac{ax^2 + bx}{x + 1}$, $g(x) = x - 3$ b) $f(x) = \frac{ax^3 + bx^2 + cx + 1}{2x}$, $g(x) = x^2 + 3$

36. Welche Funktion der Schar zu $f_{ta}(x) = \frac{x^3 + ax}{x + t}$ hat bei der Nullstelle $x = -2$ eine Tangente mit der Steigung $m = -\frac{8}{3}$?

37. a) Zeigen Sie, dass sich die Graphen der Funktionen zu $f(x) = \frac{1}{x^2}$ und $g(x) = 2 - x^2$ in zwei Punkten berühren.

b) Zeigen Sie, dass sich die Graphen von $f(x) = \frac{4}{x - 1}$ und $g(x) = x - 1$ in zwei Punkten senkrecht schneiden.

38. Welche Funktion der Schar zu $f_{ta}(x) = \frac{x^2 - a}{(x - t)^2}$ hat bei $x = 2$ ein Extremum und bei $x = 2{,}5$ einen Wendepunkt?

39. Welche Funktion der Schar zu $f_{ta}(x) = \frac{a}{x + 2} + \frac{t}{x - 2} + x$ hat bei $x = 0$ einen Sattelpunkt?

3. Extremalprobleme

Wir behandeln nun einige Extremalprobleme, deren Lösung die Verwendung gebrochen-rationaler Funktionen erfordert.

Beispiel: Trapper Fuzzi hat zum Schutz gegen Raubtiere zwei Lagerfeuer entzündet, die in 10 m Entfernung voneinander brennen.
Das linke Feuer entfaltet auf einer 1 cm^2 großen Fläche, die 1 m vom Feuer entfernt ist, pro Sekunde eine Wärmemenge von 1 Joule.
Das rechte Feuer erzeugt auf einer gleich großen Fläche in 1 m Entfernung pro Sekunde sogar 8 Joule.
Bald wird es Fuzzi zu warm. An welcher Stelle zwischen den Feuern sollte er daher sein Lager aufschlagen?

Lösung:
Wir idealisieren die Feuer als punktförmige Wärmequellen, die in den Punkten P(0|0) und Q(10|0) eines Koordinatensystems platziert sind. Fuzzi befindet sich im Punkt T(x|0).

Ein Strahlenbündel, das von P ausgeht und in 1 m Entfernung eine Fläche von 1 cm^2 bestrahlt, hat sich bis zum Punkt T, also nach x Metern, so aufgeweitet, dass es dort eine Fläche von x^2 cm^2 bestrahlt. Entsprechend entfällt dort auf einen cm^2 nur eine Wärmemenge von $\frac{1}{x^2}$ Joule.
Das von Q kommende Strahlenbündel muss bis zum Punkt T eine Entfernung von 10–x Metern zurücklegen. Dabei wird eine 1 cm^2-Fläche, die 1 m von Q entfernt ist, auf $(10-x)^2$ cm^2 aufgeweitet. Entsprechend geht die Wärmeeinstrahlung pro cm^2 von 8 J auf $\frac{8}{(10-x)^2}$ J zurück.

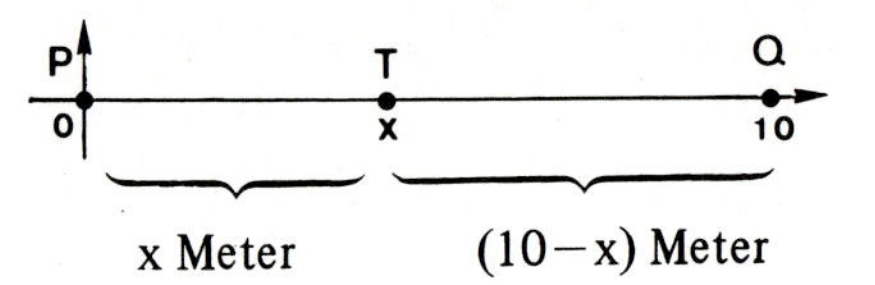

Von P abgestrahlte Wärme pro Sekunde:

in 1 m Entfernung von P : $\frac{1\,\text{Joule}}{1\,\text{cm}^2}$,

in x m Entfernung von P : $\frac{1\,\text{Joule}}{x^2\,\text{cm}^2}$.

Von Q abgestrahlte Wärme pro Sekunde:

in 1 m Entfernung von Q : $\frac{8\,\text{Joule}}{1\,\text{cm}^2}$,

in (10–x) m Entfernung von Q : $\frac{8\,\text{Joule}}{(10-x)^2\,\text{cm}^2}$.

Insgesamt gilt für die Wärmeeinstrahlung am Punkt T(x|0) pro cm^2 in der Sekunde die nebenstehende Formel.

Gesamtwärmeeinstrahlung bei T pro Sekunde:

$$W(x) = \frac{1}{x^2} + \frac{8}{(10-x)^2} \quad \left(\frac{\text{Joule}}{\text{cm}^2}\right)$$

Die Funktion W gibt die Verteilung der Wärmeeinstrahlung pro Quadratzentimeter und Sekunde in Abhängigkeit vom Abstand x zur linken Wärmequelle P wieder.

Mit Hilfe einer Kurvendiskussion können wir den Graphen von W gewinnen (Bild 1).

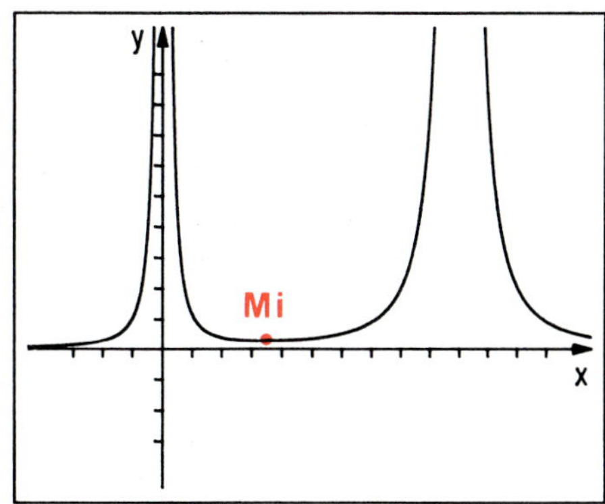

Bild 1

Die Funktion hat – wie wir erkennen können – ein zwischen den Feuerstellen liegendes relatives Minimum.

Die genaue Extremalberechnung ergibt, dass dieses Minimum im Punkt $Mi(\frac{10}{3}|\frac{27}{100})$ liegt.

Trapper Fuzzi sollte also in 3,33 Meter Abstand zur linken Feuerstelle lagern. Dort ist die Wärmeeinstrahlung mit einem Wert von 0,27 Joule/cm^2 am geringsten.

$$f'(x) = -\frac{2}{x^3} + \frac{16}{(10-x)^3} = 0$$

$$2(10-x)^3 = 16x^3$$

$$(10-x)^3 = 8x^3$$

$$10 - x = 2x$$

$$x = \frac{10}{3} \approx 3{,}33 \text{ m}$$

$$W_{Min} = \frac{27}{100} = 0{,}27 \frac{\text{Joule}}{\text{cm}^2}$$

Übung 1

Am Straßenrand stehen drei Laternen A, B und C.
In 1 m Abstand strahlt A mit 27 BE pro cm^2, während es bei B 16 BE und bei C 3 BE (Beleuchtungseinheiten) sind.
B steht in 6 m Entfernung von A, während C um weitere 2 m entfernt steht (s. Abb.).
Zwischen A und C gibt es eine Stelle, an der es am dunkelsten ist. In welchem Abstand von A befindet sich diese Stelle? (Hinweis: Die Lösung ist ganzzahlig.)

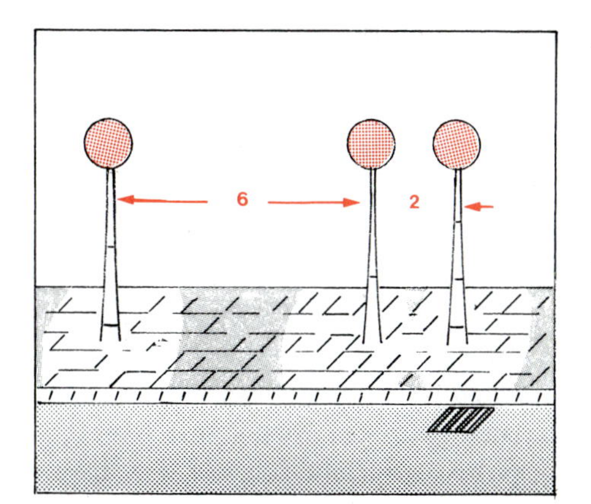

Übung 2

Zwei Wärmequellen P und Q strahlen pro Sekunde auf eine 1 m entfernte Quadratzentimeterfläche Wärmemengen von p Joule bzw. von q Joule. Die Quellen haben einen Abstand von d Metern voneinander.
An welcher Stelle zwischen den Wärmequellen ist es besonders kühl?

Im Folgenden untersuchen wir einige Extremalprobleme, bei welchen die Zielfunktion ebenfalls eine gebrochen-rationale Funktion ist.

Beispiel: An der Decke eines Supermarktes soll ein Lüftungskanal angebracht werden. Die Querschnittsfläche soll die Form eines Rechtecks mit einseitig aufgesetztem gleichschenklig-rechtwinkligen Dreieck haben. Ihr Inhalt sei 1 m² groß.
Welche Maße müssen Rechteck und Dreieck erhalten, damit möglichst wenig Blech benötigt wird?

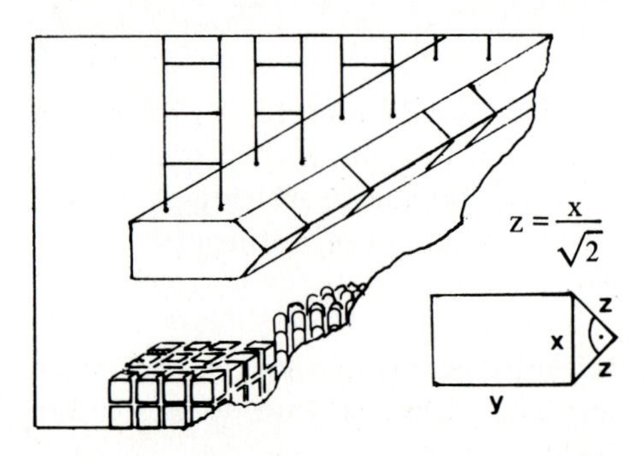

Lösung:
Der Umfang der Figur soll minimal sein. Bezeichnet x die Breite und y die Höhe des Rechtecks, so lässt sich der Umfang der Figur nach Formel (1) darstellen.

Hauptbedingung:

$$U(x,y) = 2y + x + 2z \quad (1)$$
$$= 2y + x + x \cdot \sqrt{2}$$

Stellen wir entsprechend den Flächeninhalt dar, der 1 m² betragen soll, so erhalten wir Formel (2).

Nebenbedingung:

$$A = 1$$
$$y \cdot x + \frac{1}{2} \cdot \frac{x^2}{2} = 1$$
$$y = \frac{1}{x} - \frac{x}{4} \quad (2)$$

Durch Einsetzen von (2) in (1) erhalten wir eine Darstellung von U als Funktion von x (Formel (3)).

Zielfunktion:

$$U(x) = \frac{2}{x} + \frac{x}{2} + x \cdot \sqrt{2} \quad (3)$$

Nun führt eine gewöhnliche Extremalrechnung auf folgende Optimalmaße:

$x \approx 1{,}02$ m, $y \approx 0{,}72$ m.

Bestimmung des Extremums von U:

$$U'(x) = -\frac{2}{x^2} + \frac{1}{2} + \sqrt{2} = 0$$
$$x = \sqrt{\frac{2}{\sqrt{2}+0{,}5}} \approx 1{,}02$$
$$y \approx 0{,}72$$

Übung 3
Um den Wasserbedarf einer Plantage zu decken, wird ein Blechkanal benötigt, dessen Querschnittsfläche einen Inhalt von 1 m² besitzt. Aus Herstellungsgründen wird ein rechteckiges, oben offenes Profil gewählt.
Für welche Abmessungen ist der Blechbedarf minimal?

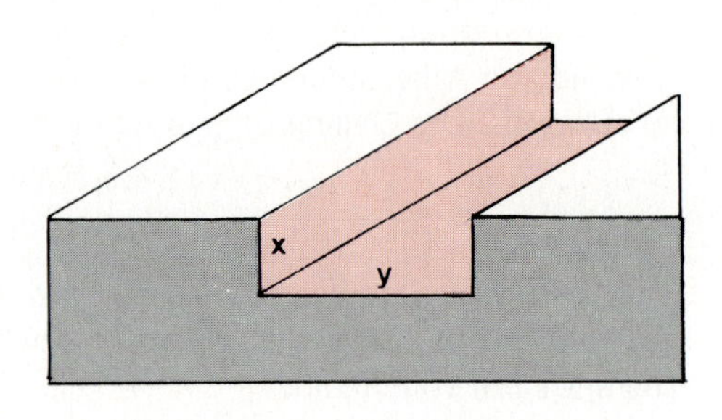

Beispiel: Auf einem Monitor bewegt sich ein Leuchtpunkt P längs der Kurve zu

$$f(x) = \frac{1}{\sqrt{2} \cdot x^2}, \quad x > 0.$$

Wie nahe kommt er dem Ursprung?

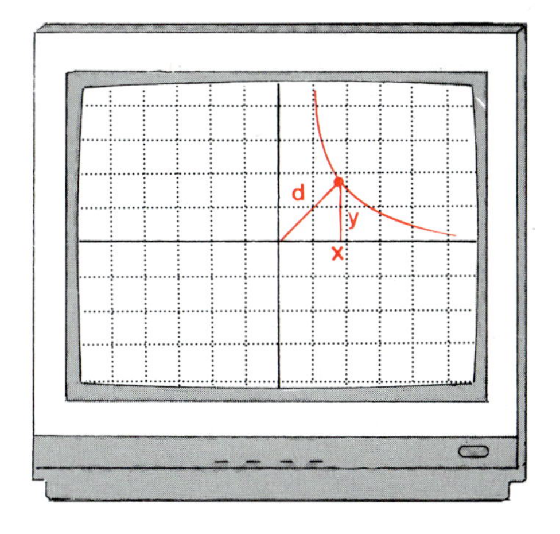

Lösung:

1. Hauptbedingung:
Wir bezeichnen die Koordinaten des Punktes P mit x und y und den Abstand des Punktes zum Ursprung mit d.
Dann gilt nach Pythagoras: $d^2 = x^2 + y^2$.

(1) $d^2 = d^2(x,y) = x^2 + y^2$

2. Nebenbedingung:
Der Zusammenhang zwischen den Variablen x und y ist durch $y = f(x) = \frac{1}{\sqrt{2} \cdot x^2}$ gegeben, da $P(x|y)$ ein Kurvenpunkt ist.

(2) $y = \frac{1}{\sqrt{2} \cdot x^2}$

3. Zielfunktion:
Durch Einsetzen von (2) in (1) erhalten wir die Zielfunktion d^2.
Es genügt, das Abstandsquadrat d^2 zu betrachten, da die Extrema von d und d^2 an den gleichen Stellen liegen.

(3) $d^2 = d^2(x) = x^2 + \frac{1}{2x^4}$

4. Minimum der Zielfunktion:
Die Ableitung der Zielfunktion d^2 hat genau eine positive Nullstelle bei $x = 1$. Dort liegt ein Minimum von d^2.
Der Punkt $P(1|\frac{1}{\sqrt{2}})$ hat daher den geringsten Abstand zum Ursprung.
Dieser Abstand ist gleich $\sqrt{1{,}5}$.

$(d^2)'(x) = 2x - \frac{2}{x^5}$

$(d^2)'(x) = 0 \quad \Leftrightarrow 2x - \frac{2}{x^5} = 0 \Leftrightarrow x = 1$

$(d^2)''(x) = 2 + \frac{10}{x^6}$

$(d^2)''(1) = 12 > 0 \quad \Rightarrow$ Minimum

Übung 4

Bestimmen Sie den kürzesten Abstand des Graphen von $f(x) = \frac{4}{x}$ zum Ursprung.

Übung 5

Die Summe der Quadrate zweier natürlicher Zahlen, deren Produkt 100 ist, soll so klein wie möglich sein. Wie heißen diese Zahlen?

Beispiel: Eine der Ecken eines achsenparallelen Rechtecks liegt im Ursprung, während die gegenüberliegende Ecke P im ersten Quadranten auf dem Graph der Funktion zu $f(x)=\frac{2}{x^2+1}$ liegt. Wie muss P gewählt werden, damit das Rechteck einen möglichst großen Flächeninhalt annimmt?

Lösung:
Das Rechteck hat die Breite x und die Höhe $\frac{2}{x^2+1}$.
Sein Inhalt ist daher gegeben durch

$$A(x) = \frac{2x}{x^2+1}.$$

Die Ableitungsterm dieser Inhaltsfunktion ist $A'(x) = \frac{-2x^2+2}{(x^2+1)^2}$.
A' hat genau eine positive Nullstelle bei $x = 1$. Dort liegt ein Maximum, denn es gilt $A''(1) = -1$.

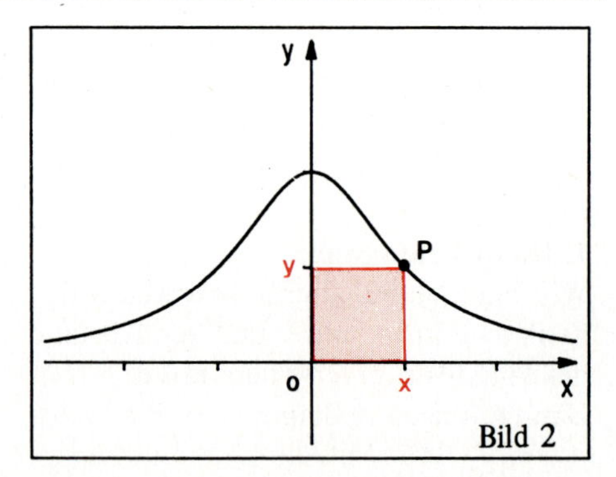

Für $x = 1$, $y = 1$ nimmt das Rechteck den maximalen Inhalt $A = 1$ an.

Übung 6
Eine der Ecken eines achsenparallelen Rechtecks liegt im Ursprung, während die gegenüberliegende Ecke P auf dem Graphen der Funktion f mit $f(x) = \frac{1}{x^2+2}$ liegt (im 1. Quadranten). Bestimmen Sie die Koordinaten des Punktes P so, dass das Rechteck einen möglichst großen Flächeninhalt annimmt.

Übung 7
Eine der Ecken eines achsenparallelen Rechtecks liegt im Ursprung, während die gegenüberliegende Ecke P auf dem Graphen der Funktion zu $f(x) = \frac{2}{x^3+1}$ liegt.
Bestimmen Sie den maximalen Inhalt, den ein solches Rechteck annehmen kann.

Übung 8
Die Graphen der Funktionen f und g mit $f(x) = \frac{1}{a}x^2$ und $g(x) = 1 - ax^2$ schließen eine Fläche A ein ($a > 0$).
Wie muss a gewählt werden, damit die Fläche A einen möglichst großen Inhalt annimmt?

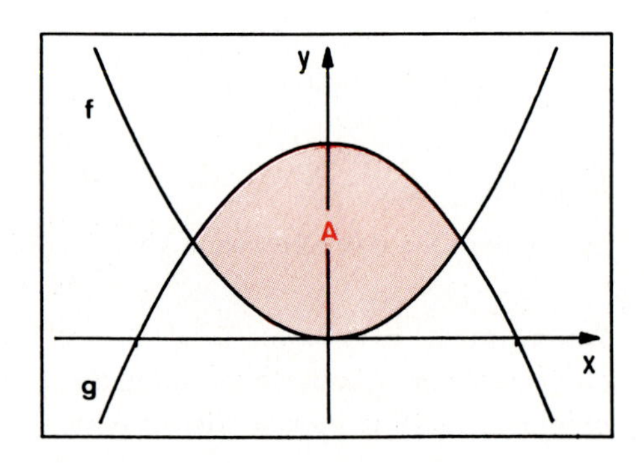

Übungen

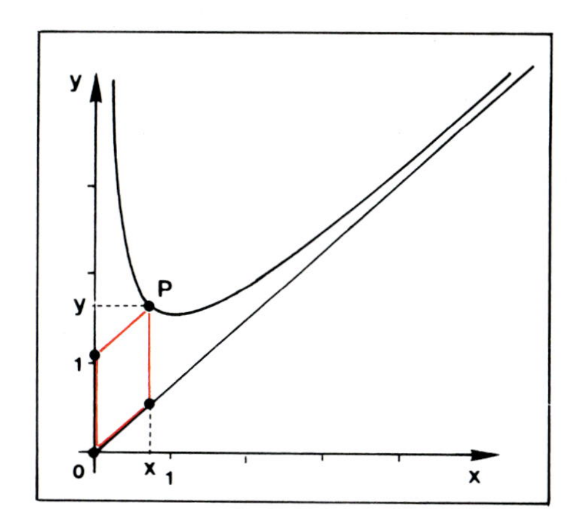

9. Gegeben sei die Funktion f mit

$$f(x) = \frac{3}{4}x + \frac{4}{5x}\,, \; x > 0.$$

Zieht man durch einen Punkt P des Graphen von f die Parallelen zur y-Achse und zur Kurve der Asymptote von f, so bilden diese gemeinsam mitder y-Achse und der Kurve der Asymptote ein Parallelogramm (s. Abb.).

Wie muss P gewählt werden, wenn der Umfang des Parallelogramms möglichst klein sein soll?

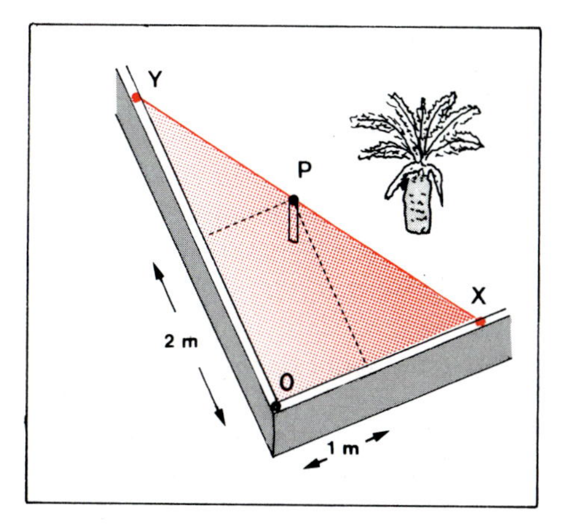

10. Die nebenstehende Abbildung zeigt ein rechtwinkliges Plantagengrundstück. Über einen Pflock P, der sich – von der Grundstücksecke 0 aus gesehen – an der Position P(1|2) befindet, soll ein Seil so gespannt werden, dass ein dreieckiges Areal X0Y abgeteilt wird.

a) In welchen Abständen von der Mauerecke 0 müssen die Seilbefestigungen X und Y angebracht werden, wenn der Flächeninhalt A des abgeteilten Areals minimal sein soll?

b) Wie lang muss ein Seil zur Abteilung eines dreieckigen Areals über den Pflock P(1|2) mindestens sein?

c) Lösen Sie die Aufgabenstellung aus a) für den Fall, dass der Pflock P die Position P(a|b) hat (a, b > 0).

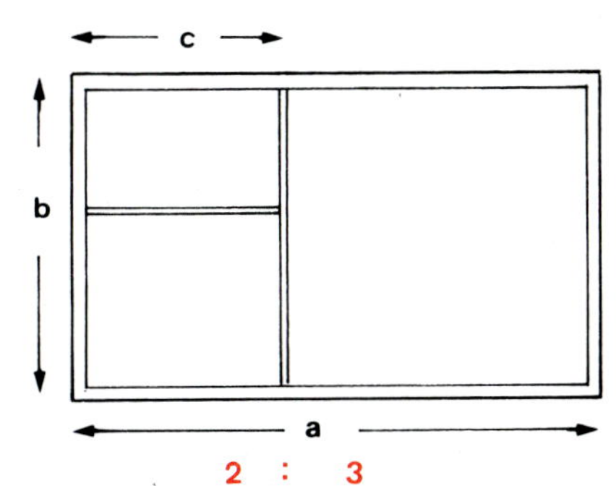

11. Ein eingeschossiges Haus mit rechteckigem Grundriss soll bei vorgegebenem Grundflächeninhalt A möglichst kostengünstig gebaut werden. Das Verhältnis der Zimmerbreiten soll 2 : 3 betragen (s. Abb.).

Die Kosten für die inneren Mauern verursachen $\frac{2}{3}$ der Kosten pro Meter der Kosten der äußeren Mauern.

Bestimmen Sie die Abmessungen eines kostengünstigen Hauses.

12. An eine Spannungsquelle mit der Spannung U und dem inneren Widerstand R_i soll ein äußerer Widerstand R_a angeschlossen werden. Wie groß ist R_a zu wählen, wenn die in ihm verbrauchte Leistung P maximal sein soll ($P = I^2 \cdot R_a$, $I = \frac{U}{R_i + R_a}$)?

13. Ein Kanal soll das abgebildete Querschnittsprofil bei minimalem Materialbedarf haben.
Ermitteln Sie diesen minimalen Materialbedarf, wenn die Querschnittsfläche des Kanals den Inhalt A besitzt.

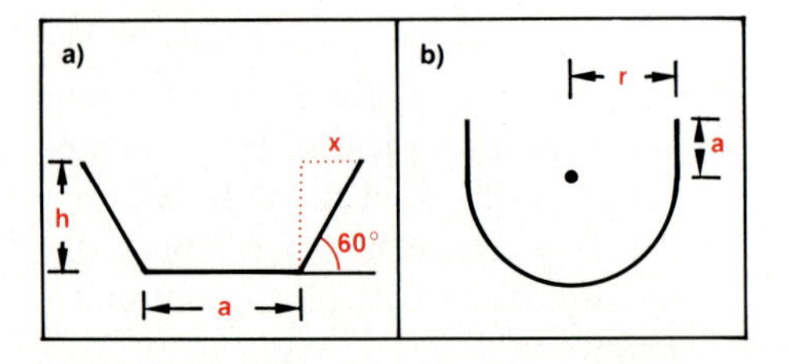

14. Der Graph der Funktion f besteht aus zwei "Zweigen". Welcher Punkt eines nicht durch den Ursprung gehenden Funktionszweiges hat den kleinsten Abstand zum Ursprung?

a) $f(x) = \frac{2}{x^2}$ b) $f(x) = \frac{x}{x-1}$ c) $f(x) = \frac{x}{x+8}$

15. Der Graph von $f(x) = \frac{1}{x}$, $x > 0$ und die beiden Geraden zu $y(x) = 2$ sowie $x = 4$ schließen ein Gebiet ein, in welches ein achsenparalleles Rechteck gelegt werden soll (s. Abb.).

a) Welche Maße hat das Rechteck, wenn sein Flächeninhalt maximal sein soll?
b) Welche Maße hat das Rechteck, wenn sein Umfang maximal sein soll?

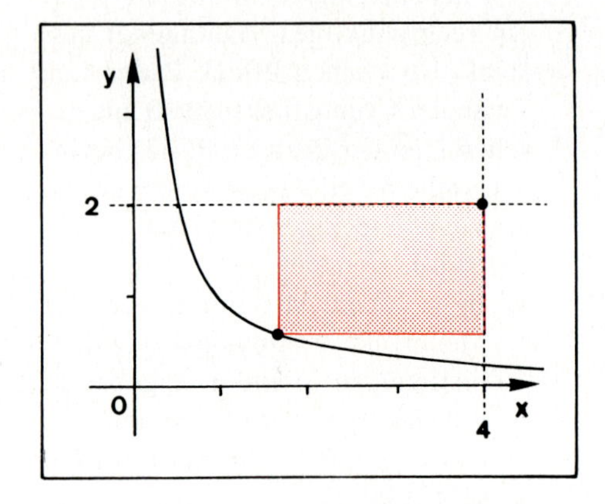

16. Lösen Sie die gleiche Aufgabenstellung wie in Aufgabe 15 für die Funktion zu $f(x) = \frac{1}{x^2}$ und die Geraden zu $y(x) = 4$ und $x = 2{,}5$.

17. Gegeben sei die Kurvenschar zu $f_t(x) = \frac{x^3}{x^2 + t}$.

a) Führen Sie für f_t eine Kurvendiskussion durch.
b) Untersuchen Sie die Graphen der Schar f_t auf Symmetrie.
c) Zeichnen Sie den Graphen von f_{-3} für $-8 \leq x \leq 8$.
d) Bestimmen Sie die Ortskurve der Extrema von f_t für $t < 0$.
e) Bestimmen Sie die Ortskurve der Wendepunkte von f_t für $t > 0$.
f) Bestimmen Sie die Punkte des Graphen von f_t (für $t > 0$), die maximalen Abstand zur Kurve der Asymptote von f_t haben.
g) Gegeben sei das achsenparallele Rechteck mit einer Ecke im Ursprung und der gegenüberliegenden Ecke P auf einem derjenigen Zweige von f_{-3}, welche nicht durch den Ursprung gehen.
Für welche x-Koordinate des Punktes P hat dieses Rechteck minimalen Inhalt?

VII. Fortsetzung der Integralrechnung

1. Volumenberechnungen

A. Die Volumenformel für Rotationskörper

Mit Hilfe der Integralrechnung können auch Rauminhalte bestimmt werden. Besonders einfach ist die Bestimmung des Volumens von Körpern, die rotationssymmetrisch sind. Ein solcher Körper entsteht durch Rotation eines passenden Funktionsgraphen um die x-Achse (Bild 1).

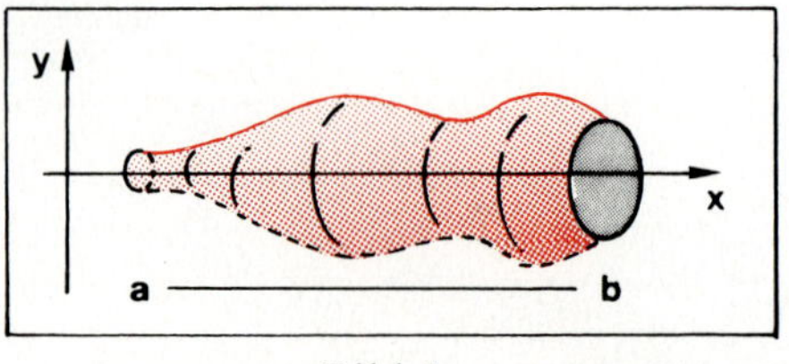

Bild 1

In Analogie zur archimedischen Einschachtelung von Flächen durch Rechteckstreifen (Seite 91 ff) können wir bei Rotationsvolumen eine Einschachtelung durch Zylinderscheiben benutzen. Die folgende Gegenüberstellung verdeutlicht dies.

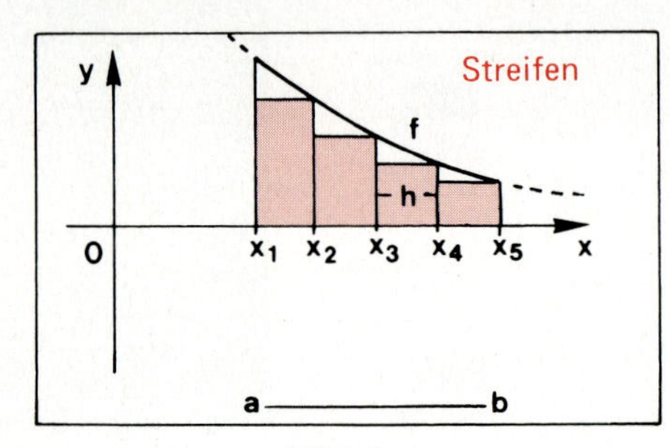

Bild 2a

Die Fläche A unter f über [a ; b] kann durch die Summe von n Rechtecksflächen mit den Inhalten $f(x_i) \cdot h$ approximiert werden. Für $n \to \infty$ geht die Summe über in das bestimmte Integral über f von a bis b, so dass gilt:

$$A = \int_a^b f(x)\,dx.$$

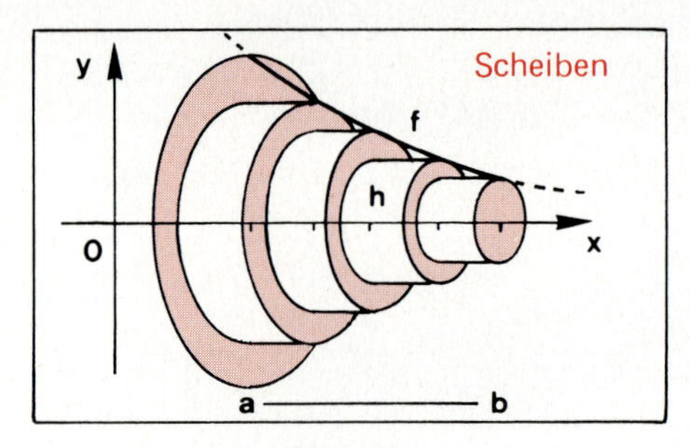

Bild 2b

Das Volumen V des durch Rotation des Graphen von f über [a ; b] entstehenden Körpers kann durch eine Summe von n zylindrischen Scheiben mit den Inhalten $\pi \cdot (f(x_i))^2 \cdot h$ approximiert werden. Für $n \to \infty$ geht die Summe in das bestimmte Integral über $\pi \cdot (f(x))^2$ von a bis b über:

$$V = \pi \cdot \int_a^b (f(x))^2\,dx.$$

Satz VII.1 (Rotationsformel):
Rotiert der Graph der nichtnegativen stetigen Funktion f über dem Intervall [a ; b] um die x-Achse, so entsteht ein Rotationskörper mit dem Volumen

$$V = \pi \cdot \int_a^b (f(x))^2\,dx.$$

Beweis:
Der Beweis ähnelt dem von Satz IV.2 (Seite 98).

$V_a(x)$ sei das Volumen desjenigen Teils des Körpers, der über dem Intervall [a ; x] liegt.

1. $V_a(x)$ ist Stammfunktion von $\pi \cdot f(x)^2$
Der Teil des Körpers, der über dem Intervall [x ; x + h] liegt, wird durch zwei Zylinder eingeschachtelt, so dass wir für die zugehörigen Volumina nebenstehende Abschätzungsrechnung erhalten. Diese liefert uns die Gleichung

$$V_a'(x) = \pi \cdot (f(x))^2.$$

Für die Integralfunktion $I_a(x)$ folgt nach Definition IV.3 (Seite 107):

$$I_a(x) = V_a(x) - V_a(a).$$

2. $V_a(a) = 0$
Diese Gleichung gilt, da das Volumen über [a ; a] trivialerweise null ist.

3. Schlussfolgerung
$V_a(x)$ ist die Integralfunktion von $\pi \cdot (f(x))^2$ zur unteren Grenze a. Folglich ist $V_a(b)$ das bestimmte Integral über $\pi \cdot (f(x))^2$ von a bis b (vgl. Definition IV.4, Seite 107):

$$V = V_a(b) = \pi \cdot \int_a^b (f(x))^2 \, dx,$$

was zu zeigen war.

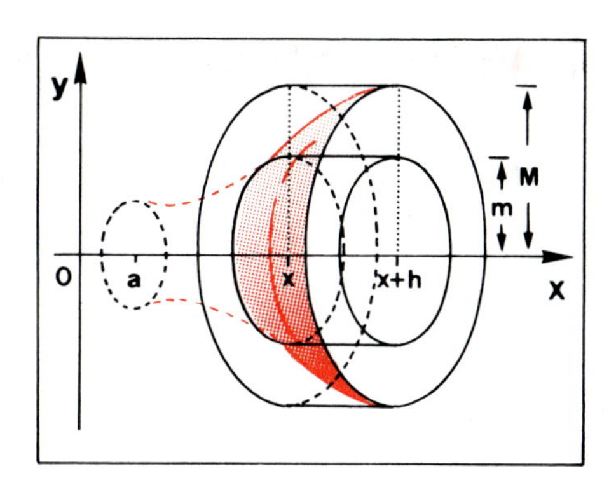

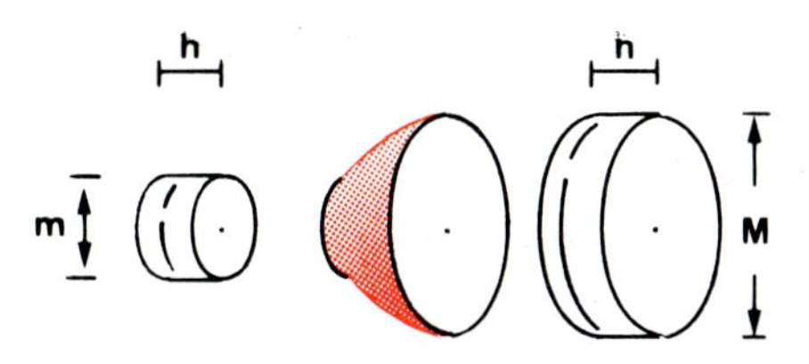

m = Minimum von f über [x ; x + h]
M = Maximum von f über [x ; x + h]

$$\pi \cdot m^2 h \le V_a(x+h) - V_a(x) \le \pi \cdot M^2 h$$

$$\pi \cdot m^2 \le \frac{V_a(x+h) - V_a(x)}{h} \le \pi \cdot M^2$$

$$h \to 0 \qquad h \to 0 \qquad h \to 0$$

$$\pi \cdot (f(x))^2 \le V_a'(x) \le \pi \cdot (f(x))^2$$

$$\Rightarrow V_a'(x) = \pi \cdot (f(x))^2$$

Beispiel: Berechnen Sie das Volumen V des Körpers, der durch Rotation des Graphen von $f(x) = \frac{1}{2}x^2$ über dem Intervall I = [0 ; 1] entsteht.

Lösung:
Das Volumen des "Spitzhutes" beträgt

$$V = \pi \cdot \int_a^b (f(x))^2 \, dx = \pi \cdot \int_0^1 \frac{x^4}{4} \, dx = \pi \cdot \left[\frac{x^5}{20}\right]_0^1$$

$$= \frac{\pi}{20} \approx 0{,}16.$$

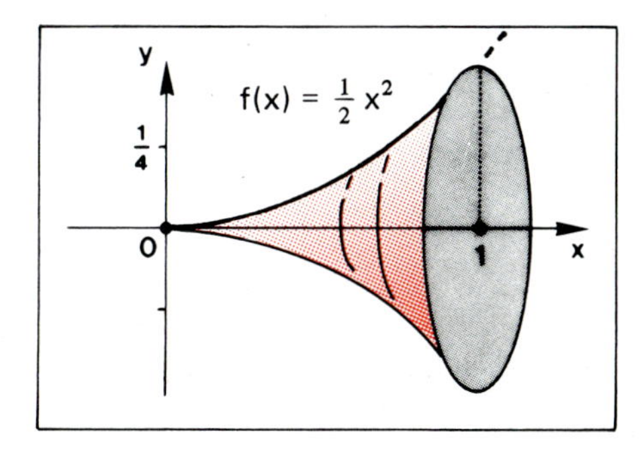

Bild 3

Beispiel: Der Graph von $f(x) = \frac{1}{2}x$ rotiere über dem Intervall $I = [1\,;\,2]$ um die x-Achse. Berechnen Sie das Volumen V des dabei entstehenden Kegelstumpfes.

Lösung:
Der Kegelstumpf hat die Radien $R = 1$ und $r = \frac{1}{2}$ sowie die Höhe $h = 1$.

$$V = \pi \cdot \int_1^2 \frac{x^2}{4}\,dx = \pi \cdot \left[\frac{x^3}{12}\right]_1^2 = \pi \cdot \frac{7}{12} \approx 1{,}83.$$

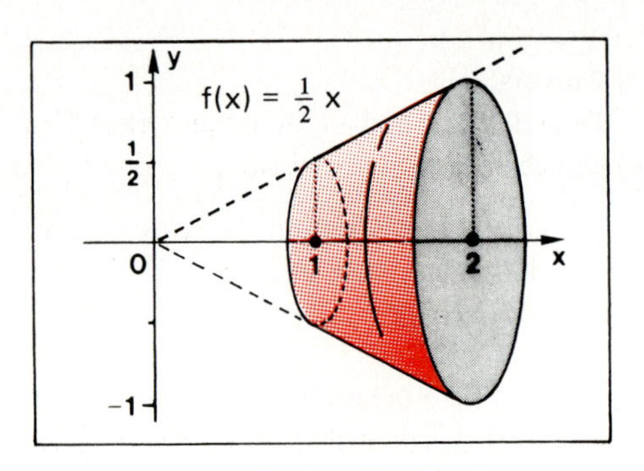

Bild 4

Übung 1
Bestimmen Sie das Volumen des Körpers, der entsteht, wenn der Graph von f über I um die x-Achse rotiert.

a) $f(x) = \frac{1}{8}x^2 + 2$, $I = [-4\,;\,4]$
b) $f(x) = 3 - x$, $I = [0\,;\,2]$
c) $f(x) = \frac{1}{2}x + 1$, $I = [-1\,;\,3]$
d) $f(x) = \frac{1}{x}$, $I = [1\,;\,4]$
e) $f(x) = \frac{1}{3}x^3 - 3x$, $I = [-3\,;\,3]$
f) $f(x) = -\frac{1}{4}(x-4)^2 + 5$, $I = [1\,;\,4]$
g) $f(x) = -\frac{1}{4}x^4 + x^2$, $I = [-2\,;\,2]$
h) $f(x) = \sqrt{x+1}$, $I = [0\,;\,5]$

Bei Rotationskörpern, deren Randkurve sich aus mehreren Funktionen zusammensetzt, zerlegt man das Integrationsintervall in passender Weise.

Beispiel: Bestimmen Sie das Volumen des nebenstehend abgebildeten Körpers.

Lösung:
Zunächst bestimmen wir die Randkurven:
Der Graph von f ist ein Ursprungskreis mit dem Radius $r = 1$. Er hat die Gleichung $f(x) = \sqrt{1 - x^2}$.
Für die Gleichung der Parabel g wählen wir den Ansatz $g(x) = ax^2 + bx + c$.
Wegen $g(0) = 1$, $g'(0) = 0$ und $g(3) = 0$ folgt $g(x) = -\frac{1}{9}x^2 + 1$.
Stückweise Integration ergibt folgendes Resultat:

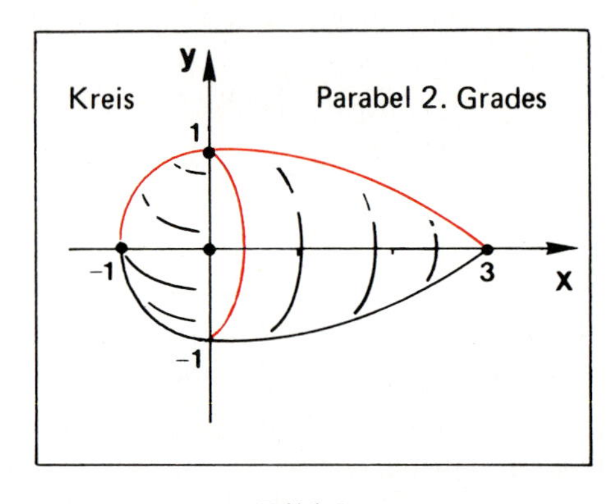

Bild 5

$$V = \pi \cdot \int_{-1}^{0} (f(x))^2\,dx + \pi \cdot \int_0^3 (g(x))^2\,dx = \pi \cdot \left[x - \frac{x^3}{3}\right]_{-1}^{0} + \pi \cdot \left[\frac{1}{405}x^5 - \frac{2}{27}x^3 + x\right]_0^3 = \frac{2}{3}\pi + \frac{8}{5}\pi = \frac{34}{15}\pi.$$

Übung 2
Berechnen Sie das Volumen des nebenstehend abgebildeten Rotationskörpers.

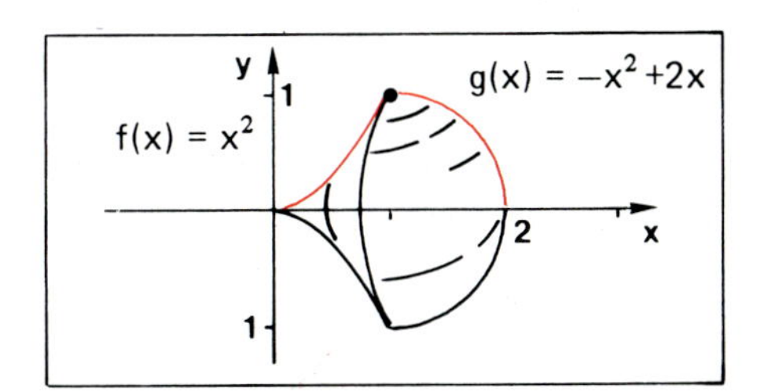

Übung 3
Die Parabel zu $f(x) = \frac{1}{2}x^2 + 1$ rotiere über dem Intervall $I = [-a\,;\,a]$ um die x-Achse. Berechnen Sie das Volumen des dabei entstehenden "Rotationsparaboloids".

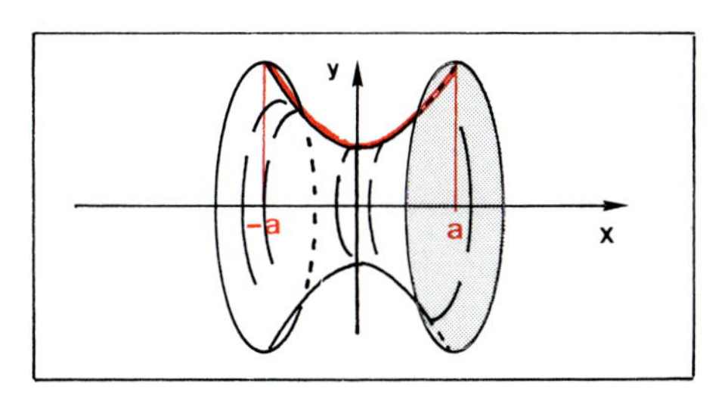

Ähnlich wie es unendlich lange Flächenstücke gibt, denen ein endlicher Flächeninhalt zugeordnet werden kann, gibt es unendlich lange Rotationskörper mit endlichem Volumeninhalt. Bei der Berechnung dieser Inhalte treten uneigentliche Integrale auf.

Beispiel: Berechnen Sie den Inhalt des unendlich langen Körpers, der durch Rotation der Hyperbel zu $f(x) = \frac{1}{x}$ um die x-Achse über dem Intervall $[1\,;\,\infty[$ entsteht.

Lösung:
Wir berechnen zunächst das Volumen des Rotationskörpers über dem Intervall $[1\,;\,b]$. Die Grenzwertbetrachtung $b \to \infty$ ergibt das gesuchte Volumen V:

$$V = \lim_{b\to\infty}\left(\pi\cdot\int_1^b \frac{1}{x^2}\,dx\right) = \lim_{b\to\infty}\left(\pi\cdot\left[-\tfrac{1}{x}\right]_1^b\right)$$

$$= \lim_{b\to\infty}\left(\pi\cdot\left[1-\tfrac{1}{b}\right]\right) = \pi \approx 3{,}14$$

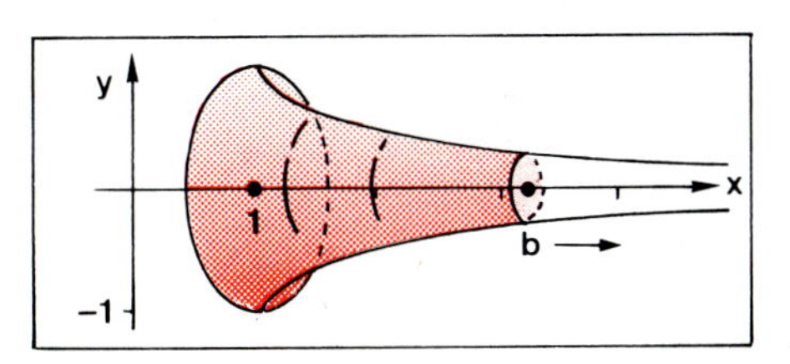

Bild 6

Übung 4
Berechnen Sie das Volumen des Körpers, der entsteht, wenn der Graph zu f über I um die x-Achse rotiert.

a) $f(x) = \frac{3}{x^2}$, $I = [2\,;\,\infty[$ b) $f(x) = \frac{2}{x^3}$, $I = [1\,;\,\infty[$ c) $f(x) = \frac{1+x}{x^5}$, $I = [2\,;\,\infty[$

d) Welche Funktionen f_a mit $f_a(x) = \frac{1}{x^a}$ $(a > 0)$ haben bei Rotation des Graphen über dem Intervall $I = [1\,;\,\infty[$ ein endliches Rotationsvolumen?

Wir betrachten nun den Fall, dass ein Körper durch Rotation der Kurve zu f um die y-Achse entsteht. Hier ist die Formel aus Satz VII.1 ebenfalls anwendbar, da der Rotation des Graphen von f um die y-Achse die Rotation des Graphen der Umkehrfunktion f^{-1} um die x-Achse entspricht (Bild 7).

Beispiel: Bestimmen Sie das Volumen eines 4 cm hohen Likörglases mit dem parabelförmigen Profil zu $f(x) = \frac{1}{3}x^2$.

Lösung:

Die Profilkurve zu $f(x) = \frac{1}{3}x^2$ hat die Umkehrfunktion f^{-1} mit $f^{-1}(x) = \sqrt{3x}$. Daher gilt für das Volumen des Glases:

$$V = \pi \cdot \int_0^4 (\sqrt{3x})^2 \, dx = \pi \cdot \int_0^4 3x \, dx$$

$$= \pi \cdot \left[\frac{3}{2}x^2\right]_0^4 = 24\pi \approx 75{,}40 \text{ cm}^3 .$$

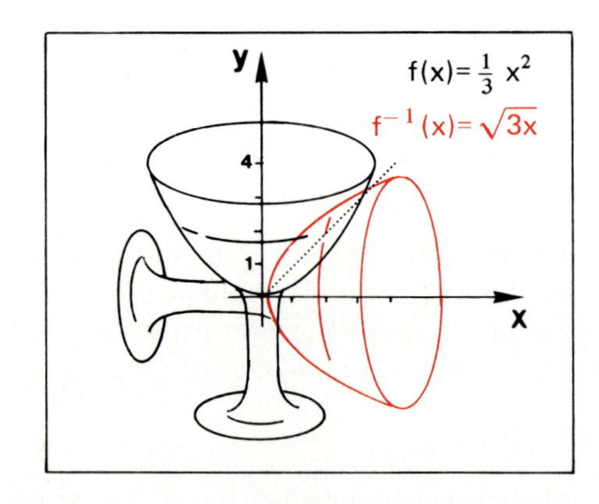

Bild 7

Übung 5

Ein Behälter zur Herstellung von Eis hat ein parabelförmiges Profil mit den in der Abbildung angegebenen Maßen.

a) Stellen Sie die Gleichung der Profilparabel auf und bestimmen Sie deren Umkehrfunktion.
b) Berechnen Sie den Rauminhalt des Behälters.

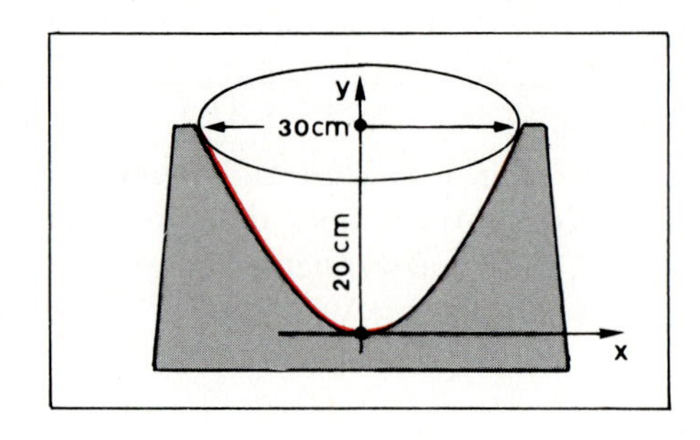

Übung 6

Ein parabolischer Scheinwerferreflektor hat die aus der Abbildung ersichtlichen Maße. (Tiefe 3 cm, Durchmesser 7,4 cm) Zur Errechnung der Wärmebilanz wird das Luftvolumen benötigt. Berechnen Sie dies.

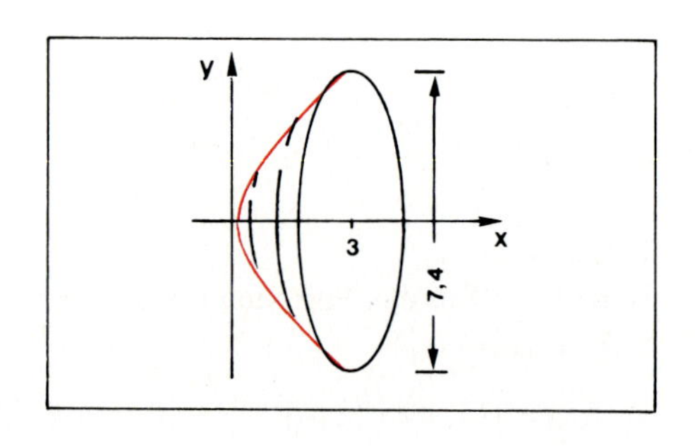

B. Anwendungen der Volumenformel

Die bekannten Volumenformeln für rotationssymmetrische Körper wie Kugel, Kegel, Kugelkappe, Kegelstumpf lassen sich aus Satz VII.1 mit Leichtigkeit herleiten.

Beispiel: Bestimmen Sie das Volumen einer Kugel mit dem Radius r.

Lösung:
Die Kugel lässt sich durch Rotation eines Halbkreises gewinnen (Bild 8). Die Koordinaten x, y eines Halbkreispunktes genügen der Gleichung $x^2 + y^2 = r^2$. Der Halbkreis ist daher durch die Funktion $f(x) = \sqrt{r^2 - x^2}$, $-r \le x \le r$ darstellbar.
Für das Kugelvolumen V_{Kugel} gilt daher:

$$V_{\text{Kugel}} = \pi \cdot \int_{-r}^{r} (r^2 - x^2)\,dx = \pi \cdot \left[r^2 x - \frac{x^3}{3}\right]_{-r}^{r}$$

$$= \frac{4}{3}\pi \cdot r^3 .$$

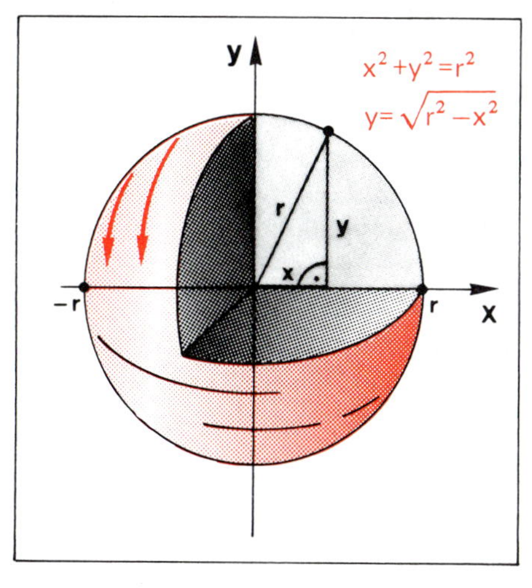

Bild 8

Übung 7
Bestimmen Sie das Volumen der Kugelkappe in Abhängigkeit von ihrer Höhe h und dem Kugelradius r:
$V = \frac{1}{3}\pi \cdot h^2 \cdot (3r - h)$.

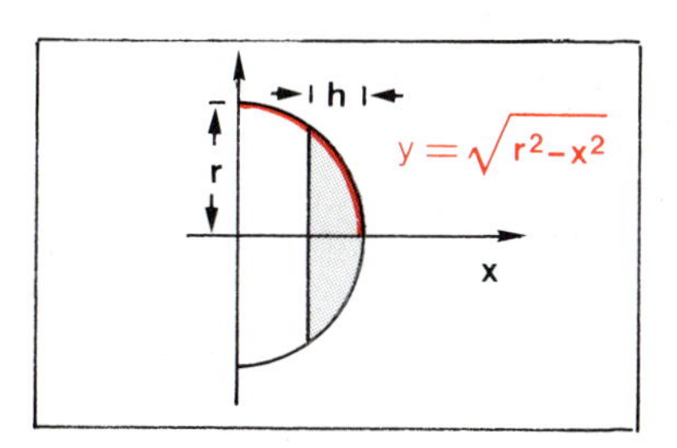

Übung 8
Aus einer Kugel mit dem Radius R wird durch zwei parallel zueinander ausgeführte Schnitte im Abstand a bzw. a + d vom Mittelpunkt eine Scheibe der Dicke d ausgeschnitten (siehe Abbildung).
Berechnen Sie das Volumen einer solchen Scheibe.
a) für R = 6, a = 2, d = 1.
b) für R = 6, a = 3, d = 1.
c) allgemein für beliebige R, a und d.

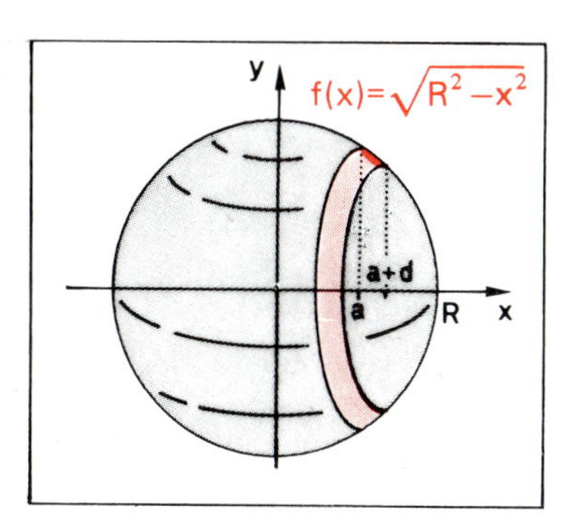

Übung 9
Eine Kugel mit dem Radius R = 4 wird durch eine ringförmige Schale eingefasst (Maße und Lage siehe Abbildung). Berechnen Sie den Materialbedarf für eine solche Schale.

(Hinweis: $V = \pi \cdot \int_a^b [f^2(x) - g^2(x)]\, dx$)

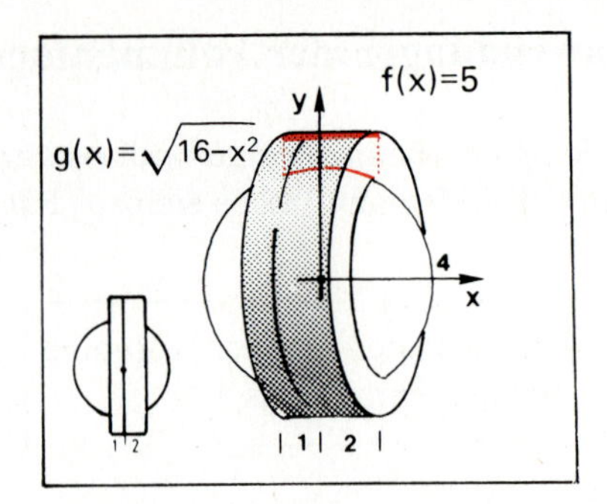

Beispiel: Leiten Sie die Formel für das Volumen eines geraden Kreiskegels mit Radius r und Höhe h her.

Lösung:
Der Kreiskegel entsteht durch Rotation einer Ursprungsgeraden zu
$f(x) = mx \ (0 \le x \le h)$.
Die Steigung der Geraden wird durch den Funktionswert f(h) = r bestimmt:

$$m = \frac{r}{h} \quad \Rightarrow f(x) = \frac{r}{h} \cdot x\,.$$

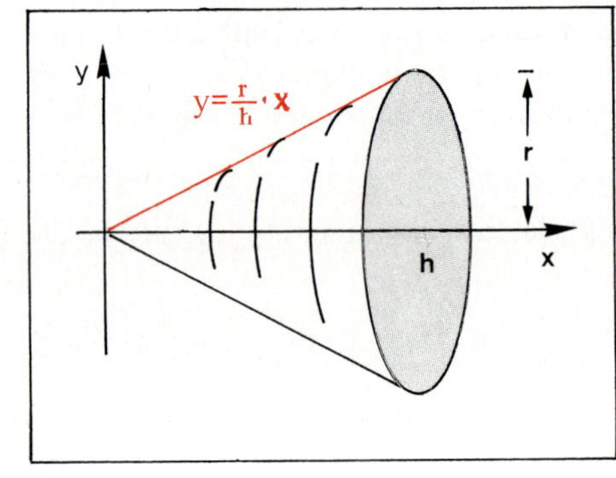

Bild 9

$$V = \int_0^h \pi \cdot \left(\frac{r}{h}x\right)^2 dx = \pi \cdot \frac{r^2}{h^2} \int_0^h x^2\, dx = \pi \cdot \frac{r^2}{h^2}\left[\frac{x^3}{3}\right]_0^h = \pi \cdot \frac{r^2}{h^2} \cdot \frac{h^3}{3} = \frac{\pi}{3} \cdot r^2 h$$

Übung 10
Leiten Sie die Formel für das Volumen des Kegelstumpfs mit den Radien R und r und der Höhe h her.
Anleitung:
1. Zeigen Sie, dass die Ursprungsgerade die Steigung $m = \frac{R - r}{h}$ hat.

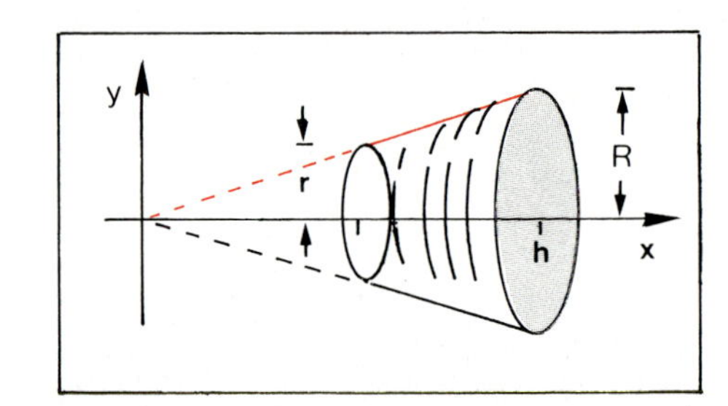

2. Weisen Sie nach, dass die Integrationsgrenzen gleich $a = \frac{r \cdot h}{R - r}$ und $b = \frac{R \cdot h}{R - r}$ sind.
3. Berechnen Sie das Volumen des Kegelstumpfes mit Satz VII.1.

Übung 11
Entwickeln Sie die Formel für das Volumen des Rotationsellipsoids mit den Halbmessern a und b.

Eine Ellipse wird bestimmt durch die Gleichung $\frac{x^2}{a^2} + \frac{y^2}{b^2} = 1$.

C. Volumenberechnungen weiterer Körper

Auch von Körpern, die nicht rotationssymmetrisch sind, kann das Volumen mit Hilfe der Integralrechnung bestimmt werden.

Wir stellen uns den Körper in Scheiben von geringer Dicke zerschnitten vor. Jede dieser Scheiben kann als Zylinder (mit nicht unbedingt kreisförmiger Grundfläche) angesehen werden, dessen Grundfläche Q durch eine Querschnittsfunktion Q(x) beschrieben wird.
In Verallgemeinerung von Satz VII.1 erhalten wir:

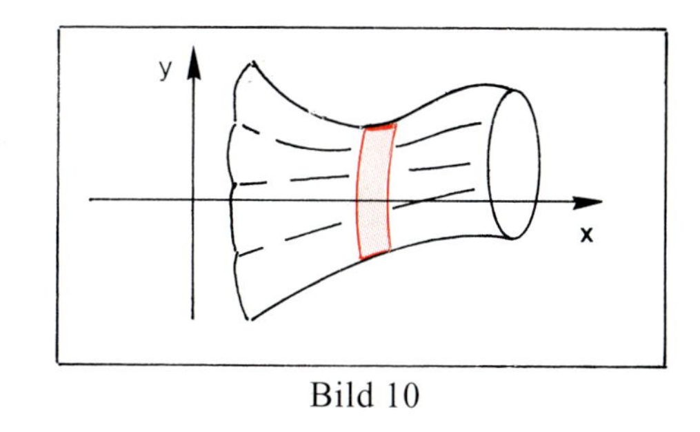

Bild 10

Satz VII.2 (Querschnittsformel):
Das Volumen eines Körpers ergibt sich durch Integration seiner Querschnittsfunktion Q(x):

$$V = \int_a^b Q(x)\,dx.$$

Wir verzichten auf den exakten Beweis dieser Formel, der sehr ähnlich zum Beweis von Satz VII.1 verläuft.

Beispiel: Leiten Sie die Volumenformel für eine Pyramide mit quadratischer Grundfläche G und der Höhe h her.

Lösung:
Zunächst wird die Querschnittsfunktion Q(x) bestimmt.
Die Seitenlänge des Quadrats $G_x = Q(x)$ hängt von der Seitenlänge a der Grundfläche und der Höhe x ab. Der Zusammenhang ergibt sich aus dem Strahlensatz:

$$Q(x) = \left(1-\tfrac{x}{h}\right)^2 \cdot G.$$

Damit berechnen wir das Volumen der Pyramide.

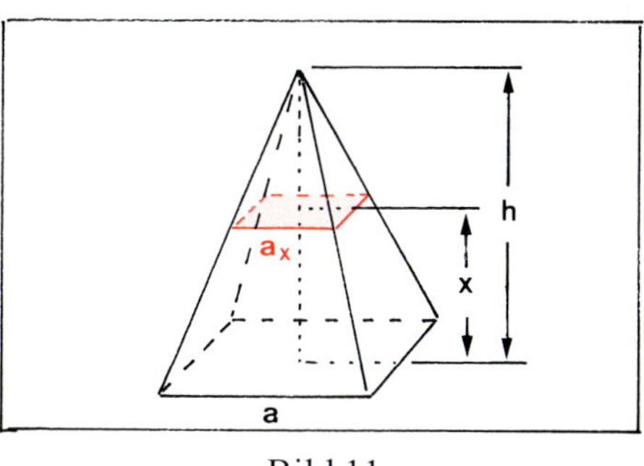

Bild 11

Strahlensatz:

$$a_x : a = (h-x) : h$$

$$\Rightarrow \quad a_x = \frac{h-x}{h}\cdot a$$

$$\Rightarrow \quad Q(x) = a_x{}^2 = \left(1-\tfrac{x}{h}\right)^2 \cdot a^2$$

$$V = \int_0^h \left(1-\tfrac{x}{h}\right)^2 \cdot G\,dx = G\cdot\int_0^h \left(1-2\tfrac{x}{h}+\tfrac{x^2}{h^2}\right)dx = G\cdot\left[x-\tfrac{x^2}{h}+\tfrac{x^3}{3h^2}\right]_0^h = \tfrac{1}{3}\cdot G\cdot h$$

Übung 12
Bestimmen Sie das Volumen eines Tetraeders, dessen Oberfläche aus vier gleichseitigen Dreiecken (Länge einer Seite: a) besteht.

Beispiel: Ein Kaffeefilter hat oben einen kreisförmigen Querschnitt mit dem Radius R = 6 cm, am unteren Ende entartet der Querschnitt zu einer Strecke der Länge a = 5 cm. Die Querschnitte dazwischen sind rechteckig mit aufgesetzten Halbkreisen. Bestimmen Sie das Volumen des Filters mit der Höhe h = 10 cm.

Lösung:
Mit den Bezeichnungen der nebenstehenden Skizze ergibt sich als Gleichung der Querschnittsfunktion Q:

$$Q(x) = \pi \cdot (r(x))^2 + 2 \cdot l(x) \cdot r(x).$$

Sowohl der Radius der beiden aufgesetzten Halbkreise r(x) als auch die Länge des Rechtecks l(x) hängen linear von dem betrachteten Wert der Variablen x ab.
Da die Randwerte bekannt sind, können die Funktionsgleichungen aufgestellt werden.

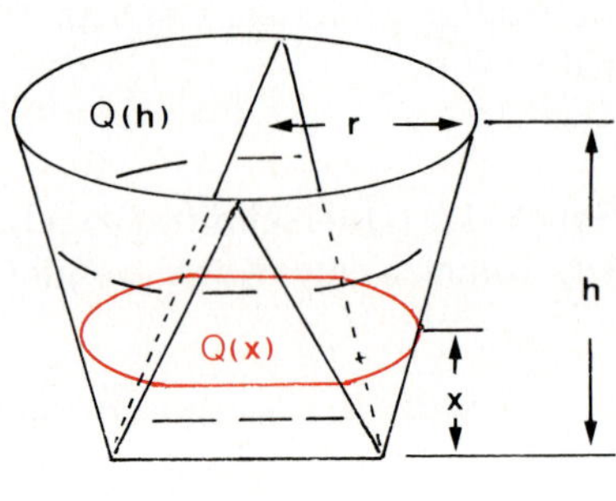

Bild 12

Bestimmung von l(x):
$l(0) = 5$, $l(10) = 0$
l(x) ist eine lineare Funktion (Strahlensatz):

$$\Rightarrow l(x) = 5 \cdot \left(1 - \tfrac{x}{10}\right)$$

Bestimmung von r(x):
$r(0) = 0$, $r(10) = 6$
r(x) ist eine lineare Funktion

$$\Rightarrow r(x) = \tfrac{6}{10} \cdot x$$

Ergebnis:

$$Q(x) = \pi \cdot \tfrac{9}{25} x^2 + 6x \cdot \left(1 - \tfrac{x}{10}\right)$$
$$= \pi \cdot \tfrac{9}{25} x^2 + 6x - \tfrac{3}{5} x^2$$

Für das Volumen erhalten wir:

$$V = \int_0^{10} Q(x)\,dx = \left[\pi \cdot \tfrac{3}{25} x^3 + 3x^2 - \tfrac{1}{5} x^3\right]_0^{10}$$
$$= 120\pi + 100 \approx 477.$$

Übung 13
In Kirchen findet man sich kreuzende Tonnengewölbe. Diese Gewölbe entstehen, wenn sich zwei halbe Kreiszylinder von gleichem Radius durchdringen. Berechnen Sie das Volumen (r = 10 m).

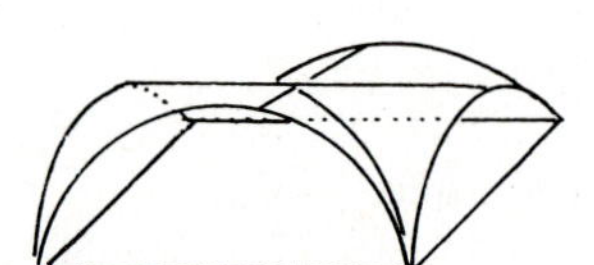

Tonnengewölbe

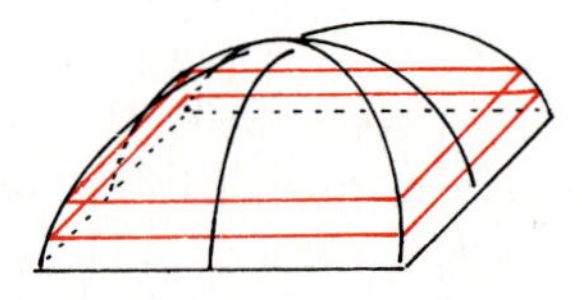

Anleitung: Zeigen Sie, dass die Querschnittsfläche des Tonnengewölbes (in jeder Höhe x) die Form eines Quadrates hat, dessen Flächeninhalt durch $Q(x) = 4(100 - x^2)$ gegeben ist.

D. Übungen

14. Bestimmen Sie das Volumen des Körpers, der durch Rotation des Funktionsgraphen von f um die x-Achse über dem Intervall I entsteht. Fertigen Sie eine Skizze an.

a) $f(x) = \sqrt{x}$, $I = [1 ; 4]$
b) $f(x) = 0{,}5x + 2$, $I = [-2 ; 1]$
c) $f(x) = \sqrt{x+1}$, $I = [0 ; 1]$
d) $f(x) = x(x - 1)^2$, $I = [0 ; 2]$
e) $f(x) = x^4 - x^2$, $I = [-1 ; 1]$
f) $f(x) = -(x - 2)^2 + 4$, $I = [0 ; 4]$
g) $f(x) = \sqrt{1-x^2}$, $I = [-1 ; 1]$
h) $f(x) = \sqrt{1+x^2}$, $I = [-2 ; 2]$

15. Bestimmen Sie das Volumen des Körpers, der entsteht, wenn der Graph der Funktion f zwischen den angegebenen Grenzen um die y-Achse rotiert (Skizze anfertigen!).

a) $f(x) = 3x + 2$, $y = 1$ bis $y = 4$
b) $f(x) = x^2 + 1$, $y = 1$ bis $y = 2$
c) $f(x) = 0{,}5x^3 + 4$, $y = 0$ bis $y = 8$
d) $f(x) = x^2 - 1$, $y = 0$ bis $y = 3$
e) $f(x) = x^4$, $y = 0$ bis $y = 4$
f) $f(x) = \frac{1}{x}$, $y = 0{,}5$ bis $y = 2$

16. Keplersche Fassformel: Die Abbildung zeigt ein Fass, dessen Daubenprofil parabelförmig gebogen ist.

a) Bestimmen Sie die Parabelgleichung.
b) Zeigen Sie, dass das Fassvolumen mit der Formel

$$V = \frac{h}{15}\pi \cdot (8R^2 + 4Rr + 3r^2)$$

berechnet werden kann.
c) Leiten Sie aus der Fassformel die Formel für das Zylindervolumen ab.

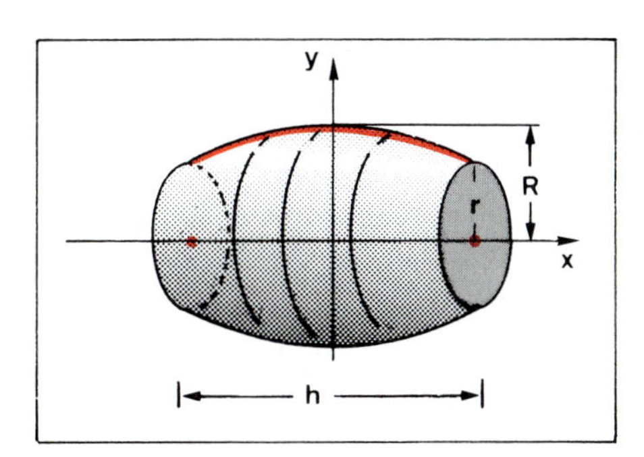

17. Ein Glas mit einer Flüssigkeit rotiert. Dabei nimmt die Flüssigkeitsoberfläche im Querschnitt ein parabelförmiges Profil an (siehe Abbildung).

a) Bestimmen Sie die Parabelgleichung sowie die Gleichung ihrer Umkehrfunktion.
b) Berechnen Sie das Volumen der Flüssigkeit.
c) Wie hoch steht die Flüssigkeit über dem Boden des Glases, wenn dieses nicht rotiert?

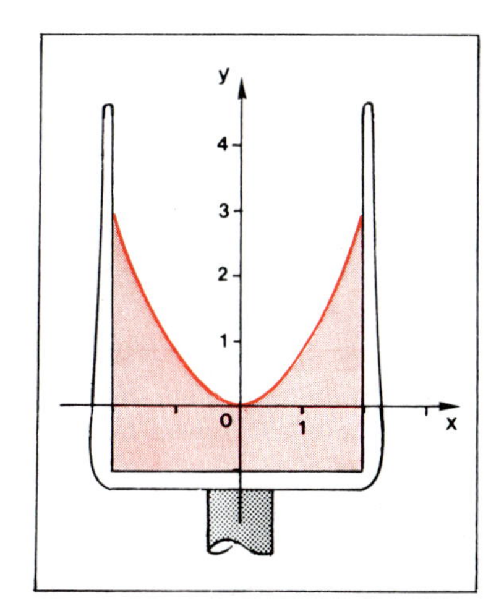

2. Analytische Integrationsverfahren

Ein Hauptproblem der Integralrechnung ist das Auffinden von Stammfunktionen zu gegebenen Funktionen. Bisher sind wir dabei folgendermaßen vorgegangen: Eine Ableitungsformel zu einer speziellen Funktion oder Funktionenklasse wurde "integriert". Auf diesem Weg erhält man aus einer Ableitungsformel eine Integrationsformel.

Beispielsweise konnten wir so aus der Ableitungsformel für die Sinusfunktion durch beidseitige Integration eine Integrationsformel für die Kosinusfunktion gewinnen, wie rechts dargestellt.
Leider erhält man auf diese Weise nur einzelne Integrationsformeln.

Ableitungsformel: $(\sin x)' = \cos x$

Integration: $\int (\sin x)'\,dx = \int \cos x\,dx$

Integrationsformel: $\int \cos x\,dx = \sin x + C$

Während mit Hilfe der Differentiationsregeln die Ableitungsfunktion jeder elementaren Funktion* systematisch bestimmt werden kann, gibt es kein System zur Bestimmung einer Stammfunktion.
Die Errechnung einer Stammfunktion kann im Einzelfall auch für einen Mathematiker zu einem schwierigen Unterfangen werden. Daher gibt es umfangreiche Integraltafeln, in welchen zu einer großen Zahl von Funktionen die zugehörigen Stammfunktionen verzeichnet sind, welche im Laufe der Zeiten in mühevoller Arbeit gefunden wurden.
Viele dieser Integrale wurden mit den beiden im Folgenden beschriebenen analytischen Methoden bestimmt, welche auf der Idee des Umkehrens von Differentiationsregeln beruhen.

A. Die Produktintegration

"Integriert" man die Produktregel der Differentialrechnung beidseitig, so erhält man im Endergebnis eine Gleichung, die zwei Integrale miteinander verbindet, deren Integrationsterme Produkte sind, so dass man auch von **Produktintegration** spricht.
Wenn man eines dieser Integrale ausrechnen kann, so kann man auch das andere, möglicherweise schwierigere Integral, bestimmen.
Das Verfahren der Produktintegration führt also im Idealfall eine schwere Integrationsaufgabe auf eine leichte Integrationsaufgabe zurück, mehr nicht.

Produktregel der Differentialrechnung:

$(u \cdot v)' = (u \cdot v') + (u' \cdot v)$

Integration beider Seiten:

$\int (u \cdot v)'\,dx = \int u \cdot v'\,dx + \int u' \cdot v\,dx$

Ausrechnen der linken Seite:

$u \cdot v + C = \int u \cdot v'\,dx + \int u' \cdot v\,dx$

Regel zur Produktintegration

$$\int u' \cdot v\,dx = u \cdot v - \int u \cdot v'\,dx$$

* Eine *elementare Funktion* kann durch Verknüpfung von Potenzfunktionen, Exponentialfunktionen und trigonometrischen Funktionen mittels arithmetischer Operationen, Verkettung und Umkehrung gebildet werden.

Die Regel zur Produktintegration gilt dann, wenn die beteiligten Faktoren u(x) und v(x) differenzierbar und ihre Ableitungen u'(x) und v'(x) stetig sind.

Oft wird die Produktintegration auch als **partielle Integration** bezeichnet. Die gegebene Integrationsaufgabe wird zunächst nur teilweise, d.h. partiell gelöst, denn das gesuchte Integral wird nicht direkt bestimmt, sondern nur auf ein weiteres, evtl. einfacheres Integral zurückgeführt.
Wir behandeln nun drei Integraltypen, welche mittels Produktintegration beherrschbar sind. Aus Gründen der Übersichtlichkeit lassen wir im Folgenden – auch wenn dies formal nicht ganz korrekt ist – in allen Zwischenrechnungen die Integrationskonstanten weg und notieren diese erst wieder im Endergebnis.

Typ 1: Abräumen von Polynomen

Ist einer der Faktoren des Integranden ein Polynom und wird der andere Faktor beim Integrieren nicht komplizierter, so kann man das Polynom durch mehrfache Anwendung der Produktintegration "abräumen", da sich sein Grad mit jedem Differentiationsvorgang erniedrigt.

Beispiel: Gesucht ist das unbestimmte Integral $\int e^x \cdot (x^2+3x)\,dx$.

Lösung:
Wir wenden auf das gegebene Integral zunächst die Produktintegration an, wobei wir $u'(x)=e^x$ und $v(x)=x^2+3x$ setzen. Wir erhalten

$$\int \underset{u'}{e^x} \cdot \underset{v}{(x^2+3x)}\,dx \;=\; \underset{u}{e^x} \cdot \underset{v}{(x^2+3x)} \;-\; \int \underset{u}{e^x} \cdot \underset{v'}{(2x+3)}\,dx .$$

Das rechtsseitige Integral ist ähnlich strukturiert wie das Ausgangsintegral, jedoch etwas einfacher, da der Grad des Polynomfaktors um 1 gesunken ist.
Wir wenden die Produktintegration nun noch einmal an, und zwar auf das rechtsseitige Integral. Dieses wird so auf ein einfaches Exponentialintegral zurückgeführt, das wir leicht berechnen können.

$$\int \underset{u'}{e^x} \cdot \underset{v}{(2x+3)}\,dx \;=\; \underset{u}{e^x} \cdot \underset{v}{(2x+3)} \;-\; \int \underset{u}{e^x} \cdot \underset{v'}{2}\,dx$$

$$= e^x \cdot (2x+3) \;-2 \cdot e^x \;=\; e^x \cdot (2x+1)$$

Wir setzen das Ergebnis dieser letzten Produktintegration nun in die Ausgangsgleichung ein. Wir erhalten eine Gleichung, aus der wir das Ausgangsintegral bestimmen können.

Resultat: $\int e^x \cdot (x^2+3x)\,dx \;=\; e^x \cdot (x^2+x-1)+C$

Typ 2: Faktor 1

Ist eine Funktion zu integrieren, die eine einfache Ableitung hat, so kann man mit Hilfe des Faktors u'(x)=1 zum Ziel kommen.

◊ **Beispiel:** Gesucht ist das unbestimmte Integral $\int \ln x \, dx$.

◊ Lösung:
◊ Wir stellen den Integranden ln x gewissermaßen "künstlich" als Produkt $1 \cdot \ln x$ dar und führen dann eine Produktintegration mit u'(x)=1 und v(x)=ln x durch.
◊ Da ln x eine einfache Ableitung hat, ist das Restintegral problemlos bestimmbar, so dass wir unmittelbar zum Ziel kommen.

$$\int \ln x \, dx = \int \underset{u'}{1} \cdot \underset{v}{\ln x} \, dx = \underset{u}{x} \cdot \underset{v}{\ln x} - \int \underset{u}{x} \cdot \underset{v'}{\tfrac{1}{x}} \, dx$$

$$= x \cdot \ln x - \int 1 \, dx = x \cdot \ln x - x$$

◊ Resultat: $\int \ln x \, dx = x \cdot \ln x - x + C$

Typ 3: Wiederentstehung des Ausgangsintegrals

Wenn beide Faktoren beim Integrieren oder Differenzieren nach einer Anzahl von Schritten wieder auftreten, dann kann man so oft Produktintegrationen ausführen, bis das Ausgangsintegral selbst wieder auftritt. Die sodann entstandene Gleichung löst man nach dem Ausgangsintegral auf.

◊ **Beispiel:** Gesucht ist das unbestimmte Integral $\int e^x \cdot \sin x \, dx$.

◊ Lösung:
◊ Produktintegration des Ausgangsintegrals:

$$\int \underset{u'}{e^x} \cdot \underset{v}{\sin x} \, dx = \underset{u}{e^x} \cdot \underset{v}{\sin x} - \int \underset{u}{e^x} \cdot \underset{v'}{\cos x} \, dx$$

◊ Produktintegration des Restintegrals mit Wiederentstehung des Ausgangsintegrals:

$$\int \underset{u'}{e^x} \cdot \underset{v}{\cos x} \, dx = \underset{u}{e^x} \cdot \underset{v}{\cos x} - \int \underset{u}{e^x} \cdot \underset{v'}{(-\sin x)} \, dx = e^x \cdot \cos x + \int e^x \cdot \sin x \, dx$$

◊ Einsetzen des Restintegrals in die Ausgangsgleichung:

$$\int e^x \cdot \sin x \, dx = e^x \cdot \sin x - e^x \cdot \cos x - \int e^x \cdot \sin x \, dx$$

◊ Auflösen nach dem Ausgangsintegral liefert das Resultat:

$$\int e^x \cdot \sin x \, dx = \tfrac{1}{2} e^x \cdot (\sin x - \cos x) + C$$

Typ 4: Logarithmische Vereinfachung

Enthält der Integrand einen logarithmischen Term als Faktor, so kann das Integral oft dadurch vereinfacht werden, dass dieser Term in einer Produktintegration als v angesetzt wird, da der Logarithmus sich beim Differenzieren bekanntlich vereinfacht.

Beispiel: Gesucht ist das unbestimmte Integral $\int x^2 \cdot \ln x \, dx$.

Lösung:

$$\int \underset{u'}{x^2} \cdot \underset{v}{\ln x} \, dx = \underset{u}{\tfrac{1}{3}x^3} \cdot \underset{v}{\ln x} - \int \underset{u}{\tfrac{1}{3}x^3} \cdot \underset{v'}{\tfrac{1}{x}} \, dx = \tfrac{1}{3}x^3 \cdot \ln x - \int \tfrac{1}{3}x^2 \, dx = \tfrac{1}{3}x^3 \cdot \ln x - \tfrac{1}{9}x^3 + C$$

Tips und Tricks:

Wir schließen unsere zwangsläufig unvollständige Einführung in das Verfahren der partiellen Integration mit dem Hinweis ab, dass die Produktintegration nur selten so glatt verläuft wie in den oben durchgerechneten Beispielen. Manchmal helfen kleine mathematische Tricks weiter, z.B. einfache Termumformungen. Wir demonstrieren dies am Beispiel einer Typ-3-Produktintegration.

Beispiel: Gesucht ist das bestimmte Integral $\int_0^{\frac{\pi}{2}} \cos^2 x \, dx$.

Lösung:
Wir berechnen zunächst das unbestimmte Integral und setzen die Integrationsgrenzen erst ganz zum Schluss ein.

$$\int \cos^2 x \, dx = \int \underset{u'}{\cos x} \cdot \underset{v}{\cos x} \, dx = \underset{u}{\sin x} \cdot \underset{v}{\cos x} - \int \underset{u}{\sin x} \cdot \underset{v'}{(-\sin x)} \, dx = \sin x \cdot \cos x + \int \sin^2 x \, dx$$

Nun gewinnt man den Eindruck, dass die Produktintegration nicht weiterführt. Das Integral auf der rechten Seite ist anscheinend genauso kompliziert wie das Ausgangsintegral.

Wendet man allerdings – und das ist unser kleiner Trick – den trigonometrischen Pythagoras an, so entsteht rechtsseitig das Ausgangsintegral wieder.

$$\int \cos^2 x \, dx = \sin x \cdot \cos x + \int (1 - \cos^2 x) \, dx = \sin x \cdot \cos x + x - \int \cos^2 x \, dx$$

Es ist also eine Typ-3-Situation entstanden. Wir lösen nach dem gesuchten Integral auf und erhalten folgendes Resultat:

$$\int \cos^2 x \, dx = \tfrac{1}{2}(\sin x \cdot \cos x + x) + C, \qquad \int_0^{\frac{\pi}{2}} \cos^2 x \, dx = [\tfrac{1}{2}(\sin x \cdot \cos x + x)]_0^{\frac{\pi}{2}} = \tfrac{\pi}{4}.$$

Übungen

1. Bestimmen Sie die folgenden Integrale durch partielle Integration von Typ 1, "Abräumen".

a) $\int x \cdot e^x \, dx$ Abräumen

b) $\int x^2 \cdot e^x \, dx$ Abräumen, 2-mal

c) $\int_0^1 (x^2 + 3x + 1) \cdot e^x \, dx$ Abräumen, 2-mal

d) $\int x^2 \cdot \sin x \, dx$ Abräumen, 2-mal

e) $\int_1^2 (1 - x^2) \cdot e^{-x} \, dx$ Abräumen, 2-mal

f) $\int x^3 \cdot e^{-x} \, dx$ Abräumen, 3-mal

2. Bestimmen Sie das Integral durch partielle Integration vom Typ 3, "Wiederentstehung" bzw. "Wiederentstehung und Termumformung".

a) $\int \sin x \cos x \, dx$

b) $\int \cos^2 x \, dx$

c) $\int_0^{\pi} \sin^2 x \, dx$

d) $\int e^{-x} \sin x \, dx$

e) $\int_0^{\frac{\pi}{2}} e^x \cdot \cos 2x \, dx$

f) $\int \frac{\ln x}{x} \, dx$

3. Die folgenden Integrale lassen sich durch eine Typ-2-Integration ("Faktor 1") bestimmen. Es sei bekannt, dass $F(x) = x \cdot \ln x - x$ eine Stammfunktion von $f(x) = \ln x$ ist.

a) $\int (\ln x)^2 \, dx$

b) $\int_1^e (\ln x)^3 \, dx$

4. Bestimmen Sie mit partieller Integration vom Typ 4, "Logarithmische Vereinfachung".

a) $\int x \cdot \ln x \, dx$

b) $\int \frac{\ln x}{x^2} \, dx$

c) $\int_1^e \frac{\ln x}{x^3} \, dx$

d) $\int x (\ln x)^2 \, dx$

e) $\int x^5 \cdot \ln x \, dx$

f) $\int_1^{e^2} \sqrt{x} \cdot \ln x \, dx$

g) $\int \ln (x^2) \, dx$

h) $\int x \cdot \ln(1 + x^2) \, dx$

5. Etwas schwierigere Fälle!

a) $\int (ax^2 + bx + c) \, e^x \, dx$

b) $\int (ax^3 + b) \, e^{-x} \, dx$

c) $\int (ax + b) \sin x \, dx$

d) $\int (ax^2 + bx + c) \cos x \, dx$

e) $\int e^{ax} \sin bx \, dx$

f) $\int_0^1 x^6 \cdot e^x \, dx$

g) $\int \frac{\ln x}{x^n} \, dx$

h) $\int x^n \cdot \ln x \, dx$

B. Die Substitutionsmethode

Eine weitere Integrationsmethode, die auf der Kettenregel der Differentialrechnung beruht, wird als **Substitutionsmethode** bezeichnet.

Dieses Verfahren lässt sich besonders einfach durchführen, wenn man mit Differentialen arbeitet.
Anschaulich sind Differentiale die Kathetenlängen in Steigungsdreiecken einer Kurventangente.
dx ist der Tangentenzuwachs in x-Richtung und dy der Tangentenzuwachs in y-Richtung.
Der Quotient dy/dx dieser Differentiale ist gleich der Steigung der Kurve im entsprechenden Kurvenpunkt P: $\frac{dy}{dx} = y'$.

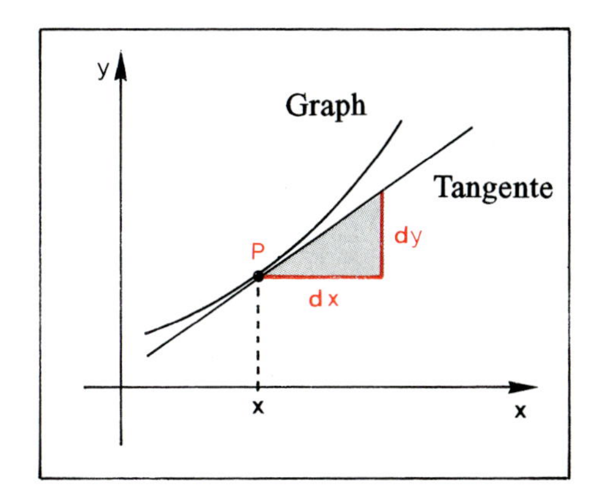

Typ 1: Substitution eines Teilterms des Integranden

Beispiel: Gesucht ist das unbestimmte Integral $\int e^{\sin x} \cdot \cos x \, dx$, $x \in \mathbb{R}$.

Lösung: Wir substituieren (ersetzen) einen Teilterm des Integranden durch eine neue Variable z. Hier ersetzen wir sin x durch z. Anschließend versuchen wir, die restlichen Teile des Integrals ebenfalls in Abhängigkeit von z darzustellen. Dabei verwenden wir die Differentialquotientengleichung $z' = \frac{dz}{dx} = \cos x$.
Wir erhalten ein Integral, dessen Integrand nur noch von z abhängt. Entscheidend ist, dass es einfacher ist als das Ausgangsintegral. Wir können es leicht bestimmen. Die errechnete Stammfunktion ist wieder eine Funktion von z.
Die Resubstitution z=sin x liefert nun eine Stammfunktion unseres Ausgangsintegrals, womit die Aufgabe gelöst ist.

(1) Substitution: $\sin x = z$

$$\int e^{\sin x} \cdot \cos x \, dx = \int e^{z} \cdot \cos x \, dx$$

(2) Differentialquotient: $z' = \frac{dz}{dx} = \cos x$

$$dx = \frac{dz}{\cos x}$$

(3) Einsetzen von (2) in (1):

$$\int e^{\sin x} \cdot \cos x \, dx = \int e^{z} \cdot \cos x \frac{dz}{\cos x} = \int e^{z} \, dz = e^{z} + C$$

(4) Resubstitution: $z = \sin x$

$$\int e^{\sin x} \cdot \cos x \, dx = e^{\sin x} + C$$

Es kommt also darauf an, einen geeigneten Teilterm des Integranden so geschickt zu substituieren, dass das Ausgangsintegral in ein einfacheres Integral umgewandelt wird.

Übung 6
Errechnen Sie das unbestimmte Integral mit Hilfe der Substitutionsmethode.

a) $\int x \cdot e^{x^2} dx$ b) $\int (2x+1)^3 \, dx$ c) $\int e^{x} \cdot \cos(2e^{x} - 1) \, dx$ d) $\int \frac{4}{(5-3x)^2} \, dx$

Typ 2: Substitution der Integrationsvariablen

◊ **Beispiel:** Gesucht ist das unbestimmte Integral $\int \frac{1}{\sqrt{1-x^2}}\,dx$, $0<x<1$.

◊ Lösung:
Hier könnte man zunächst die Substitutionen $z = x^2$, $z = 1-x^2$ oder $z = \sqrt{1-x^2}$ versuchen. Keine führt zum Ziel.
Wenn man allerdings die Integrationsvariable x selbst durch den etwas seltsam anmutenden Term sin z substituiert, hat man Erfolg.
Dann vereinfacht sich das Ausgangsintegral nach Anwendung des trigonometrischen Pythagoras in verblüffender Weise.
Abschließend müssen wir mit Hilfe der Umkehrfunktion des Kosinus die Substitution rückgängig machen.
Wir erhalten als Resultat die nebenstehende wichtige Integrationsformel.

(1) Substitution: $x = \sin z$, $0<z<\frac{\pi}{2}$

(2) Differentiale: $x' = \frac{dx}{dz} = \cos z$

$dx = \cos z\,dz$

(3) Einsetzen von (1) und (2):

$$\int \frac{1}{\sqrt{1-x^2}} \cdot dx = \int \frac{1}{\sqrt{1-\sin^2 z}} \cdot \cos z\,dz$$

$$= \int \frac{1}{\sqrt{\cos^2 z}} \cdot \cos z\,dz = \int \frac{1}{\cos z} \cdot \cos z\,dz$$

$$= \int dz = z + C$$

(4) Resubstitution: $z = \arcsin x$

$$\int \frac{1}{\sqrt{1-x^2}}\,dx = \arcsin x + C$$

Übung 7

Berechnen Sie das gegebene Integral. Wenden Sie die Variante der Substitutionsmethode an, bei der die Integrationsvariable x selbst durch einen geeigneten Term substituiert wird.

a) $\int \ln x\,dx$ Substituieren Sie x so, dass der Logarithmus wegfällt.

b) $\int \frac{x}{\sqrt{1-x^4}}\,dx$ Substituieren Sie x so durch einen trigonometr. Term, dass die Wurzel wegfällt.

Anwendung auf bestimmte Integrale

Die Substitutionsmethode lässt sich auch auf bestimmte Integrale anwenden. Entweder bestimmt man wie oben eine Stammfunktion des Integranden und setzt anschließend die Grenzen ein oder man arbeitet sofort mit bestimmten Integralen wie im Folgenden dargestellt.

◊ **Beispiel:** Berechnen Sie das bestimmte Integral $\int_2^3 \frac{x}{\sqrt{1+x^2}}\,dx$ mittels Substitution.

◊ Lösung:
Wir verwenden die Typ 1-Substitution $z = 1+x^2$ und gehen im Prinzip wie oben vor.
Einen Unterschied gibt es jedoch: Die Substitution verändert die Integrationsgrenzen.

Substitution: $z = 1+x^2$

Differentiale: $z' = \frac{dz}{dx} = 2x \Rightarrow dx = \frac{dz}{2x}$

Läuft die ursprüngliche Integrationsvariable x von 2 bis 3, so läuft die neue Integrationsvariable $z = 1+x^2$ monoton von 5 bis 10.
Wichtig ist die Monotonie des Substitutionsterms $1+x^2$ im betrachteten Bereich, welche ausschließt, dass die Integrationsvariable z etwa zurückläuft.

Integrationsgrenzen:
x läuft von 2 bis 3
z läuft von 5 bis 10

Rechnung:

$$\int_2^3 \frac{x}{\sqrt{1+x^2}}\,dx = \int_5^{10} \frac{1}{2\sqrt{z}}\,dz = \left[\sqrt{z}\right]_5^{10} \approx 0{,}93$$

Übung 8

Berechnen Sie die bestimmten Integrale $\int_1^2 e^{2x+1}\,dx$, $\int_1^e \frac{\ln x}{x}\,dx$ und $\int_{\ln 3}^{\ln 8} \frac{e^x}{\sqrt{e^x+1}}\,dx$.

Abschließend behandeln wir eine Aufgabe, bei welcher das involvierte Integral nur noch durch den geballten Einsatz gleich mehrerer Integrationsmethoden geknackt werden kann.

Beispiel: Gesucht ist das unbestimmte Integral $\int \arcsin x\;dx$.

Lösung:
Wir kennen weder eine Stammfunktion von arcsin x noch sind Ansatzpunkte für eine erfolgversprechende Substitution in Sicht. Wir versuchen zunächst eine Produktintegration des Typs "Faktor 1":

$$\int \arcsin x\;dx = \int 1\cdot \arcsin x\;dx = x\cdot \arcsin x - \int x\cdot\frac{1}{\sqrt{1-x^2}}\,dx.$$

Im Restintegral zeichnet sich eine offensichtliche Substitutionsmöglichkeit ab:

$$\text{Substitution: } z = 1-x^2 \quad , \quad \tfrac{dz}{dx} = -2x \quad , \quad dx = -\tfrac{dz}{2x}$$

$$\int x\cdot\frac{1}{\sqrt{1-x^2}}\,dx = \int x\cdot\frac{1}{\sqrt{z}}\cdot\left(-\tfrac{dz}{2x}\right) = \int -\frac{1}{2\sqrt{z}}\,dz = -\sqrt{z}+C = -\sqrt{1-x^2}+C$$

Wir erhalten als eindrucksvolles Resultat: $\int \arcsin x\;dx = x\cdot\arcsin x + \sqrt{1-x^2} + C$.

Übung 9
Gesucht ist der Inhalt des abgebildeten Kreisabschnitts A.
Gehen Sie folgendermaßen vor:

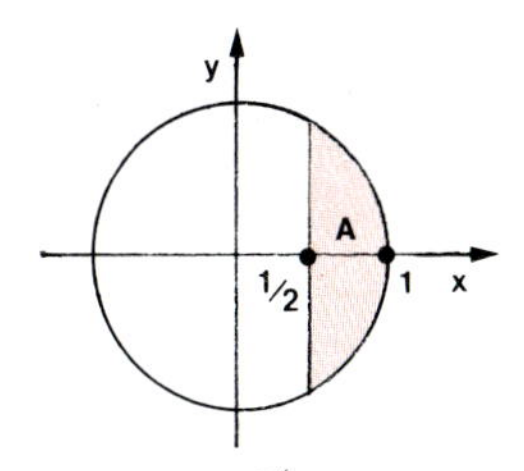

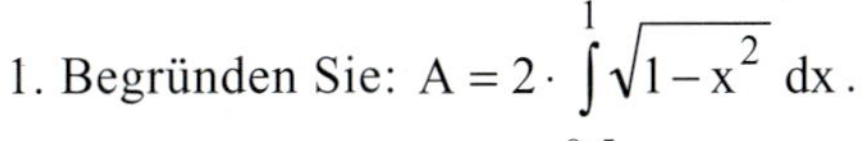
1. Begründen Sie: $A = 2\cdot\int_{0,5}^{1}\sqrt{1-x^2}\;dx$.

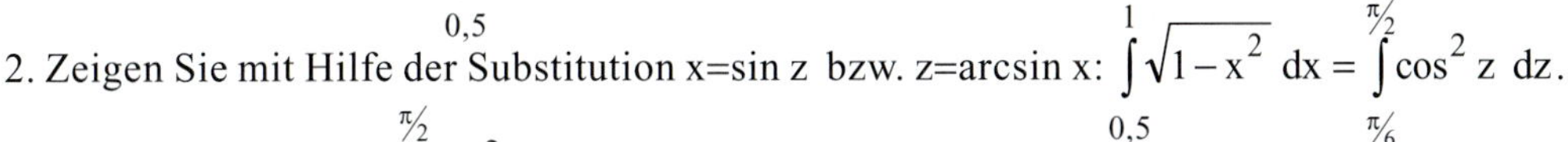
2. Zeigen Sie mit Hilfe der Substitution x=sin z bzw. z=arcsin x: $\int_{0,5}^{1}\sqrt{1-x^2}\;dx = \int_{\pi/6}^{\pi/2}\cos^2 z\;dz$.

3. Bestimmen Sie nun $\int_{\pi/6}^{\pi/2}\cos^2 z\;dz$ mittels Produktintegration.

Schlussbemerkungen zur Substitutionsmethode

Die folgenden eher theoretischen Ausführungen kann der praktisch Interessierte ohne Bedenken übergehen. Wir raten ihm, sich die Zeit vielmehr mit dem Lösen von Übungsaufgaben zu vertreiben, denn nur so lernt man, Substitutionsintegrationen durchzuführen.

Begründung zur Typ-1-Substitution:
Eine Typ-1-Substitution kann versucht werden, wenn das Integral – abgesehen von konstanten Faktoren – die Gestalt $\int f(g(x)) \cdot g'(x)\,dx$ besitzt. Man substituiert dann $g(x)=z$ und erhält das Integral $\int f(z)\,dz$. Anschließend bestimmt man eine Stammfunktion $F(z)$ von $f(z)$ und resubstituiert $z = g(x)$, so dass man im Ergebnis $F(g(x))$ als Stammfunktion des Ausgangsintegranden erhält.
Dass $F(g(x))$ tatsächlich eine Stammfunktion von $f(g(x))\cdot g'(x)$ ist, weist man durch eine Differentiation mit Hilfe der Kettenregel nach: $[F(g(x))]' = F'(g(x))\cdot g'(x) = f(g(x))\cdot g'(x)$.

Bemerkung zur Typ-2-Substitution:
In der Regel liegt der Integrand nicht in reiner Typ-1-Form $f(g(x))\cdot g'(x)$ vor. Dann kann man eine Typ-2-Substitution versuchen, bei welcher die Integrationsvariable x selbst durch einen Term $t(z)$ substituiert wird, so dass das Integral $\int f(x)\,dx$ in das Integral $\int f(t(z)) \cdot t'(z)\,dz$ transformiert wird, welches dann im günstigsten Fall einfacher zu lösen ist als das Ausgangsintegral. Diese Vorgehensweise hat den Vorteil, dass man nicht an eine bestimmte Form der Substitution gebunden ist, sondern mit beliebigen Substitutionstermen frei experimentieren kann. Allerdings wählt man den Substitutionsterm meistens so, dass ein besonders unangenehmer Teil des Integranden – z.B. ein Quadrat, eine Wurzel, ein Logarithmusterm – wegfällt. Beliebte Substitutionsterme sind $x=z^2$, $x=\frac{1}{z}$, $x=\ln z$, $x=e^z$, $x=\sin z$.

***Bemerkung zur Substitution in bestimmten Integralen*:**
Meistens arbeitet man mit unbestimmten Integralen und setzt die Integrationsgrenzen erst ganz zum Schluss der Rechnung ein, nachdem man resubstituiert hat.
Substituiert man jedoch die Grenzen mit, so ist darauf zu achten, dass der Substitutionsterm über dem Integrationsintervall monoton ist. Erforderlichenfalls unterteilt man das Integrationsintervall in mehrere Teilintervalle, über denen jeweils Monotonie des Substitutionsterms vorliegt.

***Bemerkung zur Verwendung von gemischten Differentialen*:**

Die Substitutionsrechnungen verlaufen wesentlich einfacher, wenn man – wie wir es getan haben – "gemischte" Differentiale zulässt.
$dx = \frac{dz}{\cos x}$ ist ein gemischtes Differential, denn es hängt von x und z ab.
Nachteile entstehen nicht.

Löst man unser erstes Typ-1-Beispiel, ohne gemischte Differentiale zu verwenden, so wird es recht kompliziert:
Substitution: $z = \sin x \quad x = \arcsin z$,
Differentiale: $\frac{dx}{dz} = \frac{1}{\sqrt{1-z^2}} \quad ; \quad dx = \frac{dz}{\sqrt{1-z^2}}$,
Hilfsformel:
$\cos x = \cos(\arcsin z) = \sqrt{1-\sin^2(\arcsin z)} = \sqrt{1-z^2}$,
Resultat:
$\int e^{\sin x} \cos x\,dx = \int e^z \cdot \sqrt{1-z^2} \cdot \frac{dz}{\sqrt{1-z^2}} = \int e^z dz = e^{\sin x} + C.$

Übungen

10. Gesucht sind die folgenden Integrale:

a) $\int (3x+5)^4 dx$ b) $\int e^{-5x} dx$ c) $\int \cos(2x+3) dx$ d) $\int (1-x)^2 dx$

e) $\int_0^4 \sqrt{9-2x}\, dx$ f) $\int_0^1 \frac{1}{(1+x)^2} dx$ g) $\int_{1,5}^2 (e^{2-x})^2 dx$ h) $\int_0^{\sqrt{\frac{\pi}{2}}} \cos(x^2) \cdot 2x dx$

i) $\int \sin(3x) dx$ j) $\int x \cdot e^{-x^2} dx$ k) $\int \frac{\ln x}{x} dx$

11. Berechnen Sie die folgenden Integrale:

a) $\int \sin x (\cos x)^2 dx$ b) $\int \frac{e^{\frac{1}{x}}}{x^2} dx$ c) $\int x\sqrt{1+x}\, dx$ d) $\int \frac{1+x}{(1-x)^2} dx$

e) $\int 2x \cdot e^{x^2} dx$ f) $\int \frac{x^2}{\sqrt{1-x^3}} dx$ g) $\int \cos(ax+b)\, dx$ h) $\int \frac{x}{\sqrt[3]{1+x^2}} dx$

12. Berechnet werden soll das Integral $\int \frac{e^{2x}}{\sqrt{e^x+1}} dx$. Probieren Sie die folgenden Substitutionen aus. Welche führen direkt zum Ziel?

a) $z = e^{x+1}$ b) $z = e^{2x}$ c) $z = e^x$ d) $z = \sqrt{e^x+1}$

13. Berechnen Sie die folgenden bestimmten Integrale.
Substituieren Sie dabei auch die Grenzen.

a) $\int_0^1 \frac{e^{2x}}{e^{2x}+1} dx$ Substitution $z = e^{2x}+1$ b) $\int_0^{\frac{\pi}{4}} \tan x\, dx$ Substitution $z = \cos x$

14. Berechnen Sie die aufgeführten Integrale mit der angegebenen Substitution.

a) $\int \frac{1}{x\sqrt{x^2-1}} dx$, $z = \frac{1}{x}$ b) $\int \sqrt{1-x^2}\, dx$, $x = \sin z$

c) $\int \frac{1}{\sin^2 x} dx$, $z = \tan x$

15. Die folgenden Integrale sind nicht ganz einfach zu knacken!
(Methoden: Produktintegration und / oder Substitution)

a) $\int e^{\sqrt{x}} dx$ b) $\int \frac{1}{\sqrt{\sqrt{x}+1}} dx$ c) $\int \ln\sqrt{1+x^2}\, dx$

C. Integration durch Teilbruchzerlegung

Man kann zeigen, dass jede gebrochen-rationale Funktion auf ihrer Definitionsmenge integrierbar ist, d.h. eine Stammfunktion besitzt. Die Berechnung einer solchen Stammfunktion kann mit der Methode der sogenannten **Teilbruchzerlegung** erfolgen.

Typ 1: Der Nenner des Integranden hat nur einfache reelle Nullstellen.

Beispiel: Gegeben sei die gebrochen-rationale Funktion zu $f(x)=\frac{7x-1}{(x-3)(2x+4)}$, $x \neq 3, x \neq -2$.

a) Zerlegen Sie den Funktionsterm von f in **Teilbrüche**, d.h., stellen Sie ihn in der Gestalt $f(x)=\frac{a}{x-3}+\frac{b}{2x+4}$ dar.

b) Bestimmen Sie eine Stammfunktion von f.

Lösung zu a):
Für die Zerlegung von f in Teilbrüche, deren Nenner die Linearfaktoren des Nenners von f sind, gehen wir von nebenstehender Ansatzgleichung aus.

Ansatz für eine Teilbruchzerlegung von f:

$$\frac{7x-1}{(x-3)(2x+4)} = \frac{a}{x-3}+\frac{b}{2x+4}$$

Wir multiplizieren beide Seiten dieser Gleichung mit dem Hauptnenner, also mit dem Term (x–3)(2x+4).

Multiplikation mit (x–3)(2x+4):

$$7x-1 = a(2x+4) + b(x-3)$$

Anschließend ordnen wir die rechte Seite der so entstehenden Gleichung durch Zusammenfassung derjenigen Terme, die die Variable x enthalten.
Rechts und links des Gleichheitszeichens steht nun jeweils ein linearer Term.
Da die entsprechenden Koeffizienten rechts und links übereinstimmen müssen, ergibt sich ein lineares Gleichungssystem.
Dieses besitzt die Lösungen $a = 2$, $b = 3$.

Ordnen nach Potenzen von x:

$$7x-1 = (2a+b)x + (4a-3b)$$

Koeffizientenvergleich:

$$7 = 2a+b$$
$$-1 = 4a-3b$$

Lösung des lin. Gleichungssystems:

$$a = 2\,,\quad b = 3$$

Damit ergibt sich die nebenstehende Teilbruchzerlegung von f.

Teilbruchzerlegung von f:

$$f(x)=\frac{2}{x-3}+\frac{3}{2x+4}$$

Lösung zu b):
Die beiden Teilbrüche, in die wir den Funktionsterm von f zerlegt haben, lassen sich nun mit Hilfe der logarithmischen Integration* integrieren.

Stammfunktion von f:

$$f(x) = 2\cdot\frac{1}{x-3}+\frac{3}{2}\cdot\frac{2}{2x+4}$$

$$F(x)=2\cdot\ln|x-3|+\frac{3}{2}\cdot\ln|2x+4|+C$$

* logarithmische Integration: $\int\frac{h'(x)}{h(x)}dx=\ln|h(x)|+C$

Übung 16

Gegeben seien die Funktionen zu $f(x) = \frac{11x-1}{(3x-1)(x+1)}$, $g(x) = \frac{22x+7}{(x+1)(4x+1)}$ und $h(x) = \frac{10x-4}{x(2x-1)}$.

a) Zerlegen Sie die Funktionsterme von f, g und h in Teilbrüche.
b) Bestimmen Sie jeweils eine Stammfunktion von f, g und h.

Typ 2: Der Nenner des Integranden hat mehrfache Nullstellen.

Tritt ein Linearfaktor in der Zerlegung des Nenners einer gebrochen-rationalen Funktion mehrfach auf, so ist der Ansatz für eine Teilbruchzerlegung zu modifizieren.

Beispiel: Gegeben sei die Funktion zu $f(x) = \frac{4x^2+3x-1}{(x+2)(x-1)^2}$, $x \neq -2$, $x \neq 1$.

Zerlegen Sie die Funktion mit Hilfe des Ansatzes $f(x) = \frac{a}{x+2} + \frac{b}{x-1} + \frac{c}{(x-1)^2}$ in Teilbrüche und bestimmen Sie anschließend eine Stammfunktion von f.

Lösung:
Der Linearfaktor (x−1) tritt im Nenner zweifach auf, erscheint also als Potenz zweiter Ordnung. Dies wird im Ansatz für die Teilbruchzerlegung wie in der Aufgabenstellung angegeben berücksichtigt. Davon abgesehen gehen wir in völliger Analogie zum vorherigen Beispiel vor.

$$\frac{4x^2+3x-1}{(x+2)(x-1)^2} = \frac{a}{x+2} + \frac{b}{x-1} + \frac{c}{(x-1)^2}$$ **Ansatz für eine Teilbruchzerlegung**

$$4x^2+3x-1 = a(x-1)^2 + b(x+2)(x-1) + c(x+2)$$ **Multiplikation mit dem Hauptnenner (x+2)(x−1)²**

$$4x^2+3x-1 = (a+b)\cdot x^2 + (-2a+b+c)\cdot x + (a-2b+2c)$$ **Ordnen nach Potenzen von x**

$$\begin{aligned} 4 &= a + b \\ 3 &= -2a + b + c \\ -1 &= a - 2b + 2c \end{aligned}$$ **Koeffizientenvergleich/ lineares Gleichungssystem**

$$a = 1,\ b = 3,\ c = 2$$ **Lösung des lin. Gleichungssystems**

$$f(x) = \frac{1}{x+2} + \frac{3}{x-1} + \frac{2}{(x-1)^2}$$ **Teilbruchzerlegung von f**

$$F(x) = \ln|x+2| + 3\cdot\ln|x-1| - \frac{2}{x-1}$$ **Stammfunktion von f**

Übung 17
Bestimmen Sie die Teilbruchzerlegung von f sowie eine Stammfunktion von f.

a) $f(x) = \frac{6x^2-5x+2}{(x+2)(x-1)^2}$ b) $f(x) = \frac{4x^2+6x-4}{(x-3)(x+2)^2}$ c) $f(x) = \frac{5x^2-24x+36}{x(x-3)^2}$

Typ 3: Der Nenner enthält quadratische Faktoren ohne reelle Nullstellen.

Nicht jedes Polynom lässt sich, wie in den vorhergehenden Beispielen, in ein Produkt aus Linearfaktoren zerlegen. Dann aber lässt es sich, wie im folgenden Beispiel, in ein Produkt aus Linearfaktoren und quadratischen Faktoren zerlegen.

Beispiel: Bestimmen Sie eine Stammfunktion von $f(x) = \frac{2x^2-3x+4}{x^3-2x^2+2x}$.

Lösung:

Nennerterm $:x^3-2x^2+2x = x(x^2-2x+2)$. **Zerlegung des Nenners in Faktoren**

$x^2-2x+2=0$ hat keine reellen Lösungen, denn $x_{1/2} = 1 \pm \sqrt{1-2} \notin \mathbb{R}$.

Ansatz: $\frac{2x^2-3x+4}{x^3-2x^2+2x} = \frac{a}{x} + \frac{bx+c}{x^2-2x+2}$ **Ansatz einer Teilbruchzerlegung beim Auftreten quadratischer Faktoren**

Der Zähler des Teilbruchs mit dem quadratischen Nenner muss als linearer Term angesetzt werden.

$2x^2-3x+4 = a(x^2-2x+2) + (bx+c)\cdot x$ **Multiplikation mit dem Hauptnenner**

$2x^2-3x+4 = (a+b)x^2 + (c-2a)x + 2a$ **Ordnen nach Potenzen**

$$\begin{aligned} 2 &= a+b \\ -3 &= -2a+c \\ 4 &= 2a \end{aligned}$$ **Koeffizientenvergleich / lineares Gleichungssystem**

$a=2,\ b=0,\ c=1$ **Lösung des Gleichungssystems**

$f(x) = \frac{2}{x} + \frac{1}{x^2-2x+2}$ **Teilbruchzerlegung**

$\int \frac{2}{x}\,dx = 2\cdot\ln|x| + C$ **Integration der Teilbrüche**

$$\int \frac{1}{x^2-2x+2}\,dx = \int \frac{1}{(x-1)^2+1}\,dx = \int \frac{1}{u^2+1}\,du$$
$$= \arctan u + C = \arctan(x-1) + C$$

$F(x) = 2\cdot\ln|x| + \arctan(x-1) + C$ **Stammfunktion von f**

Übung 18

Errechnen Sie die folgenden unbestimmten Integrale.

a) $\int \frac{2x^2+5x+2}{x^3+x}\,dx$ b) $\int \frac{x^2+3x+5}{x^3+2x^2+5x}\,dx$ c) $\int \frac{2x^4+7x+1}{x^3+x^2-2}\,dx$

Die bei der Integration eines Teilbruchs mit quadratischem Nenner auftretenden Schwierigkeiten und ihre Überwindung werden im folgenden Beispiel aufgezeigt.

Beispiel: Gesucht ist eine Stammfunktion von $f(x) = \frac{8x+5}{2x^2+x+1}$.

Lösung:
Wir spalten zunächst einen Term ab, dessen Zähler die Ableitung 4x+1 des Nenners ist, um durch logarithmische Integration vereinfachen zu können.

$$\int \frac{8x+5}{2x^2+x+1}dx = \int \frac{2(4x+1)+3}{2x^2+x+1}dx = 2\int \frac{4x+1}{2x^2+x+1}dx + 3\int \frac{1}{2x^2+x+1}dx = 2\ln|2x^2+x+1| + 3\int \frac{1}{2x^2+x+1}dx$$

Das nun noch verbleibende Restintegral muss durch eine geeignete Substitution auf die "Arkus-Tangens-Form" $\int \frac{1}{v^2+1}dv$ gebracht werden. Dazu formen wir zunächst um:

$$\frac{1}{2x^2+x+1} = \frac{1}{2} \cdot \frac{1}{x^2+\frac{1}{2}x+\frac{1}{2}} = \frac{1}{2} \cdot \frac{1}{(x+\frac{1}{4})^2+\frac{7}{16}} = \frac{1}{2} \cdot \frac{16}{7} \cdot \frac{1}{\frac{16}{7}(x+\frac{1}{4})^2+1} = \frac{8}{7} \cdot \frac{1}{[\frac{4}{\sqrt{7}}(x+\frac{1}{4})]^2+1}.$$

Nun substituieren wir $v = \frac{4}{\sqrt{7}}(x+\frac{1}{4})$, $dv = \frac{4}{\sqrt{7}}dx$ und erhalten:

$$\int \frac{1}{2x^2+x+1}dx = \frac{8}{7} \cdot \int \frac{1}{v^2+1} \cdot \frac{\sqrt{7}}{4}dv = \frac{2}{\sqrt{7}} \cdot \arctan v + C = \frac{2}{\sqrt{7}} \cdot \arctan(\frac{4}{\sqrt{7}}(x+\frac{1}{4})) + C.$$

Als Gesamtresultat ergibt sich: $\int \frac{8x+5}{2x^2+x+1}dx = 2 \cdot \ln|2x^2+x+1| + \frac{6}{\sqrt{7}} \cdot \arctan(\frac{4}{\sqrt{7}}(x+\frac{1}{4})) + C.$

Übungen

Übung 19

Berechnen Sie eine Stammfunktion von f (Teilbruchzerlegung, Typ 1, 2).

a) $f(x) = \frac{14-2x}{(x-2)(x+3)}$ b) $f(x) = \frac{2x-2}{x^2-2x}$ c) $f(x) = \frac{3x^2+x-3}{x^2(x-1)}$

d) $f(x) = \frac{3x+15}{x(x+3)}$ e) $f(x) = \frac{6x^2-3x-1}{x^2(x-1)}$ f) $f(x) = \frac{4x^2-9x-4}{x(x-1)(x+2)}$

g) $f(x) = \frac{4x+5}{x^2+x-2}$ h) $f(x) = \frac{2x^2-8x+16}{(x-4)^2 \cdot x^2}$ i) $f(x) = \frac{3x+5}{x^3+4x^2-5x}$

Übung 20

Gesucht ist das unbestimmte Integral (Teilbruchintegration, Typ 3).

a) $\int \frac{2x^2+9x+8}{x^3+2x^2+4x}dx$ b) $\int \frac{x^2+4x-3}{(x-1)(x^2+1)}dx$ c) $\int \frac{4x+6}{x^2+4x+5}dx$

d) $\int \frac{8x+1}{4x^2+8x+8}dx$ e) $\int \frac{6x^2+3x+1}{2x^3+x^2+x}dx$ f) $\int \frac{3x^2-x+8}{(x-1)(x^2+4)}dx$

3. Numerische Integrationsverfahren

Es gibt Funktionen, bei denen versagen alle bisher behandelten Integrationsmethoden. Ein wichtiges Beispiel dieser Art ist die Funktion f mit $f(x) = e^{-\frac{1}{2}x^2}$, für die keine Stammfunktion in geschlossener Form existiert.

In den Fällen, in denen keine Stammfunktion bestimmt werden kann, sind wir auf numerische Näherungsverfahren zur Berechnung bestimmter Integrale angewiesen.

Durch die heutzutage überall verfügbaren leistungsfähigen programmierbaren Taschenrechner und Computer, die mit einem geeigneten Programm unmittelbar Näherungswerte von großer Genauigkeit berechnen können, haben die Näherungsverfahren in letzter Zeit an Bedeutung gewonnen.

Alle Verfahren sind Weiterentwicklungen der über 2000 Jahre alten Streifenmethode des Archimedes (Seite 89 ff).

A. Approximation durch Rechtecke

Das sogenannte **Rechteckverfahren** entspricht vollständig der Streifenmethode des Archimedes. Das Integrationsintervall $I = [a\,;b]$ wird in n Streifen der Breite $\frac{b-a}{n}$ eingeteilt. Auf jedem Teilintervall wird die Fläche unter der Kurve durch ein Rechteck approximiert, dessen Breite durch den Streifen festgelegt ist und dessen Höhe durch den Funktionswert von f an der unteren Grenze des Teilintervalls bestimmt wird.

Da Rechtecke verwendet werden, ist der Rechenaufwand gering. Zu diesem Vorteil gehört zwangsläufig der Nachteil, dass der Fehler recht groß ist, wenn die Anzahl n der Streifen zu klein gewählt wurde, so dass die Rechtecke breit sind.

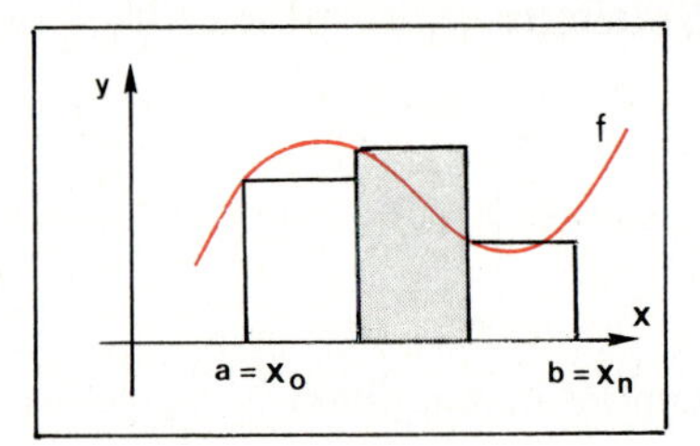

Bild 1

Zerlegung des Integrationsintervalls:

$$I = \int_a^b f(x)dx = \int_{x_0}^{x_1} f(x)dx + \ldots + \int_{x_{n-1}}^{x_n} f(x)dx$$

Näherung für einen einzelnen Streifen:

$$I_i = \int_{x_i}^{x_{i+1}} f(x)dx \approx \frac{b-a}{n} \cdot f(x_i) = \frac{b-a}{n} \cdot y_i$$

Summation über alle Streifen:

$$I \approx I_0 + I_1 + \ldots + I_{n-1}$$

1. Näherungsformel (Rechteckverfahren): Die Funktion f sei stetig auf dem Intervall $I = [a\,;b]$. Dann gilt:

$$\int_a^b f(x)dx \approx \frac{b-a}{n} \cdot (y_0 + y_1 + \ldots + y_{n-1})$$

mit $y_i = f(x_i) = f(a + i \cdot \frac{b-a}{n})$ $(i = 0, \ldots, n-1)$.

Beispiel: Gegeben sei die Funktion zu $f(x) = \frac{1}{x}$.

a) Berechnen Sie den Inhalt der Fläche unter f über dem Intervall [1 ; 3] näherungsweise mit der Rechteckmethode unter Verwendung des Taschenrechners bei Unterteilung in n = 10 Teilintervalle.

b) Entwerfen Sie ein Programm (für den Taschenrechner oder Computer), das Näherungswerte des Integrals bei Unterteilung in n = 100, 500, 1000 Streifen liefert.

Lösung:

a) Die Breite der Streifen ist $\frac{b-a}{n} = 0{,}2$.
Die Näherungsformel ergibt:

$$\int_1^3 \frac{1}{x}dx \approx \frac{2}{10} \cdot (f(1) + f(1{,}2) + \ldots + f(2{,}8))$$

$$\approx 1{,}168229.$$

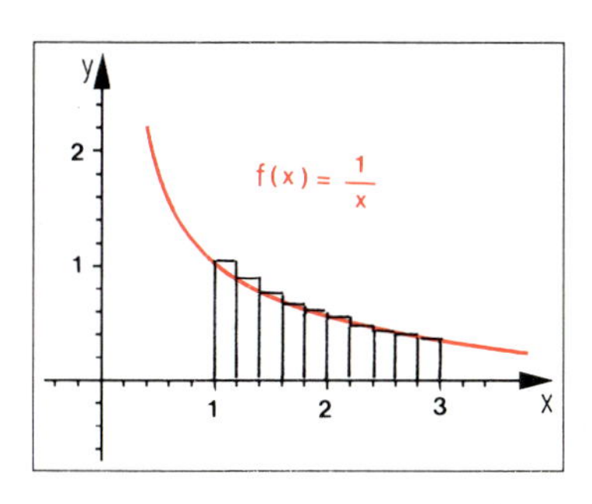

Bild 2

b) Wir entwerfen zunächst einen Ablaufplan (Algorithmus) für das Programm. Dabei beachten wir, dass das Programm universell einsetzbar ist.
Eine Veränderung der zu integrierenden Funktion ist leicht zu bewerkstelligen, nämlich durch Ersetzung einer einzigen Programmzeile.
Alle anderen Parameter können frei eingegeben werden.
Der Algorithmus ist selbsterklärend.

Eingaben: a, b, n (Funktionsgleichung)	
Initialisierungen: $h = \frac{b-a}{n}$, Summe = 0	
für i von 0 bis n – 1	
	$x = a + i \cdot h$
	addiere f(x) zu Summe
Rechteck = h·Summe	
Ausgabe: Rechteck	

PASCAL-Programm:

```
program    rechteck_approximation;
var        a, b, x, h, summe, rechteck: real;
           i, n: integer;

function f(x: real): real;
    begin       f := 1/x;          end;

begin
write('Untere Grenze a: '); readln(a);
write('und obere Grenze b: ');readln(b);
write('Anzahl n der Intervalle: ');readln(n);
sum := 0;
h := (b-a) / n;
for i := 0 to n - 1 do
    begin   x := a + i*h;
            summe := summe + f(x);
    end;
rechteck := h*summe;
write('Näherungswert: ', rechteck:10:6);
end.
```

Der exakte Wert ist

$$\int_1^3 \frac{1}{x}\,dx = \ln 3 \approx 1{,}098612\ldots$$

Für n = 500 bzw. n = 1000 liegen die Näherungswerte recht nahe am exakten Integralwert, wie die Tabelle rechts zeigt.

Ergebnisse des Programms bei mehreren Durchläufen mit geändertem n:

n	Näherung
10	1,168229
100	1,105309
500	1,099947
1000	1,099279
exakt:	1,098612...

Das Beispiel auf der letzten Seite zeigt, dass das Rechteckverfahren bei genügend groß gewählter Anzahl n der Streifen brauchbare Näherungen für den Integralwert liefert. Die Approximation verläuft jedoch sehr schleppend: Nur eine erhebliche Vergrößerung der Streifenanzahl ergibt eine deutliche Verbesserung der Abschätzung.

Der Fehler des Rechteckverfahrens kann präzise abgeschätzt werden. Wir führen die Rechnung nicht durch, da sie sehr aufwendig ist. Ihr Ergebnis wird schon durch unser Beispiel deutlich:
Der Fehler beim Rechteckverfahren nimmt proportional zur Streifenanzahl n ab. Das bedeutet:
Für eine Steigerung der Genauigkeit um eine Dezimale muss die Streifenanzahl verzehnfacht werden!

Fehlerbetrachtung für $\int_1^3 \frac{1}{x}\,dx$:

n	Näherung	Fehler
10	1,168229	0,06962
100	1,105309	0,00670
500	1,099947	0,00134
1000	1,099279	0,00067

Wir behandeln nur das einfache Rechteckverfahren. In der Literatur sind Verbesserungen des Verfahrens zu finden. So ergibt sich z.B. eine bessere Näherung, wenn als Rechteckshöhe immer abwechselnd die Funktionswerte an der unteren und oberen Intervallgrenze genommen werden.

Übung 1
Gegeben sei die Funktion zu $f(x) = \ln x$.

a) Bestimmen Sie mit dem Taschenrechner einen Näherungswert für $\int_1^4 f(x)dx$ $(n = 10)$.
b) Ändern Sie das oben dargestellte Pascal-Programm so ab, dass es Näherungswerte für das Integral bei Unterteilung in n = 20, 200, 2000 Streifen liefert.
c) Analysieren Sie die Auswirkung der Vergrößerung der Streifenzahl auf den Fehler durch Vergleich mit dem exakten Wert des Integrals.
(Hinweis: $F(x) = x\cdot(\ln x - 1)$ ist eine Stammfunktion von f.)

Übung 2
a) Skizzieren Sie den Graphen von $f(x) = -\frac{\sin x}{\ln x}$ $(2 \le x \le 3)$.
b) Berechnen Sie näherungsweise $\int_2^3 f(x)dx$ mit dem Taschenrechner $(n = 4)$.
c) Benutzen Sie das Pascal-Programm zur Bestimmung besserer Näherungswerte.

Übung 3
a) Skizzieren Sie den Graphen von $f(x) = \frac{5}{2x+1}$.
b) Bestimmen Sie $n \in \mathbb{N}$ so, dass der Fehler bei der Approximation von $\int_0^2 f(x)dx$ mit der Rechteckmethode kleiner als 0,01 ist.
(Hinweis: Das n kann durch Testläufe des Pascal-Programms eingegrenzt werden.)

B. Approximation durch Trapeze

Beim Rechteckverfahren wurde die gegebene Funktion f auf jedem Teilintervall $[x_i ; x_{i+1}]$ durch eine konstante Funktion approximiert.
Eine bessere Näherung wird dadurch erreicht, dass zwei benachbarte Punkte $P_i(x_i|y_i)$ und $P_{i+1}(x_{i+1}|y_{i+1})$ durch eine Strecke verbunden werden und der Flächeninhalt des dabei entstandenen Trapezes als Näherungswert für das Integral $\int_{x_i}^{x_{i+1}} f(x)dx$ genommen wird (Approximation durch eine lineare Funktion).
Mit der Flächeninhaltsformel für Trapeze ergibt sich der nebenstehende Näherungswert.

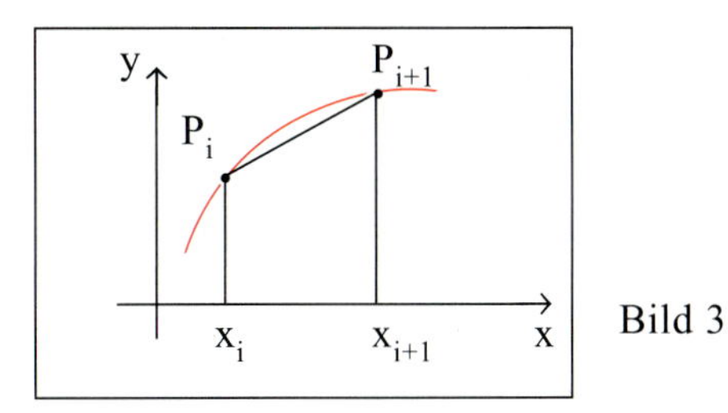

Bild 3

$$\int_{x_i}^{x_{i+1}} f(x)dx \approx (x_{i+1} - x_i) \cdot \frac{f(x_i)+f(x_{i+1})}{2}$$
$$= (x_{i+1} - x_i) \cdot \frac{y_i+y_{i+1}}{2}$$
$$= \frac{b-a}{n} \cdot \frac{y_i+y_{i+1}}{2}$$
$$= \frac{b-a}{2n} \cdot (y_i + y_{i+1})$$

Durch Summation der Trapezflächen über alle Teilintervalle ergibt sich ein Näherungswert für das Integral $\int_a^b f(x)dx$.

Bei der Summation werden durch das Aneinanderstoßen zweier Trapeze die Funktionswerte an allen inneren Stellen doppelt berücksichtigt.

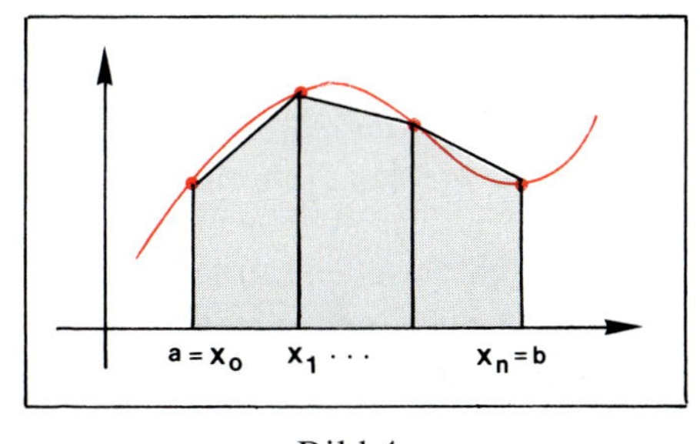

Bild 4

$$\int_a^b f(x)dx = \int_{x_0}^{x_1} f(x)dx + \int_{x_1}^{x_2} f(x)dx + \ldots + \int_{x_{n-1}}^{x_n} f(x)dx$$

$$\approx \frac{b-a}{2n} \cdot (y_0 + y_1) + \frac{b-a}{2n} \cdot (y_1 + y_2) + \ldots + \frac{b-a}{2n} \cdot (y_{n-1} + y_n) \qquad \left(y_i = f(x_i) = f(a + i \cdot \frac{b-a}{n})\right)$$

$$= \frac{b-a}{2n} \cdot (y_0 + y_1 + y_1 + y_2 + y_2 + \ldots + y_{n-1} + y_{n-1} + y_n)$$

2. Näherungsformel (Trapezverfahren): Die Funktion f sei stetig auf dem Intervall I = [a ; b]. Dann gilt:

$$\int_a^b f(x)dx \approx \frac{b-a}{2n} \cdot (y_0 + 2 \cdot y_1 + 2 \cdot y_2 + \ldots + 2 \cdot y_{n-1} + y_n)$$

mit $y_i = f(x_i) = f(a + i \cdot \frac{b-a}{n})$ (i = 0, ... n).

Beispiel: Berechnen Sie mit der Trapezregel Näherungswerte für die Zahl π.
a) Approximieren Sie die im 1. Quadranten liegende Fläche des Einheitskreises durch 4 Trapeze und bestimmen Sie mit dem Taschenrechner einen Näherungswert für π.
b) Verbessern Sie die Approximation, indem Sie in n = 10, 30, 100, 1000 Intervalle unterteilen. Entwerfen Sie ein Programm.
c) Vergleichen Sie das Konvergenzverhalten von Trapez- und Rechteckverfahren.

Lösung:
a) Der Inhalt des im 1. Quadranten liegenden Teils des Einheitskreises ist gleich dem Integral von $f(x) = \sqrt{1-x^2}$ über dem Intervall I=[0;1].

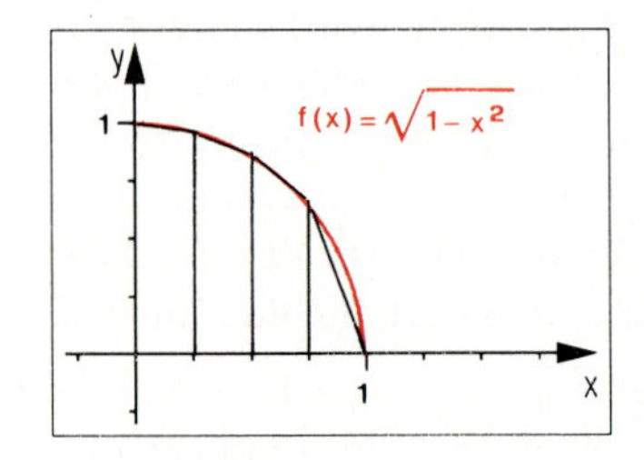

Bild 5

Die Näherungsformel ergibt:

$$\frac{\pi}{4} \approx \frac{1}{8} \cdot [f(0) + 2 \cdot f(0{,}25) + 2 \cdot f(0{,}5) + 2 \cdot f(0{,}75) + f(1)]$$

$$\approx \frac{1}{8} \cdot [1 + 2 \cdot 0{,}968246 + 2 \cdot 0{,}866025 + 2 \cdot 0{,}661438] \approx \frac{1}{8} \cdot 5{,}991418.$$

Ergebnis der Näherung: $\pi \approx 2{,}99571$. Da n = 4 gewählt wurde, ist der Fehler recht groß.

b) Da in der zweiten Näherungsformel nur die Funktionswerte $y_i = f(x_i)$ an den Unterteilungsstellen zu berechnen sind, lassen sich bessere Näherungswerte – ganz ähnlich dem Rechteckverfahren – mit einem überraschend einfachen Algorithmus für ein Computerprogramm berechnen.

Algorithmus:

Eingaben: a, b, n (Funktionsgleichung)	
Initialisierungen: $h = \frac{b-a}{n}$; Summe = 0	
für i von 1 bis n – 1	
	$x = a + i \cdot h$
	addiere f(x) zu Summe
Trapez = $\frac{h}{2} \cdot (f(a) + 2 \cdot \text{Summe} + f(b))$	
Ausgabe: Trapez	

PASCAL-Programm:

```
program   trapez_approximation;
var       a, b, x, h, summe, trapez: real;
          i, n: integer;

function f(x: real): real;
    begin      f := sqrt(1-x*x);      end;

begin
write('Untere Grenze a: '); readln(a);
write('und obere Grenze b: ');readln(b);
write('Anzahl n der Intervalle: ');readln(n);
sum := 0;
h := (b-a) / n;
for i := 1 to n - 1 do
    begin
        x := a + i*h;
        summe := summe + f(x);
    end;
trapez := h/2*(f(a) + 2*summe + f(b));
write('Näherungswert: ', trapez:10:6);
end.
```

Die Vergrößerung der Spaltenanzahl n liefert schon für n = 30 bzw. n = 100 deutlich bessere Ergebnisse als die Näherung in Teil a).

c) Das Trapezverfahren zeigt ein günstigeres Konvergenzverhalten als das Rechteckverfahren:
Eine Verdreifachung von n steigert die Genauigkeit um etwa eine Dezimale, die Verzehnfachung von n steigert die Genauigkeit um ca. zwei Dezimalstellen.

Ergebnisse von Testdurchläufen:

n	Näherung (Integral)	Näherung (π)	Fehler
4	0,748927	2,99571	0,14588
10	0,776130	3,10452	0,03707
30	0,783611	3.13444	0,00715
100	0,785104	3,14042	0,00118
1000	0,785389	3,14156	0,00004

Eine genaue Fehlerrechnung zeigt, dass beim Trapezverfahren der Fehler proportional zum Quadrat der Streifenanzahl n abnimmt. Das erklärt exakt das im Beispiel beobachtete Konvergenzverhalten des Trapezverfahrens.

Übung 4

Berechnen Sie $\int_1^3 \frac{1}{x}\,dx$ mit dem Trapezverfahren (n = 10, n = 100) und vergleichen Sie die Näherungswerte mit denen des Rechteckverfahrens im Beispiel von Seite 245.

Übung 5

Berechnen Sie Näherungswerte für das Integral $\int_0^1 \sqrt{1+x^2}\,dx$ (n = 15, 50, 150) und bestätigen Sie das Konvergenzverhalten des Trapezverfahrens.

C. Die Keplersche Fassregel

Noch größere Genauigkeit kann erreicht werden, indem in konsequenter Fortentwicklung der Graph der zu integrierenden Funktion nicht durch einen Streckenzug (lineare Funktion: Trapezverfahren), sondern durch einen Parabelbogen (quadratische Funktion) approximiert wird, der sich der Kurve viel besser anschmiegt.

Die sich hierbei ergebende Formel taucht bereits in einer Schrift Johannes Keplers (1571-1630) auf, in der er sich mit der Berechnung des Rauminhaltes von Fässern beschäftigt.

Bild 6

Die zur Approximation verwendete quadratische Funktion p_2 mit

$$p_2(x) = Ax^2 + Bx + C$$

stimmt mit der gegebenen Funktion f in den Punkten

$P_1(a|f(a))$, $P_2(m|f(m))$ und $P_3(b|f(b))$

überein, wobei m den Mittelwert

$m = \frac{b+a}{2}$ von a und b bezeichnet.

Diese Forderung an p_2 führt zu den drei nebenstehenden Bedingungen an die Koeffizienten von p_2.

Glücklicherweise müssen die Koeffizienten nicht explizit bestimmt werden. Uns interessiert nur der Wert $\int_a^b p_2(x)dx$, da dieser die Näherung für das zu berechnende Integral ergibt.

Die nebenstehende Rechnung zeigt, dass sich dieses Integral durch die Werte der Funktion f an den drei Stellen ausdrükken lässt, an denen f mit p_2 übereinstimmt.

Damit haben wir eine weitere Näherungsformel für Integrale hergeleitet, die als **Keplersche Fassregel** in der Literatur auftaucht.

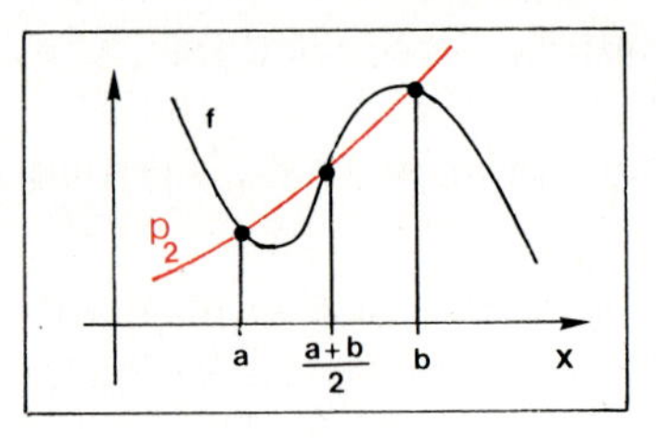

Bild 7

Näherung: $\int_a^b f(x)dx \approx \int_a^b p_2(x)dx$

Bedingungen an p_2:

I. $p_2(a) = Aa^2 + Ba + C = f(a)$

II. $p_2(m) = A\cdot\left(\frac{a+b}{2}\right)^2 + B\cdot\left(\frac{a+b}{2}\right) + C = f(m)$

$A(a^2+2ab+b^2) + 2B(a+b) + 4C = 4f(m)$

III. $p_2(b) = Ab^2 + Bb + C = f(b)$

$\Rightarrow$ $f(a) + 4f(m) + f(b)$
$= 2A(a^2 + ab + b^2) + 3B(a + b) + 6C$

Berechnung von $\int_a^b p_2(x)\,dx$:

$$\int_a^b p_2(x)\,dx = \left[\frac{A}{3}x^3 + \frac{B}{2}x^2 + Cx\right]_a^b$$

$$= \frac{A}{3}\cdot(b^3 - a^3) + \frac{B}{2}\cdot(b^2 - a^2) + C\cdot(b-a)$$

$$= (b-a)\cdot\left[\frac{A}{3}(a^2 + ab + b^2) + \frac{B}{2}(a+b) + C\right]$$

$$= \frac{b-a}{6}\cdot[f(a) + 4\cdot f(m) + f(b)]$$

3. Näherungsformel (Keplersche Fassregel): Die Funktion f sei stetig auf dem Intervall I = [a ; b]. Dann gilt:

$$\int_a^b f(x)dx \approx \frac{b-a}{6}\cdot[f(a) + 4\cdot f(m) + f(b)] \quad \text{mit } m = \frac{b+a}{2}.$$

Für ganzrationale Funktionen f bis zum Grad zwei ist $p_2(x) = f(x)$ und die Keplersche Fassregel ergibt den exakten Integralwert.
Erstaunlicherweise liefert die Keplersche Fassregel auch für ganzrationale Funktionen dritten Grades exakte Werte.

Beispiel: Skizzieren Sie den Graphen von $f(x) = x \cdot \ln x$ und berechnen Sie $\int_1^2 f(x)dx$ näherungsweise mit der Keplerschen Fassregel.

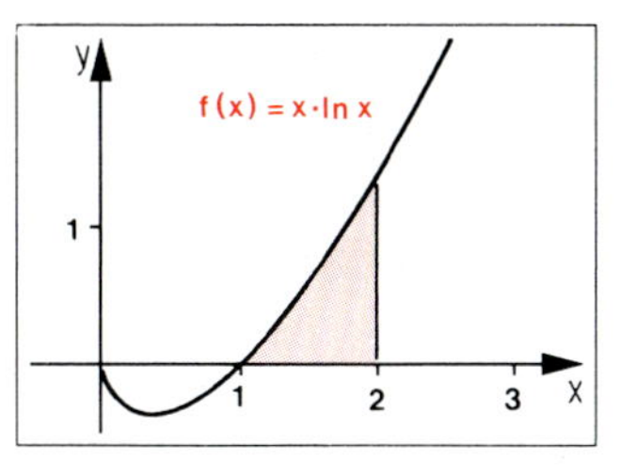

Bild 8

Lösung:
Die Keplersche Fassregel wird angewandt mit a = 1 und b = 2.

$$\text{Ergebnis: } \int_1^2 f(x)dx \approx 0{,}6365.$$

$$\int_1^2 x \cdot \ln x \, dx$$
$$\approx \tfrac{1}{6} \cdot (f(1) + 4 \cdot f(1{,}5) + f(2))$$
$$= \tfrac{1}{6} \cdot (0 + 4 \cdot 1{,}5 \cdot \ln 1{,}5 + 2 \cdot \ln 2)$$
$$\approx 0{,}636514$$

Das Integral lässt sich auch exakt berechnen. Durch Produktintegration (Seite 230) erhalten wir zum Vergleich:

$$\int_1^2 f(x)dx = \tfrac{1}{4}x^2 \cdot (2\ln x - 1)\Big|_1^2 \approx 0{,}636294.$$

Der durch die Keplersche Fassregel erhaltene Näherungswert ist also sehr genau.
Die Güte der Approximation mit der Keplerschen Fassregel wird noch deutlicher, wenn wir die Näherung mit den bisherigen Verfahren vergleichen.
Das Rechteckverfahren ergibt erst ab n = 1000 und das Trapezverfahren ab n = 20 ähnlich gute Näherungswerte.
Ohne Rechnereinsatz sind mit diesen Verfahren daher nur schwer gute Ergebnisse zu erhalten.

Vergleich: Konvergenzverhalten der Näherungsverfahren bei Approximation von

$$\int_1^2 x \cdot \ln x \, dx .$$

n	Näherungswerte	
	Rechteckv.	Trapezv.
2	0,304099	0,650672
10	0,567557	0,636872
20	0,601781	0,636439
50	0,622455	0,636317
100	0,629369	0,636300
1000	0,635601	0,636294

Übung 6
Die Menge aller Punkte, die die Gleichung

$$\frac{x^2}{A^2} + \frac{y^2}{B^2} = 1$$

erfüllen, bildet eine Ellipse. Auflösung der Gleichung nach y ergibt, dass der Graph von

$$f(x) = B \cdot \sqrt{1 - \frac{x^2}{A^2}}$$

eine Halbellipse ist.
Berechnen Sie den Flächeninhalt der Ellipse für A = 2 und B = 1 mit allen drei Näherungsverfahren.

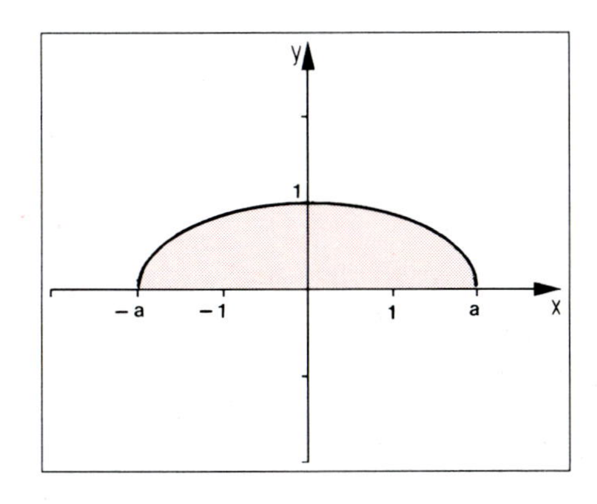

D. Das Simpson-Verfahren

Das nach dem Mathematiker Thomas Simpson (1710-1761) benannte Verfahren ergibt sich durch mehrfache Anwendung der Keplerschen Fassregel.

Das Integrationsintervall I = [a ; b] wird in eine gerade Anzahl n von Teilintervallen unterteilt.

Auf jeweils einem Doppelintervall, also auf den Intervallen

$[x_0 ; x_2], [x_2 ; x_4], \dots , [x_{n-2} ; x_n]$

wird das Integral mit der Keplerschen Fassregel approximiert.

Die Summe der Flächen unter den $\frac{n}{2}$ Parabelbögen ist dann eine Näherung für das Integral von f über dem Intervall [a ; b].

Als Ergebnis erhalten wir die sogenannte **Simpson-Regel**.

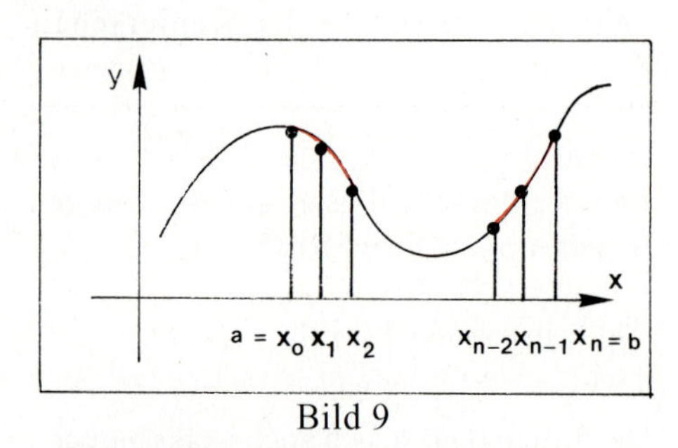

Bild 9

Zerlegung:

$$\int_a^b f(x)dx = \int_{x_0}^{x_2} f(x)dx + \dots + \int_{x_{n-2}}^{x_n} f(x)dx$$

Näherung (Keplersche Fassregel):

$$\int_{x_i}^{x_{i+2}} f(x)dx \approx \frac{2\cdot(b-a)}{6n}(y_i + 4\cdot y_{i+1} + y_{i+2})$$

$$\int_a^b f(x)dx \approx \frac{(b-a)}{3n}\left[(y_0 + 4\cdot y_1 + y_2) + (y_2 + 4\cdot y_3 + y_4) + \dots + (y_{n-2} + 4\cdot y_{n-1} + y_n)\right]$$

4. Näherungsformel (Simpson-Formel): Die Funktion f sei stetig auf dem Intervall I = [a ; b]. Dann gilt:

$$\int_a^b f(x)dx \approx \frac{(b-a)}{3n}\left[y_0 + 4\cdot y_1 + 2\cdot y_2 + 4\cdot y_3 + \dots + 2\cdot y_{n-2} + 4\cdot y_{n-1} + y_n\right]$$

mit $y_i = f(x_i) = f(a + i\cdot\frac{b-a}{n})$ (i = 0, ... , n; n gerade).

Da schon die Keplersche Fassregel bei nicht zu großer Länge des Integrationsintervalls [a ; b] recht genaue Näherungswerte liefert, kann davon ausgegangen werden, dass die Simpson-Regel für viele Integrationen ein sehr brauchbares Näherungsverfahren ist, das schon für eine kleine Streifenanzahl n genügend genaue Werte liefert.

Beispiel: In der Wahrscheinlichkeitsrechnung spielt die Gaußsche Integralfunktion Φ mit $\Phi(x) = \frac{1}{\sqrt{2\pi}} \int\limits_{-\infty}^{x} e^{-\frac{1}{2}t^2} dt$ (Brandenburg Stochastik, Seite 155) eine große Rolle. Für die Funktion kann kein geschlossener Ausdruck angegeben werden. Leiten Sie Näherungswerte für $\Phi(1)$ und $\Phi(2)$ mit dem Simpson-Verfahren (n = 10, 20, 30 50) her. Vergleichen Sie die Näherungswerte mit den Tabellenwerten (Brandenburg Stochastik, Seite 174).

Lösung:
Da ein uneigentliches Integral mit der Simpson-Regel nicht approximiert werden kann, legen wir die untere Integrationsgrenze durch a = –5 fest:

$$\Phi(x) \approx G(x) = \frac{1}{\sqrt{2\pi}} \int\limits_{-5}^{x} e^{-\frac{1}{2}t^2} dt .$$

Da der Integrand für $x \leq -5$ kleiner als $2 \cdot 10^{-6}$ ist, wird der Fehler die weitere Rechnung kaum beeinflussen.
Zur Anwendung der Simpson-Formel müssen die Funktionswerte y_i mit unterschiedlichen Gewichtungen aufsummiert werden:
i ungerade: Faktor 4,
i gerade; $i \neq 0,n$: Faktor 2,
i = 0,n: Faktor 1.
Diese Überlegung führt zu folgendem Algorithmus, bei dem die Funktionswerte zunächst getrennt nach geraden und ungeraden Indizes summiert werden.

Eingaben: a, b, n (Funktionsgleichung)

Initialisierungen:

$h = \frac{b-a}{n}$; Sum_g = 0 ; Sum_u = 0

für i von 1 bis (n – 1)

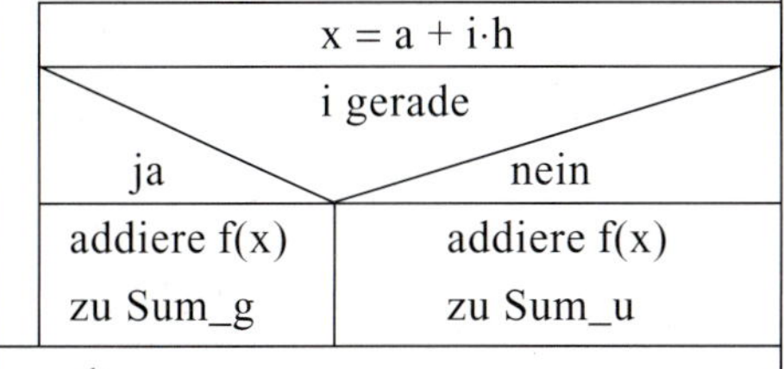

$F = \frac{h}{3} \cdot (f(a) + 2 \cdot Sum\_g + 4 \cdot Sum\_u + f(b))$

Ausgabe: F

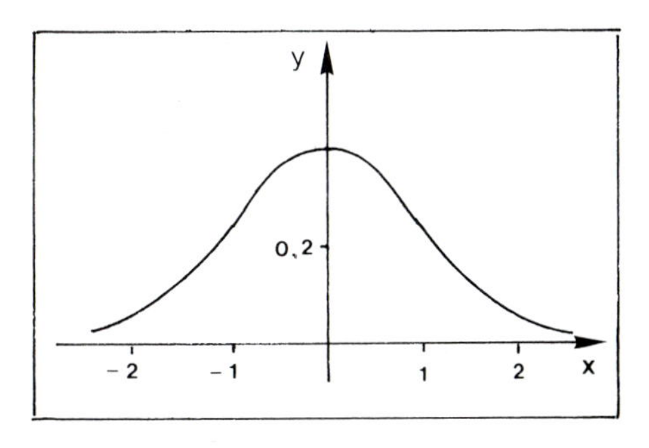

Bild 10

```
program     simpson_approximation;
var
     a, b, x, h, sum_u, sum_g, flaeche: real;
     i, n: integer;

function f(x: real): real;
     begin
     f := sqrt(1/(2*pi)*exp(-0.5*x*x);
     end;

begin
write('Untere Grenze a: '); readln(a);
write('und obere Grenze b: ');readln(b);
write('(gerade) Anzahl der Intervalle: ');
readln(n);
sum_u := 0; sum_g := 0;
h := (b-a) / n;
for i := 1 to n - 1 do
     begin
     x := a + i*h;
     if i mod 2 = 0
     then sum_g := sum_g + f(x)
     else sum_u := sum_u + f(x);
     end;
flaeche :=
h/3*(f(a) + 2*sum_g + 4*sum_u + f(b));
write('Näherungswert: ', flaeche:10:6);
end.
```

◊ Die mit der Simpson-Formel berechneten Näherungswerte sind schon bei kleiner Streifenanzahl n stabil und bestätigen für $n \geq 30$ die Tabellenwerte.

◊ Eine Fehlerbetrachtung für das Simpson-Verfahren zeigt, dass bei genügend "gutmütigen" Funktionen der Fehler mit der 4. Potenz der Streifenanzahl n abnimmt.

◊ Das bedeutet: Jede Verdoppelung von n steigert die Genauigkeit der Näherung um mehr als eine Dezimalstelle.

Rechenergebnisse:

b = 1

n	G(1)
10	0,841742
20	0,841367
30	0,841349
50	0,841345

b = 2

n	G(2)
10	0,977041
20	0,977239
30	0,977248
50	0,977249

Tabellenwerte:

$\Phi(1) = 0{,}8413$ $\Phi(2) = 0{,}9772$

E. Übungen

7. Berechnen Sie näherungsweise $\int_0^1 \frac{1}{1+4x^2}\,dx$ mit dem Rechteck-, dem Trapez- und dem Simpson-Verfahren (n = 10, 50, 100). Vergleichen Sie mit dem exakten Wert.

8. Bestimmen Sie mit dem Simpson-Verfahren Näherungswerte für π, indem Sie das Integral $\int_0^{\pi^2} \sin\left(\frac{x}{\pi}\right) dx$ approximieren.

9. Die Bogenlänge L einer auf einem Intervall I = [a ; b] stetig differenzierbaren Funktion f ist gegeben durch

$$L = \int_a^b \sqrt{1+(f'(x))^2}\,dx\,.$$

Bei einer 15 km langen 3-fach-Stromleitung steht alle 150 m ein Stützpfeiler.
Zwischen zwei Stützpfeilern hat der Draht die Form eines Parabelbogens; er hängt an der tiefsten Stelle 15 m durch.

Berechnen Sie die Gesamtlänge des Drahtes näherungsweise mit der Simpson - Regel.

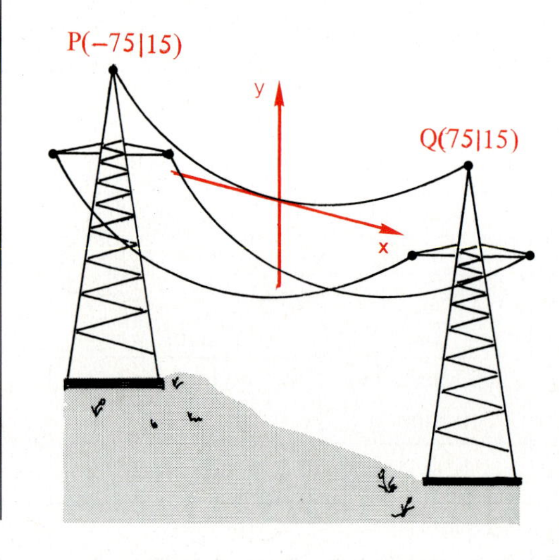

VIII. Näherungsverfahren der Differentialrechnung

1. Das Newton-Verfahren

Bei der Lösung mathematischer Probleme wird man besonders häufig mit der Aufgabe konfrontiert, Nullstellen bestimmen zu müssen.
Die elementaren und exakten Standardverfahren wie p-q-Formel und Polynomdivision reichen oft nicht mehr aus. In solchen Fällen werden Näherungsverfahren eingesetzt.
Beispielsweise kann man eine Wertetabelle erstellen oder einen Graphen zeichnen, um die Lage der gesuchten Nullstelle wenigstens ungefähr bestimmen zu können.
Genauere Ergebnisse liefern rechnerische Verfahren der schrittweisen Näherung, wie z.B. das bekannte Intervallhalbierungsverfahren oder das Sehnenverfahren (Regula Falsi).
Das leistungsfähigste Verfahren allerdings ist das sogenannte **Tangentenverfahren**, welches man nach seinem Entdecker (Isaak Newton, 1643-1727, engl. Mathematiker und Physiker) auch **Newton-Verfahren** nennt.

A. Das Prinzip des Newton-Verfahrens

Die Funktionsweise des Newton-Verfahrens ist recht einfach zu erklären. Wir beschreiben das Verfahren zunächst anschaulich und entwickeln erst später eine Formel für die rechenpraktische Durchführung.

Die Nullstelle $\bar{x}$ der Funktion f soll näherungsweise bestimmt werden.

1. Man schachtelt die Nullstelle zunächst grob ein, z.B. mit Hilfe einer Werte-tabelle.

2. Nun wählt man eine Startstelle x_0, von der man annimmt, dass sie in der Nähe der Nullstelle $\bar{x}$ liegt.
x_0 dient als erste Näherung für $\bar{x}$.

3. Im zugehörigen Kurvenpunkt $P_0(x_0|y_0)$ wird die Tangente an die Kurve zu f gelegt. Deren Schnittpunkt x_1 mit der x-Achse liegt in der Regel näher bei $\bar{x}$ als x_0 und ist daher als verbesserte Näherung anzusehen (Bild 1).

4. Nun wiederholt man das Verfahren, indem man bei x_1 die Tangente an die Kurve legt usw. (Bild 2).
Auf diese Weise erhält man eine Folge x_0, x_1, x_2, ... von Näherungen, deren Grenzwert die Nullstelle $\bar{x}$ ist.

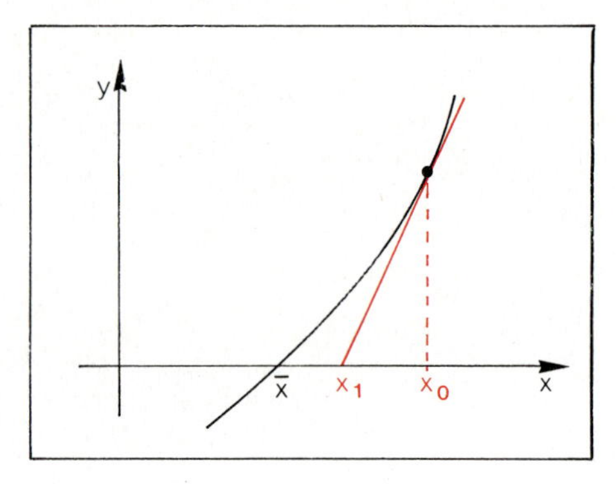

Bild 1

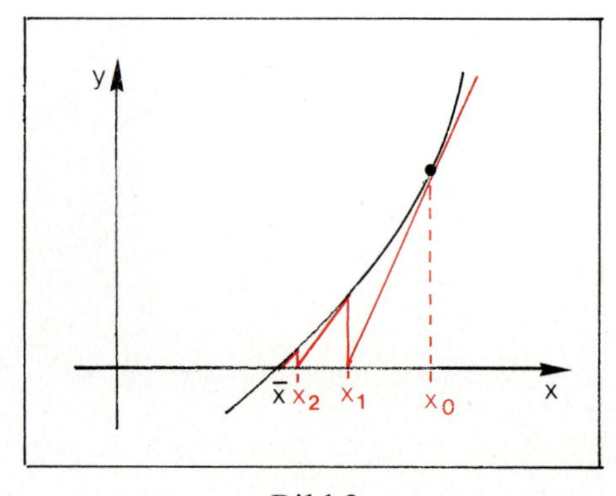

Bild 2

B. Die Newtonsche Näherungsformel

Zur praktisch-rechnerischen Umsetzung des Newton-Verfahrens benötigen wir eine Formel, mit deren Hilfe wir aus einer schon bekannten Näherung x_n die verbesserte Näherung x_{n+1} berechnen können.

Diese Formel ergibt sich unmittelbar aus dem abgebildeten Steigungsdreieck.
Die Tangente an die Kurve f an der Stelle x_n hat definitionsgemäß die Steigung $f'(x_n)$. Man kann diese Steigung aber auch als Quotienten der Kathetenlängen des abgebildeten Steigungsdreiecks darstellen. Sie beträgt dann $\frac{f(x_n)}{x_n - x_{n+1}}$.
Durch Gleichsetzen ergibt sich daher:
$f'(x_n) = \frac{f(x_n)}{x_n - x_{n+1}}$.
Löst man diese Gleichung nach x_{n+1} auf, so ergibt sich die Newtonsche Näherungsformel:

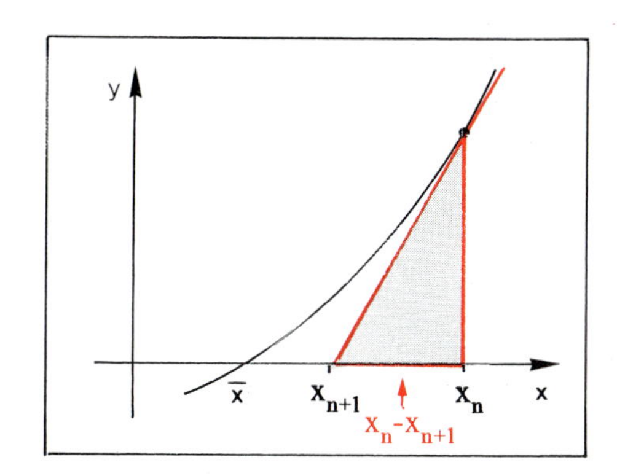

Bild 3

Die Newtonsche Näherungsformel

$\overline{x}$ sei eine Nullstelle der Funktion f.
x_n sei ein Näherungswert für $\overline{x}$.
Dann kann man mit der nebenstehenden Formel eine neue Näherung x_{n+1} errechnen, die in der Regel besser ist als x_n.

$$x_{n+1} = x_n - \frac{f(x_n)}{f'(x_n)}$$

C. Die praktische Anwendung des Newton-Verfahrens

Beispiel: Bestimmen Sie die Nullstelle $\overline{x}$ der Funktion zu $f(x) = x^3 - x - 2$ näherungsweise auf 4 Kommastellen genau.

Lösung:

1. Wahl des Startwertes x_0

Wir legen eine Wertetabelle an und skizzieren den Graphen von f ganz grob.
Es zeigt sich, dass die Nullstelle $\overline{x}$ im Intervall [1 ; 2] liegen muss, da dort ein Vorzeichenwechsel von f zu verzeichnen ist.
Aus diesem Intervall wählen wir als erste Näherung für $\overline{x}$: $x_0 = 1{,}5$.

x	−2	−1	0	1	2
y	−8	−2	−2	−2	4

$\Rightarrow \overline{x} \in [1 ; 2]$

$\Rightarrow$ Startwert: $x_0 = 1{,}5$

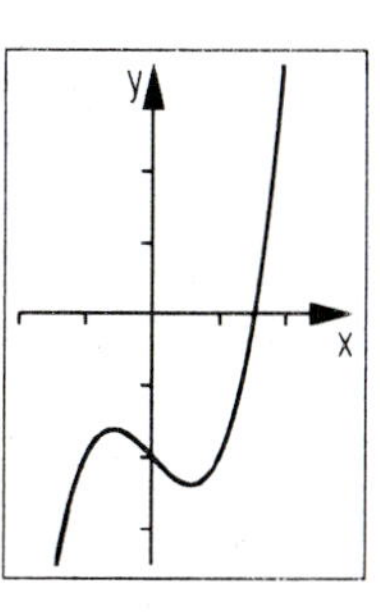

◊ **2. Benötigte Formeln**
◊ Wir notieren uns noch einmal die Formeln, die wir verwenden wollen, d.h. die Funktionsgleichungen von f und f' sowie die Newtonsche Näherungsformel.

$f(x) = x^3 - x - 2 \qquad f'(x) = 3x^2 - 1$

$x_{n+1} = x_n - \frac{f(x_n)}{f'(x_n)}$

◊ **3. Näherungsrechnungen**
◊ Wir führen nun mehrere Näherungsrechnungen aus, bis die gewünschte Genauigkeit erreicht ist. Obwohl es sachlich nicht nötig ist, rechnen wir von Anfang an mit der vollen Taschenrechnergenauigkeit von 7 Nachkommastellen, damit der Leser mit seinen Rechnungen vergleichen kann.

$x_0 = 1{,}5$

$x_1 = 1{,}5 - \frac{f(1{,}5)}{f'(1{,}5)} = 1{,}5 - \frac{-0{,}125}{5{,}75} = 1{,}5 + 0{,}0217391 = \mathbf{1{,}521}7391$

$x_2 = 1{,}5217391 - \frac{f(1{,}5217391)}{f'(1{,}5217391)} = 1{,}5217391 - \frac{0{,}0021367}{5{,}9470697} = 1{,}5217391 - 0{,}0003593 = \mathbf{1{,}521379}8$

$x_3 = 1{,}5213798 - \frac{f(1{,}5213798)}{f'(1{,}5213798)} = 1{,}5213798 - \frac{0{,}0000006}{5{,}9437894} = 1{,}5213798 - 0{,}0000001 = \mathbf{1{,}5213797}$

◊ **4. Resultat**
◊ Die gesuchte Nullstelle liegt bei $\overline{x} \approx 1{,}5213797$. Beim Übergang von der ersten zur zweiten Näherung bleiben schon drei Nachkommastellen stabil, beim Übergang von der zweiten zur dritten Näherung bleiben sogar 6 Nachkommastellen stabil und können daher als exakt angesehen werden. Das Newton-Verfahren liefert also sehr schnell gute Näherungen.

Übung 1

Berechnen Sie die einzige Nullstelle der Funktion f so genau, wie es Ihr Taschenrechner vermag.

a) $f(x) = x^3 + x + 1$ b) $f(x) = x^3 - 2x^2 + 2$ c) $f(x) = x^5 - 3x^3 - 4$

Übung 2

In dieser Übung sollen Funktionen f betrachtet werden, die mehrere Nullstellen besitzen. Gehen Sie folgendermaßen vor:

1. Berechnen Sie zunächst die ganzzahligen Nullstellen von f. Wenden Sie dazu die Methode des gezielten Ratens, die Polynomdivision, Ausklammern sowie die p-q-Formel an.
2. Stellen Sie anhand einer Wertetabelle und einer Skizze fest, wo weitere nichtganzzahlige Nullstellen liegen. Berechnen sie jede dieser Nullstellen mit dem Newton-Verfahren näherungsweise, wobei Sie darauf achten müssen, dass die zugehörige Tangente jeweils auf die gesuchte Nullstelle zielt. Die Chancen dafür sind umso besser, je näher Sie den Startwert an die zu bestimmende Nullstelle heranlegen.

a) $f(x) = x^5 - x^3 + \frac{2}{3}x^2$ b) $f(x) = x^5 + x^2 - x - 1$ c) $f(x) = x^6 + x^5 + x^3$

Häufig ist man bei praktischen Anwendungen der Mathematik auf die näherungsweise Lösung von Gleichungen angewiesen, wie auch im folgenden Beispiel.

Beispiel: Auf einem Stahlgerüst steht ein kugelförmiger Wassertank mit einem Innendurchmesser von 10 m.
Aus statischen Gründen dürfen höchstens 471000 Liter Wasser eingefüllt werden. Berechnen Sie, bis zu welcher Höhe h über Tankgrund das Wasser stehen darf.

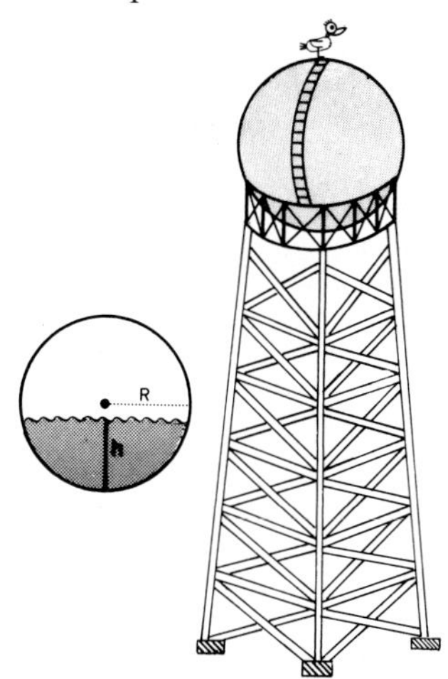

Lösung:
Die Wasserfüllung hat die Gestalt eines Kugelabschnittes.
Laut Formelsammlung ist das Volumen eines solchen Abschnittes gegeben durch

$$V = \frac{\pi}{3} \cdot h^2 \cdot (3R - h).$$

Dabei ist R der Kugelradius und h die Höhe des Kugelabschnittes.

Im vorliegenden Fall sind der Radius R=5 und das Volumen $V = 471\ m^3$ gegeben.
Damit ergibt sich die Gleichung

$$471 = \frac{\pi}{3} \cdot h^2 \cdot (15 - h).$$

Setzen wir π=3,14 und formen um, so erhalten wir folgende Bestimmungsgleichung für h:

$$h^3 - 15h^2 + 450 = 0.$$

Diese Gleichung lösen wir näherungsweise, indem wir die Nullstelle der Funktion f mit $f(x) = x^3 - 15x^2 + 450$ mit dem Newton-Verfahren berechnen, wie nebenstehend ausgeführt.

Resultat: Der Tank darf maximal bis zur Höhe h = 8,04 m über Grund gefüllt werden.

Nullstelle zu $f(x) = x^3 - 15x^2 + 450$:

1. Startwert

x	0	5	10
y	450	200	–50

$\Rightarrow x_0 = 9$

2. Funktionsgleichungen
$f(x) = x^3 - 15x^2 + 450$
$f'(x) = 3x^2 - 30x$

3. Näherungsrechnung

$$x_0 = 9$$
$$x_1 = 9 - \frac{-36}{-27} \approx 7{,}667$$
$$x_2 = 7{,}667 - \frac{18{,}95}{-53{,}7} \approx 8{,}020$$
$$x_3 = 8{,}020 - \frac{1{,}044}{-47{,}64} \approx 8{,}0419$$
$$x_4 = 8{,}0419 - \frac{0{,}0047}{-47{,}24} \approx 8{,}04199$$

Übung 3
Der Tank eines Gasfeuerzeugs hat die Gestalt eines 5 cm langen Zylinders mit beidseitig aufgesetzten Halbkugeln.
Welchen Innendurchmesser sollte der Tank erhalten, damit er ca. 15 cm^3 Gas fasst?

Führt man Kurvenuntersuchungen von Exponentialfunktionen, Logarithmusfunktionen oder trigonometrischen Funktionen durch, so stößt man regelmäßig auf Bestimmungsgleichungen für Nullstellen, Extremalstellen oder Wendestellen, die sich nur noch mit Näherungsverfahren lösen lassen.

Beispiel: Bestimmen Sie die Nullstelle $\overline{x}$ der Funktion $f(x)=\frac{x}{2}+e^x$ mit einer Genauigkeit von mindestens 10^{-2}.

Lösung:
Der Wertetabelle bzw. der Skizze können wir entnehmen, dass die gesuchte Nullstelle im Intervall $[-1\,;\,0]$ liegt.
Wir wählen daher $x_0=-0{,}5$ als Startwert für das Newton-Verfahren.

Wir erhalten der Reihe nach die Näherungen:
$x_1=-0{,}822$, $x_2=-0{,}8524$, $x_3=-0{,}8526$.
Die erreichte Genauigkeit ist besser als 10^{-2}, da die Änderung beim Übergang von x_2 zu x_3 nur noch $2\cdot 10^{-4}$ beträgt.

Funktionsterme:

$f(x)=\frac{x}{2}+e^x$

$f'(x)=\frac{1}{2}+e^x$

Wertetabelle:

x	−1	0
y	−0,13	1

Startwert:
$x_0=-0{,}5$

Übung 4

a) Bestimmen Sie die Nullstelle der Funktion zu $f(x)=x-1-\sin x$ (Bogenmaß verwenden).
b) Gesucht ist der Schnittpunkt der Graphen von $\ln x$ und $\sin x$.

Das Newton-Verfahren eignet sich besonders gut für Berechnungen mit dem Computer, da ein- und derselbe Rechenschritt mehrfach durchgeführt wird.

Rechts ist ein lauffähiges Pascal-Programm aufgelistet, welches die Nullstelle der Funktion $f(x)=\frac{x}{2}+e^x$ aus dem obigen Beispiel numerisch mit hoher Genauigkeit errechnet.

Man kann die Genauigkeit steuern, indem man die Konstante eps verändert, welche die Größe der Änderung beim Übergang von x_n zu x_{n+1} überprüft.

Möchte man die zu untersuchende Funktion ändern, so braucht man im Quelltext lediglich die rot markierten Zeilen mit Funktion und Ableitung auszutauschen.

```
program newton;
const  eps   =  1e-6;
       nmax  =  100;
var    x1,x0 :  real;
       n     :  integer;
function f(x:real):real;
begin
    f := x/2 + exp(x);
end;
function fstrich(x:real):real;
begin
    fstrich := 1/2 + exp(x);
end;
begin
    write('startwert x0= ');
    readln(x0); writeln;
    n:=0; x1:=x0;
    repeat
        x0:=x1;
        x1:=x0-f(x0)/fstrich(x0);
        n:=n+1;
        writeln(n:3,x1:15:8);
    until (abs(x1-x0)<eps) or (n>nmax);
    readln;
end.
```

C. Weitere Informationen zum Newton-Verfahren

1. Die ***Effizienz*** des Verfahrens ist sehr hoch. Im Mittel verdoppelt sich die Anzahl der richtigen Dezimalstellen mit jedem Schritt. Grund: Die tangentiale Zielmethode des Newton-Verfahrens wirkt von Schritt zu Schritt besser, da eine differenzierbare Funktion umso "linearer" verläuft, je kleiner der betrachtete Bereich ist.

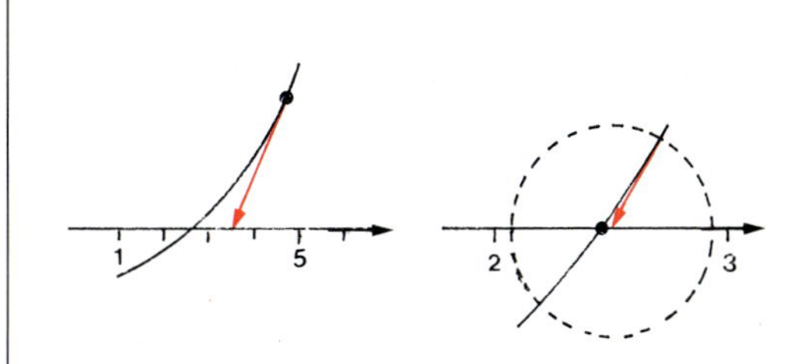

2. Das Verfahren besitzt symphatischerweise eine eingebaute ***Selbstkorrektur***. Vereinzelte Rechenfehler werden in den folgenden Schritten schnell ausgeglichen. Natürlich darf die Rechnung nicht nur aus Fehlern bestehen und ein zu großer Fehler kann dazu führen, dass eine andere als die gesuchte Nullstelle angesteuert wird.

$f(x) = x^2 - 2$

n	x_n fehlerfrei	x_n mit Fehler
0	1	1
1	1,5	2,5
2	1,416666667	1,65
3	1,414215686	1,431060606
4	1,414213562	1,414312782
5	/	1,414213566
6	/	1,414213562

3. Ein ***Versagen*** des Verfahrens kann eintreten, wenn der Startwert ungünstig gewählt wird, wie die abgebildeten Fälle andeuten.
Der Startwert sollte möglichst nahe bei der gesuchten Nullstelle liegen. Eine Skizze des Funktionsgraphen kann in schwierigen Fällen bei der Wahl des Startwertes hilfreich sein.

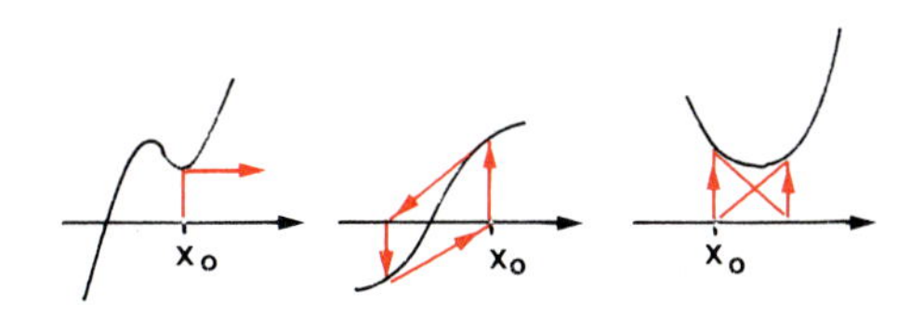

4. Liegen ***mehrere Nullstellen*** vor, so muss das Verfahren mehrfach angewandt werden. Auf welche Nullstelle es sich einpendelt, hängt von der Wahl des Startwertes ab.

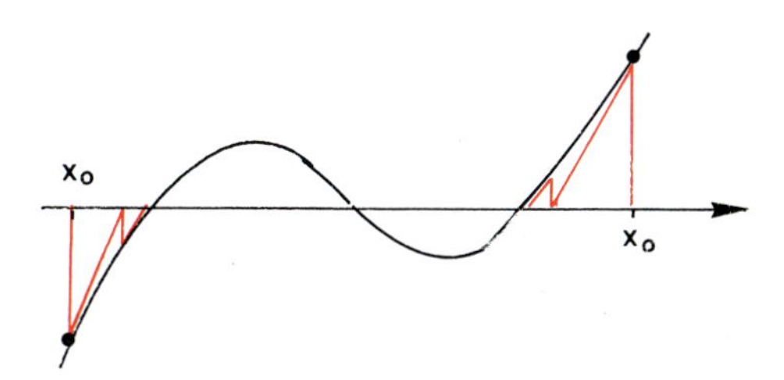

5. Die ***Geschwindigkeit*** des Verfahrens erniedrigt sich bei doppelten / mehrfachen Nullstellen.
Begründung: Liegt eine doppelte Nullstelle vor, so wölbt sich die Kurve in Nullstellennähe wesentlich stärker von der Tangente weg als bei einer einfachen Nullstelle. Die Tangente zielt schlechter in Richtung der Nullstelle. Man verwendet dann nebenstehende modifizierte Formel.

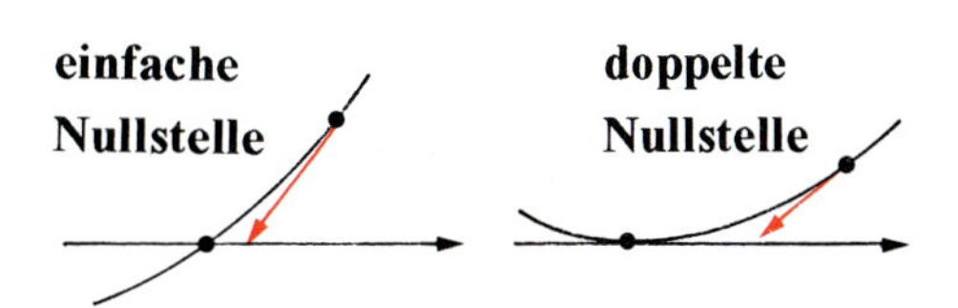

Modifizierte Newton-Formel für eine k-fache Nullstelle:

$$x_{n+1} = x_n - k\,\frac{f(x_n)}{f'(x_n)}$$

D. Übungen

5. Bestimmen Sie die einzige Nullstelle der Funktion f mit Hilfe des Newton-Verfahrens. Brechen Sie ab, sobald die vierte Dezimale sich nicht mehr ändert.

a) $f(x) = x^3+x-1$ b) $f(x) = x^3-2x+3$ c) $f(x) = x^5-5x+5$ d) $f(x) = \sqrt{x} - x^2 + 10$

6. Lösen Sie die gegebene Gleichung auf drei Dezimalen genau. Fertigen Sie zunächst eine Skizze der Graphen der beiden involvierten Terme an.

a) $x^3 = x + 1$ b) $x^3 - 1 = -x^2$ c) $x = \cos x$ d) $e^x = x^2$

e) $x^2 - 2 = \sqrt{x}$ f) $2-0{,}5x^2 = \frac{1}{x}+1$ g) $\frac{1}{x} + 2 = \sqrt{x}$ h) $\sin x = 1 - x$

7. Berechnen Sie alle Lösungen der Gleichungen auf drei Dezimalen genau.

a) $x^3 = 12x - 1$ b) $3x^4 = 4 - x$ c) $x^3-10 = 3x^2-3x$ d) $e^x = 1 - x^2$

8. Bestimmen Sie die Lage des Berührpunktes der eingezeichneten Tangente und des Kosinusbogens auf mindestens 6 Dezimalen genau.

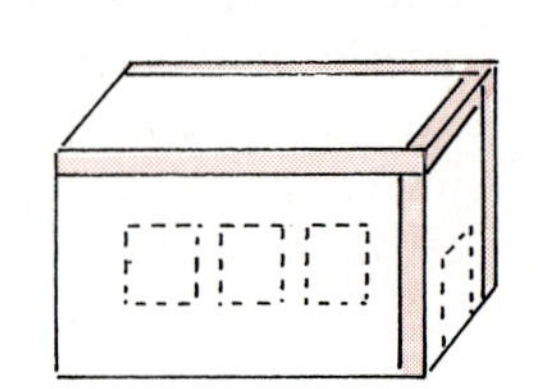

9. Wie groß ist der Inhalt der Fläche A, welche von den Graphen der Funktionen zu $g(x)=e^x$, $h(x)=\frac{1}{x^2}$, zwei senkrechten Geraden bei $x=-1$ und $x=1$ sowie der x-Achse eingeschlossen wird?

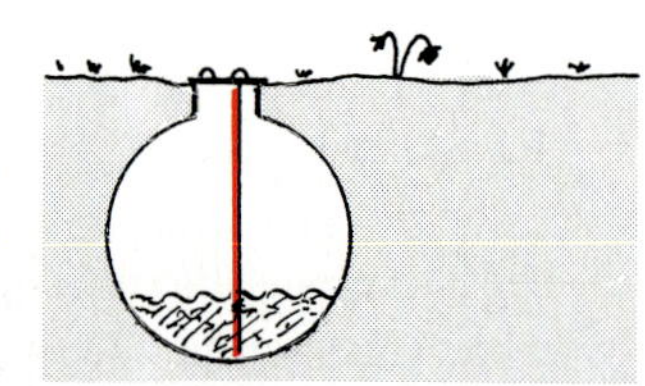

10. Die fünf rechteckigen Holzverbundbauteile einer quaderförmigen Halle mit den Außenmaßen $40\text{m} \times 20\text{m} \times 10\text{m}$ sind bereits hergestellt, als sich ein zusätzlicher Raumbedarf von 20% des ursprünglich geplanten Wertes herausstellt. Die Länge und die Breite der vier senkrecht stehenden Bauteile soll daher um das gleiche Maß vergrößert werden. Bestimmen Sie die Abmessungen der Halle. Die Wandstärke kann vernachlässigt werden.

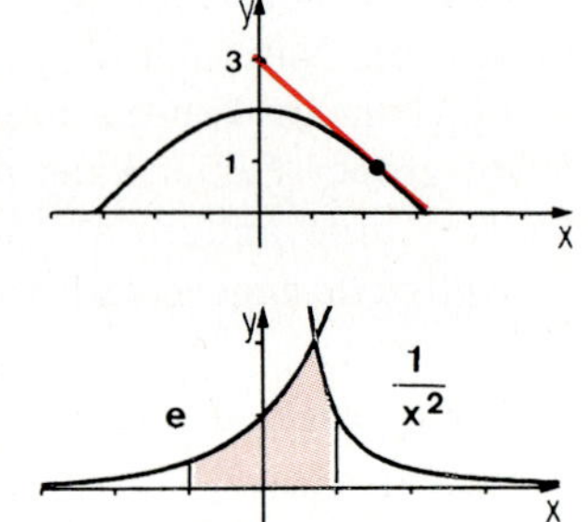

11. Für einen kugelförmigen Öltank mit einem Fassungsvermögen von 2000 Litern soll ein Messstab angefertigt werden, auf dem abgelesen werden kann, ob die Ölfüllung unter 10% des Fassungsvermögens gesunken ist. In welcher Höhe muss die 10%-Markierung auf dem Stab angebracht werden?

12. Aus Stahlblech (Dichte $\rho = 7{,}8\ \text{g/cm}^3$) soll eine Boje in Form einer Hohlkugel gefertigt werden. Welche Wandstärke muss bei einem Innendurchmesser von $d_i = 40$ cm gewählt werden, damit die Boje ca. 30 cm tief ins Wasser eintaucht?
Hinweis: Das Wandvolumen einer Hohlkugel ist gegeben durch $V = \frac{4}{3}\pi \cdot (r_a^3 - r_i^3)$.

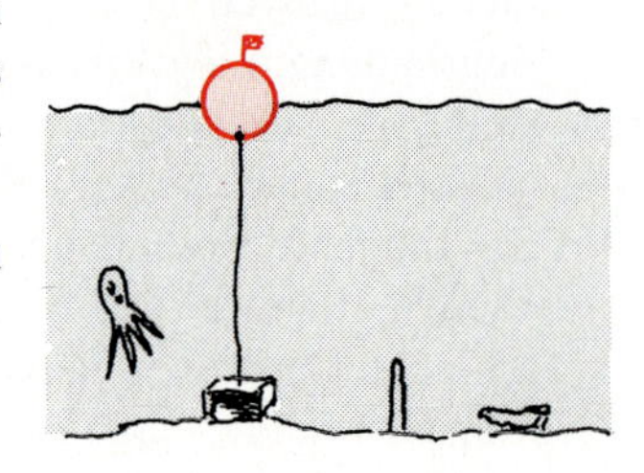

13. Mit Hilfe des Newton-Verfahrens können **Wurzeln** berechnet werden, denn $\sqrt[n]{a}$ ist Nullstelle der differenzierbaren Funktion $f(x) = x^n - a$.

a) Berechnen Sie $\sqrt[3]{7}$ auf mindestens 6 Dezimalen genau.

b) Zeigen Sie durch Anwendung des Newton-Verfahrens auf die Funktion zu $f(x)=x^2-a$: Die Quadratwurzel aus $a>0$ lässt sich nach der Rekursionsformel $x_{n+1} = \frac{1}{2}(x_n + \frac{a}{x_n})$ berechnen.

c) Zeigen Sie außerdem, dass die Kubikwurzel aus a sich nach der Rekursionsformel $x_{n+1} = \frac{1}{3}(2x_n + \frac{a}{x_n^2})$ berechnen lässt.

14. Das Newton-Verfahren $x_{n+1} = x_n - \frac{f(x_n)}{f'(x_n)}$ arbeitet für **k-fache Nullstellen** recht langsam. Man kann das Verfahren dann modifizieren zu $x_{n+1} = x_n - k \cdot \frac{f(x_n)}{f'(x_n)}$.

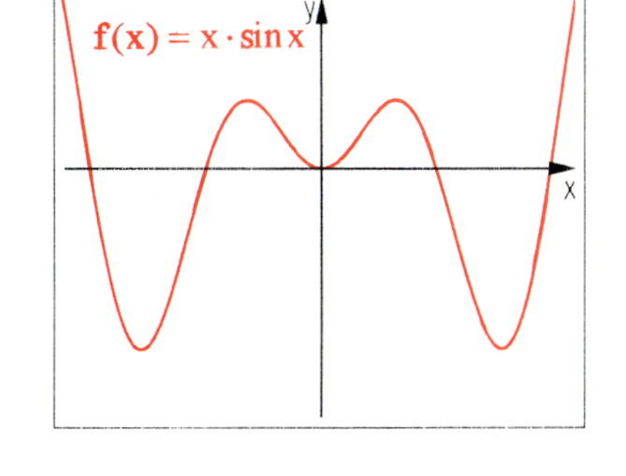

a) Die abgebildete Funktion zu $f(x) = x \cdot \sin x$ hat bei $x=0$ eine doppelte Nullstelle ($k = 2$). Berechnen Sie diese Nullstelle – ausgehend vom Startwert $x_0=1$ – sowohl mit dem normalen als auch mit dem modifizierten Newton-Verfahren. Fünf Näherungsschritte reichen jeweils aus. Vergleichen Sie!

b) Die Funktion $f(x) =x^2(e^x - 1)$ hat eine dreifache Nullstelle bei $x = 0$. Berechnen Sie diese näherungsweise, vom Startwert $x_0 = 1$ ausgehend, sowohl mit dem normalen Newton-Verfahren als auch mit dem modifizierten Verfahren für $k = 2$, $k = 3$ und $k = 4$. Welche Variante ist besonders effizient?

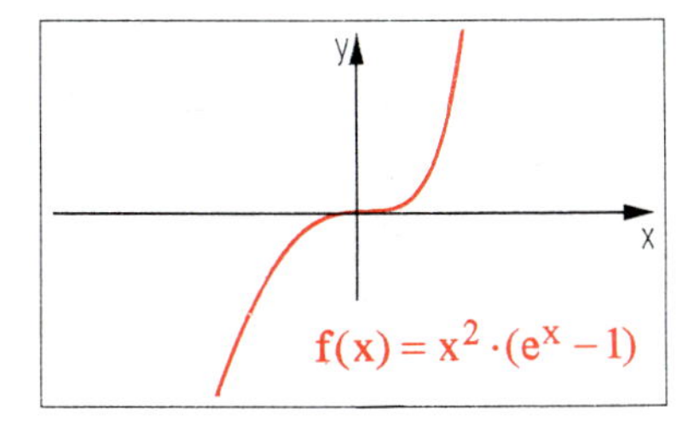

15. Das Newton-Verfahren führt in der Regel dann zur Annäherung an die gesuchte Nullstelle, wenn der **Startwert** x_0 hinreichend nahe der Nullstelle gewählt wird. Die geeignete Wahl des Startwertes ist daher wichtig und – wenn auch selten – manchmal kniffig.
Stellen Sie aufgrund geometrischer und rechnerischer Tangentenbetrachtungen fest, in welchem Bereich der Startwert bei der Newton-Bestimmung der Nullstelle liegen muss, wenn folgende Funktionen gegeben sind:

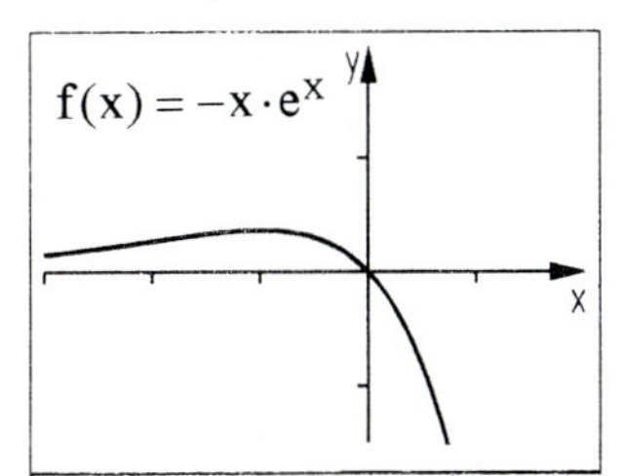

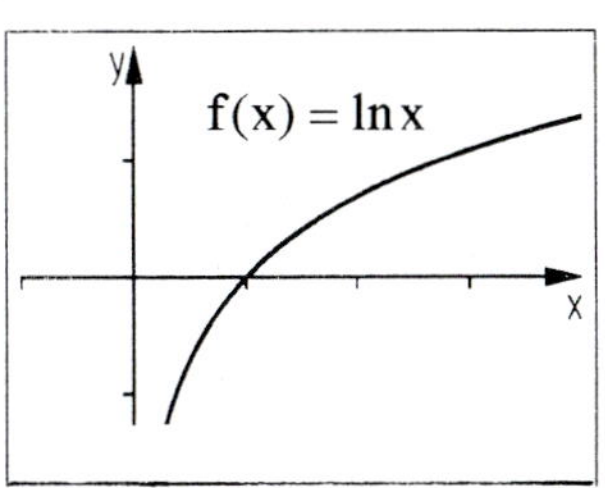

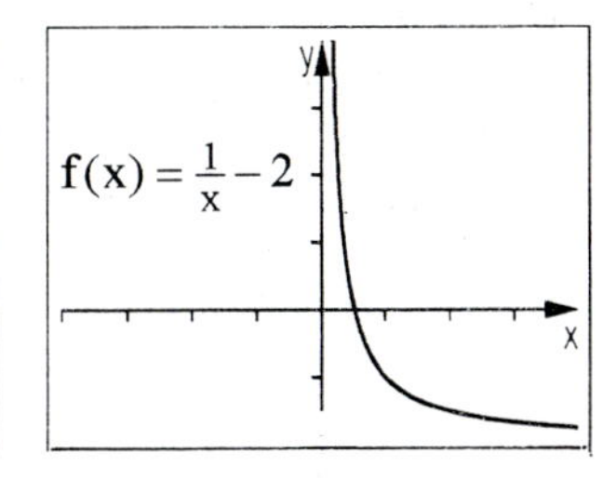

2. Das Fixpunktverfahren

A. Die Fixpunktformel

Das Fixpunktverfahren eröffnet eine weitere Möglichkeit, mit relativ geringem Rechenaufwand hinreichend genaue Näherungswerte für die unbekannte Nullstelle einer Funktion f zu bestimmen.
Der Name leitet sich aus der dem Verfahren zugrunde liegenden Idee ab, ein Nullstellenproblem ($f(\overline{x}) = 0$) in ein äquivalentes Fixpunktproblem ($g(\overline{x}) = \overline{x}$) umzuwandeln.

Definition VIII.1: Eine Zahl $\overline{x}$ mit der Eigenschaft $g(\overline{x}) = \overline{x}$ heißt **Fixpunkt** der Funktion g.

Das Fixpunktverfahren lässt sich in zwei Arbeitsschritte aufteilen:

1. Schritt: Umwandlung: Nullstellenproblem → Fixpunktproblem
Die Grundidee wird am Beispiel der Funktion f mit $f(x) = x - e^{-x}$ dargestellt.

Nullstellenproblem:	äquivalent	**Fixpunktproblem:**
Gesucht ist die Nullstelle der Funktion zu $f(x) = x - e^{-x}$.		Gesucht ist der Fixpunkt der Funktion zu $g(x) = e^{-x}$.
Bestimmungsgleichung: $x - e^{-x} = 0$	⇔	Bestimmungsgleichung: $x = e^{-x}$
Graph von f:		Graph von g:
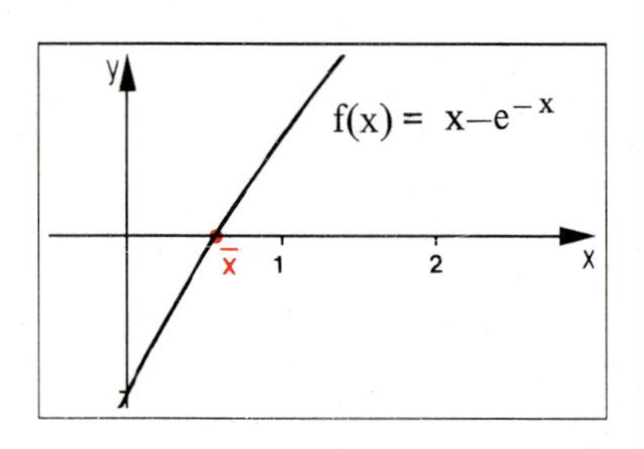		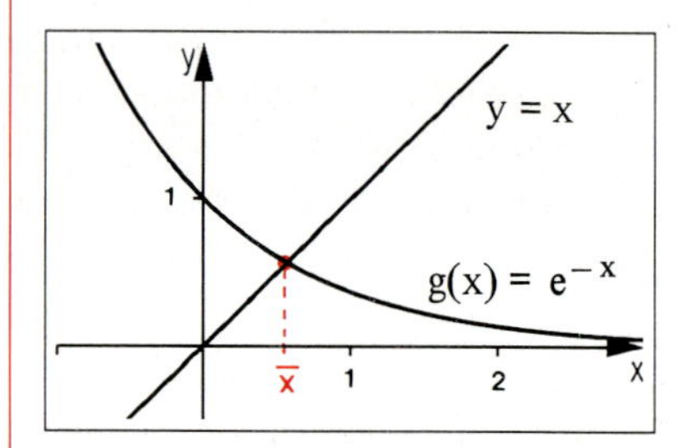
$\overline{x}$ ist die Schnittstelle des Graphen von f mit der x-Achse.		$\overline{x}$ ist die Schnittstelle des Graphen von g mit der 1. Winkelhalbierenden y=x.

2. Schritt: iterative Bestimmung des Fixpunktes
Zuerst wird ein Startpunkt $P_0(x_0|x_0)$ auf der 1. Winkelhalbierenden festgelegt, der in der Nähe des Fixpunktes liegen sollte.
Ausgehend von diesem Startpunkt P_0 wird nun eine Punktfolge P_1, P_2, ... auf der Winkelhalbierenden y = x konstruiert, die sich bei erfolgreicher Durchführung des Verfahrens dem gesuchten Fixpunkt $\overline{P}$ immer weiter annähert.

Ist ein Punkt $P_n(x_n|x_n)$ schon bestimmt, so wird der nächste Punkt $P_{n+1}(x_{n+1}|x_{n+1})$ folgendermaßen festgelegt:
Man geht von P_n senkrecht auf den Graphen der Fixpunktfunktion g zum Zwischenpunkt P_n^* und sodann waagerecht auf die Winkelhalbierende zum Punkt P_{n+1}.
Rechnerisch erhält man folgendes Bildungsgesetz für die Punktabszissen:

Fixpunktformel:
$$\mathbf{x_{n+1} = g(x_n)}$$

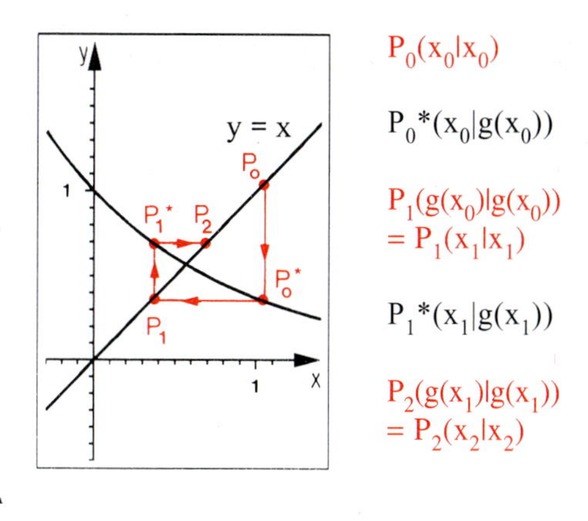

Der im Diagramm dargestellte Streckenzug $P_0 \to P_0^* \to P_1 \to P_1^* \to P_2 \ldots$ zieht sich unter günstigen Voraussetzungen "spiralförmig" auf den Fixpunkt zusammen.

Beispiel: Bestimmen Sie einen Näherungwert für die Nullstelle von $f(x) = x - e^{-x}$, der auf 4 Dezimalen genau ist.

Lösung:
Die Nullstelle von f ist ein Fixpunkt der Funktion zu $g(x) = e^{-x}$.

Da die Nullstelle im Intervall I = [0 ; 1] liegt, beginnen wir das Näherungsverfahren z.B. mit dem Startpunkt $P_0(1|1)$.
Die weiteren Punkte werden nach der Fixpunktformel

$$x_{n+1} = e^{-x_n}$$

gebildet.
Die Rechnungen sind mit dem Taschenrechner schnell erledigt.
Nach 25 Iterationsschritten erhalten wir

$$x_{25} = 0{,}567143.$$

Dieser Näherungswert ist recht genau:

$$f(x_{25}) = -0{,}000000455.$$

$$f(x) = x - e^{-x} = 0 \Leftrightarrow x = e^{-x} = g(x)$$

Startstelle: $P_0(1|1)$

Bildungsgesetz: $x_{n+1} = e^{-x_n}$

Tabelle:

n	x_n
0	1
1	0,367879
2	0,692201
3	**0,5**00474
4	0,606244
5	**0,5**45396
10	**0,56**8429
15	**0,567**068
20	**0,5671**48
25	**0,567143**

Übung 1
Bestimmen Sie die Nullstelle von f auf 3 Dezimalen genau.
a) $f(x) = x - 2e^{-x}$ b) $f(x) = 2x - e^{-x}$ c) $f(x) = x - \cos x$

B. Konvergenz des Fixpunktverfahrens

Leider ist die Situation nicht immer so einfach wie im ersten Beispiel. Durch die Funktion f, von der eine Nullstelle gesucht wird, ist die zugehörige Fixpunktfunktion g nicht eindeutig festgelegt.
Das Problem der Nullstellenbestimmung von f lässt sich auf vielfältige Weise in ein äquivalentes Fixpunktproblem umformulieren.

Beispiel: Zeigen Sie, dass die Nullstelle von $f(x) = 4x^3 - x^2 + 4x - 2$ ein Fixpunkt der Funktionen zu $g_1(x) = \frac{1}{4}\cdot\frac{x^2+2}{x^2+1}$, $g_2(x) = -x^3 + \frac{1}{4}x^2 + \frac{1}{2}$, $g_3(x) = \frac{1}{4} + \frac{1-2x}{2x^2}$ ist.

Lösung:

$$4x^3 - x^2 + 4x - 2 = 0 \iff 4x^3 + 4x = x^2 + 2 \iff 4x\cdot(x^2+1) = x^2 + 2 \iff x = \frac{1}{4}\cdot\frac{x^2+2}{x^2+1} = g_1(x)$$

$$\iff 4x = -4x^3 + x^2 + 2 \iff x = -x^3 + \frac{1}{4}x^2 + \frac{1}{2} = g_2(x)$$

$$\iff 4x^3 = x^2 - 4x + 2 \iff x = \frac{1}{4} - \frac{1}{x} + \frac{1}{2x^2} \iff x = \frac{1}{4} + \frac{1-2x}{2x^2} = g_3(x)$$

Damit stellt sich folgende Frage: Wie kann man feststellen, ob eine konkrete Fixpunktfunktion für das vorliegende Nullstellenproblem geeignet ist oder nicht?

Zur Beantwortung dieser Frage betrachten wir das letzte Beispiel noch etwas genauer.

Beispiel: a) Berechnen Sie die ersten 10 Näherungswerte für den Fixpunkt der Funktionen g_1 und g_2. Startstelle sei $P_0(\frac{1}{2}|\frac{1}{2})$.
Vergleichen Sie die Qualität der beiden Näherungen.
b) Was erhalten Sie, wenn das Fixpunktverfahren auf g_3 angewendet wird?

Lösung:

a) Näherung mit g_1:

$$x_{n+1} = \frac{1}{4}\cdot\frac{x_n^2+2}{x_n^2+1} = \frac{1}{4}\cdot\left(1+\frac{1}{x_n^2+1}\right)$$

n	x_n
0	0,500000
1	**0,45**0000
2	**0,457**900
3	**0,456**667
4	**0,4568**60
5	**0,45683**0
10	**0,456834**

$\overline{x} \approx 0{,}456834$ (auf 6 Stellen genau)

Näherung mit g_2:

$$x_{n+1} = -x_n^3 + \frac{1}{4}x_n^2 + \frac{1}{2}$$

n	x_n
0	0,500000
1	**0,4**37500
2	**0,4**64111
3	**0,45**3881
4	**0,45**7999
5	**0,456**369
10	**0,45683**9

$\overline{x} \approx 0{,}45683$ (auf 5 Stellen genau)

Die Funktion g_1 liefert schneller genauere Näherungswerte als die Funktion g_2.

b) Verwenden wir dieselbe Startstelle $P_0(\frac{1}{2}|\frac{1}{2})$ und das durch g_3 vorgegebene Bildungsgesetz, so erhalten wir
$x_1 = 0{,}25$; $x_2 = 4{,}25$; $x_3 = 0{,}042388$; $x_4 = 254{,}9455$; ...
Das Fixpunktverfahren versagt in diesem Fall. Die Folge der Zahlen x_n divergiert.

Um den Grund aufzuspüren, stellen wir die Funktionen g_1, g_2 und g_3 in der Nähe des Fixpunktes graphisch dar und untersuchen, wie der Streckenzug durch die neu berechneten Punkte (vgl. Seite 265) von der Steigung der Fixpunktfunktion abhängt.

Graph von g_1

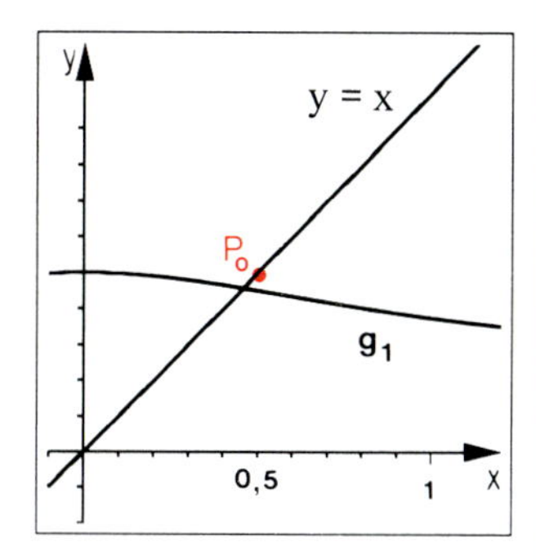

Der Betrag der Steigung von g_1 ist klein.

$$g_1'(x) = -\frac{x}{2(1+x^2)^2}$$

Abschätzung des Betrags von g_1' auf dem Intervall $[0 ; \frac{1}{2}]$:

$$|g_1'(x)| \leq \frac{0{,}5}{2 \cdot (1+0)^2} = \frac{1}{4}$$

Schnelle Konvergenz

Graph von g_2

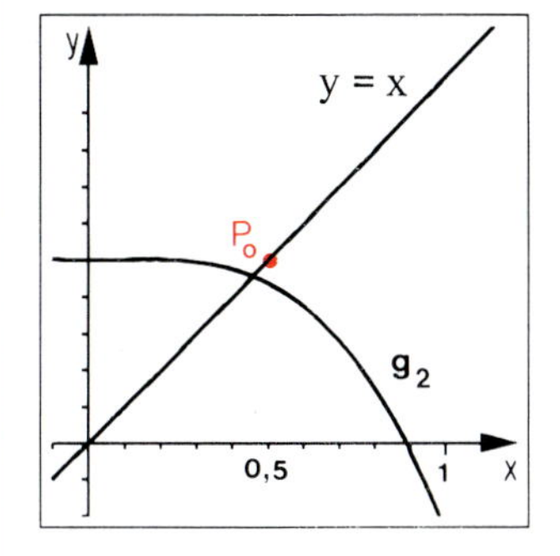

Der Betrag der Steigung von g_2 ist größer als von g_1.

$$g_2'(x) = -3x^2 + \frac{1}{2}x$$

Abschätzung des Betrags von g_2' auf dem Intervall $[0 ; \frac{1}{2}]$:

$$|g_2'(x)| \leq |g_2'(\tfrac{1}{2})| = \frac{1}{2}$$

Konvergenz

Graph von g_3

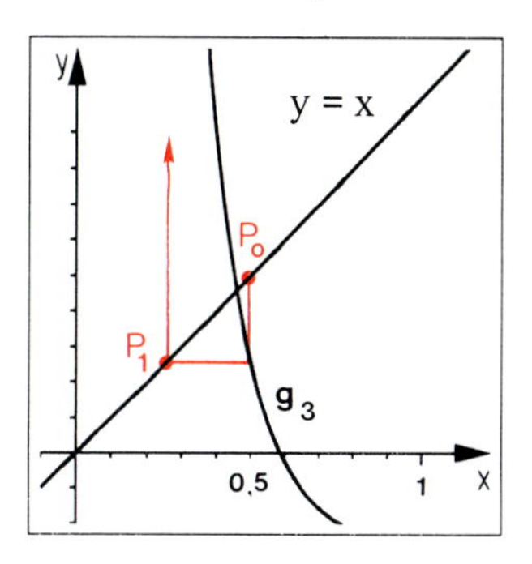

Der Betrag der Steigung von g_3 ist größer als 1.

$$g_3'(x) = \frac{x-1}{x^3}$$

Abschätzung des Betrags von g_3' auf dem Intervall $[0 ; \frac{1}{2}]$:

$$|g_3'(x)| > |g_3'(\tfrac{1}{2})| = 4$$

Divergenz

Damit kann folgendes Gütekriterium für die Eignung einer Fixpunktfunktion formuliert werden:

Gütekriterium für Fixpunktfunktionen

In der Regel konvergiert das Fixpunktverfahren, wenn in einer Umgebung U des Fixpunktes $\overline{x}$ die Ableitung der Fixpunktfunktion g deutlich kleiner als 1 ist, d.h., wenn gilt:

$$|g'(x)| \leq L < 1 \text{ gilt für alle } x \in U.$$

Je kleiner die Schranke L gewählt werden kann, desto besser ist die Konvergenz.

Das Gütekriterium wird durch die folgende Überlegung untermauert:

Man kann erwarten, dass das Fixpunktverfahren konvergiert, wenn der Näherungswert x_{n+1} dichter am Fixpunkt $\overline{x}$ liegt als sein Vorgänger x_n, d.h.:

$$|x_{n+1} - \overline{x}| \le L \cdot |x_n - \overline{x}| \text{ mit } L < 1.$$

Die nebenstehende Rechnung zeigt, dass diese Bedingung nur erfüllt wird, wenn g'(x) in der Nähe des Fixpunktes vom Betrag her kleiner als L < 1 ist.

$$|x_{n+1} - \overline{x}| \le L \cdot |x_n - \overline{x}|$$

$$\Leftrightarrow |g(x_n) - \overline{x}| \le L \cdot |x_n - \overline{x}|$$

$$\Leftrightarrow |g(x_n) - g(\overline{x})| \le L \cdot |x_n - \overline{x}|$$

(da $g(\overline{x}) = \overline{x}$)

$$\Leftrightarrow \left|\frac{g(x_n) - g(\overline{x})}{x_n - \overline{x}}\right| \le L$$

Für $x_n \approx \overline{x}$ ist der Quotient in etwa gleich $g'(\overline{x})$. Je kleiner L gewählt werden kann, desto größer ist die Verbesserung pro Iterationsschritt.

Beispiel: Die Funktion zu $f(x) = x^5 - 3x + 1$ hat eine Nullstelle $\overline{x}$ im Intervall [1 ; 2].

a) Weisen Sie nach, dass sowohl g_1 als auch g_2 mit $g_1(x) = \sqrt[5]{3x-1}$ und $g_2(x) = \sqrt[4]{3 - \frac{1}{x}}$ Fixpunktfunktionen von f sind.

b) Untersuchen Sie mit dem Ableitungskriterium, welche Funktion bessere Näherungswerte liefern wird.

c) Bestätigen Sie Ihr Ergebnis aus b) durch die Berechnung von 10 Näherungswerten mit beiden Verfahren (Startpunkt $P_0(1|1)$).

Lösung:

a) Wegen f(1) = −1 und f(2) = 27 ist die Existenz der Nullstelle $\overline{x}$ gesichert. Einfache Äquivalenzumformungen der Gleichung f(x) = 0 weisen nach, dass sowohl g_1 als auch g_2 Fixpunktfunktionen von f sind.

$$x^5 = 3x - 1 \quad \Leftrightarrow x = \sqrt[5]{3x-1} = g_1(x)$$

$$x^5 = 3x - 1 \quad \Leftrightarrow x^4 = 3 - \frac{1}{x}$$

$$\Leftrightarrow x = \sqrt[4]{3 - \frac{1}{x}} = g_2(x)$$

b) Wir bilden die Ableitungen der Fixpunktfunktionen und schätzen diese auf dem Intervall [1 ; 2], welches den Fixpunkt enthält, nach oben ab.

Ergebnis: $|g_1'(x)| \le 0{,}345$
$|g_2'(x)| \le 0{,}11.$

Da die Schranke für g_2' erheblich kleiner als die für g_1' ist, können wir erwarten, dass die Fixpunktfunktion g_2 die besseren Näherungswerte liefert.

Untersuchung von g_1:

$$g_1'(x) = \frac{3}{5 \cdot \left(\sqrt[5]{3x-1}\right)^4}$$

$$|g_1'(x)| \le \frac{3}{5 \cdot \left(\sqrt[5]{3-1}\right)^4} \approx 0{,}345$$

Untersuchung von g_2:

$$g_2'(x) = \frac{1}{4x^2} \cdot \frac{1}{\left(\sqrt[4]{3 - \frac{1}{x}}\right)^3}$$

$$|g_2'(x)| \le \frac{1}{4} \cdot \frac{1}{\left(\sqrt[4]{3-1}\right)^3} \approx 0{,}149$$

◊ c) Die Durchführung der Rechnung bestätigt die Vermutung eindrucksvoll:

◊ Mit g_2 ist schon $x_6 = 1{,}214648$ auf 6 Dezimalen genau; eine Genauigkeit, die g_1 auch mit der 10. Näherung nicht erreicht.

◊ Näherung: $\overline{x} \approx 1{,}214648$

Näherungswerte:

n	Näherung von g_1 x_n	Näherung von g_2 x_n
0	1,000000	1,000000
1	1,148698	1,189207
2	1,195899	**1,21**2184
3	**1,2**09436	**1,214**414
4	**1,21**3208	**1,2146**26
6	**1,214**539	**1,214648**
10	**1,21464**7	**1,214648**

Übung 2

a) Weisen Sie nach, dass $f(x) = x^6 - 4x + 2$ eine Nullstelle im Intervall [1 ; 2] hat.

b) Untersuchen Sie die Güte der von $g(x) = \sqrt[6]{4x-2}$ gelieferten Näherungen und berechnen Sie 10 Näherungswerte.

c) Suchen Sie eine Fixpunktfunktion g, die bessere Näherungswerte liefert.

Wir fassen zusammen.

Das Fixpunktverfahren

1. Das Intervall I, in dem die Nullstelle der gegebenen Funktion liegt, wird eingegrenzt und ein Startpunkt für das Fixpunktverfahren festgelegt.

2. Das Nullstellenproblem $f(x) = 0$ wird in ein äquivalentes Fixpunktproblem $g(x) = x$ umformuliert.
Der Graph von g sollte in der Umgebung des Fixpunktes möglichst flach verlaufen.

3. Mit der Vorschrift
$$x_{n+1} = g(x_n)$$
werden so lange Näherungswerte berechnet, bis die gewünschte Genauigkeit erreicht ist.

Beispiel: Gesucht ist die Nullstelle von $f(x) = x^3 - x - 4$.

1. $f(1) = -4$ $\quad I = [1\,;\,2]$
$f(2) = 2$ $\quad$ Startpunkt $P_0(2|2)$

2. $x^3 - x - 4 = 0 \Leftrightarrow x^3 = x + 4$
Fixpunktfunktion: $g(x) = \sqrt[3]{x+4}$
Abschätzung der Ableitung von g:
$$|g'(x)| = \left| \frac{1}{3\cdot\left(\sqrt[3]{x+4}\right)^2} \right| < \frac{1}{3} \text{ für } x \in I$$

3. $x_0 = 2$
$x_{n+1} = \sqrt[3]{x_n + 4}$
$x_{10} = 1{,}7963219$
$f(x_{10}) = -0{,}000000028$

Übung 3

Bestimmen Sie die Nullstelle $\overline{x}$ der Funktion zu $f(x) = \frac{x}{2} + e^x$ mit einer Genauigkeit von mindestens 10^{-2} mit Hilfe einer geeigneten Fixpunktfunktion g. Vergleichen Sie die Konvergenzgüte des Verfahrens mit der des Newton-Verfahrens (Seite 257).

Schnittstellen zweier Funktionen f_1 und f_2 können ebenfalls mit dem Fixpunktverfahren berechnet werden, denn die Schnittstellen von f_1 und f_2 sind identisch mit den Nullstellen der Differenzfunktion $f = f_1 - f_2$.

Beispiel: Gegeben sind die Funktionen zu $f_1(x) = x^2$ und $f_2(x) = \frac{4x-2}{x^2}$.

a) Zeichnen Sie die Graphen von f_1 und f_2 und bestimmen Sie die Anzahl und ungefähre Lage der Schnittstellen.

b) Bestimmen Sie mit dem Fixpunktverfahren Näherungswerte für die im Intervall [1 ; 2] liegende Schnittstelle.

Lösung:

a) Aus der Skizze ist ersichtlich, dass f_1 und f_2 je eine Schnittstelle im Intervall $I_1 = [0 ; 1]$ und im Intervall $I_2 = [1 ; 2]$ haben. Weitere Schnittstellen sind nicht vorhanden.

Die Schnittstellen von f_1 und f_2 sind Nullstellen der Funktion f mit
$f(x) = x^4 - 4x + 2$.

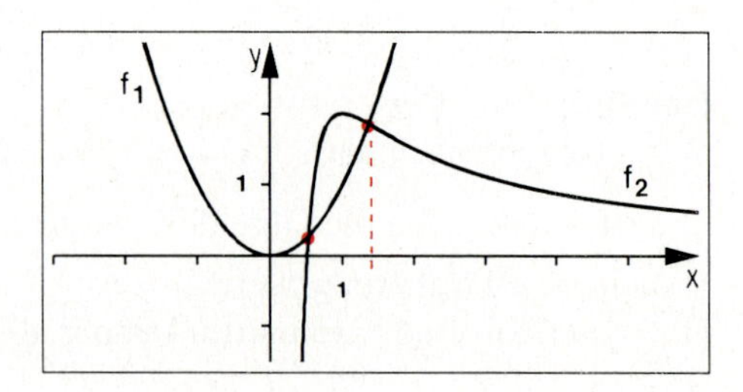

$$x^2 = \frac{4x-2}{x^2} \Leftrightarrow x^4 = 4x - 2 \Leftrightarrow x^4 - 4x + 2 = 0$$

b) Mögliche Fixpunktfunktionen sind g_1 und g_2 mit

$$g_1(x) = \frac{2}{4-x^3} \text{ und } g_2(x) = \sqrt[4]{4x-2}.$$

Eine gebrochen-rationale Funktion mit waagerechter Asymptote hat i. A. kleine Steigungen, wenn ein Bereich betrachtet wird, in dem keine Polstelle der Funktion liegt. Eine Wurzelfunktion wie g_2 verläuft für größere Werte des Radikanten recht flach.

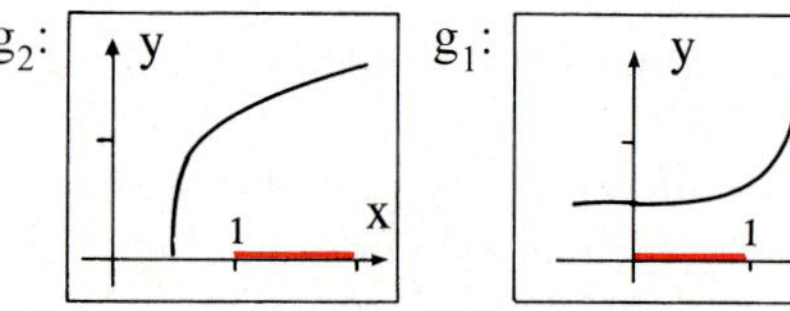

Bereiche kleiner Steigungen

$$|g_2'(x)| = \left| \frac{1}{(\sqrt[4]{4x-2})^3} \right| \le \frac{1}{(\sqrt[4]{4-2})^3} \le 0{,}595$$

Da wir das Intervall [1 ; 2] betrachten, entscheiden wir uns für g_2 als Fixpunktfunktion. Im Intervall [1 ; 2] gilt:
$|g_2'(x)| \le 0{,}595$.

Die 10. Näherung liefert:
$\bar{x} = 1{,}363$ ist Schnittstelle von f_1 und f_2.

n	x_n
1	1,00000
2	1,18907
3	1,28855
10	1,36299

$$x_{n+1} = \sqrt[4]{4x_n - 2}$$

$$f(1{,}363) \approx -0{,}0007$$

Übung 4

Bestimmen Sie die Schnittstelle von f_1 und f_2 im Intervall [0 ; 1] mit der Fixpunktfunktion g_1. Schätzen Sie zuerst g_1' auf diesem Intervall ab.

Übung 5

Bestimmen Sie die Lösungen der Gleichungen mit dem Fixpunktverfahren.

a) $x^3 + x + 1 = 0$ b) $x^7 - 5x + 1 = 0$ c) $x \cdot e^x - x - 2 = 0$

Übung 6

Bestimmen Sie die Schnittstellen von f_1 und f_2 mit $f_1(x) = x^2 - 3$ und $f_2(x) = 4 \cdot \ln x$.

IX. Differentialgleichungen

1. Der Begriff der Differentialgleichung

Bei der Beschreibung realer Vorgänge in Natur, Technik und Wirtschaft durch Funktionen betrachtet man neben den Funktionswerten y(x) auch die zugehörigen Steigungen y'(x), Krümmungen y''(x) usw. Im Idealfall findet man eine Gleichung, welche den Zusammenhang zwischen der gesuchten Funktion y und ihren Ableitungen y', y'', ... darstellt. Wegen des Auftretens von Ableitungen spricht man dann von einer **Differentialgleichung**.

Beispiel: Auf einem Nährboden wachse eine Bakterienkultur. x sei die Zeit seit Beobachtungsbeginn. y(x) sei die Anzahl der Bakterien zum Zeitpunkt x. Gesucht ist die Gleichung der Funktion y.
Information: Unter idealen Bedingungen gilt:
Verdoppelt man die Anzahl y der Bakterien, so verdoppelt sich auch der Bakterienzuwachs Δy, der im Zeitintervall Δx erzielt wird, denn die doppelte Bakterienzahl produziert den doppelten Nachwuchs. Gleiches gilt für eine beliebige Vervielfachung.
Verdoppelt man die für das Wachstum zur Verfügung stehende Zeit Δx, so verdoppelt sich auch der Bakterienzuwachs Δy, wenn Δx so klein ist, dass der Bestand y sich in diesem Zeitintervall nur wenig ändert. Auch hier gilt für beliebige Vervielfachung Entsprechendes.

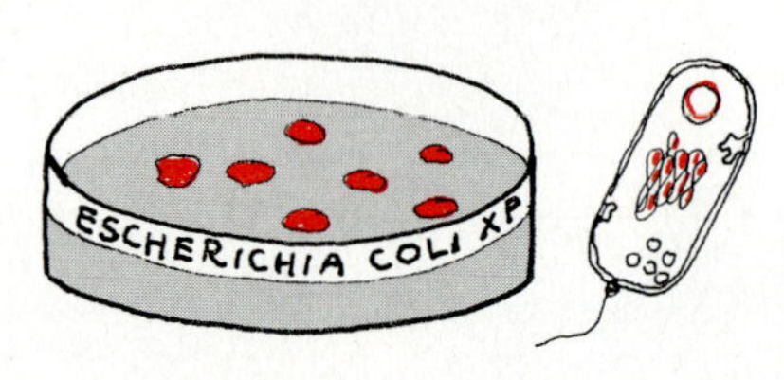

Der Bakterienzuwachs Δy ist zum Bakterienbestand y proportional:

$\Delta y \sim y.$

Der Bakterienzuwachs Δy ist zur Zeit Δx proportional:

$\Delta y \sim \Delta x \quad (\Delta x \text{ klein}).$

Lösung:
Aus der Information geht hervor, dass der Bestandszuwachs Δy proportional ist zum Bestand y und zur Zeitänderung Δx.
Koppelt man die beiden Proportionalitäten, so ergibt sich $\Delta y \sim \Delta x \cdot y$, was nach Umformungen und der Grenzwertbildung $\Delta x \to 0$ zur Differentialgleichung des Wachstumsprozesses führt: $y' = k \cdot y$.

Um diese zu lösen, d.h., um die Funktion y zu bestimmen, formt man die Differentialgleichung so um, dass ihre beiden Seiten leicht zu integrieren sind, wobei hier eine logarithmische Integration vorliegt.

Die sich ergebende Bestimmungsgleichung für y lösen wir nach y auf. In unserem Fall erhalten wir als Lösung die Funktionenschar $y(x)=D\cdot e^{kx}$, welche die Anzahl der Bakterien zur Zeit x angibt.
D ist die Anzahl der Bakterien zur Zeit x=0. k ist ein von der Bakterienart abhängiger Wachstumsfaktor, der experimentell bestimmt werden kann.

Aufstellen der Differentialgleichung:

$$\Delta y \sim \Delta x \cdot y$$
$$\frac{\Delta y}{\Delta x} \sim y$$
$$y' \sim y$$
$$\boxed{\mathbf{y' = k \cdot y}}$$

Differentialgleichung

Integration der Differentialgleichung:

$$\frac{y'}{y} = k$$
$$\int \frac{y'}{y}\,dx = \int k\,dx$$
$$\ln|y| + A = k\cdot x + B$$
$$\ln|y| = k\cdot x + C$$

Auflösen nach y:

$$|y| = e^{k\cdot x + C}$$
$$|y| = e^{C}\cdot e^{k\cdot x}$$
$$y = \pm e^{C}\cdot e^{k\cdot x}$$
$$\boxed{\mathbf{y = D\cdot e^{k\cdot x}}}$$

Lösung der Differentialgleichung

2. Die Differentialgleichung $y'=f(x)\cdot g(y)$ mit getrennten Variablen

In einer Differentialgleichung dürfen neben den Ableitungen y', y'', ... auch die unabhängige Variable x sowie die abhängige Variable y auftreten.
Besonders einfach lässt sich eine Differentialgleichung der Form $y'=f(x)\cdot g(y)$ lösen, bei welcher die Variablen x und y in zwei säuberlich voneinander getrennten Faktoren untergebracht sind, so dass man von einer **Differentialgleichung mit getrennten Variablen** spricht.

Beispiel: Die Funktion y hat folgende Eigenschaft: Ihre Steigung an einer beliebigen Stelle $x \neq 0$ erhält man, wenn man den verdoppelten Funktionswert durch den zugehörigen x-Wert dividiert. Um welche Funktion handelt es sich?

Lösung:
Wir stellen die Differentialgleichung nach den angegebenen textlichen Festlegungen auf.
Durch Weglassen der Funktionsargumente (y' anstelle von y'(x), y anstelle von y(x)) ergibt sich eine bequeme Kurzform.

Es handelt sich hier um eine Differentialgleichung mit getrennten Variablen ($f(x)=\frac{2}{x}$, $g(y)=y$).
Wir stellen diese Gleichung in differentieller Form dar, indem wir y' durch $\frac{dy}{dx}$ ersetzen. Wir ordnen nun alle y enthaltenden Terme links und alle x enthaltenden Terme rechts an (Trennung der Variablen).

Sodann integrieren wir auf beiden Seiten der Gleichung. Die sich ergebende Bestimmungsgleichung lösen wir schrittweise nach y auf.
Als Lösung der Differentialgleichung erhalten wir die Parabelschar zu $y(x)=D\cdot x^2$, $D\neq 0$.
Die Einschränkung $D\neq 0$ können wir aber sofort fallen lassen, da auch $y(x) = 0$ die Differentialgleichung ganz offensichtlich löst.
Diese Triviallösung ist in unserem Lösungsweg einer Division durch y zum Opfer gefallen, so dass wir sie nun nachträglich ergänzen müssen.

Aufstellen der Differentialgleichung:

$$\boxed{y'(x) = \frac{2\cdot y(x)}{x}}$$

Kurzform / getrennte Variable:

$$y' = \frac{2}{x}\cdot y$$

Differentielle Form:

$$\frac{dy}{dx} = y\cdot\frac{2}{x}$$

$$\frac{1}{y}\,dy = \frac{2}{x}\,dx$$

Integration der Differentialgleichung:

$$\int\frac{1}{y}\,dy = \int\frac{2}{x}\,dx$$

$$\ln|y| + A = 2\cdot\ln|x| + B$$

$$\ln|y| = 2\cdot\ln|x| + C$$

Auflösen nach y:

$$|y| = e^{2\cdot\ln|x| + C}$$

$$|y| = e^{C}\cdot(e^{\ln|x|})^2$$

$$y = \pm e^{C}\cdot x^2$$

$$\boxed{y = D\cdot x^2 \quad , \quad D\in\mathbb{R}}$$

Übung 1
Lösen Sie die Differentialgleichung.

a) $y' = x\cdot y^2$ b) $y' = (x+1)^2\cdot y$

c) $y' = \frac{2x}{3y^2}$ d) $y' = \sqrt{1-y^2}$

Übung 2
$y' = -x-y$ kann man mit Hilfe der Substitution $v=x+y$, $v'=1+y'$ in eine Differentialgleichung mit getrennten Variablen umwandeln. Lösen Sie die Differentialgleichung auf diese Weise.

3. Die lineare Differentialgleichung $y' = k(x) \cdot y + s(x)$

Unter Idealbedingungen kann die Geschwindigkeit $y'(x)$ eines Wachstumsprozesses zur Zeit x proportional zum Bestand $y(x)$ angenommen werden, so dass die Differentialgleichung $y' = k \cdot y$ einen solchen Prozess beschreibt (vgl. S. 272).

Wachstum mit konstantem Faktor:

$$y' = k \cdot y$$

y' ↑ Wachstumsgeschwindigkeit zur Zeit x

y ↑ Bestand zur Zeit x

Unter realen Bedingungen nimmt die Wachstumsgeschwindigkeit y' in der Regel mit zunehmendem Bestand y ab. Der konstante Wachstumsfaktor k wird durch einen zeitabhängigen Faktor $k(x)$ ersetzt.

Wachstum mit zeitabhängigem Faktor:

$$y' = k(x) \cdot y$$

Die Zeitabhängigkeit des Wachstumsfaktors $k(x)$ wird durch den mit der Zeit wachsenden Bestand verursacht. Zusätzlich können äußere, bestandsunabhängige Einflüsse (Temperaturschwankungen, Lichteinfall, jahreszeitliche Einflüsse) das Wachstum stören.
Dieses lässt sich durch Einfügung einer additiven Störfunktion $s(x)$ in die Differentialgleichung erfassen.

Wachstum mit zusätzlicher Störung:

$$y' = k(x) \cdot y + s(x)$$

Für derartige Differentialgleichungen wird im Folgenden das Lösungsverfahren entwickelt.

A. Die homogene Differentialgleichung $y' = k(x) \cdot y$

Eine Differentialgleichung des Typs $y' = k(x) \cdot y$ bezeichnet man als **homogene Differentialgleichung**.

$$y' = k(x) \cdot y \quad \text{(homogene Dgl.)}$$

Es handelt sich um eine Differentialgleichung mit getrennten Variablen, für die wir das Lösungsverfahren im vorhergehenden Abschnitt dargestellt haben.

Als Lösung erhalten wir die Schar von Exponentialfunktionen zu $y(x) = D \cdot e^{K(x)}$, wobei $K(x)$ eine Stammfunktion des zeitabhängigen Wachstumsfaktors $k(x)$ ist.

Lösungsverfahren:

$$\frac{dy}{dx} = k(x) \cdot y$$

$$\frac{dy}{y} = k(x)dx$$

$$\int \frac{dy}{y} = \int k(x)\, dx$$

$$\ln|y| = K(x) + C$$

$$|y| = e^{K(x)} \cdot e^C$$

$$y = D \cdot e^{K(x)}$$

$$\mathbf{y = D \cdot e^{K(x)}} \; ; \; K(x) = \int k(x)\, dx \, , \; D \in \mathbb{R}$$

Beispiel: Ungestörtes Bakterienwachstum gehorcht der Wachstumsgleichung $y' = k \cdot y$. Führt man zur Bekämpfung einer Infektion kontinuierlich ein Antibiotikum zu, so kann man im stark vereinfachten Modell den Wachstumsfaktor k durch eine linear mit der Zeit x abnehmende Funktion k mit $k(x) = k - ax$ ersetzen, weil eine mit der Zeit kontinuierlich ansteigende Konzentration des Antibiotikums das Wachstum immer stärker abbremst.
In einem konkreten Fall liege die Wachstumsgleichung $y' = (0{,}8 - 0{,}4x) \cdot y$ vor. Der Bakterienbestand zur Zeit $x = 0$ sei auf $y_0 = 100$ Einheiten normiert.
Skizzieren Sie einige Kurven der Lösungsschar der Differentialgleichung.
Welche Scharkurve gibt den konkreten Infektionsverlauf wieder?

Lösung:
Die Lösung der vorliegenden homogenen Differentialgleichung erhalten wir, indem wir die Veränderlichen trennen und dann integrieren. Es ergibt sich die Exponentialschar y mit $y(x) = D \cdot e^{0{,}8x - 0{,}2x^2}$.

Einige Kurven der Schar sind unten rechts abgebildet. Jede Kurve gibt einen möglichen Infektionsverlauf wieder.

Unsere Anfangsbedingung, dass der Bestand y zur Zeit $x = 0$ auf den Anfangswert $y_0 = 100$ normiert sein sollte, legt den Scharparameter auf $D = 100$ fest und sortiert damit genau eine Scharkurve aus.

Man sagt auch, dass das **Anfangswertproblem** $y' = (0{,}8 - 0{,}4x) \cdot y$ mit $y(0) = 100$ eine eindeutige Lösung besitzt, nämlich $y = 100 \cdot e^{0{,}8x - 0{,}2x^2}$.

Alle Scharkurven zeigen ein ähnliches Verhalten: Zunächst nimmt der Grad der Infektion – wenn auch schon durch das Antibiotikum gebremst – bis auf einen Höchststand noch zu, um dann exponentiell abzuklingen.

Differentialgleichung:
$y' = (0{,}8 - 0{,}4x) \cdot y$

Lösung der Differentialgleichung:

$$\frac{dy}{y} = (0{,}8 - 0{,}4x)\,dx$$

$$\ln|y| = 0{,}8x - 0{,}2x^2 + A$$

$$y = \pm e^A \cdot e^{0{,}8x - 0{,}2x^2} = D \cdot e^{0{,}8x - 0{,}2x^2}$$

Lösung des Anfangswertproblems:
$y_0 = 100$
$y(0) = D \cdot e^0 = 100 \;\Rightarrow\; D = 100$
$y = 100 e^{0{,}8x - 0{,}2x^2}$

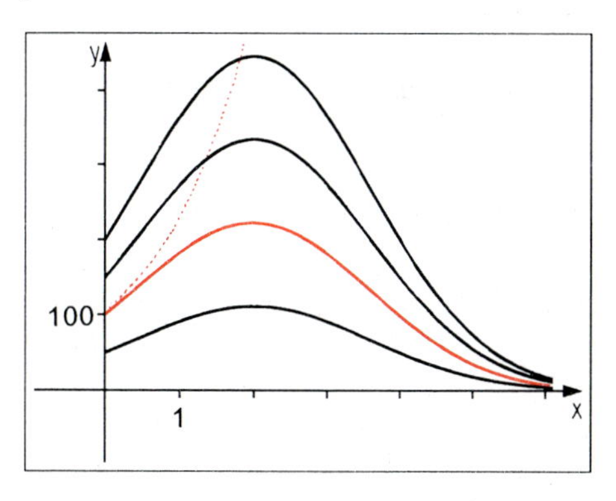

Übung 3
Lösen Sie die folgenden Differentialgleichungen allgemein.
a) $y' = (x + \frac{1}{x}) \cdot y$, $x \neq 0$
b) $x^3 \cdot y' + (2 - 3x^2) \cdot y = 0$
c) $x \cdot \ln x \cdot y' + y = 0$, $x > 0$
d) $y' = (\ln x - 1) \cdot y$, $x > 0$

Übung 4
Lösen Sie das Anfangswertproblem.
a) $\frac{1}{x\sqrt{x+1}} \cdot y = y'$; $y(8) = 1$
b) $y' + \cos x \cdot y = 0$; $y(0) = 0{,}5$
c) $\sqrt{x} \cdot y' = \frac{1}{2} y$; $y(1) = 2e$

Übung 5

a) Welche Kurven y besitzen die Eigenschaft, dass alle ihre Tangenten durch den Ursprung gehen?

b) Alle Normalen der Kurve y gehen durch den Ursprung. Außerdem gilt $y(1) = 1$.
Hinweis: Normalen von y sind Geraden, die die Kurve y senkrecht schneiden.

B. Die inhomogene Differentialgleichung $y' = k(x) \cdot y + s(x)$

Eine Differentialgleichung von der Form $y' = k(x) \cdot y + s(x)$ wird als **inhomogene Differentialgleichung** bezeichnet.
Sie unterscheidet sich von der zugehörigen homogenen Differentialgleichung $y' = k(x) \cdot y$ nur durch den additiven Störfaktor $s(x)$.

Daher ist zu erwarten, dass zwischen den Lösungen beider Gleichungen ein enger Zusammenhang besteht.

Wie eine homogene Differentialgleichung gelöst wird, ist uns bereits bekannt. Ihre allgemeine Lösung bezeichnen wir im Folgenden kurz mit y_{hom}.

Die nebenstehende Rechnung zeigt, dass die Differenz $y_2 - y_1$ zweier beliebiger Lösungen der inhomogenen Differentialgleichung eine spezielle Lösung y_h der homogenen Differentialgleichung ist, denn beim Subtrahieren fällt die Störfunktion $s(x)$ weg.
Daher gilt $y_2 = y_1 + y_h$, wobei y_h eine Funktion der Schar y_{hom} ist.

Wenn man also eine spezielle Lösung y_1 der inhomogenen Differentialgleichung kennt, erhält man die gesamte Lösungsschar y_{inh}, indem man zu y_1 die gesamte Lösungsschar y_{hom} der zugehörigen homogenen Differentialgleichung addiert.

$y' = k(x) \cdot y + s(x)$	Inhomogene Dgl.
$y' = k(x) \cdot y$	zugehörige homogene Dgl.

Die Differenz von zwei beliebigen "inhomogenen" Lösungen löst die homogene Differentialgleichung:

$y_1(x)$, $y_2(x)$ seien Lösungen der inhomogenen Differentialgleichung

$$\Rightarrow \begin{aligned} y_1' &= k(x) \cdot y_1 + s(x) \\ y_2' &= k(x) \cdot y_2 + s(x) \end{aligned}$$

$$\Rightarrow y_2' - y_1' = k(x) \cdot y_2 - k(x) \cdot y_1$$

$$\Rightarrow (y_2 - y_1)' = k(x) \cdot (y_2 - y_1)$$

$\Rightarrow$ $y_2 - y_1$ ist eine Lösung der homogenen Differentialgleichung

$\Rightarrow$ $y_2 - y_1 = y_h$ mit einem $y_h \in y_{hom.}$

Allgemeine Lösung der inhomogenen Differentialgleichung:

$\mathbf{y_{inh}(x)}$	=	$\mathbf{y_1(x)}$	+	$\mathbf{y_{hom}(x)}$
Lösungsschar der inhom. Dgl.		eine spezielle Lösung der inhom. Dgl.		Lösungsschar der hom. Dgl.

Damit haben wir das Problem der Lösung einer inhomogenen Differentialgleichung darauf reduziert, eine einzige, spezielle Lösung dieser Gleichung aufzufinden.

Hat die homogene Differentialgleichung die allgemeine Lösung $y = D \cdot e^{K(x)}$, so kann man für eine spezielle Lösung der inhomogenen Differentialgleichung $y_1(x) = D(x) \cdot e^{K(x)}$ als Ansatz verwenden. Der konstante Faktor D wird durch einen variablen Term D(x) ersetzt. Diese Methode, die man **Variation der Konstanten** nennt, wurde bereits vom französischen Mathematiker *Joseph Louis Lagrange (1736-1813)* entdeckt. Wir demonstrieren an einem Beispiel die praktische Durchführung.

Beispiel: Gesucht ist die allgemeine Lösung der inhomogenen Differentialgleichung:

$$y' = -\frac{1}{x}y + 1 + x\,,\ x > 0.$$

Lösung:
Wir berechnen zunächst die allgemeine Lösung der homogenen Differentialgleichung durch Anwendung der Methode der Trennung der Veränderlichen.
Resultat: $y_{hom}(x) = D \cdot \frac{1}{x}$ $(D \in \mathbb{R})$.

Nun verwenden wir für eine spezielle Lösung $y_1(x)$ der inhomogenen Differentialgleichung den Ansatz

$$y_1(x) = D(x) \cdot \frac{1}{x}\,,$$

der durch Variabilisierung der Konstanten D der homogenen Lösung entsteht.

Wir errechnen hieraus $y_1'(x)$ und setzen $y_1(x)$ und $y_1'(x)$ in die inhomogene Differentialgleichung ein. Das Ergebnis ist eine Bestimmungsgleichung für D'(x):

$$D'(x) = x + x^2.$$

Durch Integration errechnen wir

$$D(x) = \frac{1}{2}x^2 + \frac{1}{3}x^3.$$

Durch Einsetzen in den Ansatz für y_1 erhalten wir damit als spezielle Lösung:

$$y_1(x) = \frac{1}{2}x + \frac{1}{3}x^2.$$

Durch Addition der allgemeinen Lösung y_{hom} der homogenen Differentialgleichung ergibt sich die Lösungsgesamtheit der inhomogenen Differentialgleichung:

$$y_{inh}(x) = \frac{1}{2}x + \frac{1}{3}x^2 + D \cdot \frac{1}{x} \quad (D \in \mathbb{R}).$$

Lösung der homogenen Dgl.:

$$y' = -\frac{1}{x}y \quad \Rightarrow \quad \frac{dy}{y} = -\frac{1}{x}dx$$

$$\Rightarrow \quad \ln|y| = -\ln x + A$$

$$\Rightarrow \quad y = \pm e^A \cdot e^{\ln(\frac{1}{x})}$$

$$\boxed{y_{hom}(x) = D \cdot \frac{1}{x} \quad (D \in \mathbb{R})}$$

Variation der Konstanten:

Ansatz: $y_1(x) = D(x) \cdot \frac{1}{x}$

$$y_1'(x) = D'(x) \cdot \frac{1}{x} - D(x) \cdot \frac{1}{x^2}$$

Einsetzen von y_1, y_1' in die inhom. Dgl.:

$$D'(x) \cdot \frac{1}{x} - D(x) \cdot \frac{1}{x^2} = -\frac{1}{x} \cdot (D(x) \cdot \frac{1}{x}) + 1 + x$$

$$D'(x) \cdot \frac{1}{x} = 1 + x$$

$$D'(x) = x + x^2$$

$$D(x) = \frac{1}{2}x^2 + \frac{1}{3}x^3$$

$$y_1(x) = D(x) \cdot \frac{1}{x} = (\frac{1}{2}x^2 + \frac{1}{3}x^3) \cdot \frac{1}{x}$$

$$\boxed{y_1 = \frac{1}{2}x + \frac{1}{3}x^2}$$

Lösung der inhomogenen Dgl.:

$$y_{inh} = y_1 + y_{hom}$$

$$\boxed{y_{inh}(x) = \frac{1}{2}x + \frac{1}{3}x^2 + D \cdot \frac{1}{x} \quad (D \in \mathbb{R})}$$

Wir stellen das Lösungsverfahren für die lineare Differentialgleichung $y' = k(x) \cdot y + s(x)$ noch einmal zusammengefasst dar.

1. Allgemeine Lösung y_{hom} der homogenen Differentialgleichung $y' = k(x) \cdot y$ *(Trennung der Veränderlichen)*	$y_{hom}(x) = D \cdot e^{K(x)}$, $K(x) = \int k(x)\,dx$, $D \in \mathbb{R}$
2. Spezielle Lösung y_1 der inhomogenen Differentialgleichung $y' = k(x) \cdot y + s(x)$ *(Variation der Konstanten)*	Variationsansatz: $y_1 = D(x) \cdot e^{K(x)}$ Bestimmungsgleichung für $D(x)$: $D(x) = \int s(x) \cdot e^{-K(x)}\,dx$
3. Allgemeine Lösung der inhomogenen Differentialgleichung *(Addition)*	$y_{inh}(x) = y_1(x) + y_{hom}(x)$

Übung 6
Lösen Sie die folgenden inhomogenen Differentialgleichungen allgemein.
a) $y' = 3y + e^x$ b) $y' = \frac{1}{x-2} \cdot y + 2(x-2)^2$ c) $y' = -y + \cos x$
d) $y' = x - y$ e) $xy' - 2y = (x - 2) \cdot e^x$ f) $xy' + 2y = 3x^3 - 2x + 4$

Übung 7
Lösen Sie die folgenden Anfangswertprobleme.
a) $xy' + y = -3$; $y(-1) = 0{,}5$ b) $y' + 5y = 4x$; $y(0) = 0{,}04$
c) $y' - 2y = 3x^2$; $y(0) = 0{,}25$ d) $y' + 0{,}5y = 1{,}5 \cdot \sin(4x)$; $y(0) = -1$

Übung 8
Ein Boot wird gerade mit einer konstanten Geschwindigkeit von $v_0 = 10\frac{m}{s}$ abgeschleppt, als das Schlepptau reißt, worauf der Matrose im Boot sofort in der alten Bewegungsrichtung mit einer Antriebskraft von 90 Newton zu rudern beginnt (Zeitpunkt $t = 0$). Bestimmen Sie die Bootsgeschwindigkeit nach 30 Sekunden, falls die Gesamtmasse des Bootes einschließlich des Matrosen 225 kg beträgt und die Wasserwiderstandskraft in Newton stets gleich dem 26,25-fachen der jeweiligen Geschwindigkeit $v(t)$ in $\frac{m}{s}$ ist.
Lösungshilfe: Die vorantreibende Kraft F kann man auf zwei Arten darstellen:
1. $F = m \cdot a(t) = m \cdot v'(t)$ sowie 2. $F = F_{Ruderantrieb} - F_{Wasserwiderstand}$
Stellen Sie damit eine Differentialgleichung für die Geschwindigkeit $v(t)$ auf. Lösen Sie diese zunächst allgemein und sodann das Anfangswertproblem.

Übung 9
Ein Fallschirmspringer besitzt die Fallgeschwindigkeit $v_0 = 55\frac{m}{s}$, als sich sein Fallschirm öffnet (Zeit $t = 0$). Die Luftwiderstandskraft in Newton beträgt $m \cdot g \cdot \frac{v^2}{25}$, wobei m das Gesamtgewicht von Mann und Fallschirm und $v = v(t)$ die Momentangeschwindigkeit zur Zeit t ist. Bestimmen Sie die Geschwindigkeit $v(t)$ nach Öffnung des Fallschirmes als Funktion der Zeit.
Anleitung: Aus den Gleichungen $F = m \cdot a(t) = m \cdot v'(t)$ und $F = F_{Gewicht} - F_{Luftwiderstand}$ erhält man für $v(t)$ eine Differentialgleichung mit getrennten Variablen.

C. Die Bernoulli-Differentialgleichung $y' + a(x)\cdot y + b(x)\cdot y^r = 0$

Zum Abschluss betrachten wir die nach *Jakob Bernoulli (1667-1748)* benannte Differentialgleichung, die sich durch die Substitution

$$u = y^{1-r}$$

auf eine lineare Differentialgleichung für die Variable u zurückführen lässt.
Diese Differentialgleichung wird mit den auf den vorherigen Seiten dargestellten Methoden gelöst.
Aus einer Lösung erhalten wir anschließend durch die Rücksubstitution

$$y = u^{\frac{1}{1-r}}$$

eine Lösung der Bernoulli-Differentialgleichung.

Bernoulli-Differentialgleichung
$y' + a(x)\cdot y + b(x)\cdot y^r = 0 \; ; \; r \in \mathbb{R}$

Substitution: $u = y^{1-r}$
$\Rightarrow u' = (1-r)\cdot y^{-r}\cdot y'$

Einsetzen in die Bernoulli-Dgl.:

$$\Rightarrow \frac{u'\cdot y^r}{1-r} + a(x)\cdot y + b(x)\cdot y^r = 0$$

$$\Rightarrow \frac{u'}{1-r} + a(x)\cdot u + b(x) = 0$$

$u' + (1-r)\cdot a(x)\cdot u + (1-r)\cdot b(x) = 0$
(lineare Differentialgleichung für u)

Beispiel: Lösen Sie die Differentialgleichung $y' + \frac{y}{1+x} + (1+x)y^2 = 0 \; ; \; y(0) = 1$.

Lösung:
Die Substitution $u = y^{-1}$ transformiert die Bernoulli-Differentialgleichung in eine lineare Differentialgleichung für u.
Die homogene lineare Differentialgleichung hat die Lösungsschar

$$u_{hom}(x) = D\cdot(1+x).$$

Durch Variation der Konstanten erhalten wir $u_1(x) = x\cdot(1+x)$ als spezielle Lösung der inhomogenen linearen Differentialgleichung. Die allgemeine Lösung ist daher $u_{inh}(x) = (x+D)\cdot(1+x)$.
Die Rücksubstitution $y = u^{-1}$ liefert als Lösungen der Bernoulli-Dgl.

$$y(x) = \frac{1}{(x+D)\cdot(1+x)}.$$

Das Anfangswertproblem $y(0) = 1$ führt dann auf die spezielle Scharfunktion

$$y(x) = \frac{1}{(1+x)^2}.$$

Substitution: $u = y^{-1} \Rightarrow u' = -y^{-2}\cdot y'$

Lineare Dgl. für u:

$$u' - \frac{1}{1+x}\cdot u - (1+x) = 0$$

Lösungen der homog. linearen Dgl.:
$u(x) = D\cdot(1+x), \; D \in \mathbb{R}$

Variation der Konstanten:

$$D(x) = \int \frac{1+x}{1+x}\,dx = x$$

Allgemeine Lösung der inhom. Dgl.:
$u(x) = (x+D)\cdot(1+x), \; D \in \mathbb{R}$

Lösungen der Bernoulli-Dgl.:

$$y(x) = \frac{1}{(x+D)\cdot(1+x)}, \; D \in \mathbb{R}$$

Anfangswertproblem:

$$y(0) = \frac{1}{D} = 1 \Leftrightarrow D = 1$$

Übung 10
Lösen Sie die Bernoulli-Differentialgleichung $y' + \frac{1}{x}\cdot y + (x+1)\cdot\sqrt{y} = 0$ allgemein sowie das Anfangswertproblem $y(1)=4$.

D. Übungen

Differentialgleichungen mit getrennten Veränderlichen

11. a) $x \cdot y' = y$ c) $\frac{y}{y'} = a$ e) $y' = x + xy$ g) $\tan x \cdot (1+y) \cdot y' = \sin x$

b) $y \cdot y' = 1$ d) $y' = (x \cdot y)^2$ f) $2y \cdot y' = 3x^2$ h) $e^{x+y} \cdot y' = \sin x$

12. Als *orthogonale Trajektorien* bezeichnet man die Kurven einer Schar y, die jede Kurve einer gegebenen Schar f senkrecht schneiden, wie im Bild exemplarisch dargestellt.

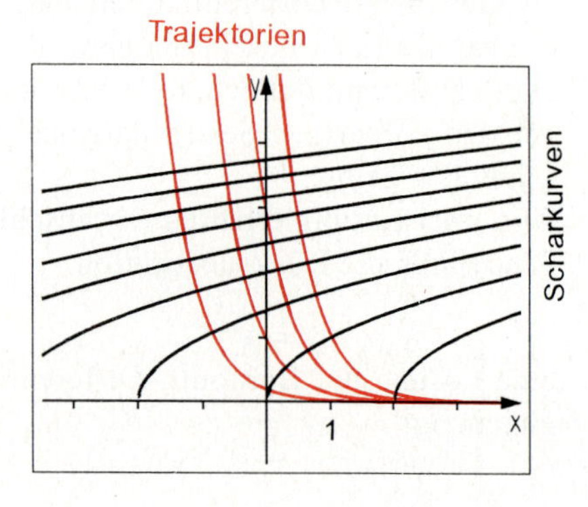

a) Gegeben sei die Schar zu $f_t(x) = \sqrt{x+t}$, $t \geq x$. Für jede Funktion y zu einer orthogonalen Trajektorie von f_t gilt $y(x) = f_t(x)$ sowie $y'(x) = -\frac{1}{f_t'(x)}$. Stellen Sie eine Differentialgleichung für y auf und lösen Sie diese.

b) Gesucht sind die orthogonalen Trajektorien der Schar zu $f_t(x) = -\sqrt{t - x^2}$, $t > 0$ bzw. die der Schar zu $f_t(x) = \frac{t}{x}$. Skizze!

Lineare Differentialgleichungen

13. a) $y' - 2 \cdot y = x$ d) $y' + 3x \cdot y - x = 0$ g) $y' = -\tan x \cdot y + \cos x$, $0 \leq x < \frac{\pi}{2}$

b) $2 \cdot y' + 3 \cdot y = 5$ e) $y' + x^2 \cdot y = 2x^2$ h) $y' \cdot \cos x + y \cdot \sin x = 1$, $0 \leq x < \frac{\pi}{2}$

c) $y' = e^{-x} - y$, $y(0) = 1$ f) $y' = 2x \cdot y + 2x \cdot e^{x^2}$, $y(1) = 0$ i) $x \cdot y' - y = x^3 \cdot \sin x$, $x > 0$

14. In einem Stromkreis befinden sich ein Widerstand R und eine Spule mit der Induktivität L. Es ist eine konstante Gleichspannung U angelegt. Die Stromstärke I(t) genügt nach dem Einschalten zur Zeit t=0 der Differentialgleichung $\mathbf{L \cdot I' + R \cdot I = U}$. Bestimmen Sie I(t), wenn I(0)=0 gilt. Skizzieren Sie den Graphen.

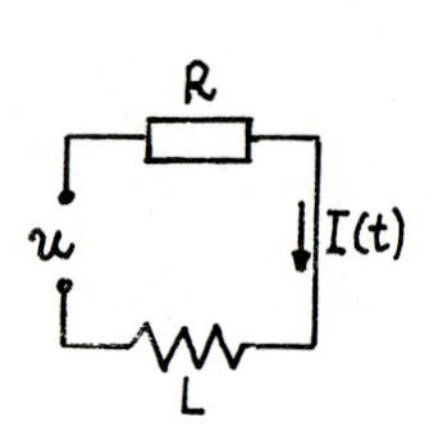

Und zum Abschluss: Die Raketengleichung

15. Eine Rakete habe zur Zeit t=0 die Startmasse m_0. Da der Treibstoff mit einer konstanten Ausströmungsrate r (Einheit: kg/s) ausgestoßen wird, nimmt ihre Masse m stetig nach der Gleichung $m(t) = m_0 - r \cdot t$ ab. Das Triebwerk erzeugt die konstante Schubkraft F_S, welche der abnehmenden Gewichtskraft $F_G(t) = m(t) \cdot g$ entgegenwirkt. Die Geschwindigkeit v(t) der Rakete genügt sodann der Differentialgleichung $\mathbf{[m(t) \cdot v(t)]' = F_S - m(t) \cdot g}$ mit $m(t) = m_0 - r \cdot t$, $g = 9{,}81 \ \frac{m}{s^2}$ und $v(0) = 0$.

a) Lösen Sie die Differentialgleichung durch direkte Integration.

b) Welche Endgeschwindigkeit erreicht die Rakete, wenn 80% der Startmasse m_0 Treibstoff sind und folgende Daten vorliegen: $m_0 = 2 \cdot 10^4$ kg, $r = 250$ kg/s, $F_S = 4 \cdot 10^5$ N?

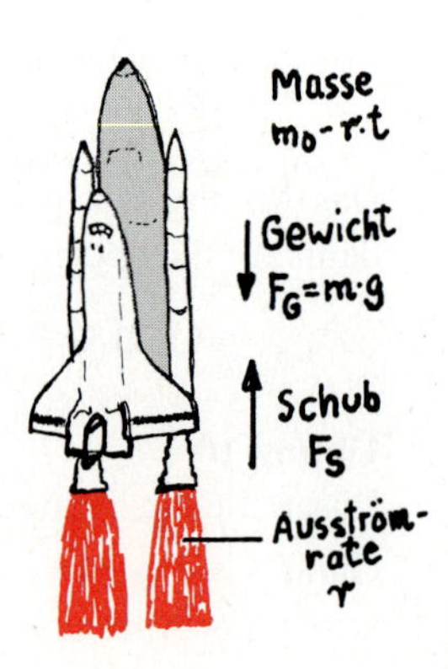

X. Zusammengesetzte Aufgaben

X. Zusammengesetzte Aufgaben

Im Folgenden wird eine Auswahl komplexer, zusammengesetzter Aufgaben angeboten. Diese Aufgaben entsprechen in ihrer Struktur Abituraufgaben, so dass sie sich sowohl zur Vertiefung als auch zur Abiturvorbereitung eignen. Es gibt auf Grundkurse ausgerichtete Aufgabenteile (Gk, Gk / Lk) und Aufgabenteile für Leistungskurse (Lk / Gk , Lk).

Aufgabe E1 **a) Gk** **b) Gk** **c) Gk**

Gegeben sei die Funktion zu $f(x) = 2(e^{-2x} - 3e^{-x})$.

a) Untersuchen Sie die Funktion f auf Nullstellen, Extrema und Wendepunkte. Wie verhält sich f für $x \to \pm\infty$?
Skizzieren Sie den Graphen von f für $-2 \leq x \leq 6$.
Bestimmen Sie die Gleichung der Wendetangente.

b) Berechnen Sie den Inhalt der Fläche, die unterhalb der x-Achse zwischen dem Graphen von f und der x-Achse liegt.

c) A sei die unter dem Graphen von f liegende Fläche im dritten Quadranten. Wie muss die linke Intervallgrenze von $I = [z\,;\,-\ln 3]$ gewählt werden, damit die Fläche unter f über dem Intervall I genau denselben Inhalt wie die Fläche A hat?

Aufgabe E2 **a) Gk / Lk** **b) Lk / Gk** **c) Lk / Gk**

Gegeben sei $f_t(x) = (x + t)e^{-x}$, $t > 0$.

a) Untersuchen Sie die Funktionenschar f_t auf Nullstellen, Extrema und Wendepunkte. Wie verhält sie sich für $x \to \pm\infty$?
Bestimmen Sie die Ortskurve der Extrema.
Skizzieren Sie die Graphen der Scharkurven f_0, f_1 und f_2 für $-2 \leq x \leq 3$.

b) Bestimmen Sie eine Stammfunktion von f_1 und berechnen Sie den Inhalt der Fläche A, die sich nach rechts unbegrenzt zwischen x-Achse und Funktionsgraph von f_1 erstreckt.

c) Bestimmen Sie die Gleichung der Wendetangente von f_t.
Diese bildet im ersten Quadranten mit den Koordinatenachsen eine Dreiecksfläche B. Für welchen Wert von t ist der Inhalt von B maximal?

Aufgabe E3 **a) Lk / Gk** **b) Lk** **c) Lk** **d) Lk** **e) nur Lk** **f) Lk** **g) Lk**

Gegeben sei die Funktion zu $f(x) = 1 - \frac{8}{e^{2x} + 4}$, $x \in \mathbb{R}$.

a) Untersuchen Sie f auf Nullstellen, Extrema und Wendepunkte. Wie verhält sich f für $x \to \pm\infty$? Welchen Wertebereich besitzt f? Skizzieren Sie den Graphen für $-4 \leq x \leq 4$.

b) Zeigen Sie, dass für alle $x \in \mathbb{R}$ gilt: $1 - f(x) \leq 2e^{-x}$. (Hinweis: $z = e^x$)

c) Zeigen Sie, dass die Fläche zwischen dem Graphen von f und der Geraden $y = 1$ für $x \geq 0$ einen endlichen Flächeninhalt hat. Verwenden Sie die Abschätzung aus b).

d) Zeigen Sie, dass f eine Lösung der Differentialgleichung $y' = 1 - y^2$ ist.

e) Geben Sie alle Lösungen der Differentialgleichung $y' = 1 - y^2$ an. Für welche Wahl des Scharparameters der Lösungsschar erhalten Sie die Funktion f?

f) Begründen Sie, dass f eine Umkehrfunktion f^{-1} besitzt. Wo ist f^{-1} definiert? Bestimmen Sie die Ableitungsfunktion von f^{-1}, ohne die explizite Funktionsgleichung von f^{-1} zu verwenden.

g) Die Graphen von f und f^{-1} schneiden sich in genau einem Punkt. Bestimmen Sie die x-Koordinate dieses Punktes mit Hilfe des Fixpunktverfahrens auf 3 Dezimalen genau.

Aufgabe E4	**a) Gk**	**b) Gk**	**c) Gk**	**d) Lk**	**e) Lk**	**f) nur Lk**

Gegeben sei die Funktion zu $f(x) = (1 - x^2) \cdot e^{-x}$.

a) Führen Sie eine Kurvendiskussion durch: Ableitungen f', f'', f''', Nullstellen, Extrema, Wendepunkte, Verhalten für $x \to \pm\infty$, Graph für $-1{,}5 \le x \le 6$.

b) Bestimmen Sie eine Stammfunktion F von f. Hinweis: Ansatz $F(x) = (ax^2 + bx + c) \cdot e^{-x}$ oder Anwendung der Methode der Produktintegration.

c) Bestimmen Sie den Inhalt der Fläche A, welche vom Graphen der Funktion und den beiden Koordinatenachsen im 2. Quadranten umschlossen wird.

d) Bestimmen Sie den Inhalt der rechtsseitig nicht begrenzten Fläche B, welche rechts von x=1 zwischen x-Achse und Graph von f liegt.

e) Der Flächeninhalt eines achsenparallelen Rechtecks R, dessen linker unterer Eckpunkt der Ursprung ist und dessen rechter oberer Eckpunkt bei x=u $(0 < u < 1)$ auf dem Graphen von f liegt, soll maximal werden. Bestimmen Sie u näherungsweise auf zwei Nachkommastellen.

f) Diskutieren Sie nun die Kurvenschar zu $f_t(x) = (t - x^2) \cdot e^{-x}$, $t \in \mathbb{R}$ (Ableitungen, Nullstellen, Extremstellen, Wendestellen. Hinweis: Fallunterscheidungen für t erforderlich!). Skizzieren Sie als typische Einzelkurven der Schar die Graphen zu f_{-3}, f_{-1}, f_0, f_1 und f_3.

Aufgabe L1	**a) Gk**	**b) Gk**	**c) Gk**	**d) Gk**	**e) Gk / Lk**	**f) Lk**	**g) Lk**

Gegeben sei die Funktionenschar zu $f_t(x) = -\ln(t - x)$, $t > 0$.

a) Bestimmen Sie für jede Scharkurve den Definitionsbereich und die Schnittpunkte mit den Koordinatenachsen. Untersuchen Sie f_t auf Extrema und Wendepunkte.

b) Benutzen Sie die Ergebnisse aus a), um den Graphen von f_5 zu skizzieren. Skizzieren Sie anschließend den Graphen der Umkehrfunktion f_5^{-1} von f_5 und geben Sie die Funktionsgleichung von f_5^{-1} an.

c) In welchen Punkten haben f_5 und f_5^{-1} jeweils die Steigung 2?

d) Der Graph von f_5^{-1}, die waagerechte Gerade y=5, die y-Achse und die senkrechte Gerade durch $x = k$, $k > 0$, begrenzen ein Flächenstück A. Berechnen Sie dessen Flächeninhalt A(k) in Abhängigkeit von k.

e) Zeigen Sie unter Verwendung des Ergebnisses aus d), dass der Inhalt der Fläche unter dem Graphen zu f_5 über dem Intervall [4 ; 5] endlich ist, und berechnen Sie ihn.

f) Bestimmen Sie mit Produktintegration eine Stammfunktion von f_t und zeigen Sie – in Verallgemeinerung des Ergebnisses aus e), dass der Inhalt der Fläche unter dem Graphen zu f_t über dem Intervall [t – 1 ; t] unabhängig vom Scharparameter t immer denselben endlichen Wert annimmt.

g) Bestimmen Sie mit einem Näherungsverfahren (Newton- oder Fixpunktverfahren) die Schnittpunkte von f_5 und f_5^{-1} auf 5 Dezimalen genau.

Aufgabe L2 a) Gk / Lk b) Lk / Gk c) Lk / Gk d) Lk e) Lk

Gegeben sei die Funktionenschar zu $f_t(x) = \ln(\frac{x^2+t}{5})$, $x \in \mathbb{R}$, $t > 0$.

a) Bestimmen Sie die Nullstellen, Extrema und Wendepunkte von f_1 und f_4. Zeichnen Sie beide Graphen für $-5 \le x \le 5$.

b) Bestimmen Sie allgemein die Extrema und Wendepunkte von f_t.
Gibt es Funktionen f_t, die keine Nullstellen haben?
Welche Gleichung hat die Ortskurve der Wendepunkte?

c) Für welchen Scharparameter t sind die Wendetangenten Ursprungsgeraden?

d) Wir betrachten die Fläche zwischen den Kurven zu f_1 und f_4. Diese Fläche rotiere um die y-Achse. Ein Schnitt dieses Rotationskörpers mit einer senkrecht zur y-Achse liegenden Ebene ist entweder ein Kreis oder ein Kreisring.
Zeigen Sie, dass alle so entstehenden Kreisringe denselben Flächeninhalt 3π haben.

e) Zeigen Sie, in Verallgemeinerung des Ergebnisses aus d), dass für zwei beliebige Funktionen f_a unf f_b der Schar der Flächeninhalt aller Kreisringe gleich $\pi|b - a|$ ist.

Aufgabe L3 a) Gk b) Gk / Lk c) Gk / Lk d) Lk / Gk e) Lk f) Lk g) Lk

Gegeben sei die Funktion zu $f(x) = (\ln x)^2$, $x>0$.

a) Führen Sie eine Kurvendiskussion durch: Ableitungen f', f'', f''', Nullstellen, Extrema, Wendepunkte, Verhalten von f und f' an den Grenzen des Definitionsbereichs (Methode: Testeinsetzungen), Graph für $0 < x \le 7$.

b) Zeigen Sie, dass G mit $G(x) = x\ln x - x$ eine Stammfunktion von g mit $g(x) = \ln x$ ist.
Bestimmen Sie anschließend eine Stammfunktion F von f (Hinweis: Produktintegration). Berechnen Sie dann den Inhalt der Fläche A, welche von den Graphen der Funktionen g und f umschlossen wird.

c) An welcher Stelle des Intervalls [1 ; e] ist die Differenz der Funktionswerte von g und f maximal?

d) Welche beiden Ursprungsgeraden berühren den Graphen von f ?
Wo liegen die Berührpunkte?

e) Betrachten Sie nun die für x>0 definierte Kurvenschar zu $f_t(x) = (\ln(tx))^2 - 2\ln(tx)$, $t>0$. Untersuchen Sie auf Nullstellen, Extrema, Wendepunkte, Verhalten von f_t für $x \to 0$ bzw. für $x \to \infty$ (Methode: Testeinsetzungen). Skizzieren Sie die Scharkurven zu f_1 und f_2 für $0 < x \le 9$.

f) An welcher Stelle schneiden sich die Scharfunktionen zu f_a und f_b, $a \ne b$?

g) Gesucht ist nun eine Stammfunktion F_t der Funktion f_t aus e).
Bestimmen Sie den Inhalt der Fläche B zwischen dem Graphen von f_t und der x-Achse. Außerdem ist der Inhalt der Fläche C unter dem Graphen von f_t zwischen Ursprung und der ersten Nullstelle rechts des Ursprungs gesucht.

Aufgabe L4 a) Gk b) Gk / Lk c) Gk / Lk d) Gk / Lk

Gegeben sei die nur für x>0 definierte Funktionenschar zu $f_t(x) = \frac{\ln x - t}{x}$, $t \in \mathbb{R}$.

a) Führen Sie eine Kurvendiskussion durch: Ableitungen f_t', f_t'', f_t''', Nullstellen, Extrema, Wendepunkte, Verhalten von f_t und f_t' für $x \to 0$ bzw. $x \to \infty$ (Methode:Testeinsetzungen), Ortslinien der Extrema und Wendepunkte, Graphen von f_{-2}, f_0 und f_2 für $0 < x \le 5$.

b) Welchen Flächeninhalt hat das achsenparallele Rechteck R, dessen linke untere Ecke der Ursprung und dessen rechte obere Ecke der Hochpunkt von f_t $(t > 0)$ ist?
c) Bestimmen Sie eine Stammfunktion von f_t. Hinweis: Substitutionsverfahren anwenden.
d) In welchem Flächenverhältnis teilt der Graph von f_t das Rechteck R?

Aufgabe R1	**a) Gk**	**b) Gk**	**c) Gk**	**d) Gk**	**e) Gk**	**f) Gk/Lk**	**g) Gk/Lk**

Gegeben sei die Funktion zu $f(x) = \frac{-2x+10}{x+1}$, $x \neq -1$.

a) Bestimmen Sie Nullstellen, Polstellen und Asymptote von f. Skizzieren Sie den Graphen von f für $-5 \leq x \leq 7$.
b) Durch die Polstelle wird der Graph von f in einen Zweig rechts und einen Zweig links der Polstelle aufgeteilt.
Zeigen Sie, dass für jeden der beiden Zweige gilt: f ist dort monoton fallend.
Was folgt daraus über Extrema von f?
Zeigen Sie rechnerisch, dass f keine Wendepunkte besitzt.
c) Der rechts von der Polstelle liegende Zweig von f besitzt eine Umkehrfunktion f^{-1}. Zeichnen Sie den Graphen von f^{-1} in die schon vorhandene Skizze ein und berechnen Sie die Funktionsgleichung von f^{-1}.
d) Bestimmen Sie den Schnittpunkt von f und f^{-1}.
e) Gesucht sind Stammfunktionen von f und f^{-1}.
f) A sei diejenige Fläche, die von den beiden Koordinatenachsen und den Graphen von f und f^{-1} im ersten Quadranten umschlossen wird. Bestimmen Sie den Inhalt von A.
Die Graphen von f und f^{-1} sowie die x-Achse umschließen ein zweites Flächenstück B. Bestimmen Sie auch dessen Inhalt.
g) $P(u|v)$ sei ein im ersten Quadranten liegender Punkt des Graphen von f. Ein achsenparalleles Rechteck R, dessen einer Eckpunkt der Ursprung ist, habe P als weiteren Eckpunkt. Wie muss u gewählt werden, damit der Flächeninhalt von R maximal wird?
h) In welchen Punkten besitzt f eine Ursprungsgerade als Tangente?

Aufgabe R2	**a) Gk**	**b) Gk / Lk**	**c) Gk**	**d) Gk**	**e) Gk/Lk**	**g) Gk/Lk**

Gegeben ist die Funktionenschar zu $f_t(x) = t - \frac{4}{x^2}$ $(t > 0)$.

a) Führen Sie eine Kurvendiskussion durch: Symmetrie, Nullstellen, Polstellen. Zeichnen Sie den Graphen von f_4 für $-4 \leq x \leq 4$.
b) Der Graph von f_t, die waagerechte Asymptote und die senkrechten Geraden durch die positive Nullstelle bei $x = \frac{2}{\sqrt{t}}$ und durch $x = z$, $z > \frac{2}{\sqrt{t}}$, begrenzen ein Flächenstück A.
Berechnen Sie dessen Flächeninhalt A(z) in Abhängigkeit von z und untersuchen Sie, ob der Grenzwert $\lim\limits_{z\to\infty} A(z)$ existiert.
c) B sei die Fläche unter dem Graphen von f_t über dem Intervall $[\frac{2}{\sqrt{t}}; z]$. Bestimmen Sie den Flächeninhalt B(z) in Abhängigkeit von z.
d) Gibt es eine Zahl z, für die $A(z) = B(z)$ ist?
e) Die Tangente durch den Graphenpunkt $P(u|v)$, $u > 0$, die y-Achse und die Asymptote umranden ein rechtwinkliges Dreieck. Wie muss u gewählt werden, damit dieses Dreieck den Flächeninhalt 6 annimmt?

f) Das Dreieck aus e) rotiere um die y-Achse, so dass ein Kegel entsteht. Zeigen Sie, dass das Volumen dieses Kegels unabhängig von der Wahl des Dreieckspunktes $P(u|v)$ ist.

g) $P(u|v)$, $u > 0$, sei wieder ein beliebiger Punkt auf dem Graphen von f_t. Durch P werden Parallelen zur x- und zur y-Achse gezogen. Diese Parallelen bilden zusammen mit der y-Achse und der Asymptote ein Rechteck. Dieses Rechteck rotiere um die y-Achse. Zeigen Sie, dass das Volumen aller entstehenden Rotationszylinder gleich ist.

Wie muss u gewählt werden, damit die Oberfläche des Zylinders minimal wird?

Aufgabe R3 a) Gk b) Gk c) Gk d) Gk e) Gk f) Gk/Lk g) Lk h) Lk i) Lk j) Lk

Gegeben sei die Funktionenschar zu $f_t(x) = \frac{2x}{x^2+t^2} + \frac{1}{t}$, $t > 0$.

a) Untersuchen Sie die Kurvenschar auf Nullstellen, Polstellen und Asymptoten. Geben Sie den maximalen Definitionsbereich an.

b) Bestimmen Sie die Ableitungen f_t' und f_t''. Kontrolle: $f_t'(0) = \frac{2}{t^2}$, $f_t''(t) = -\frac{1}{t^3}$.

c) Untersuchen Sie f_t auf Extrema. Bestimmen Sie die Gleichungen der Ortslinien der Maxima und Minima.

d) Bestimmen Sie die Lage der Wendepunkte von f_t. Weisen Sie die Wendepunkteigenschaft entweder mit Hilfe der dritten Ableitung nach oder argumentieren Sie anschaulich. Bestimmen Sie außerdem die Gleichungen der Ortslinien der Wendepunkte.

e) Skizzieren Sie die Schar für $-5 \leq x \leq 5$. Verwenden Sie dazu die Scharkurven zu $f_{0,5}$, f_1, f_2. Zeichnen Sie die Ortslinien der Extrema und Wendepunkte dünn ein.

f) Bestimmen Sie eine Stammfunktion von f.
Berechnen Sie sodann den Inhalt der Fläche A, die vom Funktionsgraphen zu f_t, den Koordinatenachsen und der senkrechten Geraden $x = t$ begrenzt wird.
Zeigen Sie, dass dieser Flächeninhalt von t unabhängig ist.

g) Bestimmen Sie die Gleichungen der drei Wendetangenten von f_1. Berechnen Sie den Inhalt der Fläche B, welche vom Graphen von f_1 und den beiden Wendetangenten im 1. Quadranten begrenzt wird.

h) Welche Scharkurve schneidet die y-Achse unter einem Winkel von 45°?

i) Welche Punkte der Ebene gehören zu keiner Kurve der Schar? Orientieren Sie sich am Bild der Schar aus e).

j) Bestimmen Sie näherungsweise denjenigen Scharparameter t, für welchen die Funktion f_t an der Stelle $x = 1$ den Funktionswert $y = 1$ annimmt.

Aufgabe T1 a) Lk / Gk b) Lk / Gk c) Lk / Gk d) Lk / Gk

Gegeben sei die Funktionenschar zu $f_t(x) = t \cdot \sin x + \frac{1}{\sin x}$, $t \in \mathbb{R}$.

a) Untersuchen Sie die Kurvenschar auf Nullstellen, Symmetrie, Periode und Extrema. Geben Sie den maximalen Definitionsbereich an.

b) Nutzen Sie die Ergebnisse aus a), um die Graphen der zu $t = 2$ und $t = -2$ gehörenden Scharkurven zu zeichnen.

c) Begründen Sie, dass alle Scharkurven f_t mit $t > 0$ Wendepunkte haben.
Berechnen Sie die Wendepunkte von f_2.

d) Gibt es eine Scharkurve f_t, deren Extremum auf der x-Achse liegt?

Stichwortverzeichnis